一流学科建设研究生教学用书

无机材料的结构与性能

李国华　主编

施梅勤　吴世照　副主编

化学工业出版社

·北京·

内 容 简 介

《无机材料的结构与性能》是编者长期从事无机材料结构与性能教学和科研工作的积累,目的是剖析不同尺度下无机材料的结构特征及其与性能的关联性。本书在介绍无机材料及晶体学基础知识的基础上,着重介绍了无机材料的表面结构、晶格结构、化学键结构和电子结构及其与性能的关联性,并将材料科学的新分支——纳米材料的相关内容融入其中,然后结合科研实践及无机材料研究的发展趋势,阐述了碳(单质)、碳化钨(填隙结构)和二氧化钛(二元化合物)材料结构与性能的关联性,旨在为广大读者建立材料多尺度结构与性能的关系。

《无机材料的结构与性能》的读者对象主要为高等学校无机非金属材料专业的研究生,也可供材料专业的本科生和相关工程技术人员参考。

图书在版编目(CIP)数据

无机材料的结构与性能 / 李国华主编;施梅勤,吴世照副主编.—北京:化学工业出版社,2023.7(2025.1重印)

一流学科建设研究生教学用书

ISBN 978-7-122-43312-1

Ⅰ.①无… Ⅱ.①李… ②施… ③吴… Ⅲ.①无机材料-结构性能-研究生-教材 Ⅳ.①TB321

中国国家版本馆 CIP 数据核字(2023)第 066741 号

责任编辑:杜进祥 孙凤英
责任校对:张茜越 装帧设计:韩 飞

出版发行:化学工业出版社
　　　　　(北京市东城区青年湖南街 13 号　邮政编码 100011)
印　　装:北京天宇星印刷厂
787mm×1092mm　1/16　印张 17½　字数 444 千字
2025 年 1 月北京第 1 版第 2 次印刷

购书咨询:010-64518888　　　售后服务:010-64518899
网　址:http://www.cip.com.cn
凡购买本书,如有缺损质量问题,本社销售中心负责调换。

定　　价:66.00 元　　　　　　版权所有　违者必究

前　言

　　如何提升材料的性能，不仅是材料专业技术人员的研究工作重点，也是材料相关专业技术人员最为关心的科学问题，尤其是对高等学校材料及相关专业的研究生而言，科学地理解并掌握材料结构与性能的关联性，不仅有利于提高其对学习的兴趣与主观能动性，更有助于其今后的工作及在材料科学方面取得一定的成就。

　　为达到上述目的，鉴于高等学校材料及相关专业研究生的材料科学基础相对薄弱这一实际情况，本书详细地阐述了无机材料及晶体学基础知识，以夯实他们的材料科学基础，进一步从宏观到微观多尺度的角度，即从材料的表面结构、晶体结构、化学键结构和电子结构等方面论述结构与性能的关联性，并很好地将纳米材料在上述几个方面的特征，如过冷与过热、键的弛豫和钉扎与极化等有机结合起来，不仅可让研究生形成材料结构与性能的多尺度关联性的概念，更可让他们由表及里地理解并掌握材料结构与性能的关联性，真正领会"结构决定性能"的材料科学真谛。

　　本书的第一章介绍了无机材料基础知识，第二章介绍了晶体学基础知识，第三章到第六章分别介绍了无机材料的表面结构、晶体结构、化学键结构和电子结构，第七章介绍了纳米材料的结构与性能，第八章介绍了碳材料的结构与性能，第九章介绍了碳化钨的结构与性能，第十章介绍了二氧化钛的结构与性能。本书的第一章和第二章主要由浙江工业大学李国华教授和施梅勤教授编写，第三章到第八章主要由浙江工业大学李国华教授编写，第九章由浙江工业大学吴世照助理研究员编写，第十章由浙江工业大学施梅勤教授编写。此外，浙江工业大学刘伟华老师全程参与了本书的文字编辑与整理工作，高静教授、宁文生副教授、朱英红副教授和赵峰鸣副教授也参与了本书的部分编写工作。

　　作为无机材料及相关专业研究生重点教材，本书的编写与出版得到了浙江工业大学研究生院和化学工程学院的大力支持，在此深表谢意！

　　鉴于编写的时间仓促，加之编者水平有限，书中难免存在不足，望读者给予指正！

编者

2023 年 3 月

目　录

第一章　无机材料基础知识

第二章　晶体学基础知识

第三章　无机材料的表面结构

第四章　无机材料的晶体结构

第五章　无机材料的化学键结构

第六章　无机材料的电子结构

第七章　纳米材料的结构与性能

第八章　碳材料的结构与性能

第九章　碳化钨的结构与性能

第十章　二氧化钛的结构与性能

第一章

无机材料基础知识

材料是人类社会赖以生存的物质基础和科学技术发展的技术核心与先导。材料按其化学特征可划分为无机非金属材料（简称无机材料）、无机金属材料（简称金属材料）、有机高分子（聚合物）材料和复合材料四大类[1]。其中，无机材料因原料资源丰富，成本低廉，生产过程能耗低，产品应用范围广，能在许多场合替代金属或有机高分子材料，使材料的利用更加合理和经济，从而日益受到人们的重视，成为材料领域研究和开发的重点。

第一节　无机材料及其主要类型

一、无机材料定义与分类

1. 无机材料的定义

无机材料是由硅酸盐、铝酸盐、硼酸盐、磷酸盐、锗酸盐等原料和（或）氧化物、氮化物、碳化物、硼化物、硫化物、硅化物、卤化物等原料经一定的工艺制备而成的材料，是除金属材料、高分子材料以外所有材料的总称。

2. 无机材料的分类

无机材料种类繁多，用途各异，目前还没有统一完善的分类方法。通常将其分为传统的（普通的）和新型的（先进的）无机材料两大类。

（1）传统无机材料　传统无机材料是指以二氧化硅（SiO_2）及硅酸盐化合物为主要成分制成的材料，因此亦称硅酸盐材料，主要类型有陶瓷、玻璃、水泥和耐火材料四种。其中又因陶瓷材料历史最悠久，应用甚为广泛，因此，国际上常称无机材料为陶瓷材料。此外，搪瓷、磨料、铸石（辉绿岩、玄武岩等）、碳素材料、非金属矿（石棉、云母、大理石等）也属于传统的无机材料。传统无机材料是工业和基本建设所必需的基础材料。

（2）新型无机材料　自20世纪40年代以来，随着新技术的发展，除上述传统无机材料以外，先后涌现出一系列应用于不同领域的高性能先进无机材料，也称新型无机材料。新型无机材料是指用氧化物、氮化物、碳化物、硼化物、硫化物、硅化物以及各种无机非金属化合物经特殊的先进工艺制成的材料，主要类型包括新型陶瓷、特种玻璃、人工晶体、半导体材料、薄膜材料、无机纤维、多孔材料等。上述新材料的出现充分反映了人类近几十年在无机材料学科取得的重大成就，它们的应用极大地推动了科学技术的进步，推动了人类社会的进步。

二、无机材料的主要类型

1. 传统无机材料的主要类型

（1）陶瓷　　传统陶瓷即普通陶瓷，是指以黏土为主要原料与其它天然矿物原料经过粉碎混炼、成形、煅烧等工艺过程而制成的各种制品，包括日用陶瓷、卫生陶瓷、建筑陶瓷、化工陶瓷、电瓷以及其它工业用陶瓷。

根据陶瓷坯体结构及其基本物理性能的差异，陶瓷制品可分为陶器和瓷器。其中，陶器包括粗陶器、普通陶器和细陶器，它们的共同特征是坯体结构较疏松，致密度较低，有一定吸水率，断口粗糙无光，没有半透明性，断面呈面状或贝壳状，有的无釉，有的施釉。瓷器的特征是坯体致密，吸水率很低，有一定的半透明性，通常都施有釉层（某些特种瓷并不施釉，甚至颜色不白，但烧结程度仍相当高）。除陶器和瓷器外，还有介于陶器与瓷器之间的一类产品，称为炻器，也称为半瓷，其特征是坯体较致密，吸水率也小，颜色深浅不一。

（2）玻璃　　玻璃是由熔体过冷所制得的非晶态材料。普通玻璃是指采用天然原料，能够大规模生产的玻璃，包括日用玻璃、建筑玻璃、仪器玻璃、光学玻璃、电真空玻璃和玻璃纤维等。

根据形成网络的组分，玻璃又可分为硅酸盐玻璃、硼酸盐玻璃、磷酸盐玻璃等主要类型，它们的网络形成体分别为 SiO_2、B_2O_3 和 P_2O_5。

（3）水泥　　水泥是指加入适量水后可成塑性浆体，既能在空气中硬化又能在水中硬化，并能够将砂、石等材料牢固地胶结在一起的细粉状水硬性材料。水泥的种类繁多，按其用途和性能可分为通用水泥、专用水泥和特性水泥三大类。其中，通用水泥为大量土木工程所使用的一般用途水泥，如硅酸盐水泥、普通硅酸盐水泥、矿渣硅酸盐水泥、火山灰质硅酸盐水泥、粉煤灰硅酸盐水泥和复合硅酸盐水泥等；专用水泥是指有专门用途的水泥，如油井水泥、砌筑水泥等；特性水泥则是某种性能比较突出的水泥，如快硬硅酸盐水泥、抗硫酸盐硅酸盐水泥、中热硅酸盐水泥、膨胀硫铝酸盐水泥、自应力铝酸盐水泥等。

按其所含的主要水硬性矿物，水泥又可分为硅酸盐水泥、铝酸盐水泥、硫铝酸盐水泥、氟铝酸盐水泥以及以工业废渣等为主要组分的水泥。目前已知的水泥品种已超过一百种。

（4）耐火材料　　耐火材料是指耐火度不低于 1580℃ 的专门为高温技术服务的无机非金属材料。虽然各国对其定义不同，但是其基本含义是相同的，即耐火材料是用作高温窑炉等热工设备，以及用作工业高温容器和部件的材料，且能承受相应的物理化学变化及机械应力作用。

大部分耐火材料是以天然矿石（如耐火黏土、硅石、菱镁矿、白云母等）为原料制成的。以某些工业和人工合成材料为原料（如工业氧化铝、碳化硅、合成莫来石和尖晶石等）制备耐火材料已成为一种发展趋势。耐火材料种类很多，既可按其共性与特性划分类别，也可依据矿物组成分类，还可按材料的制备方法、材料的性质、材料的形状和尺寸及应用等来分类，这些均是常用的分类方法。

常见的分类方法还有：按矿物组成，可分为氧化硅质、硅酸铝质、镁质、白云石质、橄榄石质、尖晶石质、含碳质、含锆质耐火材料及特殊耐火材料；按制备方法，可分为天然矿石和人造制品；按形状，可分为块状制品和不定形耐火材料；按热处理方式，可分为免烧制品、烧成制品和熔铸制品；按耐火度，可分为普通、高级及特级耐火制品；按化学性质，可分为酸性、中性及碱性耐火材料；按密度，可分为轻质及重质耐火材料；按制品的形状和尺寸，可分为标准砖、异型砖、特异型砖、管和耐火器皿等；还可按应用分为冶金高炉用、水泥窑用、玻璃窑用、陶瓷窑用耐火材料等。

2. 新型无机材料的主要类型

（1）新型陶瓷　新型陶瓷（亦称特种陶瓷）是指以精制的高纯天然无机物或人工合成的无机化合物为原料，采用精密控制的加工工艺烧结，具有优异特性，主要用于各种现代工业及尖端科学技术领域的高性能陶瓷，可分为结构陶瓷和功能陶瓷两类。结构陶瓷是指具有优良的力学性能（高强度、高硬度、耐磨损）、热学性能（抗热冲击、抗蠕变）和化学性能（抗氧化、抗腐蚀）的陶瓷材料，它主要应用于高强度、高硬度、高刚性的切削刀具和要求耐高温、耐腐蚀、耐磨损、耐热冲击等结构部件，包括氮化硅、碳化硅、氧化锆和氧化铝等系列高温结构陶瓷。功能陶瓷是指利用其电、磁、声、光和热等直接及耦合效应所提供的一种或多种性质来实现某种使用功能的陶瓷材料，主要的类型包括装置陶瓷（即电绝缘瓷）、电容器陶瓷、压电陶瓷、磁性陶瓷（又称铁氧体）、导电陶瓷、超导陶瓷、半导体陶瓷（又称敏感陶瓷）、热学功能陶瓷（热释电陶瓷、导热陶瓷、低膨胀陶瓷、红外辐射陶瓷等）、化学功能陶瓷（多孔陶瓷载体等）和生物功能陶瓷等。

（2）特种玻璃　特种玻璃（亦称新型玻璃）是指采用精制、高纯或新型原料，通过新工艺在特殊条件下或严格控制形成过程制成的具有特殊功能或特殊用途的非晶态材料，包括经玻璃晶化获得的微晶玻璃，也就是在普通玻璃所具有的透光性、耐久性、气密性、形状不变性、耐热性、电绝缘性、组成多样性、易成形性和可加工性等优异性能的基础上，赋予玻璃上述某项特殊的功能，或将上述某项特性进一步提高改善，或将上述某项特性置换为另一种特性，或牺牲上述某些性能而赋予其它特殊要求的性能之后获得的玻璃。特种玻璃包括 SiO_2 含量在 85% 以上或 55% 以下的硅酸盐玻璃、非硅酸盐氧化物玻璃（硼酸盐、磷酸盐、锗酸盐、碲酸盐、铝酸盐及氧氮玻璃、氧碳玻璃等）以及非氧化物玻璃（卤化物、氮化物、硫化物、硫卤化物、金属玻璃等）等。根据用途，特种玻璃可分为防辐射玻璃、激光玻璃、生物玻璃、多孔玻璃和非线性光学玻璃等。

（3）人工晶体　人工晶体是指采用精密控制的人工方法合成和生长的具有多种独特物理性能的无机功能单晶材料，它主要用于实现电、光、声、热、磁、力等不同能量形式的交互作用的转换。人工晶体的分类方法很多，按化学组成可分为无机晶体和有机晶体（包括有机-无机复合晶体）等；按生长方法可分为水溶性晶体和高温晶体等；按形态（或维度）可分为块体晶体、薄膜晶体、超薄层晶体和纤维晶体等；按物理性质（功能）可分为半导体晶体、激光晶体、非线性光学晶体、光折变晶体、电光晶体、磁光晶体、声光晶体、闪烁晶体等。

（4）半导体材料　半导体材料是指其电阻率介于导体和绝缘体之间，电阻率数值一般在 $10\sim10^{10}\,\Omega\cdot cm$ 范围内，并对外界因素，如电场、磁场、光照、温度、压力及周围环境气氛等非常敏感的材料。半导体材料的种类繁多，按成分可分为由同一种元素组成的元素半导体和由两种或两种以上元素组成的化合物半导体；按结构可分为单晶态半导体、多晶态半导体和非晶态半导体；按物质类别可分为无机材料半导体和有机材料半导体；按形态可分为块体材料半导体和薄膜材料半导体。多数材料在通常状态下就呈半导体性质，但有些材料需在特定条件下才表现出半导体性能。

（5）薄膜材料　薄膜材料，也称无机涂层，是相对块体材料而言的，通常指采用特殊方法，在块体材料表面沉积或制备的一层性质与块体材料性质完全不同的物质层，并赋予特殊功能的材料或材料组合。按功能特性薄膜材料可分为半导体薄膜（主要类型有半导体单晶薄膜、薄膜晶体管、太阳能电池、场致发光薄膜等）、电学薄膜［主要包括集成电路（IC）中的布线透明导电膜、绝缘膜、压电薄膜等］、信息记录薄膜（如磁记录材料、巨磁电阻材料、光记录元件材料等）、各种热敏感薄膜、气敏感薄膜和光学薄膜（包括防反射膜、薄膜激光器等）。

（6）无机纤维　纤维是指长径比非常大、有足够高的强度和柔韧性的长形固体。纤维不仅能作为材料使用，而且还可作为原料和辅助材料，通常用来制作纤维增强复合材料。根据化学键特征，纤维可分为无机、有机和金属三大类。按原料来源，无机纤维可分为天然矿物纤维和人造纤维；按化学组成可分为单质纤维（如碳纤维、硼纤维等）、硬质纤维（如碳化硅纤维、氮化硅纤维等）、氧化物纤维（如石英纤维、氧化铝纤维、氧化锆纤维）和硅酸盐纤维（如玻璃纤维、陶瓷纤维和矿物纤维等）；按晶体结构可分为晶须（指截面直径为 $1\sim20\mu m$，长约几厘米的发形或针状单晶体）、单晶纤维和多晶纤维；按应用性能还可分为普通纤维、光导纤维、增强纤维等，其中玻璃光导纤维和用于先进复合材料的无机增强纤维现已在现代高科技领域发挥着重要作用。

（7）多孔材料　多孔材料是指具有很高孔隙率和很大比表面积的具有多孔结构的一类材料。依据化学组成及结构特征，多孔材料可分为无机气凝胶、有机气凝胶、多孔半导体材料和多孔金属材料等主要类型，其共同特点是密度小，孔隙率高，比表面积大，对气体有选择性透过作用。多孔材料由于具有较大的吸附容量和许多特殊的性能，而在吸附、分离和催化等领域应用广泛。按照国际纯粹和应用化学联合会（IUPAC）的定义，多孔材料按孔径大小可分为：小于 2nm 的微孔材料、$2\sim50nm$ 的介孔材料和大于 50nm 的大孔材料，有时也将孔径小于 0.7nm 的多孔材料称为超微孔材料。微观有序多孔材料因特异的性能而引起了关注。

第二节　无机材料的原子及其结构

一、原子

自然界中所有物质都由元素组成，而元素是具有相同核电荷数（或质子数）的一类原子的总称，即元素是同一类原子的总称。

最早提出原子这个词语的是古希腊哲学家德谟克利特等人，他们认为：世界上万物都是由最微小且不可再分的微粒所构成，这种微粒叫做"原子"。18 世纪初，英国科学家道尔顿通过化学分析，研究了空气的组成并得出结论：空气是由氧、氮、二氧化碳和水蒸气四种主要物质的无数个微小颗粒混合而成。道尔顿采用了古希腊哲学上的名词，也称这些小颗粒为"原子"，并于 1803 年提出了他的原子学说，合理地解释了当时发现的质量守恒、组成及倍比定律，从而开创了化学科学的新时代。

德谟克利特、道尔顿等人将原子看成是组成物质的微粒的观点，已被人们所广泛接受。然而，原子是组成物质的"最微小且不可再分"的微粒的观点，则受到了一系列重大科学发现的强有力冲击。电子的发现表明原子中存在更细小的粒子，放射性的发现揭示了原子中原子核的奥秘。随着科学研究的不断深入，现代原子概念逐步得到了发展和完善，并获得了认可。

　　原子是化学元素的组成单元，它具有该元素的化学性质。原子也是组成分子和物质的基本单元，它是肉眼看不见的微观粒子。原子是由带正电荷的原子核和带负电荷的核外电子构成，其中，原子核是由带正电的质子和不带电荷的中子构成，质子和中子则是由更小的夸克粒子构成。显然，从物质结构来看，原子不是构成物质的最小结构单元。

　　然而，从化学反应角度看，原子是化学反应的基本微粒，原子在化学反应中是不可分割的。因此，在讨论材料这种具有特定含义的物质时，可将原子视为材料最基本的结构单元。

二、原子结构

　　在人类历史的发展过程中，科学家根据科学实验和自己的认识建立了多种原子结构模型来描述原子的结构，这涉及原子结构、原子中电子分布和电子运动。

　　1803 年，道尔顿提出了世界上第一个原子结构的理论模型——道尔顿原子模型，其理论要点为三个方面：原子都是不能再分的粒子；同种元素的原子的各种性质和质量都相同；原子是微小的实心球体。

　　1897 年，汤姆生提出了第一个存在着亚原子结构的原子模型——"葡萄干布丁"模型，它的理论要点包括：原子中的电子平均地分布在整个原子上，如同散布在一个均匀的正电海洋之中，负电荷与正电荷相互抵消，原子呈电中性；在受到激发时，电子会离开原子，并产生阴极射线。

　　1911 年，卢瑟福以经典电磁学为理论基础，建立了原子结构的"行星模型"，它的理论要点包括：原子的大部分体积是空的；在原子中心有一个很小的原子核；原子的全部正电在原子核内，且原子的全部质量几乎集中在原子核内部；带负电的电子在核的外围空间围绕着原子做高速运动。

　　1913 年，玻尔在卢瑟福的行星模型基础上提出了核外电子分层排布的原子结构模型，其基本观点是：原子中的电子在具有确定半径的圆周轨道上绕原子核运动，不辐射能量；不同轨道上运动的电子具有不同的能量 E，且能量 E 是量子化的，轨道能量值随量子数 n（1，2，3，…）的增大而升高，对应的轨道被分别命名为 K($n-1$)、L($n-2$)、N($n-3$)、O($n-4$)、P($n-5$)；当且仅当电子从一个轨道跃迁到另一个轨道时，轨道间的能量差导致辐射或吸收能量。如果辐射或吸收的能量以光的形式表现并被记录下来，就形成了光谱。

　　1926 年，奥地利学者薛定谔利用德布罗意提出的波粒二象性假说，建立了描述原子中电子运动的数学模型，即薛定谔方程式。解这个方程，就可以得到电子运动轨迹的三维波形图，但不能够同时获得电子运动所处位置和动量的精确值。同年，海森堡提出了著名的测不准原理，即对于测量的某个确定位置，只能得到一个不确定的动量范围，反之亦然。德布罗意、薛定谔和海森堡等人，经过多年的艰苦论证，在玻尔原子结构模型的基础上，建立了现代量子力学模型（电子云模型），并成功地解释了许多复杂的光谱现象，其核心是动力学。在玻尔原子模型里，轨道只有一个量子数（主量子数），现代量子力学模型则引入了更多的量子数，包括决定不同电子亚层的主量子数（命名为 K、L、M、N、O、P、Q）、决定不同能级的角量子数（用 s、p、d、f、g 等符号表示）、决定不同能级轨道的磁量子数，以及表征同一轨道上电子两种自旋方式的自旋量子数。

　　从上述原子结构模型可看出：一种模型代表着人类对原子结构认识的一个阶段，也反映人类对材料结构认识的不同深度。原子模型中的原子结构，特别是原子中的电子分布和电子运动，直接影响着材料合成、材料结构和材料性能。

三、原子中电子的运动和分布

1. 原子中电子的运动

量子力学中求解粒子问题常归结为解薛定谔方程或解定态薛定谔方程。薛定谔方程是量子力学的一个基本方程，也是量子力学的一个基本假定，其正确性只能靠实验来验证，薛定谔方程是将物质波的概念与波动方程相结合建立的二阶偏微分方程，可描述微观粒子的运动。每个微观系统都有一个相应的薛定谔方程，通过解方程可得到波函数的具体形式以及对应的能量，从而了解微观粒子体系的性质。

在量子力学中，体系的状态用力学量的函数 $\varphi(x,t)$，也就是波函数（又称概率幅、态函数）来确定，因此，波函数成为量子力学研究的主要对象。力学量取值的概率分布及分布时间的变化，这些问题都可以通过求解波函数的薛定谔方程得到答案。

假设描述微观粒子状态的波函数为 $\varphi(r,t)$，质量为 m 的微观粒子在势场 $U(r,t)$ 中运动，在给定初始条件、边界条件以及波函数所满足的单值、有限、连续条件下，由薛定谔方程可解出波函数 $\varphi(r,t)$。由此可计算出粒子的分布概率和任何可能的实验的平均值（期望值）。当势函数 U 不依赖于时间 t 时，粒子具有确定的能量 E，粒子的状态称为定态。定态时的波函数可写成 $\varphi(r)$，称为定态波函数，它满足定态薛定谔方程。这个方程在数学上又称为本征方程，E 为本征值，是定态能量，$\varphi(r)$ 又称为属于本征值 E 的本征函数。

原子中电子的运动状态可用波函数和与其对应的能量来描述。原子中电子的波函数 φ 既是描述电子运动的数学表达式，又是三维空间坐标的函数，其空间图像可形象地理解为电子运动的空间范围，俗称"原子轨道"；也可以理解为把核外电子出现概率相等的地方连接起来，作为电子云的界面，界面内电子出现的概率很大，界面外电子出现的概率则很小，界面所包括的空间范围，就是原子轨道。

当用波函数 $\varphi(r,t)$ 表征原子中电子的运动状态时，可用它的幂的平方 $|\varphi|^2$ 值表示单位体积内电子在核外空间特定某处出现的概率，即概率密度，所以电子云实际上就是 $|\varphi|^2$ 在三维空间的分布。研究电子云的空间分布主要包括它的径向分布和角度分布两个方面。其中，径向分布揭示电子出现的概率大小与离核远近的关系，被看作在半径为 r、厚度为 d_r 的薄球壳内电子出现的概率；角度分布则揭示电子出现的概率与角度的关系。例如 s 态电子，角度分布呈球形对称，同一球面上不同角度方向上电子出现的概率密度是相同的。

在很多实际问题中，作用在粒子上的力场是不随时间而改变的，即力场用势能 $U(r)$ 表征，它不含时间因素，这时薛定谔方程的数学表达形式如下：

$$i\hbar\frac{\partial \varphi}{\partial t} = -\frac{\hbar^2}{2m}\nabla^2\varphi + U(r)\varphi \tag{1-1}$$

$$\nabla = \frac{\partial^2}{\partial x^2} + \frac{\partial^2}{\partial y^2} + \frac{\partial^2}{\partial z^2} \tag{1-2}$$

式中，∇ 为拉普拉斯算符。在这种情况下，可以用分离变量法来求解方程（1-1），先令：

$$\varphi(r,t) = \varphi(r)f(t) \tag{1-3}$$

再将式(1-3)代入式(1-1)可得：

$$i\hbar\frac{\partial}{\partial t}[\varphi(r)f(t)] = -\frac{\hbar^2}{2m}\nabla^2[\varphi(r)f(t)] + U(r)\varphi(r)f(t) \tag{1-4}$$

由于算符 ∇ 仅对 x、y、z 求偏导，而不涉及时间 t，故式(1-4)可以写成：

$$ih\varphi(r)\frac{\partial f(t)}{\partial t} = -\frac{\hbar^2}{2m}f(t)\nabla^2\varphi(r) + U(r)\varphi(r)f(t) \tag{1-5}$$

上式化简后得：

$$i\hbar\frac{1}{f(t)}\frac{\partial f(t)}{\partial t} = \frac{1}{\varphi(r)}\left[-\frac{\hbar^2}{2m}\nabla^2\varphi(r) + U(r)\varphi(r)\right] \tag{1-6}$$

显然，式(1-6) 左边仅是 t 的函数，而右边仅是 r 的函数。为了使式(1-6) 成立，必须使两边恒等于一常数 E。于是有：

$$i\hbar\frac{\partial f(t)}{\partial t} = Ef(t) \tag{1-7}$$

及

$$-\frac{\hbar^2}{2m}\nabla^2\varphi(r) + U(r)\varphi(r) = E\varphi(r) \tag{1-8}$$

这样就很容易求出式(1-7) 的解：

$$f(t) = Ce^{-\frac{1}{\hbar}Et} \tag{1-9}$$

上式中，C 为任意常数。这样就可以得到薛定谔方程的特解：

$$\varphi(r,t) = \varphi(r)e^{-\frac{1}{\hbar}Et} \tag{1-10}$$

将 C 包含在 $\varphi(r)$ 中是完全可以的，因为最后要对 $\varphi(r,t)$ 归一化。由式(1-10) 可见，当各体系的势能 $U(r)$ 不随时间改变时，波函数 $\varphi(r,t)$ 为一个三维空间坐标函数 $\varphi(r)$ 与一个时间函数的积，整个波函数随时间的改变是由因子 $e^{-\frac{1}{\hbar}Et}$ 决定的。用这种形式的波函数所描述的状态称为定态，式(1-10) 所表示的波函数被称为定态波函数。如果粒子处于定态，那么：

$$|\varphi(r,t)|^2 = |\varphi(r)e^{-\frac{1}{\hbar}Et}|^2 = |\varphi(r)|^2 \tag{1-11}$$

由式(1-11) 可见，由定态波函数描述的粒子在空间上的概率分布不随时间改变。

在实际问题中，很大一部分讨论均是对定态问题的讨论，因此，求解一个微观体系的能量可能值和定态波函数就成了量子力学的重要任务之一。

解微观粒子体系的薛定谔方程，可以得到一系列波函数 φ_{1s}、φ_{2s} 和 φ_{2p_x} 等，以及相应的一系列能量值 E_{1s}、E_{2s} 和 E_{2p_x} 等。方程式的每个合理的 φ_i 就代表体系中电子的一种可能的运动状态。

对于最简单的氢原子体系，$\varphi(x,y,z)$ 是描述氢原子核外电子运动状态的数学表达式，是三维空间坐标 x，y，z 的函数，E 为氢原子的总能量，U 为电子的势能（亦即核对电子的吸引能），m 为电子的质量，则氢原子中基态电子运动的波函数及其所处的能态可表示为：

$$\varphi_{1s} = \sqrt{\frac{1}{\pi a_0^3}}e^{-\frac{r}{a_0}}, E_{1s} = 2.179 \times 10^{-18}J \tag{1-12}$$

式中，r 为电子离原子核的距离；a_0 被称为玻尔半径（53pm）；π 为圆周率；e 为自然对数的底数。

从上述可见，在量子力学中是用波函数和与其对应的能量来描述微观粒子运动状态的。薛定谔方程的具体求解方法和过程，请参考量子力学著作有关章节。

2. 原子中电子的分布

由于原子中电子运动的波函数是三维空间坐标的函数，因此，其空间图像可以形象地理解为电子运动在三维空间的分布范围，也就是前面所俗称的"原子轨道"。但此处所指的原子轨道与玻尔原子模型所指的原子轨道截然不同。前者指电子在原子核外运动的某个空间分布范围，后者是指原子核外电子运动的某个确定的圆形轨道。有时为了避免与经典力学中的玻尔轨道相混淆，原子轨道又称为原子轨函（取原子轨道函数之意），亦即波函数的空间图像就是原子轨道，原子轨道的表达式就是波函数。因此，在许多情况下波函数与原子轨道常作同义语混用。

将波函数 φ 的角度分布部分（Y）作图，所得的图像就称为原子轨道的角度分布图，如图 1-1 所示。

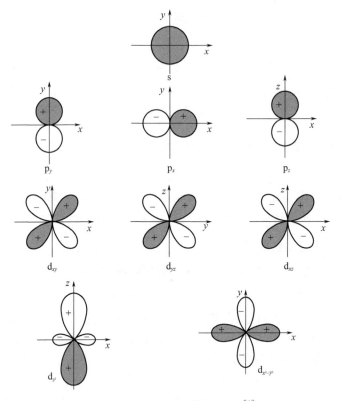

图 1-1　原子轨道的角度分布图[2]

为了形象地表示核外电子运动的概率分布情况，化学上常用小黑点分布的疏密程度来表示电子出现概率密度的相对大小。小黑点较密的地方，表示概率密度较大，单位体积内电子出现的机会就多；小黑点较疏的地方，表示概率密度较小，单位体积内电子出现的机会就少。用这种方法来描述电子在原子核外空间出现的概率密度分布所得的空间图像称为电子云。

由于概率密度可以直接用 $|\varphi|^2$ 来表示，若以 $|\varphi|^2$ 作图，就可得到电子云的近似图像。将 $|\varphi|^2$ 的角度分布部分（$|Y|^2$）作图，所得图像被称为电子云角度分布图。电子云的角度分布剖面图与相应的原子轨道角度分布剖面图基本相似，但也有两点不同之处：

① 子轨道角度分布图带有正、负号，而电子云角度分布图均为正值（这是由于习惯不标出正号）；

② 电子云角度分布图比原子轨道角度分布图要"瘦"些，这是因为 Y 值一般是小于 1 的，所以 $|Y|^2$ 值自然就会更小些。

3. 原子中电子运动状态的描述

描述原子中各电子运动状态自然需要用到主量子数、角量子数、磁量子数和自旋量子数四个参数[3]。

（1）主量子数（n）　主量子数（n）可为零以外的正整数，例如 $n=1$，2，3，4 等，如表 1-1 所示。其中每个 n 值代表一个电子层。

表 1-1　描述电子运动状态的主量子数

主量子数（n）	1	2	3	4	5
电子层	第一层	第二层	第三层	第四层	第五层
电子层符号	K	L	M	N	O

n 值越小，表示该电子层离核越近，电子所处能级越低。

（2）角量子数（l）　n 值确定后，角量子数（l）可为 $0 \sim (n-1)$ 的正整数，例如 $l=$ 0，1，2，…，$(n-1)$，如表 1-2 所示。其中，每个 l 值代表一个电子亚层。

表 1-2　描述电子运动状态的角量子数

角量子数（l）	0	1	2	3	4	5
电子亚层符号	s	p	d	f	g	h

对于多电子的原子来说，同一电子层中的 l 值越小，该电子亚层的能级越低。例如，2s 亚层的能级低于 2p 亚层。

（3）磁量子数（m）　磁量子数（m）的取值决定于 l 值的大小，可取 $(2l+1)$ 个从 $-l$ 到 $+l$ 的整数。每个 m 值代表一个具有某种特定空间取向的原子轨道。例如角量子数（l）为 1 时，磁量子数（m）值只能取 -1，0，$+1$ 三个数值，这三个数值表示 p 亚层上的三个相互垂直的 p 原子轨道（p_x、p_y、p_z）。

（4）自旋量子数（m_s）　自旋量子数（m_s）只有 $+1/2$ 和 $-1/2$ 这两个数值，其中每个数值表示电子的一种自旋方向（如顺时针或逆时针方向）。

例如，在原子核外第四电子层上 4s 亚层的 4s 轨道内，以顺时针方向自旋为特征的那个电子的运动状态，可以用 $n=4$、$l=0$、$m=0$、$m_s=+1/2$ 四个量子数来进行描述。

4. 原子中核外电子填入轨道顺序

（1）基态原子中电子分布原理　根据原子光谱实验的结果和对元素周期系的分析及归纳，可总结出核外电子分布的基本原理，具体如下：

① 泡利不相容原理　在同一原子中，不可能有四个量子数完全相同的电子存在。每个轨道内最多只能容纳两个自旋方向相反的电子。

② 能量最低原理　处于基态状态的多电子原子，核外电子的分布在不违反泡利不相容原理的前提下，其核外电子总是尽可能地先分布在能量较低的轨道上，以使原子的整体能量处于最低状态。

③ 洪特规则　原子在同一亚层内的等价轨道上分布电子时，尽可能地将电子单独分布在不同的轨道上，而且不同轨道上电子的自旋方向相同（或称自旋平行）。这样分布时，原子的能量较低，体系较稳定。例如，如果 p 原子轨道上有 3 个电子，则这 3 个电子将分别进入 p_x、p_y、p_z 这 3 个轨道且自旋平行。

（2）多电子原子轨道的能级　原子轨道的能量主要与其主量子数（n）有关。对多电子原子（除 H 外其它元素原子的统称）而言，原子轨道的能量还与其角量子数（l）和原子序数有关。

原子中各原子轨道能级的高低主要根据光谱实验来测定。只要根据某元素的原子光谱中的谱线所对应的能量，就可以做出该元素原子的原子轨道能级图。1939 年，鲍林对周期系中各元素原子的原子轨道能级图进行了分析和归纳，总结出多电子原子中原子轨道能级图（鲍林近似能级图），以表示各原子轨道之间能量的高低顺序。

应用鲍林近似能级图，并根据能量最低原理，可以设计出核外电子填入轨道顺序图。再根据泡利不相容原理、洪特规则和能量最低原理，就可以准确无误地写出各元素的多电子原子的核外电子分布式。例如，Se 原子的核外电子分布式为：$1s^2 2s^2 2p^6 3s^2 3p^6 3d^{10} 4s^2 4p^4$。

第三节　晶体的结合键及其相关理论

一、离子晶体与静电吸引理论

1. 基本概念

1916 年，德国慕尼黑大学物理学家科赛尔根据稀有气体具有稳定的结构和大多数无机化合物具有极性的基本事实，首先提出了离子键理论。

当电离能较小的金属原子（例如，碱金属和碱土金属元素）与电子亲和能较大的非金属元素（例如，卤素和氧族元素）原子相互接近时，前者释放最外层的价电子而形成正离子，后者则同时吸收前者释放的电子变成满壳层的负离子。其核外电子的分布式：例如，活泼金属 Na（$1s^2 2s^2 2p^6 3s^1$）$\rightarrow$ Na$^+$（$1s^2 2s^2 2p^6 3s^0$），活泼非金属 Cl（$1s^2 2s^2 2p^6 3s^2 3p^5$）$\rightarrow$ Cl$^-$（$1s^2 2s^2 2p^6 3s^2 3p^6$），分别变成正负离子。

正负离子由于库仑引力的作用相互接近，当它们靠近到一定程度时，两闭合壳层的电子云因重叠而产生斥力，当吸引力与排斥力达到平衡时，就形成稳定的化学键。这种由原子间电子得失后靠正负离子的静电作用而形成的化学键就是离子键，由这种键形成的结晶物质则称作离子晶体。描述离子键物质形成的理论即为离子键理论或静电吸引理论。

离子晶体中的离子可以看成是围绕有一层电子云的圆球。由于电荷分布呈球形对称，所以只要条件适合，离子可以在空间任何方向上吸引带相反电荷的离子[4]。这就是离子键没有方向性的根本原因。这一特性也决定了离子晶体中的离子具有较高的配位数。同时，由于空间因素和排斥效应，每个离子周围排列着一定数量相反电荷的离子，组成第一配位圈，但这并不代表着它们的电性达到了饱和。事实上，它们对第一配位圈外的异性离子也有吸引力，只是作用距离较远，相互影响较小。这种吸引力和影响与正负离子的原子的电负性有关。

原子的电负性是指原子吸引电子的能力。当电负性相差较大的元素的原子结合时，容易形成离子键。根据两元素电负性的差值 X_A—X_B，可从图 1-2 查出该结合键的离子性百分数。例如，Li 的电负性 X_{Li} 为 1.0，F 的电负性 X_F 为 4.0，X_{Li}—X_F 的值为 -3.0，查得 LiF 晶体含离子性百分数约为 88%，这说明其结合键的性质主要是离子键性，所以称之为离子晶体。

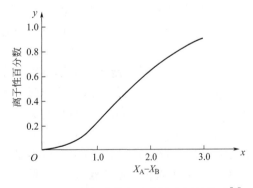

图 1-2　离子性百分数与电负性之间的关系[5]

用同样方法，可查得 Al_2O_3 晶体中 Al—O 键的离子性百分数为 63%，SiO_2 中的 Si—O 键的离子性百分数为 50%。

离子晶体包括以下几种主要类型：①典型金属元素同非金属元素的化合物（如 LiF、NaCl、CaF_2 等）；②二元金属氧化物（如 Na_2O、BaO、MgO 等）；③三元或多元化合物，如镁铝尖晶石 $MgO \cdot Al_2O_3$、锆钛酸铅 $Pb_2(Zr_xTi_{1-x})O_3$ 等。

2. 影响离子键形成的结构因素

离子晶体的结构同正负离子的电荷和空间构型有关。决定离子晶体的结构因素有离子半径大小、球体最紧密堆积程度、配位数多少和离子的极化强度等。

（1）离子半径　若把离子看成是一个圆球体，当正负离子间的吸引力和排斥力达到平衡时，每个离子周围存在一个一定大小的球形力作用圈，其它离子不能进入这个作用圈，这种作用圈的半径称为离子半径。

离子之间的平衡距离为两个球形离子中心的距离（r_0），也就是两个相互接触的离子的半径之和。假如能测定出某一元素的离子半径，则与之接触的其它元素的离子半径可从对应的晶体的晶面间距推算出来。

离子半径经常作为衡量键性、键强、配位关系以及离子的极化力和极化率的重要数据，还决定离子的相互结合关系，它对晶体的性质也有很大影响。

（2）球体最紧密堆积原理　球体的堆积密度愈大，系统的内能就愈小[6]。晶体中质点在空间的堆积服从最紧密堆积原理。球体的紧密堆积分为等径球体的堆积和不等径球体的堆积。即便是最紧密堆积，球体间还是存在空隙的。

球体间的空隙可分为两种类型：四面体空隙和八面体空隙。四面体空隙是由四个球体环围而成，球体中心连线构成四面体；八面体空隙是由六个球体环围而成，球体中心连线构成八面体。若构成上述空隙的球体为等径球体，则上述空隙分别为正四面体空隙和正八面体空隙。

无机非金属类离子晶体中球体有大有小，可以看成由较大的球体作等径球体的最紧密堆积，而在空隙位置中填入较小的球体。若小球体填入四面体空隙，则较大的球体填入八面体空隙。O^{2-} 的半径比 Mg^{2+}、Ca^{2+}、Fe^{2+}、Na^+ 等的半径要大得多，因此，O^{2-} 与这些正离子结合时，主要是 O^{2-} 的紧密堆积，即由 O^{2-} 形成骨架结构，正离子则填充在由 O^{2-} 堆积后形成的四面体或八面体空隙内。

（3）配位数　一个原子或离子邻近周围的同种原子或电负性异号的离子的个数，称为原子配位数或离子配位数。例如，NaCl 晶体结构：Cl^- 按面心立方最紧密堆积方式排列，Na^+ 则填充在 Cl^- 所形成的八面体空隙中，每个 Na^+ 周围有六个 Cl^-，因此，Na^+ 的配位数为 6，如图 1-3 所示。同样的，CsCl 晶体结构：每个 Cs^+ 填充在由八个 Cl^- 包围而成的简单立方体空隙中，如图 1-4 所示，因此，Cs^+ 的配位数为 8。造成这种差别的原因是 Cs^+ 的半径比 Na^+ 的半径大 [r_{Cs^+} 为 1.82Å（1Å＝0.1nm，下同），r_{Na^+} 为 1.10Å]，相应地，Cs^+ 填入的空隙比八面体更大一些。换句话说，Cs^+ 周围比 Na^+ 周围能排列更多的 Cl^-，所以 Cs^+ 的配位数大于 Na^+ 的配位数。

从上述可见，配位数的大小与正负离子半径的比值有关，如图 1-5 所示。当负离子按正八面体堆积时，正负离子能彼此保持相互接触的必要条件是：$(2r^-)^2 + (2r^-)^2 = (2r^+ + 2r^-)^2$，即 $(r^+/r^-)^2 + 2(r^+/r^-) - 1 = 0$，据此可求得 $r^+/r^- = 0.414$。

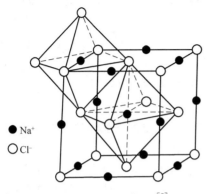

图 1-3　NaCl 晶体结构[7]

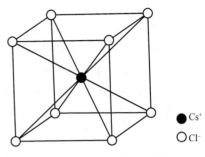

图 1-4　CsCl 晶体结构[7]

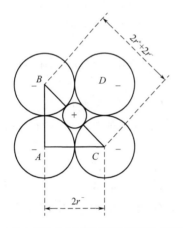

图 1-5　正八面体堆积正负离子能彼此相互接触[8]

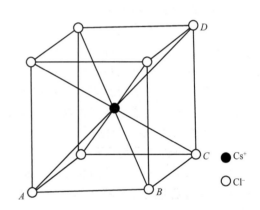

图 1-6　立方体堆积正负离子能彼此相互接触[8]

如果 r^+/r^- 小于 0.414，负离子虽然仍相互接触，但正离子与负离子则相互脱离，这时负离子间斥力很大，能量很高，结构不稳定。当 r^+/r^- 大于 0.414 时，正负离子能相互接触，而负离子之间却脱离接触，这时正负离子间的引力很大，而负离子间斥力较小，能量较低，结构稳定。但是，若晶体结构要保持稳定，不仅要求正、负离子密切接触，还要使正离子的配位数愈高愈好，以满足球体最紧密堆积原则。

依据上面的描述可推得负离子按立方体堆积时，正负离子能彼此间保持相互接触的必要条件。根据图 1-6 所示的几何关系，可同时获得：

$$AB^2 + BC^2 = AC^2, \quad AC^2 + CD^2 = AD^2 \tag{1-13}$$

由式(1-13) 可得，$3(2r^-)^2 = (2r^+ + 2r^-)^2$，$(r^+/r^- + 1)^2 = 3$，依据这两个等式可求得 $r^+/r^- = 0.732$。当 r^+/r^- 等于 0.732 时，正离子周围可排列八个负离子，即八配位；当 r^+/r^- 大于 0.732 时，八配位结构中的负离子之间彼此脱离接触。

（4）离子极化　前面的讨论是将离子看成一个个刚性小球，但实际上，在离子紧密堆积时，任何一个带电荷的离子所产生的电场必然会对另一离子的电子云发生作用（吸引和排斥），这种作用致使离子的大小和形状发生改变，这种现象称为离子极化。每个离子都具有自身被极化和极化周围离子的双重性质。前者称极化率，后者称极化力。极化率反映离子被极化的难易程度，即变形的大小，而极化力则反映极化其它离子的能力。正离子半径较小，电价较高，极化力表现明显，不易被极化，极化率不明显；负离子则相反，极化率明显，易被极化，极化力不明显。因此，通常只考虑正离子对负离子的极化作用。当正离子最外层的电子数为 18 个时（如 Cu^{2+}、Ag^+、Zn^{2+} 和 Cd^{2+} 等），极化率较大，此时正离子易变形。

离子极化会引起正负电荷重心不重合，产生偶极。如果正离子的极化力很强，使负离子电子云变形显著，产生很大的偶极，则会加强负离子与附近正离子间的吸引力，导致正负离子更加接近，缩短了正负离子间的距离，从而使离子配位数降低，引起晶体结构类型的改变。同时，由于离子的电子云变形而失去球形对称特性，致使正负离子间的电子云相互重叠，从而导致离子键分数下降，共价键成分增加。

3. 离子键强度与材料性能

（1）晶格能与离子键强度　离子键强度用晶格能（U）表示。晶格能是指互相远离的气态正、负离子结合生成 1mol 离子晶体时所释放出的能量。晶格能 U 越大，离子键强度越大。

可采用两种方法计算离子晶体的晶格能。一种方法是利用盖斯定律，通过热化学循环（玻恩-哈伯循环）从已知数据中求得晶格能；另一种方法是从理论上进行计算。

根据库仑定律，当电荷分别为 $+Z_1e$ 和 $-Z_2e$ 的正负离子间吸引力和正负离子间电子排斥力达平衡时，相邻正负离子间距称为平衡距离（r_0），体系位能（u）的最小值为 u_0（即当 $r=r_0$ 时），由此可推算出晶格能理论表示式。

正、负离子间的势能为：

$$u = u_{吸引} + u_{排斥} = -\frac{Z_1 Z_2 e^2}{r} + \frac{B}{r^n} \tag{1-14}$$

平衡时，势能最低，式(1-14) 的一阶导数为 0：

$$\left(\frac{du}{dr}\right)_{r=r_0} = \frac{Z_1 Z_2 e^2}{r_0^2} - \frac{nB}{r_0^{n+1}} = 0 \tag{1-15}$$

由上式可求得：

$$B = \frac{Z_1 Z_2 e^2 r_0^{n-1}}{n} \tag{1-16}$$

当体系位能最小时，即 $r=r_0$ 时，将式(1-16) 代入式(1-14)，可得：

$$u_0 = -\frac{Z_1 Z_2 e^2}{r_0} + \frac{1}{r_0^n} \times \frac{Z_1 Z_2 e^2 r_0^{n-1}}{n} = -\frac{Z_1 Z_2 e^2}{r_0}\left(1 - \frac{1}{n}\right) \tag{1-17}$$

即 1mol 物质的总势能为：

$$u_{0,总} = -\frac{Z_1 Z_2 e^2 N_A A}{r_0}\left(1 - \frac{1}{n}\right) \tag{1-18}$$

其晶格能为：

$$U_{晶} = -u_{0,总} = \frac{N_A A Z_1 Z_2 e^2}{r_0}\left(1 - \frac{1}{n}\right) \tag{1-19}$$

式中，N_A 是阿伏伽德罗常数；A 称为马德伦常数，它与晶格的结构类型有关（见表 1-3）；n 被称为玻恩指数，其数值大小与离子的电子构型有关（见表 1-4）；Z_1、Z_2 为离子电荷数。

表 1-3　晶体结构类型与马德伦常数 A

晶体结构类型	CsCl	NaCl	六方 ZnS	立方 ZnS	CaF_2	金红石 TiO_2	刚玉 $\alpha\text{-}Al_2O_3$
马德伦常数 A	1.763	1.748	1.641	1.638	2.52	2.40	4.17

表 1-4　离子的电子构型与玻恩指数 n

离子的电子构型	He	Ne	Ar、Cu^+	Kr、Ag^+	Xe、Au^+
玻恩指数 n	5	7	9	10	12

利用式(1-19)，并根据表 1-3 和表 1-4 所列数据，就可以计算出不同类型离子晶体的晶格能。

（2）离子键强度与材料性能　离子键强度越大，则离子晶体中正负离子的结构稳定性越强，其硬度和熔点相对越高。

离子晶体中较难产生自由运动的电子，导电性能差。固态离子晶体大多是良好的绝缘体，例如云母、刚玉等。但是，在熔融态或液态，由于正负离子在电场作用下可以相对运动，形成定向扩散流，因而具有良好的离子导电性。这是某些固态离子晶体具有较好的离子导电性，并被称为快离子导体的根本原因。已经知道的快离子导电材料有几百种之多，按导电离子的类型可将其分为阳离子导体（如 Ag^+、Cu^{2+}、Li^+ 和 Na^+ 等）和阴离子导体（如 F^- 和 O^{2-} 等）两大类。

当离子晶体在受一定程度的外力作用时，晶面易发生滑移，很容易引起同性离子间的相互排斥而破碎，因此离子晶体材料的脆性较强且韧性较弱。

（3）键的离子性百分数　近代实验和理论研究表明，离子键和共价键之间并没有绝对的界限。在具体的化学键中，化学键的离子性和共价性各占有一定的比例，因此键的离子性百分数完全是由化学键的电子对偏移的程度决定的。

从理论上讲，共用电子对完全偏移形成的化学键就是离子键。目前已知的绝大部分化合物中的原子之间是以共价键结合的，只有在很活泼的非金属离子（如卤素、氧等离子）与很活泼的金属离子（如碱金属离子）之间或电负性相差很大的金属与非金属之间才形成典型的离子键。即使最典型的离子化合物，如氟化铯（CsF），其化学键也不是纯粹的离子键，其键的离子性百分数只占 93%，由于 Cs 原子与 F 原子的电子轨道的部分重叠，使 Cs—F 键的共价成分占 7%。

（4）静电吸引理论的应用　静电吸引理论可用于分析、讨论离子键物质结构的形成。对于大部分离子晶体物质，其形成和特性可以用静电吸引理论进行解释，但不适用于最外层电子轨道为 d 和 f 轨道的过渡金属离子。

二、共价晶体与价键理论

1. 价键理论

（1）经典价键理论　两个原子之间的化学键是由两个原子的电子共同配合成电子对，并使每个原子都达到稳定的饱和电子数，这种结合键即共价键。由共价键构成的结晶物质即为共价晶体。元素周期表中Ⅳ、Ⅴ、Ⅵ族元素构成的许多无机非金属材料和聚合物都是共价键结合，且多为共价晶体，其共同特点是原子的配位数服从 $8-n$ 法则。其中，n 为原子的价电子数，这就是说共价晶体的结构中每个原子都有 $8-n$ 个最近邻的原子。

根据经典的共价键理论，同一非金属元素的两个原子或两个不同的非金属元素每一个原子各提供一个、两个或三个电子，通过共用一对、两对或三对电子而形成共价单键、双键和三键，形成的分子中各原子都应达到相应的稀有元素原子的电子构成，即最外层饱和的电子数。

经典的共价键理论能够说明 H_2、O_2、N_2、Cl_2、H_2O、NH_3 和 CH_4 等许多分子的形成稳定结构的机理。

（2）现代价键理论　PCl_5 是一种共价键物质，但 PCl_5 中 P 原子的最外层电子结构与 Ar 的最外层电子结构就不相符合。这种现象若用经典的价键理论就难于解释，即经典价键理论存在一定的局限性。为了克服经典共价键理论的局限性，人们创立了现代价键理论，又称为电子配对理论，其基本要点包括以下三个方面：

① 两个原子形成共价键时，各提供一个、两个或三个未成对电子配成两原子共用的一对、两对或三对共用电子，相应形成共价单键、双键或三键，在每一共用电子对中，两个电子的自旋方向必须相反，两个自旋相反的电子配对以后不能再与第三个电子配合，这个性质叫做共价键的饱和性。

② 原子中最外层原有的已成对电子，有时可以被激发变成两个单电子，分别与其它原子中的单个电子以自旋相反的方式配合而形成共价键。如 B（$1s^2 2s^2 2p^1$）原子中 p 轨道上只有一个电子，2s 轨道上的两个电子中的一个可以激发到一个 2p 轨道上去，这样处于激发状态的 B（$1s^2 2s^1 2p^2$）原子外层电子结构中就有 3 个未成对电子，可与 3 个 Cl 原子或 3 个 F 原子提供的电子配合而形成 BCl_3、BF_3 分子。P 原子与 Cl 原子形成 PCl_5 分子时，P 原子基态电子（$3s^2 3p^3$）中 3s 轨道上的一个电子被激发到 3d 轨道上，形成 5 个未成对电子（$3s^1 3p_x^{\,1} 3p_y^{\,1} 3p_z^{\,1} 3d^1$），这 5 个未成对电子能够与 5 个 Cl 原子提供的未成对电子配对。显然，BF_3、BCl_3 中 B 原子的外层只有 6 个电子，而 PCl_5 分子中 P 原子外层却有 10 个电子，均不符合相应稀有气体元素原子的最外层电子构成。即现代价键理论对形成分子的原子的最外层电子必须为 8 电子构型没有要求。

③ 形成共价键时，一对自旋相反的电子云之间应尽可能达到最大程度的重叠，重叠程度愈大构成的键愈稳定，但是，并不是电子云沿各个方向的重叠都可达到最大程度，因此共价键是有方向性的。共价键的这一特性，导致了非紧密堆积结构的形成。这对共价晶体材料的性能，特别是密度和热膨胀系数有很大的影响。

紧密堆积的材料，如金属键材料和离子键陶瓷材料具有较高的热膨胀系数，是因为每个原子的热膨胀通过整个结构中相邻原子的膨胀积累而成为整个物质的热膨胀。而共价键材料因单个原子热振动而产生的能量有一部分被结构中的空隙所吸收，因而其热膨胀系数较低。

共价键物质一般强度高且熔点也高，但这些不是共价键的固有特性。例如，许多有机材料的结合键中都有共价键成分，然而，这些有机材料并没有高硬度或高熔点。高硬度和高熔点的决定性因素是键的强度和材料的结构特征，而不仅仅是共价键。

2. 改性共价键理论

金属键是化学键的一种，主要在金属中存在。在金属晶体中，自由电子不专属于某个金属原子而为整个金属晶体所共有，因此它可作穿梭运动。这些自由电子通过穿梭运动与全部金属原子相互作用，从而形成某种结合，这种作用称为金属键。由于金属只有少数价电子能用于形成金属键，因此，金属在形成晶体时，倾向于构成极为紧密的结构，使每个原子都有尽可能多的相邻原子，所以金属晶体一般都具有高配位数和紧密堆积结构。这是因为只有这样，电子云才可尽可能多地重叠，并形成稳定的结构。

上述假设模型叫做金属的自由电子模型，称为改性共价键理论。这一理论是 1900 年德金鲁德等人为解释金属的导电和导热性能所提出的一种假设。这一理论先后经过洛伦茨等人的改进和发展，对金属的许多重要性质均给予了一定解释。

由于价电子在金属中均匀地分布，又由于纯金属中的所有原子的尺寸均是相同的，往往形成等径球体的紧密堆积。这种紧密堆积的结构含有许多滑移面。当受机械负荷时能沿滑移面产生运动，这是金属一般具有很高的延展性的根本原因。正如前面所述，自由电子通过穿梭运动与全部金属原子相互作用，能使金属材料在电场的作用下具有很高的导电性并在热源下具有很高的导热性。

3. 分子轨道理论

以上价键理论着眼于成键原子间最外层轨道中未成对电子在形成化学键时的贡献，能很好地解释共价分子的空间构型，因而得到了广泛的应用。但如考虑成键原子的内层电子在成键时的贡献，则更符合成键的实际情况。为此，1932 年美国和德国化学家提出了一种新的共价键理论——分子轨道理论，即 MO 理论。该理论注意了分子的整体性，能较好地解释多原子的分子结构，因此，该理论在现代共价键理论中占有很重要的地位。

（1）分子轨道理论的要点　分子轨道理论包括以下几个要点：

① 原子在形成分子时，所有电子都有贡献。分子中的电子不再从属于某个原子，而是在整个分子的空间范围内运动。在分子中电子的空间运动状态可用相应的分子轨道波函数（分子轨道）来描述。分子轨道和原子轨道的主要区别在于：在原子中，电子的运动只受 1 个原子核的作用，原子轨道是单核系统；而在分子中，电子在分子中所有原子核势场作用下运动，分子轨道是多核系统。原子轨道的名称用 s、p、d…符号表示，而分子轨道的名称则相应地用 σ、π、δ…符号表示。

② 分子轨道由分子中原子轨道波函数的线性组合而得到。两个原子轨道可以组合成两个分子轨道。

一个分子轨道分别由正负符号相同的两个原子轨道叠加而成，两个原子核间电子云重叠的概率密度愈大，其能量较原来的原子轨道能量愈低，愈有利于成键，称为成键分子轨道，如 σ 和 π 轨道；

另一个分子轨道分别由正负符号不同的两个原子轨道叠加而成，两个原子核间电子云重叠的概率密度愈小，其能量较原来的原子轨道能量愈高，愈不利于成键，称为反键分子轨道，如 σ^* 和 π^* 轨道。

③ 为了有效地组合成分子轨道，要求成键的各原子轨道必须符合以下三条原则[9]：

一是对称性匹配原则。只有对称性匹配的原子轨道才能组合成分子轨道，这称为对称性匹配原则。符合对称性匹配原则的几种简单的原子轨道组合是：（沿 x 轴）s-s、s-p_x、p_x-p_x 组成分子轨道；（在 xy 平面内）p_y-p_y、p_z-p_z 组成 π 分子轨道。

二是能量近似原则。在对称性匹配的原子轨道中，只有能量相近的原子轨道才能组合成有效的分子轨道，而且原子轨道的能量愈相近愈好。

三是轨道最大重叠原则。对称性匹配的两个原子轨道进行线性组合时，其重叠程度愈大，则构成的分子轨道的能量愈低，所形成的化学键愈稳定。图 1-7 是两个 H 原子形成 H_2 分子的分子轨道结构示意图。两个 H 原子的原子轨道构成两个分子轨道，其中，一个是成键分子轨道，另一个是反键分子轨道。两个电子进入成键分子轨道，形成分子轨道后，则没有电子进入反键轨道，没有形成反键轨道，体系能量低于原子轨道的能量，因此，能形成稳定的 H_2 分子。

（2）分子轨道理论的应用

① O_2 分子顺磁性的解释。按价键理论，O_2 分子中不含未成对电子，应表现为反磁性，而实验证实是顺磁性。如图 1-8 所示，两个 O 原子的两个 2s 原子轨道组合成两个分子轨道，其中，一个是成键分子轨道，另一个是反键分子轨道。4 个电子分别进入成键分子轨道和反

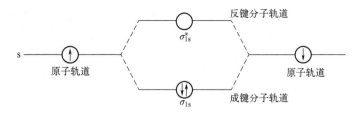

图 1-7　H_2 分子轨道形成示意图[10]

键分子轨道，系统能量与原子轨道的相同，表明对成键不起作用。6 个 2p 原子轨道组合成 6 个分子轨道。6 个电子进入成键分子轨道，余下的 2 个电子进入反键分子轨道。形成分子轨道后，体系能量低于原子轨道的能量，能形成稳定的 O_2 分子。在两个反键分子轨道中，各有一个单电子。因此，用分子轨道理论可成功地解释 O_2 分子呈现顺磁性这一现象。

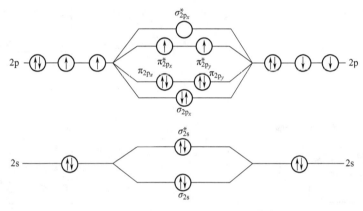

图 1-8　O_2 分子轨道形成示意图[11]

　　② 金属键的形成。以金属 Na 为例来说明金属键的本质。众所周知，两个 Na 原子可以通过金属键结合成双原子分子 Na_2。Na 原子形成 Na_2 的过程，可描述为：当两个 Na 原子相互靠近时，它们的 3s 电子云发生重叠而成键。按照分子轨道理论，两个 3s 轨道可以组合成两个分子轨道，一个是成键轨道 σ_{3s}，其能量 E_1 低于原子轨道的能量 $E(3s)$，另一个则是反键轨道 σ_{3s}^*，其能量 E_1^* 高于原子轨道能量 $E(3s)$。两个价电子填入成键轨道 σ_{3s}，反键轨道则为空轨道，如图 1-9(a) 所示。

　　当 4 个 Na 原子形成 Na_4 时，如图 1-9(b) 所示，4 个 3s 轨道相互重叠。4 个 3s 轨道可以构成 4 个分子轨道，其中两个是成键轨道，其能量 E_1、E_2 均低于 $E(3s)$，另两个轨道是反键轨道，其能量 E_1^*、E_2^* 均高于 $E(3s)$。4 个价电子占据两个成键轨道，反键轨道则为空轨道。同理，当 12 个 Na 原子形成 Na_{12} 时，如图 1-9(c) 所示，12 个 3s 轨道相互重叠。这时 6 个能量低于 $E(3s)$ 的成键轨道上填满了电子，6 个能量高于 $E(3s)$ 的反键轨道则为空轨道。

　　当 Na 原子的数目 n 增大到金属钠中所含 Na 原子达到一定数量级时，n 个 Na 原子形成的“分子”也就是一块金属钠，这时 n 个 3s 原子轨道相互重叠并构成 n 个分子轨道。由于 n 是很大的数，故相邻分子轨道的能级差非常微小，即 n 个能级实际上构成一个具有一定上限和下限的能带，能带的下半部分充满了电子，上半部分必然空着，如图 1-9(d) 所示。这就是金属结构的能带模型。

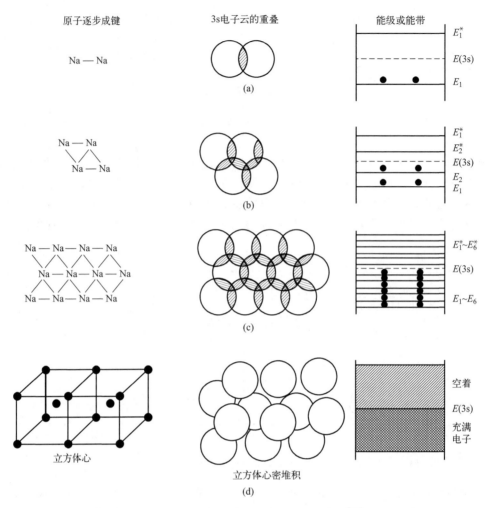

图 1-9　Na 金属键的形成及能量变化示意图[11]

　　如果将失去价电子的金属原子（即正离子）看成是一个圆球，圆球的界面基本就是正离子电子的界面。根据以上的讨论，可以将金属理解为数目很大的正离子圆球的堆积物与一群电子的结合体。这些电子称为自由电子，它们不再受某一个原子的束缚，它们在正离子圆球的空隙中运动，运动的范围是整个金属。所以，自由电子和正离子组成的晶体格子之间的相互作用就是金属键，即自由电子像水泥似的将许多排列整齐的正离子胶合在一起。由于金属键是由数目众多的 s 轨道组成的，故金属键可向三维空间发展。

　　为便于对比及加深对化学键的理解，表 1-5 列出了不同键的键合形式及形成材料的特征与性能，并对形成物质的各结构理论的应用及其局限性列于表 1-6。

表 1-5　键合形式及形成材料的特征与性能[12]

结构与性能	离子键及材料	共价键及材料	金属键及材料
键性	电子施主加上电子受主形成电中性；成键作用力为库仑力；键合无方向性；元素或原子间的电负性差值大	通过共有电子使原子外层的电子层达到电中性；键合具有高度的方向性；元素或原子之间的电负性差值小或为零	原子中未充满电子层的电子被结构中所有原子自由共有；负电荷间产生相互静电排斥；电子在整个结构中均匀分布；键合无方向性

续表

结构与性能	离子键及材料	共价键及材料	金属键及材料
结构特点	由原子(离子)尺寸和电荷决定的结构易于达到原子所允许的紧密堆积;配位数较大	非紧密堆积,配位数小,密度相对较小	一般为紧密堆积,配位数大,密度大
力学性能	强度高、硬度大、呈脆性	强度高、硬度大、呈脆性	强度因材料不同而异,有塑性
热学性能	熔点高,热膨胀系数小,熔体中有离子存在	熔点高,热膨胀系数小,熔体中有的含有分子	熔点因材料不同而异,导热性好
电学性能	绝缘体,熔融态为离子导体	绝缘体,熔融态为非导体	导电性优异(自由电子导电)
光学性能	与各构成离子的性质相同,对红外光的吸收强,多是无色或浅色透明物质	折射率大,通常不透明,与气体的吸收光谱不同	通常不透明,有金属光泽

表 1-6 物质形成的结构理论[12]

结构理论	应用	局限性讨论
静电吸引理论	用于分析、讨论离子键物质结构的形成。对于大部分离子晶体物质,其形成和特性可以用静电吸引理论解释	不适用于电子填充 d、f 轨道的过渡金属离子
晶体场理论	主要用于分析、讨论过渡元素离子的 d 轨道在配场作用下能级分裂的情况,以及对晶体结构和性能的影响	较好地解释了配合物的颜色、磁性等,但是不能合理解释配体在光谱化学序列中的次序;只考虑中心原子与配体之间的静电作用,忽略了金属原子 d 轨道与配体轨道之间的重叠
经典共价键理论	用于描述共价键物质结构的形成,如 H_2、O_2、N_2、Cl_2、H_2O、NH_3、CH_4 等	初步揭示了共价键不同于离子键的本质,解释了共价分子的结构。但是,这一理论是从大量化学实验事实概括得到的结论,并根据经典静电理论把电子看成是静止不动的负电荷,必然会出现许多不能解决的矛盾
现代价键理论	描述共价键物质结构的形成,它克服了经典共价理论的局限性,成功解释了 BCl_3、BF_3、PCl_5 等物质结构的形成	价键理论虽然解决了基态分子成键的饱和性和方向性问题,但无法解释 CH_4 的正四面体结构,因此鲍林提出了杂化轨道理论
分子轨道理论	可描述共价键物质和金属键物质结构的形成,它克服了价键理论的局限性,成功解释了 O_2 的顺磁性	弥补了价键理论的不足,但计算量较大,而且基于原始原子轨道能级的排布,未考虑到中心原子事先通过轨道杂化,再组成分子轨道的可能性

4. 分子间结合键

化学键是分子中原子和原子之间依赖电子成键的一种强烈的作用力,它决定着物质的主要性质。分子和分子之间还存在较弱的结合键或作用力。物质熔化或汽化要克服分子间作用力,气体凝结成液体和固体也需要依靠这种作用力。除此以外,分子间作用力还影响物质的汽化、熔化热和溶液黏度等物理性质。

分子间结合键包括范德华力和氢键(一种特殊的分子间作用力)。分子间作用力比化学键小得多,主要包括三个部分:取向力、诱导力和色散力。其中,色散力随分子间的距离增大而减小。一般说来,组成和结构相似的物质,分子量越大,分子间距越大,分子间作用力越小,物质熔化或汽化所克服的分子间作用力越小,所以物质的熔点和沸点升高。

氢原子与吸引电子能力很强(或电负性很大)、原子半径很小且含有孤对电子的原子结合时，由于键的极性很强，共用电子对必然强烈地偏离氢原子，并偏向另一个原子，致使氢原子核裸露出来，被另一个分子中电负性很大的原子吸引而构成氢键。如 H_2O、NH_3 和 HF 都含有氢键。氢键的实质仍是经典的静电吸引作用，能量比分子间作用力稍强一点，比化学键小得多。由于氢键的存在，使 H_2O、NH_3 和 HF 等物质的分子间的作用力较大，致使其熔点和沸点较高。氢键还存在于醇、胺和羧酸等有机化合物中，也存在于蛋白质、核酸和脂肪中，很多生命现象与氢键有关，如核酸双螺旋交联和遗传密码传递等。

三、配合物与晶体场理论

1. 基本概念

晶体场理论（简称 CFT 理论）是研究过渡族元素化学键形成的理论[13]。它在静电键合理论基础上，结合量子力学和群论的一些观点，来解释过渡族元素和镧系元素的物理和化学性质，重点研究配位体对中心离子的 d 轨道和 f 轨道的影响。

晶体场理论是化学键形成理论之一，其主要内容包括：①过渡金属阳离子处于周围阴离子或偶极分子的晶体场中，前者称为中心离子（M），后者称为配位体。M 处于带负电荷的配位体形成的静电场中，二者完全靠静电作用结合。②配位体产生的静电场对 M 中的 d 电子产生排斥作用，使金属原子中原来五个简并的 d 轨道分裂成两组或两组以上能级不同的轨道。这些轨道的能量有的比晶体场中 d 轨道的平均能量低，有的比平均能量高，其能量分裂的情况主要决定于中心原子（或离子）和配体的本质及配体的空间构型。③在空间构型不同的配合场中，配位体形成不同的晶体场，对中心离子 d 轨道的影响不同。④电子在分裂的 d 轨道上重新排布，以达到配位化合物体系总能量降低，形成稳定的配合物的目的。晶体场理论能较好地解释配位化合物中心原子（或离子）中的未成对电子数，并由此进一步说明配位化合物的光谱、磁性、颜色和稳定性等特性。

2. d 轨道能级分裂

在八面体构型的配合物中，中心原子位于八面体中心，6 个配体则沿着 3 个坐标轴的正、负方向接近中心原子，6 个配位体分别占据八面体的 6 个顶点，由此构成的静电场叫做八面体场。八面体场中配位体与 5 个 d 轨道的位置关系如图 1-10 所示。

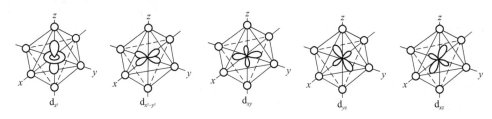

图 1-10　八面体场中配位体与 5 个 d 轨道的位置关系[14]

下面以 $[Ti(H_2O)_6]^{3+}$ 为例，说明八面体场中 5 个 d 轨道的能级分裂情况。中心离子 Ti^{3+} 的最外层电子构成为 $3d^1$，当其为自由离子时，该电子在 5 个 d 轨道中出现的概率相同，5 个 d 轨道能量相等；如果 6 个偶极 H_2O 分子的负端与中心离子形成一个球形场，偶极 H_2O 分子必然对 Ti^{3+} 的 d 电子产生排斥，5 个 d 轨道能量等同地升高；但实际上，6 个偶极 H_2O 分子的负端与中心离子构成的是八面体场（偶极 H_2O 分子沿坐标轴方向靠近中心离子），d 轨道受到不同程度的排斥，d_{x^2} 和 $d_{x^2-y^2}$ 轨道与轴向上的配体迎头相碰，受到配体排斥力较大，能量分裂比球形场高；而 d_{xy}、d_{xz} 和 d_{yz} 轨道因自身伸展方向不是在轴向上，而是位于轴间，受到配体排斥力小，其能量分裂比球形场低。八面体场中 d 轨道能级分裂情况如图 1-11（a）所示。

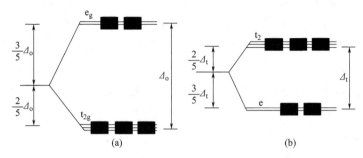

图 1-11　八面体场和四面体场引起的 d 轨道能级分裂[14]

四面体场中配位体与 5 个 d 轨道的位置关系如图 1-12 所示。与八面体场中 d 轨道能级分裂情况不同的是，四面体场中 d_{xy}、d_{xz} 和 d_{yz} 轨道比 d_{z^2} 和 $d_{x^2-y^2}$ 轨道更接近配位体，相应地受到的排斥力比后两个轨道要大，能量分裂较高。四面体场中 d 轨道能级分裂情况如图 1-11（b）所示。

图 1-11（a）中，能量较高的 d_{z^2} 和 $d_{x^2-y^2}$ 轨道标记为 e_g 轨道；能量较低的 d_{xy}、d_{xz} 和 d_{yz} 轨道标记为 t_{2g} 轨道。图 1-11（b）中，能量较高的 d_{xy}、d_{xz} 和 d_{yz} 轨道，标记为 t_2 轨道；能量较低的 d_{z^2} 和 $d_{x^2-y^2}$ 轨道，标记为 e 轨道。两组轨道能量之差，称为分裂能 Δ，Δ_o 表示八面体场的分裂能，而 Δ_t 表示四面体场的分裂能。

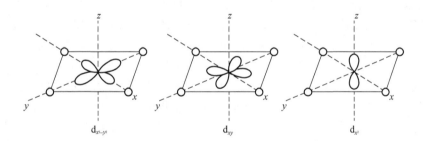

图 1-12　四面体场中配位体与 5 个 d 轨道的位置关系[14]

d 轨道在不同构型的配合物中，分裂的方式和能量大小不尽相同。分裂能 Δ 的大小既与配体有关，也与中心原子有关。中心原子一定时，分裂能 Δ 随配体不同而改变，主要遵循以下的顺序：$I^- < Br^- < S^{2-} < SCN^- < Cl^- < NO_3^- < N_2^- < F^- < OH^- < C_2O_4^{2-} < H_2O < NCS^- < CH_3CN < py < NH_3 < en < 2,2'\text{-bipy} < phen < NO_2^- < PPh_3 < CN^- < CO$。由于分裂能的 Δ 值由光谱确定，故该顺序也称为光谱化学序列，用以表示配体场强度顺序。该顺序可用配位场理论进行解释。配体一定时，分裂能 Δ 随中心原子改变：相同元素的中心原子电荷越大时，分裂能 Δ 值也越大；不同元素的中心原子，分裂能 Δ 值随周期数的升高而增大，分裂能 Δ 值随配位原子半径减小而增大：$I < Br < Cl < S < F < O < N < C$。

在配体作用下，d 轨道发生分裂，d 电子在分裂后 d 轨道中的总能量，叫做晶体场稳定能。过渡族金属离子在八面体配位中所得到的总稳定能，称八面体晶体场稳定能。Cr^{3+}、Ni^{2+} 和 Co^{3+} 等离子将强烈选择八面体配位位置。过渡金属离子在四面体配位中所得到的总能量，称四面体晶体稳定能。Ti^{4+} 和 Sc^{3+} 等离子则优先选择四面体配位位置。

3. 晶体理论的应用

（1）配合物的磁性（自旋状态）　当某个 d 轨道中已经有一个电子时，若第二个电子要与其配对，则电子成对能 E_p 可定义为第二个电子克服第一个电子排斥作用所需的能量。在 d 轨道能级分裂后，d 电子的排布要兼顾能量最低原理和洪特规则，既要尽可能地分占不同轨道且自旋平行，还要确保总体能量最低，因而最终取决于分裂能 Δ 和电子成对能 E_p 的相对大小。

根据光化学序列，在 CN^- 和 CO 等强场配体作用下，配合物分裂能变大，$\Delta > E_p$，d 电子优先在能级低的轨道中排布，称为低自旋。比如在强场配体 NO_2^- 的作用下，八面体构型离子 $[Fe(NO_2)_6]^{3-}$ 的 5 个 d 电子将全部处于 t_{2g} 轨道中。

与上述相反，I^- 与 Br^- 等弱场配体导致 $\Delta < E_p$，d 电子更易排布在能级高的轨道中，称为高自旋。例如，在弱场配体 Br^- 的离子 $[FeBr_6]^{3-}$ 中，5 个 d 电子中有 3 个处于 t_{2g} 轨道，2 个处于 e_g 轨道，形成 5 个单占轨道且为高自旋态。

在八面体中的 d^1、d^2 和 d^3 型离子，按洪特规则，其 d 电子只能分占 3 个简并的低能级 d 轨道，即只有一种 d 电子的排布方式。而 d^4、d^5、d^6 和 d^7 型离子，则分别有两种可能的排布。当 $E_p > \Delta$ 时，因电子成对所需的能量较高，故 d 电子将尽量分占轨道而具有最多自旋平行的单电子，即高自旋态；反之，当 $E_p < \Delta$ 时，则因跃迁进入高能级 d 轨道需要较高的能量，d 电子将优先占据低能级轨道并成对，而具有较少的单电子，即低自旋态。高自旋态是分裂能 Δ 较小的弱场排列，不够稳定，单电子多而磁矩高，具有顺磁性。低自旋态是分裂能 Δ 较大的强场排列，较稳定，单电子少而磁矩低。对比稳定性时，高自旋与外轨型，低自旋与内轨型似有对应关系，但二者有区别。

对正四面体型配合物而言，分裂能 $\Delta_{四面体}$ 大约只等于 4/9 分裂能 $\Delta_{八面体}$，且成对能 E_p 变化不大，因此，四面体型配合物均符合洪特规则，且为高自旋。"弱场高自旋，强场低自旋"的结论已得到配合物磁性实验的证实，可用于预测未知配合物的磁性性质。含有未成对电子的配合物呈顺磁性，而不含未成对电子的配合物则呈抗磁性。

（2）配位离子的空间结构　晶体场理论可以帮助人们推测配离子的空间构型。因为晶体场稳定化能既与分裂能有关，又与 d 电子数及其在不同能级 d 轨道中的分布有关。对于 d^0（全空）、d^{10}（全充满）及弱场中的 d^5（半充满）型过渡金属的配位离子，其稳定化能均为零。除此以外，其余 d 电子数的过渡金属配位离子的稳定化能，无论何种空间构型均不为零，而且稳定化能愈大，则配位离子愈稳定。按此可认为，除 d^0、d^{10} 及 d^5（弱场）没有稳定化能的额外增益外，相同金属离子和相同配体的配位离子的稳定性似应有如下顺序：

$$平面正方形 > 正八面体 > 正四面体$$

但实际情况却是正八面体离子更稳定。这主要是由于正八面体配位离子可以形成 6 个配位，而平面正方形配位离子只形成 4 个配位键，总键能前者大于后者，而且稳定化能的这种差别与总键能相比是很小的一部分，因而正八面体结构更常见。只有两者的稳定化能的差值最大时，才有可能形成正方形配位离子。弱场中的 d^4、d^9 型离子以及强场下的 d^8 型离子，稳定化能的差最大，例如，弱场中 Cu^{2+}（d^9）形成接近正方形的 $[Cu(H_2O)_4]^{2+}$ 和 $[Cu(NH_3)_4]^{2+}$，强场中 Ni^{2+}（d^8）形成正方形的 $[Ni(CN)_4]^{2-}$。而 d^0、d^{10} 及 d^5（弱场）型三种组态的配位离子在适合的条件下才能形成四面体。例如 d^0 型的 $TiCl_4$ 和 d^{10} 型的 $[Zn(NH_3)_4]^{2+}$ 及弱场 d^5 型的 $[FeCl_4]^-$ 等都是四面体构型。

（3）配合物的颜色　含有 $d^1 \sim d^9$ 构型的过渡元素配合物大多是有颜色的。下面以水合配位离子为例对其颜色进行介绍。

晶体场理论认为，配位离子的形成体（或中心离子）是由于 d 轨道未填满，有未成对电子，d 电子吸收光能导致在低能级的 d 轨道到高能级的 d 轨道之间发生电子跃迁，这种跃迁称 d-d 跃迁，其相应的能量间隔一般在 $10000 \sim 40000 \text{cm}^{-1}$，相当于可见光及近紫外光区的波长范围的能量。例如正八面体配位离子 $[Ti(H_2O)_6]^{3+}$ 的水溶液显紫红色，是因为 Ti^{3+} 只有 1 个 3d 电子，当可见光照射到该配位离子溶液时，处于低能级 d 轨道上的电子吸收了波长为 492.71nm 附近的可见光光能而跃迁到高能级 d 轨道，光子的能量恰好与配位离子的分裂能匹配，相当于 20400cm^{-1}，这时可见光中蓝绿色光被吸收，剩下红色和紫色的光，致使溶液显紫红色。

根据晶体场理论，配合物的颜色与其分裂能 Δ 值有关，分裂能越大，要实现 d-d 跃迁则需要吸收高能量光子（短波长光子），使配合物吸收光谱向短波方向移动。

第四节　无机材料结构特征及结构-性能-工艺之间的关系

一、结构特征

在晶体结构上，无机材料中质点间结合力主要为离子键、共价键或离子共价混合键。这些化学键具有高键能、高键强、大极性等特点，赋予这类材料以高熔点、高强度、耐磨损、高硬度、耐腐蚀和抗氧化的基本属性，同时具有优越的导电性、导热性和透光性以及良好的铁电性、铁磁性和压电性。举世瞩目的高温超导性也是在这类材料上发现的。

在化学组成上，随着无机新材料的发展，无机材料已不局限于硅酸盐，还包括其它含氧酸盐、氧化物、氮化物、碳与碳化物、硼化物、氟化物、硫系化合物、硅、锗、Ⅲ-Ⅴ族及Ⅱ-Ⅳ族化合物等。

在形态上和显微结构上，无机材料日益趋于多样化，薄膜（二维）材料、纤（一维）材料、纳米（零维）材料、多孔材料、单晶材料和非晶材料占有越来越重要的地位。

二、结构-性能-工艺之间的关系

在合成与制备上，为了获得优良的材料性能，新型无机材料在制备上普遍要求高纯度、高细度的原料，并在化学组成、添加物的数量和分布、晶体结构和材料微观结构上能精确加以控制。

在应用领域上，无机材料已成为传统工业技术改造和现代高新技术、新兴产业以及发展现代国防和生物医学等不可缺少的重要组成部分，广泛应用于化工、冶金、信息、通信、能源、环境、生物、空间、军事、国防等各个领域。

材料的性质是组成与结构的外在反映，对材料的性能有决定性的影响，而材料的应用性能又与材料的使用环境密切相关。要有效地使用无机材料的性能，必须了解产生特定性质的原因——组成与结构、无机材料所具有的性能以及实现这些性能的途径和方法，也就是工艺以及环境对无机材料性能的影响，见图 1-13。

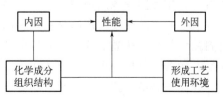

图 1-13　无机材料的组成-结构-性能-工艺之间的关系[15]

考察无机材料的结构需从以下几个层次来考虑，这些层次都影响无机材料的最终性能。

第一个层次是原子及电子结构。原子中电子的排列在很大程度上决定原子间的结合方式，决定材料类型及其热学、力学、光学、电学、磁学等性质。金属、非金属和聚合物等具有各自不同的原子结合方式，而不同无机非金属材料之间的原子结合方式也有其差别，从而都表现各自独特的性质关系和变化规律。

第二个层次是原子的空间排列。如果无机材料中的原子排列非常规则且具有严格的周期性，就形成晶态结构；反之则为非晶态结构。不同的结晶状态具有不同的性能。原子排列中存在缺陷会使无机材料性能发生显著变化，如晶体中的色心就是由于晶体中存在点缺陷，而使透明晶体具有颜色，甚至可作为激光晶体。

第三个层次是组织结构或相结构。在大多数陶瓷中可发现晶粒组织。晶粒之间的原子排列变化改变了它们之间的取向，从而影响无机材料的性能，其中晶粒的大小和形状起关键作用。另外，大多数无机材料属于多相材料，而每一相都有自己独特的原子排列和性能，因此控制无机材料结构中相的种类、大小、分布和数量就成为控制其性能的有效方法。

第五节　无机材料科学与工程

一、无机材料科学与工程的含义

材料的组成与结构决定材料的性质，其组成和结构又是合成和制备过程的产物。材料作为产品必须具有一定的效能以满足使用条件和环境要求，从而获得应有的经济、社会效益。因此，合成与制备、组成与结构、性能与使用效能四个组元之间存在着强烈的相互依赖关系。无机材料科学与工程就是一门研究无机材料合成与制备、组成与结构、性能及使用效能四者之间相互关系与制约规律的科学，其相互关系可用图 1-14 的四面体表示，研究四者之间的相互关系有助于理解材料的结构与性能的关联性。

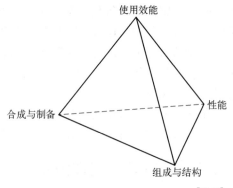

图 1-14　无机材料科学与工程四面体[16,17]

二、无机材料科学与工程的主要研究对象

无机材料科学偏重于研究无机材料的合成与制备、组成与结构、性能及使用效能各组元本身及其相互间关系的规律；无机材料工程着重于研究如何利用上述规律性研究成果以新的或更有效的方式开发生产出材料，提高材料的作用效能，以满足社会的需要；同时还应包括材料制备与表征所需的仪器、设备的设计与制造等。在无机材料科学发展中，科学与工程彼此交叉融合，构成一个学科整体。

合成与制备主要指促使原子、分子结合而构成材料的化学与物理过程，其研究内容既包括有关寻找新合成方法的科学问题，也包括以适用的数量和形态合成材料的技术问题，还包括新材料的合成，也包括已有材料的新合成方法（如溶胶-凝胶法-微波合成法）及其新形态

（如纤维、薄膜）的合成；制备研究如何控制原子与分子使之构成有用的材料，还包括在更为宏观的尺度上或以更大的规模控制材料的结构，使之具备所需的性能和使用效能，即涵盖材料的加工、处理、装配和制造；合成与制备既是将原子、分子聚合起来并最终转变为有用产品的一系列过程，是提高材料质量、降低生产成本和提高经济效益的关键，也是开发新材料、新器件的中心环节。在合成与制备中，基础研究与工程性研究同样重要，如对材料合成与制备动力学过程的研究可揭示过程的本质，为改进制备方法、建立新的制备技术提供科学依据。因此，不能简单地把合成与制备归结为工艺而忽略其基础研究的科学内涵。

组成是指构成材料的原子、分子及其数量关系。除主要组成以外，杂质对无机材料结构与性能有重要影响，微量添加物亦不能忽略。结构则指组成原子和分子在不同层次上彼此结合的形式、状态和空间分布，包括电子与原子结构、分子结构、晶体结构、相结构、晶粒结构、表面与晶界结构和缺陷结构等不同尺度；在尺度上则包括纳米以下、纳米、微米、毫米及更宏观的结构层次。材料的组成与结构是材料的基本特征，它们一方面是特定的合成与制备条件的产物，另一方面又是决定材料性能与使用效能的内在因素，因此在无机材料科学与工程的四面体（图1-14）中占有独特的承前启后的重要地位，并起指导性的作用。了解无机材料的组成与结构及它们同合成与制备、性能及使用效能之间的内在联系，一直是无机材料科学与工程的基本研究内容。

性能指材料固有的物理与化学特性，也是确定材料用途的依据。广义地说，性能是材料在一定的条件下对外部作用的反应的定量表述。例如，对外力作用的反应体现为力学性能，对外电场作用的反应表现为电学性能，对光波作用的反应则是光学性能等。

使用效能是材料以特定产品形式在使用条件下所表现的功效。它是材料的固有性能、产品设计、工程特性、作用环境和效益的综合表现，通常以寿命、效率、耐用性、可靠性、效益及成本等相关指标来衡量。因此，使用效能的研究与工程设计及生产制备过程密切相关，不仅涉及工程技术问题，还涉及复杂的材料科学问题。例如，无机结构材料部件的损毁过程和可靠性往往涉及在特定的温度、气氛、应力和疲劳环境下材料中的缺陷形成和裂纹扩展的微观机理；功能器件的一致性与可靠性是功能材料固有缺陷（原生缺陷）、器件制备过程引入的二次缺陷以及在使用条件下上述缺陷的发展和新缺陷产生的综合结果。这些使用效能的研究需要具备基础理论素养和现代化学、物理学、数学和工程科学的知识，并依赖先进的组成、结构和性能检测设备。材料的使用效能是材料科学与工程所追求的最终目标，在很大程度上代表这一学科的发展水平。

思考题

- **1.** 原子结构的理论模型有哪些？其要点和局限性各是什么？
- **2.** 什么是原子轨道？原子轨道与原子中电子运动的波函数有何种关系？
- **3.** 主量子数、角量子数、磁量子数和自旋量子数四个参数是如何取值的？
- **4.** 离子键分数与电负性之间有何种关系？
- **5.** 绘出四面体空隙和八面体空隙的结构示意图。
- **6.** 如何理解离子的极化？离子极化对离子配位数和键性有何种影响？
- **7.** 什么是晶体场理论（简称CFT理论）？其要点是什么？
- **8.** 八面体场与四面体场中，中心离子5个d轨道的分裂有什么不同？导致不同的原因是什么?

- **9.** 晶体场理论和静电场理论有何联系与区别?
- **10.** 说明经典价键理论和现代价键理论的相同点和不同点。
- **11.** P 原子基态电子 $(3s^2 3p^3)$ 中只有 3 个单电子,何以能形成 PCl_5 分子?
- **12.** 为了有效地组合成分子轨道,要求成键的各原子轨道必须符合三条原则,试说明之。
- **13.** 试用分子轨道理论说明金属键的形成与本质。
- **14.** 讨论物质形成的各结构理论的局限性。

参 考 文 献

[1]　马爱琼,任耘,段锋.无机非金属材料科学基础 [M].北京:冶金工业出版社,2020:1.

[2]　卢安贤.无机材料科学基础简明教程 [M].北京:化学工业出版社,2012:4.

[3]　余永宁.材料科学基础 [M].北京:高等教育出版社,2006:68.

[4]　李淑妮,杨奇,魏灵灵.化学键与分子结构 [M].北京:科学出版社,2021:36.

[5]　卢安贤.无机材料科学基础简明教程 [M].北京:化学工业出版社,2012:7.

[6]　潘群雄,王路明,蔡安兰.无机材料科学基础 [M].北京:化学工业出版社,2006:14.

[7]　卢安贤.无机材料科学基础简明教程 [M].北京:化学工业出版社,2012:8.

[8]　卢安贤.无机材料科学基础简明教程 [M].北京:化学工业出版社,2012:9.

[9]　翟玉春.结构化学 [M].北京:科学出版社,2021:94.

[10]　卢安贤.无机材料科学基础简明教程 [M].北京:化学工业出版社,2012:16.

[11]　卢安贤.无机材料科学基础简明教程 [M].北京:化学工业出版社,2012:17.

[12]　卢安贤.无机材料科学基础简明教程 [M].北京:化学工业出版社,2012:18.

[13]　冯文林,郑文琛,刘虹刚.晶体场理论及其在材料科学中的应用 [M].成都:西南交通大学出版社,2011:12.

[14]　卢安贤.无机材料科学基础简明教程 [M].北京:化学工业出版社,2012:12.

[15]　宋晓岚,黄学辉.无机材料科学基础 [M].北京:化学工业出版社,2019:6.

[16]　宋晓岚,黄学辉.无机材料科学基础 [M].北京:化学工业出版社,2019:5.

[17]　张均林,严彪,王德平,等.材料科学基础 [M].北京:化学工业出版社,2006:13.

第二章

晶体学基础知识

自然界中和人工制造的无机材料，从其内部结构来说，大体可分为晶体、非晶质体和准晶体。已知的及日常应用的绝大多数无机材料为结晶物质，特别是当前引起关注、重点研究且性能优越的无机材料基本为结晶物质，结晶物质的性能源自其内部结构，与其结构密切相关，是由其结构所决定的。因此，为了更好地理解并深入研究其结构与性能的关联性，掌握晶体学基础知识就显得十分必要。

第一节　无机物的类型

1. 晶体

从本质上来讲，内部质点在三维空间呈周期性重复排列的固体称为晶体，即晶体是具有空间格子构造的物质。

空间格子是通过内部构造分析而抽象出来以反映晶体内部构造中相当的结构单元在三维空间周期性重复排列的规律性几何图形。

晶体是其结构单元（包括离子、原子和分子）在三维空间作周期性重复排列的物体，具有空间格子构造。众所周知，物质的存在形式有固体、液体和气体三大状态，其中，固体状态中的绝大部分物质属于结晶体。液体状态的物质中，也有称为液晶的液态晶体。

晶体广泛存在于物质世界，按晶体的尺度大小可分为：

（1）显晶质　显晶质是指用肉眼或借助于一般放大镜能分辨出结晶颗粒者。

（2）隐晶质　隐晶质是指用一般放大镜无法分辨出结晶颗粒者。

（3）纳米晶质　纳米晶质是指结晶颗粒的大小为纳米尺度者。

图 2-1 所示为石英晶体结构的质点在三维空间周期性排列。在石英晶体结构中，任意选取一个正六边形环作为研究对象，让它在三个不同的方向上平移，平移一定距离后这个六边形环必然可与另外的六边形环重合，继续沿相同的方向平移相同的距离后，这个六边形环仍然能与其它的六边形环重合。这就是石英晶体结构的特性，它很好地说明了晶体内部质点的周期性排列。

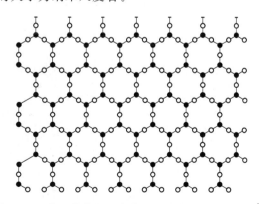

图 2-1　石英晶体结构，质点在三维空间周期性排列[1]

2. 非晶质体

非晶质体是内部质点在三维空间不作周期性排列的固体，即内部质点不具空间格子构造的固体。

晶体与非晶质体的内部结构的本质区别体现在：晶体既具短程有序（近程规律），也具长程有序（远程规律）；非晶质体和液体只有近程规律，而无远程规律；气体既无远程规律，也无近程规律。图 2-2 所示是不具备格子构造的非晶质体，它与图 2-1 的根本区别在于：环状结构不能实现空间平移，即任何一个环状结构无法通过移动一定的距离与另一个环状结构重叠。这就是非晶质体的本质特征。

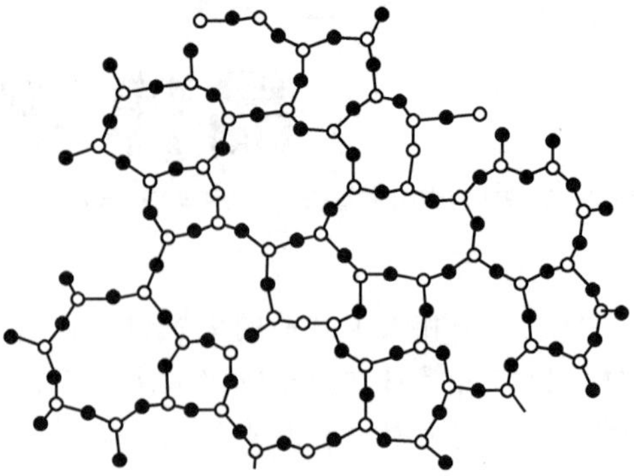

3. 准晶体

准晶体是指内部质点的排布具有长程有序

图 2-2 非晶质体不具备格子构造[1]

（远程规律），但不具有三维周期性重复的格子构造的固体。图 2-3 所示是准晶体平面格子几何拼图及准晶体结构模型，其中，图 2-3（a）是准晶体平面格子及有关几何拼图，图 2-3（b）是具有 5 次对称的纳米微粒多重分数维准晶体结构模型，图 2-3（c）是微粒分数维准晶体结构模型。

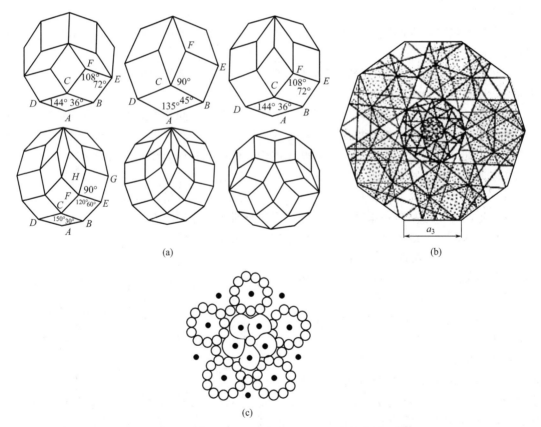

(a)

(b)

(c)

图 2-3 准晶体平面格子几何拼图及准晶体结构模型[1]

（a）准晶体平面格子及有关几何拼图；（b）具有 5 次对称的纳米微粒多重分数维准晶体结构模型；（c）微粒分数维准晶体结构模型

第二节　晶体及其结构

绝大多数无机材料为晶体。因此，了解和掌握晶体结构对于熟悉无机材料的性能是十分必要的。

1. 晶体学

晶体是一类人们日常生活中常见的固体物质。厨房里的食盐、地面上铺设的瓷砖、山上的岩石、人们手上戴的钻石等都是晶体或由晶体构成的。

在人类了解晶体的内部结构之前，人们将具有规则几何外形的天然矿物称为晶体。例如，六角柱状的水晶、立方体状的石盐、菱面体状的方解石等。从科学的角度来说，这种认识是不全面的，因为物体的外形是其内部结构及其生长环境的综合反映。一般来说，在适宜的条件下，具有规则内部结构的自由生长的晶体，最终都可以形成规则几何外形。从这一点来说，人们最初给晶体下的定义是正确的。随着科学发展和技术进步，人们认识到晶体是一种具有点阵结构，由质点（原子、分子、离子等）以周期性平移重复方式在三维空间作规则排列的固体物质。因此，内部质点在三维空间成周期性平移重复排列的固体物质称为晶体，也称结晶质；反之则称为非晶体，也称非晶质。在一定条件下，晶体和非晶体可以相互转化。任何一种物质在适当的条件下可以晶体的形式存在；同一种物质在不同条件下可有不同的晶体结构，称为同质多象；不同的物质也可有相同的晶体结构，称为类质同象。

研究晶体及其变化规律的科学称为晶体学。正如前面所述，人们认识晶体是从天然形成的矿物晶体开始的，因此，晶体学最初是以矿物学的一个分支出现的，并从研究矿物晶体的几何外形特征开始。随着科学的发展，晶体学的研究内容已拓展至晶体生长、几何晶体学、晶体结构、晶体化学以及晶体物理学等。

2. 晶体结构

以常见的食盐（NaCl）晶体为例，深入分析晶体内部结构的特点。

图 2-4 为食盐晶体结构示意图，其中，右上前方的格子为全图的 1/8。无论是氯离子还是钠离子，在晶体结构的任何方向上，都是每隔一定的距离重复出现。显然，当选定任意两个相邻离子连线的方向以后，则在该连线方向上，同种离子都是每隔相等的距离周期性重复出现的。实际上，从三维空间上观察食盐晶体的离子排列情况，则整个食盐晶体中的氯离子和钠离子都和右上前方的 1/8 排列情况相同。若把它看成是食盐晶体的一个结构单元，则整个食盐晶体的内部结构就是这个单元在三维空间周期性重复出现的结构。食盐晶体的结构单元是一个立方体，立方体的八个角顶和六个面的中心分布着钠离子，在立方体的十二条棱的中点和体中心分布着氯离子。这种立方体结构单元是组成食盐晶体结构的最小体积单位，称为晶胞。

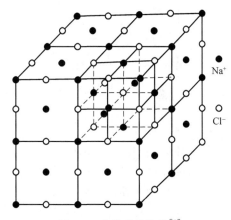

图 2-4　食盐晶体结构[2]

在食盐晶体的结构单元里，所有的钠离子周围的环境和方位都是相同的。这里所说的钠离子方位相同，是指一个钠离子周围的六个氯离子与另一个钠离子周围的六个氯离子相比较，这些氯离子都一一对应地排列在钠离子周围相同的方位上。在三维空间上，每一个钠离子周围最邻近处都排列着六个氯离子。从几何学观点出发，把钠离子所处的位置（点）叫做相当点。强调几何学上的相当点，是因为相当点是从真实晶体结构中抽象出来的晶体结构单元在空间所处的位置（点），所以相当点本身只具有几何意义。在实际晶体结构中，例如食盐，无数个钠离子在晶体结构空间内只不过是在相当点的位置上的排列。

不同的晶胞各自在三维空间平等地无间隙地堆砌，便组成各自不同晶体的整体内部结构，从而出现了各种不同的晶体。图 2-5 和图 2-6 分别表示萤石（CaF_2）和锐钛矿（TiO_2）的晶胞。萤石的晶胞类型与食盐的相同，呈立方体状，但钙离子和氟离子在晶胞结构中的相对位置不同。而锐钛矿的结构单元不仅与食盐的不同，且晶胞类型也与食盐不同。图 2-5 所示的萤石晶体结构中，每一个钙离子在三维空间都被最邻近的八个氟离子所包围；而且任一个钙离子周围的八个氟离子和其它的钙离子周围的八个氟离子相比较，这些氟离子都相互对应地排列在钙离子相同的方位上。萤石晶体结构中的所有钙离子，均处于其结构的相当点的位置上。不论何种晶体，都可以从分析实际晶体的结构入手，抽象出它们相当的结构单元在相当点的位置上的排列情况。这种从实际晶体中抽象出来的几何学上的相当点在三维空间呈有规律分布，若把三维空间的相当点联结起来，则这些相当点在三维空间呈格子状排列。

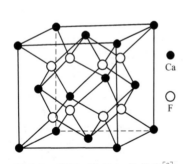

图 2-5　萤石（CaF_2）的晶胞[3]

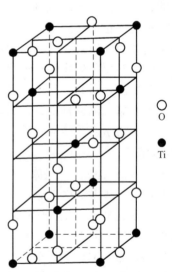

图 2-6　锐钛矿（TiO_2）的晶胞[3]

3. 空间格子

从晶体结构中抽象出来的相当点在三维空间排列的几何图形，称为空间格子。空间格子是通过对晶体内部结构分析而抽象出来的、反映晶体内部结构中相当的结构单元在三维空间周期性重复排列规律的几何图形。

为了更好地理解晶体结构的周期性以及空间格子，需要引入点阵这个概念。点阵所表示的是处在相同环境条件下的一组点。在晶体学中，对于不同的晶体结构都可以抽象出一个相应的空间点阵。晶体内部结构中的质点（原子、分子和离子或由它们组成的原子团、分子团和离子团）的周期性排列就是以点阵来描述的。这些点阵的重复规律，可以由一系列不同方向的行列和面网来表示[4]。把三维空间中的点阵点连接起来，便形成了空间格子。因此，空间格子具有四项基本要素：结点、行列、面网和平行六面体，它们具有各自的特点和规律。

（1）结点　空间点阵中的点阵点称为结点，它代表晶体结构中的相当点（种类相同、环境相同的点）。在实际晶体中，结点的位置是由同种质点所占据，但就结点本身而言，它只具备几何意义，不代表任何质点。

（2）行列　分布在同一直线上的结点构成行列。显然，任意两个结点可决定一个行列。在同一行列中相邻两个结点间的距离为该行列上的结点间距。结点间距反映了质点在该行列方向上的最小重复的周期性大小。在一个空间格子中，可以有无穷多不同方向的行列，同一行列的结点间距相同；相互平行的行列，结点间距相同；不同方向的行列，结点间距一般不同。

（3）面网　在同一平面上分布的结点即构成了面网。空间格子中不在同一行列的任意三个结点可以决定一个面网的方向，即任意两相交的行列即可构成一个面网。面网上单位面积内的结点数为面网密度。相互平行的面网，面网密度相同；互不平行的面网，面网密度一般不同。任意两个相邻面网之间的垂直距离为面网间距。

（4）平行六面体　空间格子中可以划分出的最小可重复单位即为平行六面体，它是由三对互相平行的面网组成的几何体。对于整个空间格子，可以将其划分成无数相互平行且叠置的平行六面体，因此，整个空间格子可以看成是单位平行六面体在三维空间平行的、毫无间隙的堆砌。

4. 点阵

为了准确地描述所有晶体，法国物理学家布拉维（A. Bravais）于 1847 年修正了前人关于晶体的描述方法，提出可以将晶体描述为 14 种空间格子的方法，即现在普遍应用的布拉维格子（Bravais lattice）的概念。

为了更好地理解布拉维格子，需要引入点阵的概念。点阵是指连接任意两点的矢量平移后能够复原的一组点。也可以说点阵是由点阵点组成。由定义可知，点阵也是无限的，否则，不能满足所有的平移动作。点阵点所代表的质点称为结构基元。

（1）一维点阵　如图 2-7（a）所示，等距离一维排列的等径圆球可以抽象为等距离的一维点阵。

如果是下边的排列方式［图 2-7（b）］，则只能每两个圆球抽象出一个点才能满足点阵概念。一个聚乙烯单链也可以抽象为一个一维点阵，如图 2-7（c）所示。

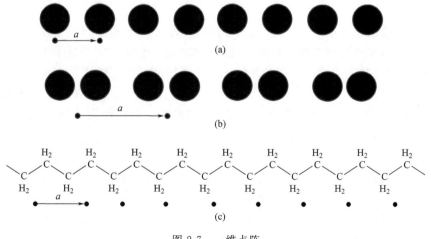

图 2-7　一维点阵

（2）二维点阵　图2-8所示是几个二维点阵的例子。为更好地理解二维点阵，先要掌握格子（lattice）的概念。格子分为包含一个点阵点的素格子与包含多个点阵点的复格子。抽象平面正当格子的三个基本要求是：①平行四边形；②对称性尽可能高；③点阵点尽可能少。

从图2-8中可以看出石墨烯点阵中的每一个点阵点代表两个碳原子，所以其结构基元就是两个碳原子。

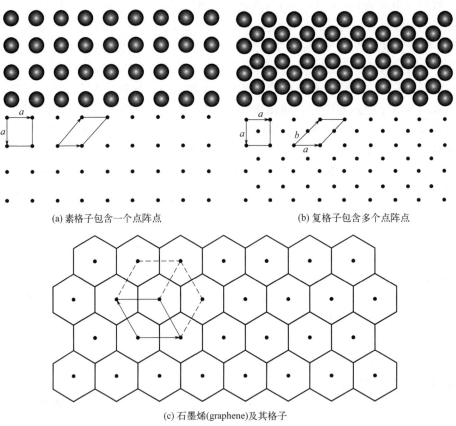

(a) 素格子包含一个点阵点　　　　　　　　(b) 复格子包含多个点阵点

(c) 石墨烯(graphene)及其格子

图 2-8　二维点阵的例子[5]

（3）三维点阵　实际晶体可以近似地抽象为三维点阵，它可以用三维格子进行平移操作得到。

抽取正当三维格子的基本要求是：①平行六面体；②对称性尽可能高；③点阵点尽可能少。所以，三维格子是能使三维点阵复原的最基本单位，但不一定是最小单位（图2-9）。

尽管 NaCl 和金刚石是完全不同的晶体，但它们却可以用同样的立方面心点阵进行描述（图2-10）。立方面心点阵是复格子，包含4个点阵点，具有 O_6 点群对称性，对称性高，是48阶群；而对应的素格子为三方格子，具有 D_{3d} 对称性，对称性低，是12阶群。所以，选用复格子，而不用素格子。

5. 晶胞

空间格子可由具体的晶体结构导出，它是由不具任何物理、化学特性的几何点构成的，而晶体结构则是由实在的具体质点组成。也可以说，晶体是由具体化学元素构成的物质，而空间格子是将物质中的化学元素抽象为结点的空间结构。晶体结构中质点在三维空间排列的重复规律与相应空间格子结点在空间分布的重复规律完全一致。所以，晶体结构与空间格子

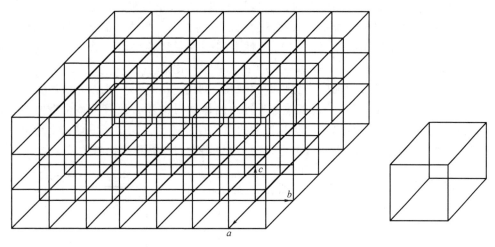

图 2-9　典型的三维点阵和素格子[6]

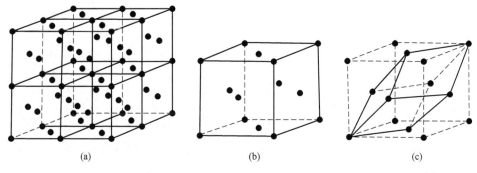

图 2-10　立方面心点阵（a）和立方面心格子（b）及其素格子（c）示意图[6]

既相互区别，又相互统一[7]。如果在晶体结构中引入相应于单位平行六面体的划分单元时，这样的划分单元称为单元晶胞，简称为晶胞。

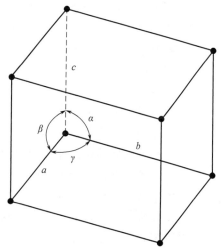

图 2-11　单位平行六面体的参数[8]

单位平行六面体的选择原则为所选取的单位平行六面体应能反映格子结构中结点分布的固有对称性，且棱与棱交角的直角最多，平行六面体体积最小。在空间格子中，按照上述原则选择出来的平行六面体，即为单位平行六面体。单位平行六面体的三条棱长及棱之间的交角是表征其形状、大小的一组参数，称为单位平行六面体参数，即晶胞参数，具体如图 2-11 所示。不同晶体结构的单位平行六面体的对称特点不同，形状也不同。对单位平行六面体的描述应当包括其形状、大小和结点的分布情况。

空间格子的坐标系由所选择的单位平行六面体决定，单位平行六面体的三条交棱即为三个坐标轴的方向。轴角，即棱的交角 α、β 和 γ 是坐标轴之间的交角，棱长 a、b 和 c 是坐标系的三个轴向单位长度。因此，单位平行六面体这两组参数也是表征空间格子中坐标系性质的一组参数。实际上，从晶体外形上正确做出的晶体定向，应与晶体结构中的单位平行六面体对应一致，也就是三个结晶轴的方向应当是单位平行六面体的三组棱的方向。晶体几何常数则应与单位平行六面体参数一致，其中轴角就是 α、β 和 γ，轴率等于三条棱长之比。单位平行六面体的三条棱长 a、b 和 c 是绝对长度，而轴率 $a:b:c$ 只是相对比值。

单位平行六面体三条棱的轴向单位长度和轴角，即 a、b 和 c 及棱之间的夹角 α、β 和 γ 决定了其形状和大小（图 2-12）。由于单位平行六面体的对称性必须符合整个空间格子的对称性，因此，它必然与相应晶体结构及其外形的对称性相一致。对应于晶体的七个晶系，单位平行六面体的形状也有七种不同的类型（图 2-12），它们的晶胞结构参数特点如下[10]：

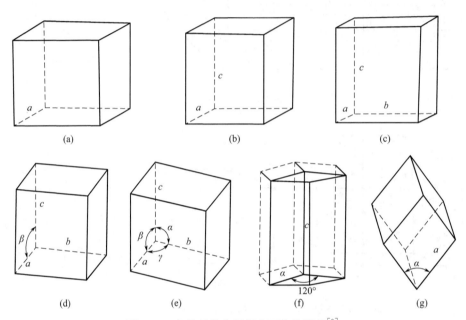

图 2-12　各晶系单位平行六面体的形状[9]

(a) 等轴晶系；(b) 四方晶系；(c) 斜方晶系；(d) 单斜晶系；(e) 三斜晶系；(f) 六方晶系；(g) 三方晶系

(1) 等轴晶系：$a=b=c$；$\alpha=\beta=\gamma=90°$。

(2) 四方晶系：$a=b\neq c$；$\alpha=\beta=\gamma=90°$。

(3) 斜方晶系：$a\neq b\neq c$；$\alpha=\beta=\gamma=90°$。

(4) 单斜晶系：$a\neq b\neq c$；$\alpha=\gamma=90°$；$\beta>90°$。

(5) 三斜晶系：$a\neq b\neq c$；$\alpha\neq\beta\neq\gamma\neq90°$。

(6) 六方及三方晶系：$a=b\neq c$；$\alpha=\beta=90°$；$\gamma=120°$。

(7) 三方晶系（菱面体晶胞）：$a=b=c$；$\alpha=\beta=\gamma\neq90°$、$60°$、$109°28'16''$。

由单位平行六面体选择原则选出的平行六面体，其中的结点分布只能有四种情况，与之相对应的有四种基本格子类型（图 2-13）：

(1) 原始格子（P）。结点分布在平行六面体的八个角顶上的空间格子。

(2) 底心格子。结点分布在平行六面体的八个角顶和某一对平面中心的空间格子。根据面中心点的位置，又可细分为三种。①C 心格子（C）。结点分布在单位平行六面体的八个角顶和平行于水平面的一对平面的中心。②A 心格子（A）。结点分布在单位平行六面体的八个角顶和平行于前后直立面的一对平面的中心。③B 心格子（B）。结点分布在单位平行六面体的八个角顶和平行于左右直立面的一对平面的中心。

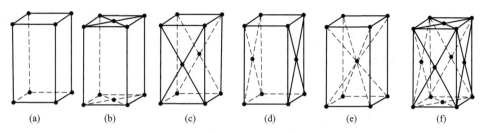

图 2-13　空间格子的四种基本格子类型[9]

(a) 原始格子；(b)、(c) 和 (d) 底心格子 [(b) C 心格子，

(c) A 心格子和 (d) B 心格子]；(e) 体心格子；(f) 面心格子

一般情况下，底心格子就是 C 心格子。理论上，A 心格子或 B 心格子可转换为 C 心格子时，即将 A 心格子或 B 心格子分别前后或左右旋转 90°，则转换成了 C 心格子。但在实际上，这种转换受一定的制约，若能够转换应尽可能予以转换。当然在特殊情况下，可直接使用 A 心格子或 B 心格子而无需转换。

（3）体心格子（I）。结点分布在平行六面体的八个角顶和体心的空间格子。

（4）面心格子（F）。结点分布在单位平行六面体的八个角顶和每一个面中心的空间格子。

综合考虑平行六面体的形状和结点分布时，上述格子中的一些格子类型是重复的，还有些格子类型与实际的晶体结构的对称性不相符，所以不能出现在该晶系中。因此，布拉维于 1848 年推导出的空间格子只有十四种，称为十四种布拉维空间格子，如表 2-1 所示。

表 2-1　十四种布拉维空间格子[11]

项目	原始格子(P)	底心格子(C)	体心格子(I)	面心格子(F)
二斜晶系		$C = P$	$I = P$	$F = P$
单斜晶系			$I = C$	$F = C$
斜方晶系				
四方晶系		$C = P$		$F = I$
三方晶系		与本晶系对称不符	$I = F$	$F = R$

续表

项目	原始格子(P)	底心格子(C)	体心格子(I)	面心格子(F)
六方晶系	c_0 a_0 120°	不符合六方对称	与空间格子的条件不符	与空间格子的条件不符
等轴晶系		与本晶系对称不符		

图 2-14(a) 是从食盐晶体结构中抽象出来的空间格子的一小部分，即一个单位平行六面体。它表现为立方面心格子，其棱长等于 0.5628nm；图 2-14(b) 是从食盐晶体结构中按照上述立方面心格子的范围划分出来的一个单位晶胞，其棱长相当于相邻角顶上两个 Cl^- 中心的间距，虽然同样也等于 0.5628nm，但晶胞的内部包含有实在的质点，它是由 4 个 Na^+ 和 4 个 Cl^- 各自均按立方面心格子的形式排布而组成。显然，晶胞应是晶体结构的基本组成单位，由一个晶胞出发，就能借助于平移而重复出整个晶体结构。因此，在描述某个晶体结构时，通常只需阐明它的晶胞特征。为了便于描述及透视位于晶体内部的质点起见，在绘制晶胞结构图时，通常都把实际质点的半径缩小，使得实际上相互接触的质点彼此分开，具体结构形式如图 2-14(c) 所示。

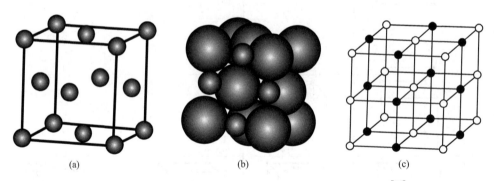

(a)　　　　　　　　　(b)　　　　　　　　　(c)

图 2-14　食盐晶体结构的立方面心格子 (a) 和晶胞 (b、c)[12]

6. 平移群

布拉维创造性地将群论的方法引入对晶体的描述中，从而得到 14 个布拉维格子，如表 2-1 所示。

能使点阵复原的最小平移矢量称为单位平移矢量。一维点阵只有一个平移矢量，通常记作 a，用平移群描述为：

$$T_m = ma, \quad m = 1, 2, 3, \cdots$$

二维点阵有两个平移矢量，通常分别记作 a 和 b，用平移群描述为：

$$T_{m,n} = ma + nb, \quad m, n = 1, 2, 3, \cdots$$

三维点阵有三个平移矢量，通常分别记作 a，b 和 c，用平移群描述为：

$$T_{m,n,p} = ma + nb + pc, m, n, p = 1, 2, 3, \cdots \tag{2-1}$$

7. 晶胞分数坐标

晶胞是晶体中的最基本结构单元。NaCl 晶体的晶胞结构示意图如图 2-14(c) 所示，它的立方面心格子就是将其结构基本单元 NaCl 分子抽象为一个点阵点后的结果。换句话说，就是格子加结构基本单元等于晶胞，同样地，可以说点阵加结构基本单元代表晶体。

为了描述晶胞的形状和大小，用晶胞参数来描述。晶胞参数包含六项内容，即对应格子的三个单位平移矢量 a、b 和 c 及它们之间的夹角 $\alpha(b-c)$、$\beta(c-b)$ 和 $\gamma(a-b)$，如图 2-15 所示。晶胞内具体的原子或粒子的分布情况，可用分数坐标来描述，即将处于原点的点阵点或微粒的坐标记作 $(0, 0, 0)$ 时，其余点阵点或微粒的坐标就是其在 a、b 和 c 三个方向的分量。对于立方面心晶胞含四个点阵点，相应有四个分数坐标，如图 2-15 所示：$(0, 0, 0)$，$\left(\frac{1}{2}, \frac{1}{2}, 0\right)$，$\left(0, \frac{1}{2}, \frac{1}{2}\right)$，$\left(\frac{1}{2}, 0, \frac{1}{2}\right)$。同理，在 NaCl 晶胞中，$Na^+$ 的坐标为：$\left(\frac{1}{2}, \frac{1}{2}, \frac{1}{2}\right)$，$\left(\frac{1}{2}, 0, 0\right)$，$\left(0, \frac{1}{2}, 0\right)$，$\left(0, 0, \frac{1}{2}\right)$；$Cl^-$ 坐标为：$(0, 0, 0)$，$\left(\frac{1}{2}, \frac{1}{2}, 0\right)$，$\left(0, \frac{1}{2}, \frac{1}{2}\right)$，$\left(\frac{1}{2}, 0, \frac{1}{2}\right)$。$Cl^-$ 占据点阵点的位置（顶点和面心），Na^+ 占据体心和棱心的位置。

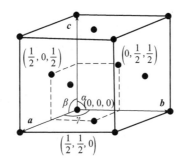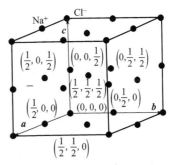

图 2-15　NaCl 晶胞堆积、立方面心格子及其点阵点和离子的分数坐标示意图[13]

8. 晶面与晶面指数

实际晶体具有丰富的表面，可以称为晶面。它可以被抽象为二维点阵。为了更好地描述晶体的晶面特征，我们为点阵中的晶面定义一个晶面指数，即一个晶面在晶体坐标轴 a、b 和 c 上的截距 r、s 和 t 的倒数的互质比 $\frac{1}{r} : \frac{1}{s} : \frac{1}{t}$ 表示为 $h : k : l$，并写在小括号里 (hkl)。图 2-16 表示的是，晶面在坐标轴 a、b 和 c 上的截距分别为 $r=3$、$s=2$ 和 $t=1$ 时，晶面指数为 (236) 的情况。

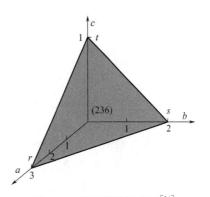

图 2-16　晶面指数示意图[14]

由晶面指数的定义可以看出，如果所选平面平行于某个坐标轴，它在相应坐标轴上的截距为 ∞，其倒数为 0，对应的晶面指数为 0[15]。

由晶面指数 (hkl) 容易得出晶面间距 d 的公式。由图 2-17 可见，对于立方晶系 $d_{100}=d_{010}=d_{001}=a$；$d_{110}=d_{101}=d_{011}=\frac{\sqrt{2}}{2}a$；$d_{111}=\frac{\sqrt{3}}{3}a$。

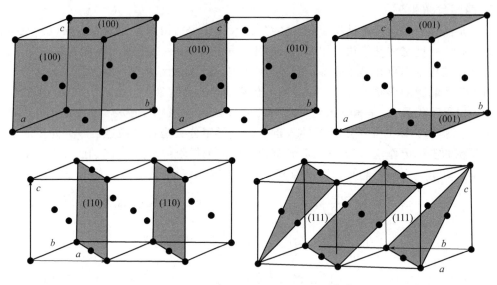

图 2-17　立方面心格子的晶面示意图[14]

立方晶系晶面间距公式为

$$d_{hkl} = \frac{a}{\sqrt{h^2 + k^2 + l^2}} \tag{2-2}$$

四方晶系晶面间距公式为

$$d_{hkl} = \frac{1}{\sqrt{\dfrac{h^2}{a^2} + \dfrac{k^2}{a^2} + \dfrac{l^2}{c^2}}} \tag{2-3}$$

正交晶系晶面间距公式为

$$d_{hkl} = \frac{1}{\sqrt{\dfrac{h^2}{a^2} + \dfrac{k^2}{b^2} + \dfrac{l^2}{c^2}}} \tag{2-4}$$

六方晶系晶面间距公式为

$$d_{hkl} = \frac{1}{\sqrt{\dfrac{4}{3}(h^2 + hk + k^2) + \dfrac{l^2}{(c/a)^2}}} \tag{2-5}$$

　　晶体中晶面指数代表相互平行的无穷多个晶面，所以每一个晶面指数都代表了晶体本身。由以上公式可知，晶面指数越大的晶面，则其晶面间距越小，晶面指数越小的晶面，则其晶面间距就越大。由于晶面间距越小，各个微粒之间的距离越小，相应的微粒间作用力越大，在晶体生长过程中更容易集结在一起，生长速度更快而更易消失，这就使得实际晶体中可见的晶面的晶面指数都比较小。

第三节　晶体基本性质

　　晶体和其它所有物体一样，它们的各项性质都取决于它们本身的化学组成和内部结构[16]。晶体是具有格子结构的固体，一切晶体的内部结构都遵循晶体的空间格子规律，这就从根本上决定了其共有的基本性质，称为晶体的基本性质。

1. 对称性

晶体中的相同部分或性质在不同的方向或位置上有规律地重复出现特性，称为晶体的对称性。所有晶体都是对称的。通常我们可看到晶体在不同方向出现形状和大小完全相同的晶面，这就是晶体对称性的外在表现。晶体的对称不但表现在外形上，其内部结构也是对称的。晶体内部质点在三维空间上周期性平移重复排列本身就是一种微观对称性。尽管晶体结构中质点的排列在不同方向上有一定的差异，但不排斥其在特定方向上的重复，因此，晶体的宏观对称性是其微观对称性的宏观体现，是晶体最重要的性质，也是晶体对称分类的基础。

（1）宏观对称性　晶体的宏观对称性可从晶体的晶胞或晶体的正当三维格子中找到。晶体的宏观对称性包括1、2、3、4和6次对称轴，对称面（m），对称中心（i）和四次反轴（$\bar{4}$）等八个宏观对称元素。晶体的宏观对称性与分子的对称性类似，它是有限图形的对称性。为了证明晶体中存在对称轴的种类，在平面点阵中，将单位平移矢量 a 旋转一定角度后可得到图形，如图 2-18 所示。为了满足点阵的要求，AB 间的距离一定是 a 的整数倍。因此

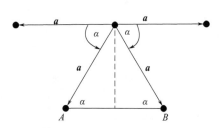

图 2-18　矢量旋转与平移[17]

$$AB = 2a\cos\alpha = na$$

由于 $-1 \leqslant \cos\alpha \leqslant 1$，故 $n = 0$，± 1，± 2，与之相对应，$\cos\alpha = 0$，$\pm 1/2$，± 1；得到基转角为 90°、180°、90°、120°和360°，则对应的旋转轴分别为 $\underline{1}$、$\underline{2}$、$\underline{3}$、$\underline{4}$ 和 $\underline{6}$ 次对称轴。

晶体结构中存在和不存在的对称轴示意图如图 2-19 所示。

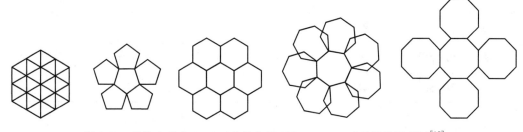

图 2-19　晶体中存在 $\underline{3}$，$\underline{6}$ 对称轴和不存在 $\underline{5}$，$\underline{7}$，$\underline{8}$ 对称轴的示意图[17]

（2）微观对称性　晶体的微观对称性是由晶体周期性的内部结构所决定。对于一个 1mm^3 的 NaCl 晶体，因为单位矢量 a 为 564pm，所以它包含的晶胞数约 5×10^{12} 个。因此，晶体可近似认为是点阵，可用三维平移群来描述。

① 平移对称性：是由点阵的平移群所决定的。平移动作记为 T，平移矢量为 a、b 和 c，统一用 t 表示，平移量用 τ 表示。

② 螺旋旋转对称性：晶体经旋转再平移后能够复原的操作称为螺旋旋转操作，其对称元素为螺旋旋转。例如，旋转180°，再沿 c 轴平移 $\tau = c/2$ 后，晶体复原，将其对称元素记为 2_1，读作二、一螺旋轴，如图 2-20 左所示。同理，有三次螺旋轴，3_1 和 3_2；四次螺旋轴，4_1、4_2 和 4_3；六次螺旋轴，6_1、6_2、6_3、6_4 和 6_5。

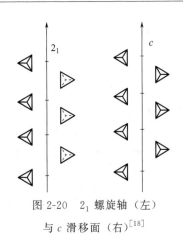

图 2-20　2_1 螺旋轴（左）
与 c 滑移面（右）[18]

③ 滑移对称性：晶体经反映再平移后能够复原的操作称为滑移对称操作，其对称元素为滑移面。例如，晶体经过 c 轴的 m_v 晶面反映后，再沿 c 轴平移 $\tau = c/2$，晶体复原。将其对称元素记为 c，称 c 滑移面，如图 2-20 右所示。滑移面有 5 种，沿 a、b 和 c 方向的滑移 $\tau = c/2$ 分别表示为 a、b 和 c 滑移面；沿 $a+b$ 方向的滑移 $\tau = (a+b)/2$ 表示为 n 滑移面；沿 $a+b+c$ 方向的滑移 $\tau = (a+b+c)/2$ 也表示为 n 滑移面；沿 $a+b$ 方向的滑移 $\tau = (a+b)/4$ 表示为 d 滑移面；沿 $a+b+c$ 方向的滑移 $\tau = (a+b+c)/4$ 也表示为 d 滑移面。

晶体中的对称元素及其符号详见表 2-2。

表 2-2　晶体中的对称元素及其符号[18]

名称	符号		名称	符号		名称	符号		平移量 τ
	垂直	平行		垂直	平行		垂直	平行	
$\underline{2}$	●	←—→	$\overline{4}$	◪	▱	m	───	⌐	0
2_1	♪	←─ ─→	6	⬢		a	─ ─ ─	↓	$a/2$
$\underline{3}$	▲		6_1	⬢		b	─ ─ ─ ─	←	$b/2$
3_1	▲		6_2	⬢		c	······		$c/2$
3_2	▲		6_3	⬢		n	─·─·─	↗	$(a+b)/2, (b+c)/2,$ $(a+c)/2, (a+b+c)/2$
$\underline{4}$	◆	▰▰	6_4	⬢		d	─·→·─	↗	$(a+b)/4, (b+c)/4,$ $(a+c)/4, (a+b+c)/4$
4_1	◆	▰▰	6_5	⬢					
4_2	◆	▰▰	$\overline{3}$	▲					
4_3	◆	▰▰	$\overline{6}$	⬡					

2. 自限性

晶体在合适的条件下，能自发地长成规则几何多面体外形的性质，称为晶体的自限性。在晶体的几何多面体上，平整的面称为晶面，两个晶面的交线称为晶棱，晶棱相交的尖顶称为角顶。晶面数（F）、晶棱数（E）和角顶数（V）的关系符合欧拉定律：

$$F + V = E + 2$$

上式就是晶体自限性的具体体现。自然界中，有些晶体并不具有规则几何多面体外形，这是由于晶体生长时受到了空间等因素的限制。实际上，如果让不具有规则外形的晶体继续不受限制地自由生长，它们依然可自发地长出规则的几何多面体外形。这种性质被实验所证实，如图 2-21 所示，将明矾晶体磨成圆球，用细线把它挂在明矾的饱和溶液里，数小时后，圆球上出现了一些规则排布的小晶面，它们逐渐扩大汇合，最后覆盖整个晶体而形成规则多面体外形。

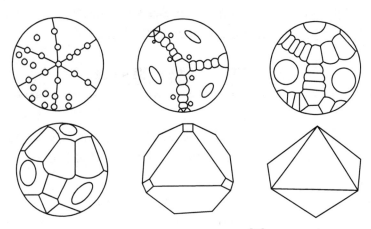

图 2-21　晶体的自限性实验[19]

3. 各向异性

晶体的几何度量和物理性质常随方向不同而表现出量的差异，这种性质称各向异性。晶体的凸多面体形态就是其各向异性的具体体现。由空间格子结构规律可知，晶体结构中质点的排列方式和间距在相互平行的方向上是一致的，但在不平行的方向上，一般是有差异的。因此，当沿不同方向进行观察晶体时，各个方向的性质将表现出一定的差异，这就是晶体具有各向异性的根源。

4. 均一性

同一晶体的任何部位的物理性质和化学组成均相同，这一性质称为晶体的均一性。例如，若把一个晶体分成许多小晶块，每个小块都会具有相同的性质，如颜色、密度、味道等，这是因为每个小块均具有完全相同的结构及化学组成。均一性和各向异性在同一晶体上的表现，可用电导率进行说明。在晶体上按不同方向测量其电导率，除靠对称性联系起来的方向外，其余方向的电导率都是不同的，这就是晶体的各向异性；而在晶体上的各个部分按相同方向测量的电导率都相同，这就是晶体的均一性，即晶体的各向异性均一地体现在晶体的每个部分。值得注意的是，非晶体也具有均一性，如玻璃的不同部分在折射率、膨胀系数、热导率等性质方面都是相同的。

5. 最小内能性

在相同的热力学条件下，与同种化学成分的气体、液体及非晶体相比，晶体的内能最小，晶体的这一性质称为最小内能性。晶体内部质点在三维空间上呈周期性重复的规律排列，这种排列是质点间引力和斥力达到平衡的结果。在此情况下，无论是使质点间的距离增大还是减小，都将导致质点势能的增加。至于气体、液体和非晶体，由于它们内部质点的排列是无规则的，因此，质点间的距离并不处于平衡距离，因而它们的势能比晶体大。这就意味着，在相同的热力学条件下，晶体的内能应该为最小。

6. 稳定性

在相同条件的热力学条件下，晶体与同种成分的非晶体、液体、气体相比是最为稳定的，这种性质称为晶体的稳定性。非晶体随时间推移可以自发地转变为晶体，而晶体决不会自发地转变为非晶体，这种现象就表明了晶体的稳定性。晶体的稳定性是晶体具有最小内能的结果，它是由晶体的格子结构规律决定的，是质点间的引力与斥力达到平衡的结果。在这种平衡状态下，无论质点间的距离是增加还是减小，都将导致势能的增加。非晶体、液体、气体的内部质点间的距离都不处于平衡距离，其势能较大，稳定性较差。所以根据热力学定律，晶体是最稳定的物态，它不会自发地转变为其它物态。

第四节　晶体的分类

自然界的晶体是多种多样的，化学家每天都在制备数以千计的新物质，包括新的晶体，因此，对已有的和没有发现的晶体进行系统分类是十分必要的。目前采用的主要分类方法有：

1. 化学键分类

根据构成晶体结构的化学键类型可将晶体分为五种主要类型[20]：

（1）金属晶体　由金属键构成的晶体，如金、银、铜、铁、铅、钠、镁、铝、锌、锡和金铜合金等。

（2）离子晶体　由离子键构成的晶体，如氯化铯、卤化钠、卤化银、溴化钾、高氯酸银、氧化钙、氧化镁和黄铁矿（FeS_2）等。

（3）共价晶体　由共价键构成的晶体，如金刚石、单晶硅、水晶（SiO_2）、刚玉（Al_2O_3）、红宝石、蓝宝石、白硅石（SiO_2）、沸石和 c-BN 等。

（4）分子晶体　由氢键和范德华力等分子间作用力构成的晶体，如冰、干冰、C_{60}、硫黄、红磷、黄磷、硒、碘、多原子分子晶体、单原子分子晶体（$-273K$ 的 He、Ne、Ar、Kr、Xe、Rn）、中性有机分子晶体、DNA 和 RNA 等。

（5）混合键型晶体　由多种化学键构成的晶体，如石墨、$PdCl_2$ 和 CdI_2 等。

这种按照化学键划分晶体的方法主要是根据晶体的晶格能的构成主体来确定，并非绝对严格地划分。例如，锗被描述为灰白色的脆性金属，而高纯度的锗是半导体；又因为它还具有金刚石结构，也可以将其归入共价晶体。对于金属镓，由于晶体内部既有金属键，且可导电，又有金属-金属共价键，熔点很低，为 303 K，可划为混合键型晶体。再如，ZnS 与 CdS 晶体中既有离子键，又有共价键，由于其共价键占据的百分数较大，难溶于水，且具有半导体特性，可归为共价晶体。AgCl 难溶于水，晶体中既有离子键，又有共价键，具有 NaCl 晶体的结构，常被归为离子型晶体。石墨晶体中有遍布晶体的共价键、金属键和范德华力，属于典型的混合键型晶体。分子晶体中，除了单原子分子晶体中只有范德华力外，其余分子内部还有共价键，但是，这种共价键对晶格能没有贡献，所以常将其划归为分子晶体。

2. 晶胞参数分类

最初人们对晶体的认知就是晶体的外形，尽管晶体的外形是多种多样的，常见晶体型式如图 2-22 所示。将晶体按照其晶胞参数分类，仅有 7 个晶系，列于表 2-3 中。初学者可以按照参数对晶体的晶系进行大概分类和判断。但实际上，晶体的晶系是按照表 2-3 中的特征对称元素进行准确的判断和分类的。

3. 点阵格子分类

晶体按照三维空间格子进行分类，共有 14 个格子，它们都满足点阵的概念，且分属于不同的晶系。素格子包含一个点阵，用 P（primitive）表示（表 2-3 中的平行六面体均可以视为素格子）；体心格子包含两个点阵，用 I（body centered）表示；面心格子包含四个点阵，用 F（face centered）表示；底心格子包含两个点阵，用 C（base centered）表示。

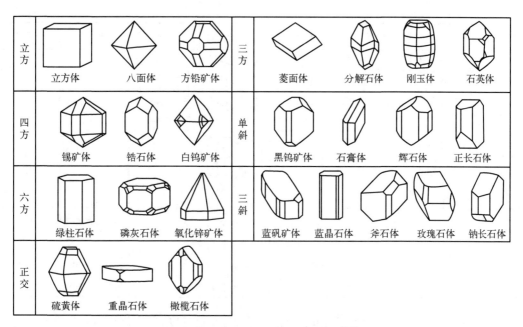

图 2-22　7 个晶系的典型晶体型式[21]

表 2-3　晶系及其晶胞参数[22]

项目	立方	四方	六方	正交	三方	单斜	三斜
平行六面体形状							
实例	KBr	金红石 TiO_2	海蓝宝石	文石 $CaCO_3$	紫晶 SiO_2	辉石	蓝晶石
晶胞参数	$a=b=c$ $\alpha=\beta=\gamma=90°$	$a=b\neq c$ $\alpha=\beta=\gamma=90°$	$a=b\neq c$ $\alpha=\beta=90°,$ $\gamma=120°$	$a\neq b\neq c$ $\alpha=\beta=\gamma=90°$	$a=b=c$ $\alpha=\beta=\gamma\neq90°$	$a\neq b\neq c$ $\alpha=\gamma=90°,$ $\beta\neq90°$	$a\neq b\neq c$ $\alpha\neq\beta\neq\gamma\neq90°$
点群	O_h	D_{4h}	D_{6h}	D_{2h}	D_{3d}	C_{2h}	C_i
特征对称元素	四个三次轴 $4\times\underline{3}$	一个四次轴 $\underline{4}$	一个六次轴 $\underline{6}$	三个二次轴 $3\times\underline{2}$	一个三次轴 $\underline{3}$	一个二次轴 $\underline{2}$	一个一次轴 $\underline{1}$

所有 14 种三维点阵格子［布拉维（Bravais）格子］列于表 2-4 中。

表 2-4　晶体的 14 种布拉维格子[22]

项目	立方	四方	六方	正交	三方	单斜	三斜
P	立方简单 cP	四方简单 tP	六方简单 hP	正交简单 aP		单斜简单 mP	三斜简单 aP

续表

项目	立方	四方	六方	正交	三方	单斜	三斜
I	立方体心 cI	四方体心 tI		正交体心 aI	六方 R 心 hR		
F	立方面心 cF			正交面心 oF			
C				正交底心 oC		单斜底心 mC	

立方晶系中为什么没有立方底心格子呢？这是因为它可以在立方底心格子中抽象出四方简单点阵格子，如图 2-23 所示。四方底心格子的情况与此类似。

四方晶系中为什么没有四方面心呢？因为它可以在四方面心中抽象出四方体心点阵格子，如图 2-24 所示。

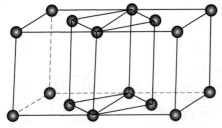

图 2-23 "立方底心"和"四方底心"
实际是四方简单点阵格子[23]

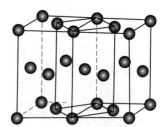

图 2-24 "四方面心"实际是
四方体心点阵格子[23]

三方点阵具有 3 对称轴，晶体表征常用其复晶胞六方 R 面心表示，两者之间的关系如图 2-25 所示。

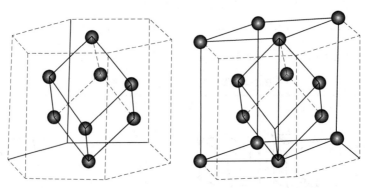

图 2-25 三方 R 素晶胞与六方 R 面心复晶胞的关系[24]

4. 点群分类

晶体可以根据其八种宏观对称元素排列组合成 32 个点群，分属于 7 个晶系。点群一般按照申夫利斯符号标记，而现行的标记都采用国际符号，国际符号代表在晶体不同方向上的对称元素，一般由 1~3 个组成。例如，C_{2v} 点群用国际符号表示为 $mm2$，它代表在 a 和 b 轴向上有晶面，在 c 轴向上有 2 次旋转轴。又如，D_{2h} 点群用国际符号表示为 $\dfrac{2}{m}\dfrac{2}{m}\dfrac{2}{m}$，代表在 a、b 和 c 轴向上有 2 次旋转轴，垂直于上述方向均有 m_h 镜面。晶体的 32 个点群按照对称性由低到高依次进行标记，如表 2-5 所示。

表 2-5　晶体的 32 个点群及其对称元素[24]

| 晶系 | 序号 | 点群 | | | 对称元素 |
		申夫利斯符号	国际符号	国际符号方向	
三斜	1	C_1	1	a	$\underline{1}$
	2	C_i	$\bar{1}$		i
单斜	3	C_2	2	b	$\underline{2}$
	4	C_a	m		m
	5	C_{2h}	$\dfrac{2}{m}$		$\underline{2},m,i$
正交	6	D_2	222	a,b,c	$3\times\underline{2}$
	7	C_{2v}	$mm2$		$\underline{2},2\times m$
	8	D_{2h}	$\dfrac{2}{m}\dfrac{2}{m}\dfrac{2}{m}$		$3\times\underline{2},3\times m,i$
四方	9	C_4	4	$c,a,a+b$	$\underline{4}$
	10	S_4	$\bar{4}$		$\bar{4}$
	11	C_{4h}	$\dfrac{4}{m}$		$\underline{4},m,i$
	12	D_4	422		$\underline{4},4\times\underline{2}$
	13	C_{4v}	$4mm$		$\underline{4},4\times m$
	14	D_{2d}	$\bar{4}2m$		$\bar{4},2\times\underline{2},2\times m$
	15	D_{4h}	$\dfrac{4}{m}\dfrac{2}{m}\dfrac{2}{m}$		$\underline{4},4\times\underline{2},5\times m,i$
三方	16	C_3	3	c,a	3
	17	C_{3i}	$\bar{3}$		$3,i$
	18	D_3	32		$3,3\times 2$
	19	D_{3v}	$3m$		$3,3\times m$
	20	D_{3d}	$\bar{3}\dfrac{2}{m}$		$3,3\times 2,3\times m,i$

续表

晶系	点群				对称元素
	序号	申夫利斯符号	国际符号	国际符号方向	
六方	21	C_6	6	$c,a,2a+b$	6
	22	C_{3h}	$\bar{6}$		$\bar{6}(3,m)$
	23	C_{6h}	$\dfrac{6}{m}$		$\underline{6},m,i$
	24	D_6	622		$\underline{6},6\times 2$
	25	C_{6v}	$6mm$		$\underline{6},6\times m$
	26	D_{3h}	$\bar{6}m2$		$\bar{6}(3,m),3\times 2,3\times m$
	27	D_{6h}	$\dfrac{6}{m}\dfrac{2}{m}\dfrac{2}{m}$		$\underline{6},6\times\underline{2},7\times m,i$
立方	28	T	23	$c,a+b+c,a+b$	$4\times\underline{3},3\times\underline{2}$
	29	T_h	$\dfrac{2}{m}\bar{3}$		$4\times\underline{3},3\times\underline{2},3\times m,i$
	30	O	432		$4\times\underline{3},3\times\underline{4},6\times\underline{2}$
	31	T_d	$\bar{4}3m$		$4\times\underline{3},3\times\bar{4},6\times m$
	32	O_h	$\dfrac{4}{m}\bar{3}\dfrac{2}{m}$		$4\times\underline{3},3\times\underline{4},9\times m,i$

这 32 个点群可理解为宏观对称元素的组合，每个晶体点群代表晶体中宏观对称操作的集合[25]。每个晶系的简单格子对应的晶胞具有晶系中的最高对称性。

5. 空间群分类

晶体由于具有类似点阵的无限周期性，因而具有平移特性。将晶体的 32 个点群与晶体的微观对称元素进行组合，理论上可得到 230 种空间群。这是由于在晶胞中宏观对称元素在晶体中可衍生出更多的对称元素，相应的对称操作就更多。例如，$\bar{4}$ 对称轴可衍生出 4_1、4_2 和 4_3 等 4 次螺旋轴；镜面 m 可衍生出 a、b、c、n 和 d 滑移面等。空间群的标记用国际符号，国际符号是格子类型加三个晶系规定方向的对称元素。如空间群 $P2_12_12_1$，表示正交晶系的简单格子，在 c、a 和 $a+b$ 都有 2_1 螺旋轴。再如，空间群 $F\bar{4}32$，表示立方晶系的面心格子，在 c、$a+b+c$ 和 $a+b$ 方向分别有 $\bar{4}$、3 和 2 对称轴。而 $P1$ 表示三斜晶系的简单格子有一个对称心 i。空间群在单晶体结构解析中具有重要意义。现有的程序已经将所有的空间群及其点阵的衍射特性进行了表达。解析时用直接解析法与实际的衍射数据进行比对，当误差小于一定数值时，即可认为晶体的结构已经精确求解。虽然理论上晶体的空间群可达 230 种之多，但在实际晶体中经常出现的空间群约一百多种。

230 种空间群所属晶系及其序号如表 2-6 所示。

表 2-6　晶体的 230 种空间群[26]

晶系	序号	国际符号	序号	国际符号	序号	国际符号
三斜	1	$P1$	16	$P222$	31	$Pmn2_1$
	2	$P\bar{1}$	17	$P222_1$	32	$Pba2$
单斜	3	$P2$	18	$P2_12_12$	33	$Pna2_1$
	4	$P2_1$	19	$P2_12_12_1$	34	$Pnn2$
	5	$C2$	20	$C222_1$	35	$Cmm2$
	6	Pm	21	$C222$	36	$Cmc2_1$
	7	Pc	22	$F222$	37	$Ccc2$
	8	Cm	23	$I222$	38	$Amm2$
	9	Cc	24	$I2_12_12_1$	39	$Abm2$
	10	$P2/m$	25	$Pmm2$	40	$Ama2$
	11	$P2_1/m$	26	$Pmc2_1$	41	$Aba2$
	12	$C2/m$	27	$Pcc2$	42	$Fmm2$
	13	$P2/c$	28	$Pma2$	43	$Fdd2$
	14	$P2_1/c$	29	$Pca2_1$	44	$Imm2$
	15	$C2/c$	30	$Pnc2$	45	$Iba2$

晶系	序号	国际符号	序号	国际符号
正交	46	$Ima2$	61	$Pbca$
	47	$Pmmm$	62	$Pnma$
	48	$Pnnn$	63	$Cmcm$
	49	$Pccm$	64	$Cmca$
	50	$Pban$	65	$Cmmm$
	51	$Pmma$	66	$Cccm$
	52	$Pnna$	67	$Cmma$
	53	$Pmna$	68	$Ccca$
	54	$Pcca$	69	$Fmmm$
	55	$Pbam$	70	$Fddd$
	56	$Pccn$	71	$Immm$
	57	$Pbcm$	72	$Ibam$
	58	$Pnnm$	73	$Ibca$
	59	$Pmmn$	74	$Imma$
	60	$Pbcn$		

晶系	序号	国际符号	序号	国际符号	序号	国际符号	序号	国际符号	序号	国际符号
四方	75	$P4$	90	$P42_12$	105	$P4_2mc$	120	$I\bar{4}c2$	135	$P4_2/mbc$
	76	$P4_1$	91	$P4_122$	106	$P4_2bc$	121	$I\bar{4}2m$	136	$P4_2/mnm$
	77	$P4_2$	92	$P4_12_12$	107	$I4mm$	122	$I\bar{4}2d$	137	$P4_2/nmc$
	78	$P4_3$	93	$P4_222$	108	$I4cm$	123	$P4/mmm$	138	$P4_2/ncm$
	79	$I4$	94	$P4_22_12$	109	$I4_1md$	124	$P4/mcc$	139	$I4/mmm$
	80	$I4_1$	95	$P4_322$	110	$I4_1cd$	125	$P4/nbm$	140	$I4/mcm$
	81	$P\bar{4}$	96	$P4_32_12$	111	$P\bar{4}2m$	126	$P4/nnc$	141	$I4_1/amd$
	82	$I\bar{4}$	97	$I422$	112	$P\bar{4}2c$	127	$P4/mbm$	142	$I4_1/acd$
	83	$P4/m$	98	$I4_122$	113	$P\bar{4}2_1m$	128	$P4/mnc$		
	84	$P4_2/m$	99	$P4mm$	114	$P\bar{4}2_1c$	129	$P4/nmm$		
	85	$P4/n$	100	$P4bm$	115	$P\bar{4}m2$	130	$P4/ncc$		
	86	$P4_2/n$	101	$P4_2cm$	116	$P\bar{4}c2$	131	$P4_2/mmc$		
	87	$I4/m$	102	$P4_2am$	117	$P\bar{4}b2$	132	$P4_2/mcm$		
	88	$I4_1/a$	103	$P4cc$	118	$P\bar{4}n2$	133	$P4_2/nbc$		
	89	$P422$	104	$P4nc$	119	$I\bar{4}m2$	134	$P4_2/nnm$		

晶系	序号	国际符号	序号	国际符号	序号	国际符号
三方	143	$P3$	152	$P3_121$	161	$R3c$
	144	$P3_1$	153	$P3_212$	162	$P\bar{3}1m$
	145	$P3_2$	154	$P3_221$	163	$P\bar{3}1c$
	146	$R3$	155	$R32$	164	$P\bar{3}m1$
	147	$P\bar{3}$	156	$P3m1$	165	$P\bar{3}c1$
	148	$R\bar{3}$	157	$P31m$	166	$R\bar{3}m$
	149	$P312$	158	$P3c1$	167	$R\bar{3}c$
	150	$P321$	159	$P31c$		
	151	$P3_112$	160	$R3m$		

晶系	序号	国际符号	序号	国际符号
六方	168	$P6$	186	$P6_3mc$
	169	$P6_1$	187	$P\bar{6}m2$
	170	$P6_5$	188	$P\bar{6}c2$
	171	$P6_2$	189	$P\bar{6}2m$
	172	$P6_4$	190	$P\bar{6}2c$
	173	$P6_3$	191	$P6/mmm$
	174	$P\bar{6}$	192	$P6/mcc$
	175	$P6/m$	193	$P6_3/mcm$
	176	$P6_3/m$	194	$P6_3/mmc$
	177	$P622$		
	178	$P6_122$		
	179	$P6_522$		
	180	$P6_222$		
	181	$P6_422$		
	182	$P6_322$		
	183	$P6mm$		
	184	$P6cc$		
	185	$P6_3cm$		

晶系	序号	国际符号	序号	国际符号
立方	195	$P23$	213	$P4_132$
	196	$F23$	214	$I4_132$
	197	$I23$	215	$P\bar{4}3m$
	198	$P2_13$	216	$F\bar{4}3m$
	199	$I2_13$	217	$I\bar{4}3m$
	200	$Pm\bar{3}$	218	$P\bar{4}3n$
	201	$Pn\bar{3}$	219	$F\bar{4}3c$
	202	$Fm\bar{3}$	220	$I\bar{4}3d$
	203	$Fd\bar{3}$	221	$Pm\bar{3}m$
	204	$Im\bar{3}$	222	$Pn\bar{3}n$
	205	$Pa\bar{3}$	223	$Pm\bar{3}n$
	206	$Ia\bar{3}$	224	$Pn\bar{3}m$
	207	$P432$	225	$Fm\bar{3}m$
	208	$P4_232$	226	$Fm\bar{3}c$
	209	$F432$	227	$Fd\bar{3}m$
	210	$F4_132$	228	$Fd\bar{3}c$
	211	$I432$	229	$Im\bar{3}m$
	212	$P4_332$	230	$Ia\bar{3}d$

注：详细信息参阅 http：//img. chem. ucl. ac. uk/sgp/large/sgp. htm。

思考题

- **1.** 什么是晶体？
- **2.** 空间格子有哪些要素？各自的含义是什么？
- **3.** 抽取正当三维格子的方法是什么？
- **4.** 什么是晶胞？它包含哪些参数？
- **5.** 空间格子的基本类型及其代表性符号是什么？各自都有哪些主要特征？
- **6.** 什么是晶面指数？其物理意义如何？
- **7.** 晶体的主要性质有哪些？每种性质的具体含义是什么？
- **8.** 如何理解晶体的不同分类方法？
- **9.** 32 个点群及其对称元素有哪些？

参 考 文 献

[1]　田键. 硅酸盐晶体化学 [M]. 武汉：武汉大学出版社，2010：4.
[2]　田键. 硅酸盐晶体化学 [M]. 武汉：武汉大学出版社，2010：5.
[3]　田键. 硅酸盐晶体化学 [M]. 武汉：武汉大学出版社，2010：6.
[4]　张均林，严彪，王德平，等. 材料科学基础 [M]. 北京：化学工业出版社，2006：38.
[5]　景欢旺. 结构化学 [M]. 北京：科学出版社，2014：177.
[6]　景欢旺. 结构化学 [M]. 北京：科学出版社，2014：178.
[7]　马爱琼，任耘，段锋. 无机非金属材料科学基础 [M]. 北京：冶金工业出版社，2020：17.
[8]　田键. 硅酸盐晶体化学 [M]. 武汉：武汉大学出版社，2010：9.
[9]　田键. 硅酸盐晶体化学 [M]. 武汉：武汉大学出版社，2010：10.
[10]　陈纲，廖理几，郝伟. 晶体物理学基础 [M]. 北京：科学出版社，2007：43.
[11]　田键. 硅酸盐晶体化学 [M]. 武汉：武汉大学出版社，2010：11.
[12]　田键. 硅酸盐晶体化学 [M]. 武汉：武汉大学出版社，2010：12.
[13]　景欢旺. 结构化学 [M]. 北京：科学出版社，2014：179.
[14]　景欢旺. 结构化学 [M]. 北京：科学出版社，2014：180.
[15]　余永宁. 材料科学基础 [M]. 北京：高等教育出版社，2006：31.
[16]　何涌，雷新荣. 结晶化学 [M]. 北京：化学工业出版社，2008：3.
[17]　景欢旺. 结构化学 [M]. 北京：科学出版社，2014：181.
[18]　景欢旺. 结构化学 [M]. 北京：科学出版社，2014：182.
[19]　田键. 硅酸盐晶体化学 [M]. 武汉：武汉大学出版社，2010：13.
[20]　翟玉春. 结构化学 [M]. 北京：科学出版社，2021：260.
[21]　景欢旺. 结构化学 [M]. 北京：科学出版社，2014：183.
[22]　景欢旺. 结构化学 [M]. 北京：科学出版社，2014：184.
[23]　景欢旺. 结构化学 [M]. 北京：科学出版社，2014：185.
[24]　景欢旺. 结构化学 [M]. 北京：科学出版社，2014：186.
[25]　何涌，雷新荣. 结晶化学 [M]. 北京：化学工业出版社，2008：13.
[26]　景欢旺. 结构化学 [M]. 北京：科学出版社，2014：188.

第三章

无机材料的表面结构

在讨论晶体、玻璃时，往往没有考虑到它们的界面情况，而习惯地认为物体中任意一个质点（原子、离子或分子），周围对它的作用状况是完全相同的。实际上处于物体表面的质点，其境遇是完全不同于其内部的质点，从而使物体表面呈现出一系列有别于体相的特殊性质。这些特殊性质对于固体材料的物理化学性质和制备工艺过程都有重要的意义[1]。因此，为深入开展无机材料结构与性能的关联性研究，掌握其表面结构就显得十分必要。近年来，固体表面问题日益受到重视，并逐渐发展成为一门独立的表面科学。

第一节　固体表面结构

只有在严格控制生长条件且确保晶体在近乎平衡状态下生长时，晶体的表面才能出现完好和低能的表面，这些表面在原子尺度上是光滑的。一般非平衡态下生长的晶体，其表面会偏离这些低能表面（低指数）面。若表面稍许偏离低指数面，则称为邻位面；若远离低指数面，则称为粗糙面。只要生长条件合适，邻位面通常占表面的大部分。邻位面会发生小面化，小面化过程是使表面上的一些原子偏离其平衡位置，转移到其它位置上，从而形成新的倾向于平衡取向的小平面，这个过程最终使总表面能降低。图 3-1(a) 所示为不稳定表面小面化的示意图。这种表面含有坪台、台阶和扭折，图 3-1(b) 所示为表面的坪台-台阶-扭折（T-L-K）模型。坪台是低的密排低指数面，用台阶和在台阶出现的扭折来实现表面对低指数面的偏离。在坪台表面也存在如空位和附加原子等热力学平衡的点缺陷；在台阶上也会有尺度为原子大小的正、负扭折；还会有如位错、界面等缺陷在表面的裸露。随着温度的升高，坪台上还可以出现次级坪台，每个坪台上又有台阶和扭折，使表面成为多层坪台-台阶-扭折的表面。

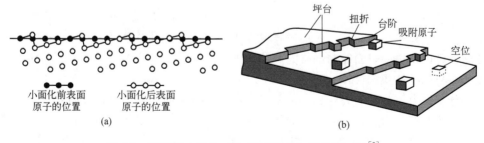

图 3-1　表面的小面化（a）和表面 T-L-K 模型（b）[2]

1. 表面几何结构

实验观测表明，固体实际表面通常是不平坦的。应用精密干涉仪检查发现，即使是完全解理的云母表面也存在着 20～200Å（1Å＝0.1nm，下同），甚至 2000 Å 的不同高度的台阶。从原子尺度上看，这无疑是很粗糙的。因此，固体的实际表面是不规则且粗糙的，存在着无数台阶、裂缝和凹凸不平的峰谷。这些不同的几何状态必然会对表面的性质产生影响，其中最重要的是表面粗糙度和微裂纹。

首先，表面粗糙度会引起表面力场变化，进而影响其表面结构。从色散力的本质可见，位于凹谷深处的质点，其色散力最大，凹谷面上和平面上次之，位于峰顶处则最小；反之，对于静电力，则位于孤立峰顶处应最大，而凹谷深处最小。由此可见，表面粗糙度将使表面力场变得不太均匀，其活性及其它表面性质也随之发生变化。其次，粗糙度还直接影响到固体比表面积，以及内表面积与外表面积的比值和与之相关的属性，如强度、密度、润湿性、孔隙率和孔隙结构、透气性和浸透性等。粗糙度还关系到两种材料间的封接和结合界面间的结合及结合强度。

表面微裂纹可以因晶体缺陷或外力作用而产生。微裂纹同样会强烈地影响表面性质，特别是对于脆性材料的强度而言，这种影响尤为重要。计算表明，脆性材料的理论强度约为实际强度的几百倍，正是因为存在于固体表面的微裂纹起着应力倍增器的作用，使位于裂缝尖端的实际应力远远大于所施加的应力。基于这个观点，葛里菲斯（Griffith）建立了著名的玻璃断裂理论，并导出了材料实际断裂强度与微裂纹长度的关系式：

$$R = \sqrt{\frac{2E\alpha}{\pi C}} \tag{3-1}$$

式中，R 为断裂强度；C 为微裂纹长度；E 为弹性模量；α 是表面自由焓。由式（3-1）可以看到，断裂强度与微裂纹长度的方根值成反比。对于长度变动的微裂纹，则 $R\sqrt{C}$ 为常数。若能控制裂缝大小、数目和扩展，就能更充分地利用材料的固有强度。日常生活中，玻璃的钢化和预应力混凝土制品的增强原理就是使外层处于压应力状态以把表面微裂纹闭合。

固体表面几何结构状态可用光学方法（显微镜、干涉仪）、机械方法（测面仪等）、物化方法（吸附等）以及电子显微镜等多种手段加以观测和研究。

2. 表面力场

晶体中每个质点周围都存在着一个力场。由于晶体内部质点排列是规律且周期重复的，故每个质点力场是对称的，但在固体表面上，质点排列的周期重复性突然中断，使处于表面边界上质点力场的对称性被破坏，表现出剩余的结合键力，这就是固体表面力。依据表面力性质的不同，可分为化学力和分子引力两类[3]。

（1）化学力　它本质上是静电力。主要来自表面质点的不饱和价键，并可用表面能的数值来估计。对于离子晶体而言，表面主要取决于晶格能和极化作用。图 3-2 和图 3-3 分别表示几种碱金属卤化物的表面能与晶格能和分子体积间的关系。从中可看出，表面能与晶格能成正比，而与分子体积成反比。

（2）分子引力　分子引力，也称范德华力，一般是指固体表面与被吸附质点（例如气体分子）之间相互作用力。它是固体表面产生物理吸附和气体凝聚的根本原因，并与液体的内压、表面张力、蒸气压和蒸发热等性质密切相关。分子引力主要来源于以下三种不同作用[5]。

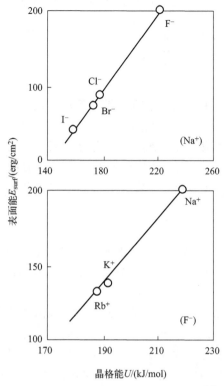
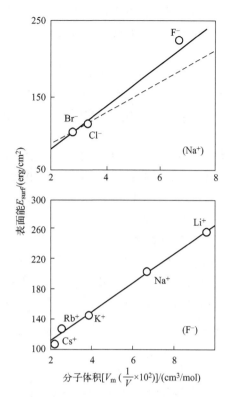

图 3-2　卤化物表面能与晶格能间关系[4]　　　图 3-3　卤化物表面能与分子体积间关系[4]

1erg=10^{-7}J，下同

① 定向作用　主要发生在极性分子（离子）之间。每个极性分子（离子）都有一个恒定电矩（μ）。相邻两个极化电矩因极性差异而相互作用的力称为定向作用力。这种力本质也是静电力，可由经典静电学求得两极性分子间的定向作用的平均位能 E_o。

$$E_o = -\frac{2}{3}\frac{\mu^4}{r^6 k_T} \tag{3-2}$$

式（3-2）中 k_T 为波尔兹曼常数。它表示，在一定温度下，极性分子间的定向作用力与分子极化电矩（μ）的四次方成正比，与分子间距离（r）的六次方成反比，温度升高将使定向作用力减小。

② 诱导作用　主要发生在极性分子与非极性分子之间。诱导，是指在极性分子作用下，非极性分子被极性分子所诱导而产生一个暂时的极化电矩，并随后与原来的极性分子产生定向作用。显然，诱导作用将随极性分子的电矩（μ）和非极性分子的极化率（α）的增大而加剧，并随着分子间距离（r）的增大而减弱。用经典静电学方法可求得诱导作用引起的位能 E_i。

$$E_i = -\frac{2\mu^2\alpha}{r^6} \tag{3-3}$$

③ 分散作用　主要发生在非极性分子之间。非极性分子（离子）是指其核外电子云呈球形对称而不产生永久的偶极矩。也就是指电子在核外周围出现概率相等而在某一时间内极化电矩平均值为零。但是就在绕核运动的某一瞬间，在三维空间上各个不同的位置上，电子分布并非严格相同的。这就会呈现瞬间的极化电矩。许多瞬间极化电矩之间以及它对相邻分

子的诱导作用都会引起相互作用，这称为分散作用或色散力。应用量子力学微扰理论可近似地求出分散作用引起的位能 E_D。

$$E_D = -\frac{3}{4} - \frac{\alpha^2}{r^6} h\nu \tag{3-4}$$

式中，ν 为分子内振动频率；h 为普朗克常数。

应该指出，对不同物质而言，定向作用、诱导作用和分散作用并非均等的。例如对于非极性分子，定向作用和诱导作用很小，可以忽略，主要是分散作用。此外，从式(3-2)～式(3-4)中可见，上述三种作用力均与分子间距离的六次方成反比，这说明分子间引力的作用范围极小，一般约在 3～5Å 之内。由于当两分子过分靠近而引起的电子层间斥力约等于 B/r^{13}。可见与上述分子引力相比，这种斥力随距离的递减速率要大于 r^6，故范德华力通常在实际应用中只关注其引力作用。

3. 晶体表面结构

由于固体表面质点的境遇不同于其内部，在表面力作用下致使表面层的结构也不同于其内部。固体表面结构可以从微观质点的排列状态和表面几何状态两方面来描述。前者属于宏观尺寸范围的超细结构；后者属于一般的显微结构。

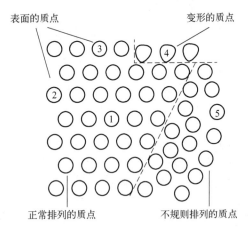

图 3-4　晶体表面与内部质点排列示意图[6]

表面力的存在使固体表面处于较高的能量状态，但系统总会通过各种途径来降低过剩的能量，这就导致表面质点的极化、变形和重排并引起原来晶格的畸变。这种过程的结构示意图如图3-4所示。众所周知，液体总是力图形成球形表面以降低其系统的表面能，而晶体由于质点不能自由流动，只能借助离子极化和位移达到降低系统表面能的目的。这就造成了表面层与内部的结构差异。对于不同结构的物质，其表面力的大小和影响程度不同，因而表面结构状态也会不同。

威尔（Weyl）等人基于结晶化学原理，研究了晶体表面结构，认为在晶体质点间的相互作用中，键强是影响表面结构的重要因素。

对于离子晶体，表面力的作用影响如图 3-5 所示。处于表面层的负离子（X^-）只受到上下和内侧正离子（M^+）的作用，而外侧是不饱和的。电子云因被拉向内侧的正离子一方而变形，使该负离子诱导成偶极子，见图 3-5(b)。这样就降低了晶体表面的负电场。接着，表面层离子开始重排以使之在能量上趋于稳定。为此，表面的负离子被推向外侧，正离子被拉向内侧从而产生位移，并形成表面双电层结构，如图 3-5(c) 所示。与此同时，表面层中的离子键性逐渐过渡为共价键性。结果，固体表面好像被一层负离子所屏蔽并导致表面层在组成上成为非化学计量的。图 3-6 是维尔威（Verwey）以氯化钠晶体为例所作的计算结果。可以看到，在 NaCl 晶体表面，最外层和次外层质点面网之间 Na^+ 的距离 2.66Å，而 Cl^- 间距离为 2.86Å，因而形成一个厚度为 0.20Å 的表面双电层。此外，在真空中分解 $MgCO_3$ 所制得的 MgO 粒子所呈现相互排斥的现象也可作为一个例证。可以预期，对于其它的由半径大的负离子与半径小的正离子组成的化合物，特别是金属氧化物，如 Al_2O_3、SiO_2 等也会有相应的效应，也就是说，在这些氧化物的表面，可能大部分由氧离子组成，正离子则被氧离子所屏蔽。而产生这种变化的程度主要取决于离子极化性能，由表 3-1 所示数据可见，所列的卤化物中，PbI_2 表面能最小（130erg/cm²，1erg＝10^{-7}J，下同），PbF_2 次之（900erg/cm²），CaF_2 最大（2500erg/cm²）。这正因为 Pb 与 I 离子都具有大的极化性能。当用极化性能较小的 Ca^+ 和 F^- 依次置换 Pb 和 I 离子时，相应的表面能和硬度迅速增加。可以预料到相应的表面双电层厚度将减小。

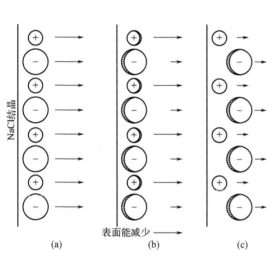

图 3-5　离子晶体表面的电子云变形和离子重排[6]

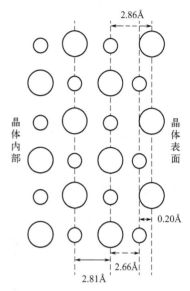

图 3-6　NaCl 表面层中 Na^+ 向里、Cl^- 向外移动并形成双电层[6]

表 3-1　某些晶体中离子极化性能与表面能的关系[7]

化合物	表面能/(erg/cm²)	硬度(V)
PbI_2	130	很小
Ag_2CrO_4	575	2.0
PbF_2	900	2.0
$BaSO_4$	1250	2.5～3.5
$SrSO_4$	1400	3.0～3.5
CaF_2	2500	4.0

　　图 3-6 表明，NaCl 晶体表面最外层与次外层，以及次外层和第三层之间的离子间距（即晶面间距）是不相等的，说明由于上述极化和重排作用引起表面层的晶格畸变和晶胞参数的改变。而随着表面层晶格畸变和离子变形又必将引起相邻的内层离子的变形和键力的变化，依次向内层扩展。但这种影响将随着向晶体内部深入而递减。本生（Benson）等人计算了 NaCl(100) 面的离子极化递变情况，如图 3-7 所示。图 3-7 中正号表示离子垂直于晶面向外侧移动，负号反之。箭头的大小和方向示意表示相应的离子极化电矩。可见在靠近晶体表面约 5 个原子大小的范围内，正负离子都有不同程度的变形和位移。负离子（Cl^-）总趋于向外位移；正离子（Na^+）则依第一层向内、第二层向外交替地位移。与此相应的正、负离子间的作用键强也沿着从表面向内部方向交替地增加和减弱；离子间距离交替地缩短和变长。因此与晶体内部相比，表面层离子排列的有序程度降低了，键强数值分散了。不难理解，对于一个无限晶格的理想晶体，应该具有一个或几个取决于晶格取向的确定键强数值。然而在

接近晶体表面的若干原子层内，由于化学成分、配位数和有序程度的变化，则其键强数值变得分散，分布在一个甚宽的数值范围。这种影响可以用键强 B 对导数 dN/dB（N 为键数目）作图，所得的分布曲线示于图3-8。对于理想晶体（或大晶体），曲线是很陡峭的，而对于表面层部分（或微细粉体），曲线则变得十分平坦。

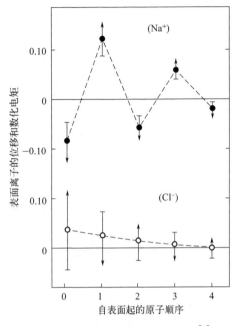

图 3-7 NaCl(100) 面的离子位移[7]

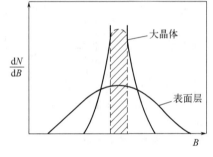

图 3-8 键强分布曲线[8]

上述的晶体表面结构的概念，可以较方便地用以阐明许多与表面有关的性质，如烧结性、表面活性和润湿性等。同时可以应用低能电子衍射（LEED）等实验方法，直接测得晶体表面的超细结构。图3-9是用离子轰击，并经 $700\sim900℃$ 超高真空退火方法净化的硅（100）面，用低能电子衍射测得的表面结构模型。由图3-9可见，外表面第一层 Si 原子是每两个成对排列，并不同于内层原子的排列情况，而且自表面起的五个原子层内，层间距 d 比晶体内部的正常值缩小了。

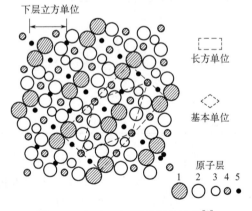

图 3-9 硅（100）面的超细结构[8]

4. 表面弛豫和重构

在上面讨论表面微观形貌时，都假设表面是理想的完整突变光滑平面，即晶体内部的结构无改变地延续到表面层。实际的表面结构与这种理想表面不同，通常会发生表面弛豫和表面重构。

由于在垂直表面方向上晶体内部的周期性遭到破坏，表面原子在真空一侧丧失了近邻原子而出现悬键，使表面层及表面附近的原子层发生法向弛豫而达到新的平衡位置。金属的结构简单，弛豫现象比较明显。为了降低能量，金属晶体表面附近的电子波函数发生变化，形成新的电子态，结果造成表面电偶极子层，这种电子态的变化又必然影响表面原子排列，它与表面原子层的相互作用产生法向收缩弛豫可以在表面延续几层原子，但是，各层偏离晶体内相应的晶面间距量从最外层向内各层依次减小。用低能电子衍射研究表明，Al、Ni、Cu 和 Au 等的（001）表面基本没有表面法向弛豫，它的排列和清洁（即没有污染）的理想解离表面状况大体一样，表面（001）面间距与晶内面间距相差不超过 $2.5\%\sim5.0\%$。面心立方结构金属的（110）表面有大于 5.0% 的表面法向收缩，Ni 的（111）表面层约有等于或少于 2.0% 的收缩。对于体心立方结构，例如 Na、V、Fe、W、Mo 等晶体，它们中大多数的（100）、（110）和（111）表面没有明显的表面法向弛豫，而 Mo 的（110）表面却发生了很大的表面法向弛豫，收缩 $11.0\%\sim12.0\%$。也有个别金属表面发生向外膨胀的弛豫，例如 Al 的（111）表面可能有约 2.0% 的扩张弛豫，其原因还不清楚。

　　发生表面弛豫所引发的点阵畸变不是很大，而表面重构使表面结构发生质的变化，所以它对降低表面能的作用比弛豫更有效。一般的重构表面形成表面超结构，表面超结构是表面层二维晶胞基矢整数倍增大的结构。最常见的有重组型重构和缺列型重构。图 3-10 所示为简单立方晶体两种表面重构的示意图。面心立方金属金、铂、铱、钯等的（110）表面是缺列型重构，这是因为在（110）面缺列后变成两个相变得很窄的（111）折面，从而降低了表面能。重组型重构通常发生在共价键晶体或有较强共价键的混合键晶体中。因为共价键有很强的方向性，被断开的悬键极不稳定，它们重新排成减小悬键的新表面结构，显然这种新结构是具有较大周期的超结构。重组型重构常伴有表面弛豫来进一步降低表面能。总的来看，当原子键没有明显方向性时，很少发生表面重构，若发生重构也只是以缺列型重构为主；当原子键有明显方向性时，在低指数表面上发生重组型重构是很常见的。

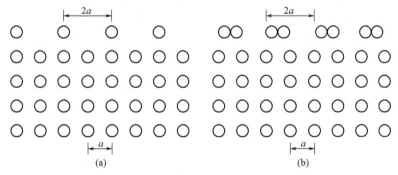

图 3-10　简单立方晶体两种表面重构的原子分布排列示意图[9]

(a) 缺列型重构；(b) 重组型重构

5. 粉体表面结构

　　粉体一般是指微细的固体粒子集合体。它具有极大的比表面积，因此表面结构状态对粉体性质有着决定性影响[10]。硅酸盐材料生产中，通常把原料加工成微细颗粒以便于成形和高温反应的进行。

　　粉体在制备过程中，由于反复地破碎，所以不断形成新的表面。而表面层离子的极化变形和重排使表面晶格畸变，有序性降低。因此，随着粒子的微细化，比表面增大，表面结构的有序程度受到愈来愈强烈的扰乱并不断向颗粒深部扩展。最后使粉体表面结构趋于无定形化。基于 X 射线、热分析和其它物理化学方法对粉体表面结构所作的研究测定，曾提出两种不同的模型。一种认为粉体表面层是无定形结构；另一种认为粉体表面层是粒度极小的微晶结构。

　　对于性质相当稳定的石英（SiO_2）矿物，曾进行过许多研究。例如把经过粉碎的 SiO_2，用差热分析方法测定其 573℃ 时 $\beta\text{-}SiO_2 \Longleftrightarrow \alpha\text{-}SiO_2$ 相变时发现，相应的相变吸热峰面积随

SiO_2 粒径而有明显的变化。当粒径减小到 $5\sim10\mu m$ 时，发生相转变的石英量就显著减少。当粒径约为 $1.3\mu m$ 时，则仅一半的石英发生上述的相转变。但是如将上述石英粉末用 HF 处理，以溶去表面层，然后重复进行差热分析测定，则发现参与上述相变的石英量增加到 100%。这说明石英粉体表面是无定形结构。因此随着粉体颗粒变细，表面无定形层所占的比例增加，可能参与相转变的石英量就减少了。据此，可以按热分析的定量数据估计其表面层厚度约为 $0.11\sim0.15\mu m$。同样，应用无定形结构模型也可以阐明粉体的 X 射线谱线强度明显减弱的现象。此外，密度测定数据也支持了关于无定形结构的观点。当粒径大于 $0.5mm$ 时，石英密度与正常值（约 $2.65g/cm^3$）一致并保持稳定，而当粒径小于 $0.5mm$ 后，密度则迅速减小。由于晶体石英和无定形态石英的密度分别为 $2.65g/cm^3$ 和 $2.203g/cm^3$，则可从实测的石英粉体密度值计算出表面无定形层厚度 δ_1 及其所占的质量分数。这些结果示于图 3-11。由图 3-11 可见，无定形层厚度和粉体密度均随粒径呈线性变化，而表面无定形层厚度则在某一粒径范围内呈现极值。即当粒径为 $200\mu m$ 左右，表面无定形层最厚，继续增大粒径，无定形层就迅速减薄以至消失。这与粉状物料通常在达到某一比表面值（约 $1m^2/g$）后，便会显示出与活性有联系的种种特征的事实可能是相关联的。图 3-12 是在空气中粉碎的石英粉体的密度与粒径的变化关系。

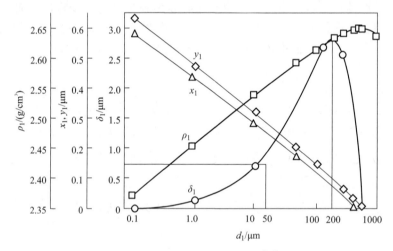

图 3-11　石英粉体的无定形化[11]

x_1 和 y_1 分别是无定形态的质量分数和体积分数；δ_1 是表面无定形层厚度；ρ_1 是密度；d_1 是粒径

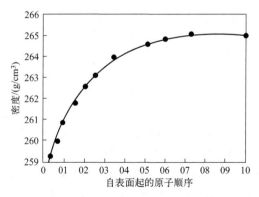

图 3-12　粉碎石英的密度与粒径关系（在空气中）[11]

对粉体进行更精确的 X 射线和电子衍射研究发现，其 X 射线谱线不仅强度减弱而且宽度明显变宽。因此认为粉体表面并非无定形态，而是覆盖了一层尺寸极小的微晶体，即表面是呈微晶化状态。由于微晶体的晶格是严重畸变的，晶格常数不同于正常值而且十分分散，这才使其 X 射线谱线明显变宽。此外，对鳞石英粉体表面的易溶层进行的 X 射线测定表明，它并不是无定形质，从润湿热测定中也发现其表面层存在有硅醇基团。

上述两种观点都得到一些实验结果支持，似有矛盾。但如果把微晶体看作是晶格极度变形了的微小晶体，那么它的有序范围显然也是很有限的。反之，无定形固体也远不像液体那样具有流动性。因此这两个观点与玻璃结构上的网络学说与微晶学说也许可以比拟，如果是这样，那么两者之间就可能不会是截然对立的。

6. 玻璃表面结构

玻璃也同样存在着表面力场，其作用影响与晶体相类似。而且由于玻璃比同组成的晶体具有更大的内能，表面力场的作用往往更为明显。

从熔体转变为玻璃体是一个连续过程，但却伴随着表面成分的不断变化，使之与内部显著不同。这是因为玻璃中各成分对表面自由焓的贡献不同。为了保持最小表面能，各成分将按其对表面自由焓的贡献能力自发地转移和扩散。另外，在玻璃成形为退火过程中，碱、氟等易挥发组分自表面挥发损失。因此，即使是新鲜的玻璃表面，其化学成分、结构也会不同于内部。这种差异可以从表面折射率、化学稳定性、结晶倾向以及强度等性质的观测结果得到证实。

对于含有较高极化性能的离子如 Pb^{2+}、Sn^{2+}、Sb^{2+} 和 Cd^{2+} 等的玻璃，其表面结构和性质会明显受到这些离子在表面的排列取向状况的影响。这种作用本质上也是极化问题。例如铅玻璃，由于铅原子最外层有 4 个价电子（$6s^2 6p^2$），当形成 Pb^{2+} 时，因最外层尚有两个电子，对接近于它的 O^{2-} 产生斥力，致使 Pb^{2+} 的作用电场不对称，即与 O^{2-} 相斥一方的电子云密度减少，在结构上近似于 Pb^{2+}，而相反一方则因电子云密度增加而近似呈 Pb^0 状态。这可视作 Pb^{2+} 按 $Pb^{2+} \longrightarrow \frac{1}{2} Pb^{4+} + \frac{1}{2} Pb^0$ 方式被极化变形。在不同条件下，这些极化离子在表面取向不同，则表面结构和性质也不相同。在常温时，表面极化离子的电矩通常是朝内部取向以降低其表面能。因此常温下铅玻璃具有特别低的吸湿性。但随温度升高，热运动破坏了表面极化离子的定向排列，故铅呈现正的表面张力-温度系统。图 3-13 是分别用 0.5mol/L 盐溶液处理过的钠钙硅酸盐玻璃粉末，在室温、98%相对湿度的空气中吸水速率曲线。可以看到，不同极化性能的离子进入玻璃表面层后，对表面结构和性质的影响。

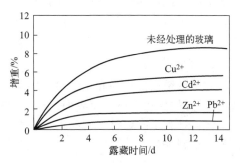

图 3-13　表面处理对钠钙硅酸盐玻璃吸水速率的影响[12]

应该指出，以上讨论的各种表面结构状态都是指"清洁"的平坦的表面而言。因为只有清洁平坦表面才能真实地反映表面的超细结构。这种表面可以用真空加热、镀膜、离子轰击或其它物理和化学方法处理而得到。但是实际的固体表面通常都是被"污染"了的。这时，其表面结构状态和性质则与沾污的吸附层性质密切相关，这将在以后进一步讨论。

第二节　面缺陷

面缺陷，又称为二维缺陷，即缺陷尺寸在二维方向上的延伸，在第三维方向上很小。晶体的面缺陷，是将晶体分成两部分的边界，边界两侧质点的排列不同，但每侧内部晶体结构相同，两侧有不同的取向。这类缺陷的特点是，在一薄层内原子的排列偏离平衡位置。因此，它们的物理、化学和力学性能与规则排列的晶体内部有很大区别。面缺陷包括表面缺陷、晶界缺陷和相界缺陷。

1. 表面缺陷

晶体表面结构不同于晶体内部。表面质点周围的环境不同于晶体内部质点，配位数少于晶体内部，导致表面原子偏离正常位置，其能量高于晶体内部。晶体表面单位面积能量的增加称为比表面能。吸附会显著改变表面能，所以外表面会吸附外来杂质。与之形成各种化学键，其中，物理吸附是依靠分子键，化学吸附是依靠离子键或共价键。

当固体受外力作用时，破裂常常从表面开始，实际上是从有表面缺陷的地方开始的，即使表面缺陷非常微小，甚至在一般显微镜下也分辨不出的微细缺陷，都足以使材料的机械强度大大降低。由于表面的微细缺陷和表面原子的高能态，使其也极易与环境、其它侵蚀性物质发生化学反应而被腐蚀，所以固体往往都在表面，尤其是表面凸起或裂缝缺陷部位首先产生腐蚀现象。在生产中，要消除表面缺陷是非常困难的，但可以用表面处理的办法来减少缺陷的暴露，如陶瓷材料的施釉，金属材料的镀层、热处理、涂层等。

2. 晶界缺陷

晶界是晶粒间界的简称，晶界缺陷是多晶体中由于晶粒取向不同而形成的，是多晶体中最常见的面缺陷。陶瓷是多晶体，由许多晶粒组成，因此晶界对于陶瓷材料具有特别重要的意义。

晶界对于陶瓷材料的性能具有很大的影响[13]。例如，要想获得机械强度高、机电性能好的制品，就必须研究和控制晶粒的大小，而晶粒大小的问题实际上是晶界在材料中所占比例的问题。在材料的生产中，还常常利用晶界有利于杂质富集的性质，有意识地加入一些杂质，使其集中分布在晶界上，以达到改善材料性能的目的。晶界的存在对改善陶瓷材料的透光性也有影响，近年来发展起来的透明陶瓷材料就是一例。

3. 相界缺陷

相是系统内部物理和化学性质相同而且完全均匀的一部分。相界是指两相体系之间分界面[14]。与晶界相类似，相界面的存在同样影响着材料的物理力学性能。例如，相界面变小和增多，有利于改善材料的物理力学性能，这已在金属基、陶瓷基、水泥基和高聚物基复合材料中得到证实。

第三节　固液界面

一、过冷：表面预熔[15]

纳米材料过冷或过热温度下的行为受到广泛关注。多数情况下，纳米材料表面液化和蒸发的温度会比相应块体材料的低。同理，液体表面的冻结温度更低。附着在基底上的纳米材料，其熔点 T_m 随纳米材料尺寸的减小而降低（称为过冷现象）。嵌入某些基底中的纳米材料，实验数据显示其 T_m 比相应块体值低。而对另外一些基底来说，其中的纳米材料 T_m 却高于块体（称为过热现象）。附在 Al（111）基底上的 Pd（111）薄膜的熔点就高出块体值115K。与块体材料原子相比，带有自由表面的纳米材料熔点的减小等同于自由度的减少和分子熵的增加，而嵌入基底的纳米材料熔点的升降取决于纳米材料与基底的结合程度。

目前，大量实验测试描述了纳米材料熔点降低的情况。例如，光电发射研究证实 Li（110）面在404K熔化，低于块体材料熔点454K。变温 XRD 分析显示，纳米药物（聚合物）的熔点随尺寸减小而降低，7.5nm 的灰黄霉素和 11.0nm 硝苯地平熔点分别减小33K和30K。STM 对 Pb/Si（111）纳米岛状材料测试显示，相变温度随材料尺寸增大而减小，且相变与过冷、过热过程无关。

Pd 纳米线的 T_m 低于块体值，却高于团簇熔点，以表面预熔方式熔化。准液态表层从纳米线和团簇表面开始形成，径向朝里发展，达到相变温度时材料内部键序被破坏。

基于经典热力学和 MD 模拟，可建立纳米材料熔点尺寸效应的理论模型。一般而言，熔点 T_m（K）的尺寸效应遵循如下经验公式：

$$\frac{\Delta T_m(K)}{T_m(\infty)} = -\frac{K_c}{K} \tag{3-5}$$

式中，K_c 是纳米材料完全熔化的临界尺寸，或 $T_m(K_c)=0K$。K_c 的物理意义也是众多模型研究的核心问题。

1. 经典热力学

根据 Laplace 和 Gibbs-Duhem 公式，应用经典热力学可推导 K_c 应满足关系式：

$$K_c = \frac{-2}{H_m(\infty)} \times \begin{cases} \sigma_{sv} - \sigma_{lv}\left(\dfrac{\rho_s}{\rho_l}\right)^{2/3} & \text{（HMG）} \\[2mm] \sigma_{sl}\left(1-\dfrac{K_0}{K}\right)^{-1} + \sigma_{lv}\left(1-\dfrac{\rho_s}{\rho_l}\right) & \text{（LSN）} \\[2mm] \left[\sigma_{sl},\ \dfrac{3(\sigma_{sv}-\sigma_{lv}\rho_s/\rho_l)}{2}\right] & \text{（LNG）} \end{cases}$$

式中，H_m 是熔化潜热；ρ 是密度；σ 是界面能；下角标 s、l 和 v 分别代表固相、液相和气相。临界值 $R_c(=K_c d_0)$ 一般为几个纳米。上式代表了基于经典热力学的 3 种典型模型。

（1）均匀熔化和生长模型（HMG）：考虑整个材料的所有熔化颗粒之间的平衡，认为材料各处同时发生熔化。这一模型很好地解释了 K_c 等于或小于 3 的极小尺寸纳米颗粒或 K_c 大于 3 但含有空位缺陷的纳米材料的熔化现象。

（2）液壳成核模型（LSN）：认为平衡状态下材料表面有一层为 K_0 的液体层，这意味着材料表面先于内部熔化。

（3）液体成核和生长模型（LNG）：认为熔化是从材料表面液体层的成核开始，然后缓慢发展到材料内部。

上述 3 种模型中，LSN 和 LNG 适用于平整表面和大颗粒纳米材料。

2. 原子模型

基于原子/分子动力学（MD）的临界尺寸 R_c 相关模型有：

$$R_c = \begin{cases} 5230 v_0 \gamma & \text{（液滴）} \\ \alpha_m d_0 & \text{（表面声子）} \\ R_0 \left(\dfrac{1-\beta}{1-R_0/R} \right) & \text{（表面-RMSD）} \end{cases} \tag{3-6}$$

式中，$v_0 = 4\pi d_0^3/3$；α_m 为常数。

液滴模型将 T_m 与整个纳米颗粒（含 N 个原子）的结合能 E_{cob} 联系起来。由于表面效应，E_{cob} 等于体积结合能（$N E_g$）和表面能（$4\pi d_0^2 N^{2/3} \gamma$）的差值。体积为 v_0 的单原子平均结合能 $E_B(R) = E_B - E_{B,S} N^{-1/3}$，其中，$E_{B,S} = 4\pi d_0^2 \gamma$ 是表面单原子结合能。E_B 和 $E_{B,S}$ 满足经验关系 $E_{B,S} = 0.82 E_B$。根据 Lindemann 熔化准则，块体材料的 T_m 满足：

$$T_m(\infty) = \frac{n f_e^2 E_B}{3 k_B Z} \propto E_B \tag{3-7}$$

式中，n 是原子相互作用势斥力部分的指数；Z 是原子化合价（不同于原子配位数 z）；系数 f_e 是温度 T_m 时原子的热膨胀量级，小于 5%；T_m 只依赖于材料的平均结合能 $[E_B(K)]$。Nanda 等考虑尺寸效应，将 E_B 替换为 $E_B(K)$，结合极限条件推导了与尺寸相关的 $T_m(K)$。

$$E_B(\infty) = \eta_{1b} T_m(\infty) + \eta_{2b} \tag{3-8}$$

式中，常数 η_{2b} 为熔化焓的 $1/z$，也是将单个原子从熔融状态蒸发所需的能量；η_{1b} 是块体材料单键比热容。根据液滴模型，当 $T_m(K_c)$ 接近 0K 时，Mn 和 Ga 的熔化临界尺寸分别约为 0.34nm 和 1.68nm。

表面声子不稳定模型认为，$T_m(K)$ 与 $T_m(\infty)$ 和表面缺陷形成能有关。在热力学范畴内（颗粒半径大于 2nm），尺寸效应与电子激发效应相互耦合。

晶格振动不稳定模型拓展了 Lindemann 振动晶格不稳定准则，提出纳米固体熔化行为与材料表面和内部原子位移均方根（RMSD，δ^2）之比（β）有关。β 与尺寸无关。

$$\beta = \frac{\delta_s^2(D)}{\delta_b^2(D)} = \frac{\delta_s^2(\infty)}{\delta_b^2(\infty)}$$

从这一模型可以看出，如果 $\beta > 1$，则纳米固体熔点低于块体值；反之则高于块体值。K_c 由 $K_0 = \tau$（维度）决定，此时所有原子都具有表面特征。根据 RMSD，当 $K_c = \tau$ 时，纳米固体将在 0K 熔化。

二、过热：界面效应[16]

对嵌入基体的纳米材料来说，如果表面完全被基体原子覆盖，那么在计算过程中界面能将替换表面能。Nanda 等将两者之比引作微扰：

$$\frac{\Delta T_m(K)}{T_m(\infty)} = \frac{K_c}{K} \left(1 - \frac{\gamma_{mat}}{\gamma} \right)$$

若 $\gamma_{mat} > \gamma$，则纳米固体的熔点比其块体高。上式与嵌入 Al 基体的 Pb 纳米颗粒的实验数据吻合得很好，但高估了嵌入 Al 基体的 In 纳米颗粒的熔点，超过约 10~20K。

根据原子振幅的尺寸效应，Jing 等将 $T_m(K)$ 模型拓展至过热现象，认为如果基体原子直径比纳米材料的小，那么纳米材料将产生过热现象。因此，调节 RMSD 模型中的 β 值可同时解释纳米材料的过冷和过热现象。当 $\beta < 1$ 时，过热现象发生，意味着基体将束缚界面原子振动。

不过，模拟计算（MD）计算表明，自由纳米材料内部原子先熔于表面原子，后者所需熔化温度更高。这一预测看似与目前的实验数据相矛盾，不过稍后我们将基于这一预测讨论极小尺寸 Ge 和 Sn 团簇的过热现象。此外，直径 2～9nm bcc 金属 V 熔化、扩散和振动的 MD 结果显示，熔化分为两步：表面 2～3 层原子预先熔化，随后整个纳米颗粒突然熔化。纳米材料的熔化热同样与材料尺寸成反比。

LSN、HMG 和 LNG 模型都仅适用于熔点降低的情况（$\Delta T_m < 0K$），而液滴模型和 RMSD 模型均适用于过冷和过热情况。对稍大于几个纳米的纳米颗粒来说，所有模型都能很好地描述共熔点变化问题，只是相应的物理机制颇具争议。

第四节　扩散和晶体生长

1. 扩散系数[17]

纳米材料扩散动力学是目前的研究热点之一。在纳米尺度，扩散速率的急剧提升表明扩散活化能的迅速降低。界面扩散活化焓值等同于表面扩散活化焓，但低于沿晶界边缘扩散的活化焓。

在 423K 和 573K 时，Cu 的晶界扩散能量与 Ni 粗晶和纳米晶的蠕变表明，晶粒尺寸越小，扩散速率越高。所以，蠕变加速行为与晶粒尺寸相关。Pb 亚微晶粉末中 Fe 示踪原子的扩散证实界面扩散在较低温度下发生，伴随着大量晶粒的恢复生长。原子缺陷导致恢复过程和晶粒生长多发生在 500K 的主恢复阶段。缺陷周围的低配位原子是界面扩散开始的主因，因为这些原子在这一温度范围内流动性强。

在给定条件下，即使在离粗晶 Fe 表面仅 2μm 的位置也无法检测到 Cu 原子。然而，在纳米晶 Ni 中，Cu 原子可扩散至离表面 25μm（423K），甚至 35μm（573K）的深度。据此，可以获得 Cu 原子在纳米晶 Ni 中的晶界扩散系数。

在 423K 时，没有观察到纳米晶 Ni 的晶界移动，扩散系数 D_b 可用退火后晶界成分浓度变化与扩散时间的关系方程来确定，即：

$$c(x,V,\beta) = c_0 \exp\left(-x\sqrt{\frac{V}{D_b \beta_b}}\right)$$

式中，c_0 为表层 Cu 原子的浓度；x 是距离表层的距离；$\lg c = -1$（$c = 0.1\%$，对应于二次离子质谱（SIMS）的分辨率极限单位）。$x \to 0$ 时，外推实验浓度曲线可得到 c_0。这种情况下可得 $D_b = 1 \times 10^{-14} \text{m}^2/\text{s}$（$t = 3\text{h}$）。

纳米晶 Ni 的晶粒生长温度为 573K，晶界迁移速率 V 约为 $7 \times 10^{-11} \text{m}^2/\text{s}$。此时，$D_b$ 满足

$$c(x,t) = c_0 \text{erfc}\left(\frac{x}{2\sqrt{D_b t}}\right)$$

考虑到晶界扩散宽度 $\beta_b = 10^{-8} \text{m}$，可得 $D_b = 1.4 \times 10^{-12} \text{m}^2/\text{s}$，这比 423K 的样品高出两个数量级。这些证实，纳米晶 Ni 晶界处 Cu 的扩散系数比粗晶 Ni 的大得多。

当 Au 颗粒尺寸减小时，Ag 与 Au 的互扩散增强。对于尺寸非常小（<4.6nm）的颗粒而言，两种金属原子几乎是随机分布于颗粒中；而稍大的颗粒，扩散边界仅为单原子层。这些都超出了表面预熔化效应的解释范围。合金界面处的缺陷增强了某金属原子朝另一种金属

的径向迁移。

　　原位四点探测技术所测量的降温时电阻率偏离直线的起始温度表明[18]，在拐点温度处，Ag 薄膜由于退火时空位的形成和生长变得不稳定。真空环境下，SiO_2 基底上厚度超过 85nm 的 Ag 薄膜比较稳定。基于起始温度和薄膜厚度，利用 Arrhenius 关系，可得降温速度 0.1℃/s 时，Ag 开始凝聚的 E_A 值为（0.326±0.02）eV。该值与真空中 Ag 表面扩散的 E_A 值一致。因此，Ag 凝聚和表面扩散能同为 E_A，都与原子结合能有关。

　　纳米尺度的高扩散速率同样增强了液体向纳米材料的扩散行为。化学传感器中用作电极的纳米粉末表现出较高的扩散系数（$10 \sim 10^4 m^2/s$）。另外，粉末超微电极能显著提高从溶液到纳米固体表面的质量输运速度，而这与催化剂毫无关系。

2. BOLS 表述

　　BOLS 是指键序-键长-键强，即键弛豫。其物理意义在于[19]：根据能量最小原理，由于键弛豫（收缩或膨胀）是自发过程，势阱将加深，弛豫后的键能会变强。不过，如果弛豫是在外界因素作用下发生的，如加热、加压或拉伸，键长则可能会增加，但这一过程肯定会朝着整体能量最低的方向变化。

　　BOLS 从物理角度描述了原子有效配位数的缺失效应，这与化学反应中的定义不同。化学反应中键序是指一对原子间形成的化学键数目。化学反应中键能 E、键长 d 和键序 n 关系为[19]：

$$\begin{cases} \dfrac{d}{d_s} = 1 - \dfrac{0.26\ln n}{d_s} \\ \dfrac{E}{E_s} = \exp[c(d_s - d)] = n^p \end{cases} \tag{3-9}$$

　　式中，下角标 s 表示单键；c 和 p 是经验常数。这一模型可以预测气体表面化学反应中的相关物理量，即：①分子吸附的结合能；②原子吸附的结合能；③化学吸收的活化能；④化学解吸的活化能。

　　根据 BOLS 理论，原子低配位会减小 E_B，从而导致原子扩散、凝聚和位错滑移时 E_A 减小。扩散系数 D 遵从 Arrhenius 关系：

$$D(\infty, T) = D_0 \exp\left[\dfrac{-E_A(\infty)}{k_B T}\right] \tag{3-10}$$

　　从 Au 来说，扩散活化焓 $E_A(\infty) = 1.76\text{eV}$，指前因子 $D_0 = 0.04\text{cm}^2/\text{s}$。假定 $E_A \propto E_B$，在互扩散和纳米合金化中应用 BOLS 理论，可发现 E_A 与原子配位数相关。

　　原子扩散进入固体，所需要能量要使原子周边的化学键弛豫。根据式(3-3)~式(3-10)，考虑表面效应，可得：

$$\begin{cases} \dfrac{D(K, T)}{D(\infty, T)} = \exp\left[-\dfrac{E_A(K) - E_A(\infty)}{k_B T}\right] \\ \qquad\qquad = \exp\left\{-\dfrac{E_A(\infty)}{k_B T}\left[\dfrac{E_B(K)}{E_B(\infty)} - 1\right]\right\} \\ \qquad\qquad = \exp\left[\dfrac{-E_A(K)}{k_B T}\Delta_B\right] \\ D(K, T) = D_0 \exp\left[\dfrac{-E_A(\infty)}{k_B T}\dfrac{T_m(K)}{T_m(\infty)}\right] = D_0 \exp\left[\dfrac{-E_A(\infty)}{k_B T}(1 + \Delta_B)\right] \end{cases} \tag{3-11}$$

　　因此，纳米尺度扩散强化源于原子结合能的减小。$D(K, T)$ 随 $T_m(K)/T_m(\infty)$ 值呈指数减小。上式为低配位原子主导晶界处的纳米合金化、纳米扩散和纳米反应提供了可能机制。

　　不过，Si 纳米棒的抗氧化能力表现出振荡特性。尺寸很小时，因氧化四面体的形成强烈依赖于原子几何结构，Si 纳米棒很难被氧化。例如，相对于疏松堆积的（110）表面，氧化更倾向于在密堆积的 C_{3v} 金刚石 [111] 对称面发生。Si 纳米棒的表面高曲率和变短的表面化学键抑制了氧化四面体的形成。

　　图 3-14 所示为 Si 包覆 Au 颗粒的 T_m 以及系数随尺寸变化的实验测试与 BOLS 理论预测结果的比较[20]。二者趋势一致，表明扩散与活化能相关。

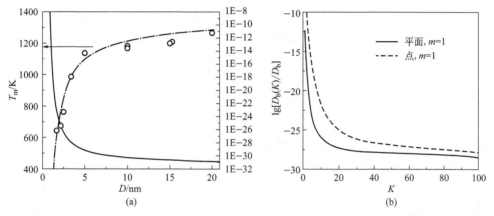

图 3-14　Si 包覆 Au 颗粒的（a）熔点和（b）扩散系数的尺寸效应[20]

（a）中实线是自扩散系数的计算结果[21]；（b）中虚线为 BOLS 理论的预测结果

3. 晶体生长

　　（1）液-固外延生长　　掌握纳米晶体从熔融状态或非晶基底上初始生长的阶段非常重要。它很大程度上决定了多晶材料的微观结构。但因团簇尺寸小且过程持续时间短，很难通过实验对此进行研究。分子动力学模拟同质外延生长和熔化为了解晶体生长过渡态提供了途径。

　　根据过渡态理论，推动液体-晶体界面运动的驱动力 F_c 为液体与晶体自由能之差，近似正比于熔点减小量（$T_m - T$）。界面移动速率 V 正比于驱动力，$V = kF_c$，其中 k 是液体-晶体界面迁移率（因晶体中的原子几乎不移动，所以界面迁移率由液体中原子的运动决定）。因此，界面的移动与液相中原子热致扩散情况正相关。由于原子配位缺失，小尺寸团簇 T_m 减小，进而影响液体-晶体界面处的自由能。

　　熔点随尺寸减小而降低正是因为原子结合能 E_B 和液体-晶体界面移动活化能 E_A 减小，这与液体中的扩散情况相一致。Si 在生长和熔化的过程中，晶体生长速度服从 SW 势，由两体势能和三体势能组成，其中对于理想晶体而言，三体势能在 $T=0K$ 时为零，即使温度较高，三体势能也很小（如 $T=1200K$ 时，约为 0.1eV/原子）。与之相反，液相时三体势能较大，约 $-1eV$/原子。基于此，Keblinski 通过监控所有的三体势能计算了模型中单胞晶体和液相的数量，并以此作为参考。

　　熔点的尺寸效应对团簇的生长和熔化行为也有影响。团簇的自由能来自表层和内部两部分。表层自由能 U_S 近似为表面面积和液-固界面自由能 γ_{ls} 的乘积，$U_S = A\gamma_{ls}K^2$，其中，A 是几何常数（球状材料，$A = 4\pi d_0^3$）。块体部分的自由能 U_B 近似为团簇体积和固-液相间自

由能密度差 Δu 的乘积，$U_{\mathrm{B}} = B \Delta u K^3$，这里 B 也是几何常数（球状材料，$B = 4\pi d_0^3/3$）。

在熔点温度附近，晶体与液体间自由能密度差正比于熔点变化量，$\Delta u = u_0[T - T_{\mathrm{m}}(K)]$，这里 u_0 是常数（在 T_{m} 时近似为零）。在特定温度时，团簇临界尺寸值对应着自由能最大值，$U = U_{\mathrm{S}} + U_{\mathrm{B}}$。对自由能求导，可发现尺寸最大值在温度 $T = T_{\mathrm{m}}(K) - c\gamma_{\mathrm{ls}}/K$ 时出现，c 是与 A、B 和 u_0 相关的常数。根据一阶近似，熔点 T_{m} 与晶体尺寸 K 的倒数呈线性关系，表明界面自由能 γ_{ls} 不随温度变化而明显变化。事实上，界面能与温度和尺寸均相关。

为理解过冷扩散致界面活化过程中晶体生长的温度依赖性，可假设经典成核理论中，晶体生长是原子逐个堆积而成的。因此，晶体生长和溶解的平均速率为

$$v_{\pm} = v_0 \exp\left(\pm \frac{\Delta u - \Delta A \gamma_{\mathrm{sl}}}{2 k_{\mathrm{B}} T} - \frac{E_{\mathrm{A}}}{k_{\mathrm{B}} T} \right)$$

式中，$\Delta A = A_{m+1} - A_m$ 是新附着原子所致的界面面积增量；v_0 是界面原子的热振动频率。团簇生长速率可用 v_+ 和 v_- 的差值表示。

$$
\begin{aligned}
V_{\mathrm{grow}} &\approx \exp\left(\frac{-E_{\mathrm{A}}}{k_{\mathrm{B}} T} \right) \sinh\left(\frac{\Delta u - \Delta A \gamma_{\mathrm{sl}}}{2 k_{\mathrm{B}} T} \right) \\
&\approx \frac{\Delta u - \Delta A \gamma_{\mathrm{sl}}}{2 k_{\mathrm{B}} T} \exp\left(\frac{-E_{\mathrm{A}}}{k_{\mathrm{B}} T} \right)
\end{aligned}
\tag{3-12}
$$

温度接近 T_{m} 时，双曲正弦部分的值差异很小，在 T_{m} 时几乎为零。式（3-12）表明晶体生长/熔化速率是自由能的减少量 $\Delta u - \Delta A \gamma_{\mathrm{ls}}$ 决定的，而界面移动是由界面原子跳跃扩散能 E_{A} 决定的。值得注意的是，ΔA 正比于 K^{-1} 和 $\Delta u = u_0[T - T_{\mathrm{m}}(K)]$，熔点满足 $\Delta T_{\mathrm{m}}(K) - \gamma_{\mathrm{ls}}/K$ ［熔点 $T_{\mathrm{m}}(K)$ 时 $V_{\mathrm{grow}} = 0$］。对于平面生长，界面对自由能无贡献，因此在 $T_{\mathrm{m}}(\infty)$ 时 V_{grow} 几乎为零（$\Delta u = 0$）。

对于给定尺寸的团簇，其自由能项可以在 $T_{\mathrm{m}}(K)$ 附近展开为

$$V_{\mathrm{grow}}(K) \approx \left[\frac{T_{\mathrm{m}}(K) - T}{T} \right] \exp\left(\frac{-E_{\mathrm{A}}}{k_{\mathrm{B}} T} \right) \tag{3-13}$$

这一公式可描述液体-纳米固体溶解和生长动力学行为。基于式（3-13）分析获得 2.0nm 和 2.6nm 固体材料的最佳 E_{A} 值均为 (0.75 ± 0.05)eV，而 3.5nm 的 E_{A} 值为 (0.85 ± 0.05)eV。这一结果与 BOLS 预测相吻合，且平均原子结合能 E_{B} 随材料尺寸减小而增加。基于 BOLS 理论，

$$\frac{\Delta E_{\mathrm{A}}(K)}{E_{\mathrm{A}}(\infty)} = \frac{\Delta T_{\mathrm{m}}(K)}{T_{\mathrm{m}}(\infty)} = \Delta_{\mathrm{B}}$$

$$V_{\mathrm{grow}}(D) \approx \left[\frac{T_{\mathrm{m}}(\infty)(1 + \Delta_{\mathrm{B}}) - T}{T} \right] \exp\left\{ \frac{-[E_{\mathrm{A}}(\infty)(1 + \Delta_{\mathrm{B}})]}{k_{\mathrm{B}} T} \right\} \tag{3-14}$$

指数部分与扩散表达式中的指数相同 ［见式（3-11）］。在式（3-14）中，有两处存在尺寸引起的微扰。图 3-15(a) 显示，毗邻液体的扩散决定了液-固界面的移动，这与同质生长极其相似。

（2）气相沉积　固体熔化的尺寸效应涉及晶体生长的临界尺寸，可由此调控纳米材料在热基底上的生长。给定基底温度（T_{s}），就有相应的晶体开始生长的最小临界尺寸。因此，任意大于这一临界尺寸的颗粒都会生长。如果原团簇尺寸小于临界尺寸，颗粒将熔化，并凝聚以产生尺寸接近或大于临界尺寸的团簇。若 T_{s} 高于熔点 T_{m}，沉积的团簇会熔合，进而蒸发。这说明，若想获得更小的纳米颗粒，T_{s} 应该尽可能小。

这一尺寸效应机制还为纳米材料烧结性质的调控提供了手段。一般情况下，氧化物尺寸

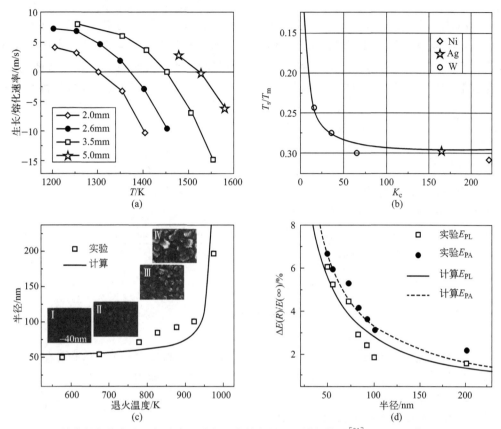

图 3-15　(a) Si 纳米材料熔点和生长速率尺寸与温度效应的 MD 模拟结果[21]；(b) W [$T_m(\infty)=3695K$]、

Ni (1728K) 和 Ag (1235K) 纳米晶体生长临界尺寸的温度效应 ($T_s=0.3T_m$)[21]；

(c) ZnO 纳米晶体尺寸与退火温度的关系 (插图为 SEM 图)[21] 以及 (d) 不同退火温度下

(生长温度、773K、873K 及 923K 4 种) 的 E_{PL} 和 E_{PA}[21]

随退火温度增加而增加，室温球磨过程中的凝聚发生在某一特定尺寸范围。基底温度调制的成核与凝聚很好地解释了石墨表面 Bi 层在低于 Bi 块体熔点 $T_m(\infty)10\sim15K$ 时开始失去长程有序，在低于 $T_m(\infty)$ 约 125K 时开始成核。

同一表面熔化和固化的温度并不相同。一般而言，晶体开始生长的基底温度 $T_s(K)$ 是熔点的 0.3 倍，即

$$T_s(\tau,K_c)=0.3T_m(\tau,K)=0.3T_m(\infty)(1+\Delta_B),\Delta_B\cong\frac{\Delta_B'}{K_c}$$

T_s 确定，热稳定的临界尺寸即为

$$K_c=\frac{-\Delta_B'}{1-T_s(\tau,K)/[0.3T_m(\infty)]}=\frac{\tau\sum_3 C_i(1-z_{ib}C_i^{-m})}{1-T_s(\tau,K)/[0.3T_m(\infty)]} \tag{3-15}$$

对球形金属来说，常数 $\Delta_B'=-2.96$（$m=1$；$\tau=3$；$K_c>3$）。沉积后，纳米材料的临界尺寸和原子数目取决于 $T_s(\tau,K)/[0.3T_m(\infty)]$。

图 3-15(b) 表明纳米材料的尺寸（$R_c=d$）取决于基底温度。若已知原子尺寸 d 及材料的块体熔点 $T_m(\infty)$，即可调控晶体尺寸。上述关系预测了单层金属（$\tau=1$）可以在 $T_s=0K$ 附近生长，这与实验现象相符，例如，在 Si 表面上沉积单层 Pb 的温度为 4K，甚至

更低。

（3）晶体尺寸和禁带宽度的热调控　晶粒尺寸决定纳米半导体的禁带宽度，它可以通过调控生长过程或退火温度来调制。纳米晶体的后续退火过程涉及颗粒原始尺寸（K_0）和临界温度（T_{th}）。当温度低于 T_{th} 时，高能晶界并不移动。当温度超过 T_{th} 后，晶粒获得足够能量克服最小势垒，晶界移动。考虑 T_{th} 和 K_0 后，式（3-15）变为 T_a 与临界尺寸的关系，即

$$\begin{cases} T_a - T_{th} = 0.3 T_m(K) = 0.3 T_m(\infty)(1 + K^{-1}\Delta_B') \\ K - K_0 = \dfrac{\Delta_B'}{(T_a - T_{th})/[0.3 T_m(\infty)] - 1} = \dfrac{|\Delta_B'|}{1 - (T_a - T_{th})/[0.3 T_m(\infty)]} \end{cases}$$

上式表明，晶体尺寸由 $(T_a - T_{th})/[0.3 T_m(\infty)]$ 决定。当 $T_a > T_{th}$ 时，晶粒随 T_a 增加而生长。控制 T_a 即可调控晶粒半径 K。

图 3-15(c) 中的插图为不同温度下晶粒生长的 SEM 结果。晶粒尺寸和禁带宽度随温度的变化趋势与 BOLS 理论的预测均相符，如图 3-15(d) 所示。

思考题

- **1.** 什么是表面坪台-台阶-扭折模型？依据该模型，固体表面有哪些结构特征？
- **2.** 表面力场中包含哪些主要作用力？各自产生的机理是什么？
- **3.** 固体表面质点的排列方式有哪些？
- **4.** 固体表面极性产生的机理是什么？
- **5.** 如何理解粉体表面结构特征与粒径的相关性？
- **6.** 面缺陷的种类及各自的主要特征有哪些？
- **7.** 从固体表面结构出发，如何理解固-液界面的过热及过冷现象？
- **8.** 将固体表面结构与 BOLS 理论相结合，如何理解晶体生长过程及生长机制？

参 考 文 献

[1]　宋晓岚，黄学辉．无机材料科学基础 [M]．北京：化学工业出版社，2019：173.

[2]　余永宁．材料科学基础 [M]．北京：高等教育出版社，2006：416.

[3]　潘群雄，王路明，蔡安兰．无机材料科学基础 [M]．北京：化学工业出版社，2006：63.

[4]　浙江大学，武汉建筑材料工业学院，上海化工学院，等．硅酸盐物理化学 [M]．北京：中国建筑工业出版社，1980：120.

[5]　卢安贤．无机材料科学基础简明教程 [M]．北京：化学工业出版社，2012：17.

[6]　浙江大学，武汉建筑材料工业学院，上海化工学院，等．硅酸盐物理化学 [M]．北京：中国建筑工业出版社，1980：121.

[7]　浙江大学，武汉建筑材料工业学院，上海化工学院，等．硅酸盐物理化学 [M]．北京：中国建筑工业出版社，1980：122.

[8]　浙江大学，武汉建筑材料工业学院，上海化工学院，等．硅酸盐物理化学 [M]．北京：中国建筑工业出版社，1980：123.

[9]　余永宁．材料科学基础 [M]．北京：高等教育出版社，2006：417.

[10]　张志杰．材料物理化学 [M]．北京：化学工业出版社，2006：157.

[11]　浙江大学，武汉建筑材料工业学院，上海化工学院，等．硅酸盐物理化学 [M]．北京：中国建筑工业出版社，1980：124.

[12]　浙江大学，武汉建筑材料工业学院，上海化工学院，等 . 硅酸盐物理化学 [M]. 北京：中国建筑工业出版社，1980：125.

[13]　白志民，邓雁希 . 硅酸盐物理化学 [M]. 北京：化学工业出版社，2018：51.

[14]　马爱琼，任耘，段锋 . 无机非金属材料科学基础 [M]. 北京：冶金工业出版社，2020：108.

[15]　孙长庆，黄勇力，王艳 . 化学键的弛豫 [M]. 北京：高等教育出版社，2017：248.

[16]　孙长庆，黄勇力，王艳 . 化学键的弛豫 [M]. 北京：高等教育出版社，2017：251.

[17]　孙长庆，黄勇力，王艳 . 化学键的弛豫 [M]. 北京：高等教育出版社，2017：267.

[18]　孙长庆，黄勇力，王艳 . 化学键的弛豫 [M]. 北京：高等教育出版社，2017：269.

[19]　孙长庆，黄勇力，王艳 . 化学键的弛豫 [M]. 北京：高等教育出版社，2017：199.

[20]　孙长庆，黄勇力，王艳 . 化学键的弛豫 [M]. 北京：高等教育出版社，2017：270.

[21]　孙长庆，黄勇力，王艳 . 化学键的弛豫 [M]. 北京：高等教育出版社，2017：273.

第四章

无机材料的晶体结构

　　无机材料的性能是其宏观性质的整体体现，其性能的好坏是由其内部结构所决定的，也就是众所周知的"内因决定外因，外因通过内因来起作用"。正如第二章中所述，绝大多数性能优越的无机材料为结晶物质，结晶物质具有良好的内部晶体结构，且不同类型的晶体结构具有各自的特征与性质，致使其性能存在明显的差异。因此，了解无机材料的内部晶体结构不仅有助于掌握其特征与性质，而且对于分析研究其结构与性能的关联性是十分必要的。

第一节　紧密堆积

　　在晶体中，如果原子或离子的最外层电子构型为惰性气体构型或 18 电子构型，则其电子云分布呈球形对称，无方向性[1]。这点在前文中已有阐述。从几何角度，这样的质点在三维空间的堆积可近似地认为是刚性球体的堆积，其堆积应该服从最紧密堆积原理。

1. 最紧密堆积原理

　　晶体中各离子间的相互结合，可看成是球体的堆积。按照晶体中质点的结合应遵循势能最低的原则，从球体堆积的几何角度来看，球体堆积的密度越大，系统的势能越低，晶体越稳定。这就是球体最紧密堆积原理[2]。该原理是建立在质点的电子云分布呈球形对称且无方向性的基础上的，故只有典型的离子晶体和金属晶体符合最紧密堆积原理，但不能用最紧密堆积原理来衡量原子晶体的稳定性。

2. 最紧密堆积方式

　　根据质点的大小不同，球体最紧密堆积方式分为等径和不等径球堆积两种情况。等径球最紧密堆积有六方最紧密堆积和面心立方最紧密堆积两种类型。等径球最紧密堆积的状态下，在平面上每个球与周边 6 个球相接触，形成第 1 层（球心位置标记为 A），如图 4-1 所示。此时，每 3 个彼此相接触的在平面上最紧密堆积球体之间形成 1 个弧线三角形空隙，包围这个空隙的球体的中心连线构成一个正三角形。每个球周围共有 6 个弧线三角形空隙，即每个球周围共有 6 个上述正三角形，其中 3 个正三角形的一个顶角指向图的上方（其中心位置标记为 B），另外 3 个的顶角指向图的下方（其中心位置标记为 C），这两种空

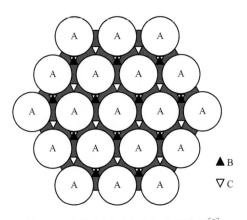

图 4-1　球体在平面上的最紧密堆积[3]

隙在平面上相间分布。当将第 2 层球放上去时，只有将球心放在第 1 层球所形成的空隙上方，即 B 位或 C 位上方，才能形成最紧密堆积。假设第 2 层球心放在 B 位上方（若放在 C 位上方也是等效的），则第 3 层球放上去时就会出现两种情况：一是，第 3 层球放在第 2 层球心的正三角形空隙上方，即第 3 层球的球心正好在第 1 层球的正上方，亦即第 3 层球与第 1 层球的排列位置完全相同，此时间隔层的球体的位置完全相同；若如此循环，则球体在三维空间的堆积是按照 ABAB… 的层序来堆积，如图 4-2(a) 所示；从这样的堆积中可取出一个六方晶胞，故称为六方最紧密堆积（hcp），如图 4-2(b) 所示。二是，第 3 层球放在 C 位正上方，与第 2 层球相互交错，这样第 3 层球的排列与第一层并不重复，只有第 4 层球放上去时才重复第 1 层球的排列，即每隔两层的球体的位置才完全相同；若如此循环，则在三维空间上形成 ABCABC… 的堆积方式，如图 4-3(a) 所示；从这样的堆积中可取出一个面心立方晶胞，故称为面心立方最紧密堆积（fcc），面心立方堆积中 ABCABC… 重复层面平行于（111）晶面，如图 4-3 (b) 所示。上述两种最紧密堆积中，每个球体周围同种球体的个数均为 12。

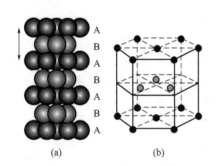

图 4-2　六方最紧密堆积[4]

（a）ABAB… 堆积；（b）六方晶胞

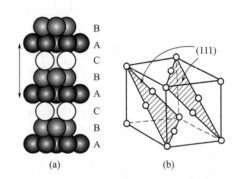

图 4-3　面心立方最紧密堆积[4]

（a）ABCABC… 堆积；（b）面心立方晶胞及密堆面的堆积方向

第二节　球体周边的空隙结构

　　由于球体之间是刚性点接触堆积，所以上述两种最紧密堆积中仍然有空隙存在。从形状上看，空隙有两种[5]：一种是四面体空隙，如图 4-4 所示；另一种是八面体空隙，如图 4-5 所示。四面体空隙由 4 个球体所构成，4 个球体的中心连线构成一个正四面体，所以称四面体空隙。八面体空隙由 6 个球体所构成，6 个球体的中心连线构成一个正八面体，所以称八面体空隙。四面体的空间取向有 3 种[4]：上层 1 个球，下层 3 个球（四面体顶点朝上）；上层 3 个球，下层 1 个球（四面体顶点朝下）；上层 2 个球，下层 2 个球（即从垂直于四面体的边棱方向观察）。八面体的空间取向也有 3 种[4]：上层 1 个球，中层 4 个球，下层 1 个球；

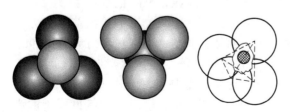

图 4-4　四面体空隙示意图

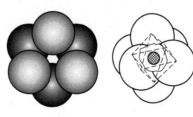

图 4-5　八面体空隙示意图

上层 2 个球，中层 2 个球，下层 2 个球；上层 3 个球，下层 3 个球。若球体的半径相同，则可以证明，四面体空隙的体积小于八面体空隙的体积。

最紧密堆积中空隙的分布情况是：每个球体周围有 8 个四面体空隙和 6 个八面体空隙。从图 4-1 或图 4-2 中可看出，当第 2 层球放在 B 位上时，在 3 个 B 位形成了 3 个四面体空隙，同时，3 个 B 位所夹的 A 位正上方形成 1 个四面体空隙，这样就有 4 个四面体空隙与半个 A 球相接触。依据晶体结构的对称性，另半个 A 球也会有 4 个四面体空隙与之相接触。因此，A 球体周围共有 8 个四面体空隙。同理，3 个 C 位上形成了 3 个八面体空隙与半个 A 球接触。依据晶体结构的对称性，另半个 A 球也应有 3 个八面体空隙与之相接触。因此，A 球体周围共有 6 个八面体空隙。故每个球周围有 8 个四面体空隙和 6 个八面体空隙。

当 n 个等径球最紧密堆积时，整个系统四面体空隙数为 $n \times 8/4 = 2n$ 个，八面体空隙数为 $n \times 6/6 = n$ 个。

为了表达最紧密堆积中总空隙的大小，通常采用空间利用率（也称堆积系数）来表示，其定义为：晶胞中原子体积与晶胞体积的比值，用 PC 来表示。六方和面心立方两种类型最紧密堆积的空间利用率均为 74.05%，空隙占整个空间的 25.95%。

金属中原子的堆积可以认为是等径球的堆积。在离子晶体中，质点有大有小，质点的堆积属于不等径球堆积。不等径球堆积时，较大球体作等径球的紧密堆积，较小的球填充在大球紧密堆积形成的空隙中。其中相对稍小的球体填充在四面体空隙，相对稍大的则填充在八面体空隙。如果较小球体的直径超过较大球体堆积所构成的空隙大小，则会使堆积方式稍加改变，以产生较大的空隙满足较小球体填充的需要。这种改变与晶体结构的配位数有关，后面将进行论述。

最紧密堆积只是在不考虑晶体中质点相互作用的物理化学本质的前提下，从纯几何角度对晶体结构进行的一种描述。实际上，晶体中的质点在结合时，其质点的相对大小，对键性、键强、配位关系及质点间的交互作用等有着决定性的影响。因此，晶体结构不能单从密堆积方面考虑，还需要考虑其它因素。

影响晶体结构的因素有内在因素和外在因素两个方面。内在因素主要是化学组成，包括质点的相对大小、配位关系和离子间的相互极化等；外在因素主要有温度和压力等。

第三节　配位数与配位多面体

在晶体结构中，一个原子或离子总是按某种方式与周围的原子或相邻的异号离子结合的。原子间或异号离子间的这种相互配置关系，常用配位数和配位多面体来描述[6]。

1. 配位数

在 NaCl 晶体结构中，Cl^- 按面心立方最紧密堆积方式排列，而 Na^+ 就填充在 Cl^- 所形成的八面体空隙中。这样每个 Na^+ 周围有 6 个 Cl^-，因此，Na^+ 的配位数为 6，如图 4-6 所示。在 CsCl 晶体结构中，每个 Cs^+ 是填充在由 8 个 Cl^- 包围形成的简单立方空隙中，如图 4-7 所示，因此，Cs^+ 填入的空隙应比八面体空隙更大些，Cs^+ 的周围比 Na^+ 的周围能排列更多的 Cl^-（在晶体中，每个正离子的周围总是尽可能紧密地围满负离子，每个负离子的周围也是尽可能紧密地围满正离子，这是由晶体的稳定性所决定的），所以，Cs^+ 的配位数大于 Na^+ 的配位数。由此可见，配位数的大小跟正离子与负离子的半径比值有关。

图 4-6(a) 表示在 NaCl 晶体中每个 Na^+ 的上下、前后和左右共有 6 个 Cl^-，呈八面体结构。从图 4-6（b）中的直角三角形 ABC 中可得出，当负离子按八面体堆积时，阳离子与阴离子彼此都能相互接触的必要条件是：$r^+/r^- = 0.414$。如果 r^+/r^- 小于 0.414，负离子虽然仍相互紧密接触，但正离子却与负离子脱离接触，这时负离子间斥力很大，能量较高，使结构不稳定。当 r^+/r^- 大于 0.414 时，正离子与负离子能紧密接触，但负离子之间却脱离接触，这时正负离子引力很大，负离子间的斥力相对较小，能量较低，结构稳定。然而，晶体结构的稳定性不但要求正、负离子紧密接触，而且还要使正离子周围的负离子愈多愈好[8]，即配位数愈高愈稳定。

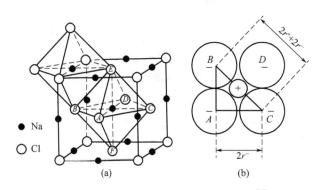
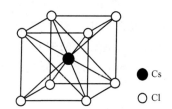

图 4-6　NaCl 晶体的正八面体中的离子[7]　　　图 4-7　CsCl 晶体结构[7]

按照这样的原则，从几何学上也可以推导得：$r^+/r^- = 0.732$ 时，正离子周围即可安排 8 个负离子；r^+/r^- 大于 0.414 时，负离子之间将脱离接触。在上述情况下，离子晶体将按立方体结构排列，即正离子在立方体的中心，负离子在八个顶角上，正离子的配位数为 8，例如 CsCl 晶体中的 Cs^+，如图 4-7 所示。因此，可以看出离子晶体结构中阳离子配位数的大小是由结构内阳离子和阴离子半径的比值来决定的。晶体结构中，每个原子或离子周围最邻近的原子或异号离子的数目，称为该原子或离子的配位数（coordination number，CN）。值得注意的是：

① 金属单质晶体中原子总是具有最高（配位数=12）或较高的配位数。

② 以共价键结合的晶体，无论单质或化合物，由于共价键具有方向性和饱和性，其配位数不受球体最紧密堆积规律的支配，配位数偏低，一般均不大于 4。

③ 离子化合物晶体中，通常是阴离子作最紧密堆积，阳离子充填其中的八面体或四面体空隙，此时阳离子的配位数分别为 6 和 4。但当阴离子不呈最紧密堆积时，还存在其它的配位数，其数值一般居于中等。

在离子晶体中，阴、阳离子的结合相当于不等径球体的紧密堆积。这时往往要注意以下三种情况：①只有当异号离子相互接触时，体系的结构才是稳定的。②若阳离子变小，直到阴离子相互接触，结构仍是稳定的。但这种情况已达稳定的极限。③若阳离子更小，致使阴、阳离子脱离接触。这种情况会导致体系的结构不稳定，并将引起阴阳离子的配位数发生改变。

2. 配位数与离子半径的关系

从几何观点来看，在离子晶体中，阳离子的配位数主要取决于阴、阳离子半径的相对大小，即取决于充填的阳离子半径与构成空隙的阴离子半径之比值[9]。阳离子与阴离子半径比与阳离子的配位数的相关性，如表 4-1 所示。

表 4-1　阳离子与阴离子半径比与阳离子的配位数[10]

r^+/r^- 值	阳离子的配位数	阴离子多面体的形状	实例
0.000~0.155	2	哑铃形	干冰 CO_2
0.155~0.225	3	三角形,图 4-8(a)	B_2O_3
0.225~0.414	4	四面体形,图 4-8(b)	SiO_2、GeO_2
0.414~0.732	6	八面体形,图 4-8(c)	$NaCl$、MgO、TiO_2
0.732~1.000	8	立方体形,图 4-8(d)	ZrO_2、CaF_2、$CsCl$
1	12	立方体形+八面体形	Cu
		截顶的 2 个三方双锥的聚形	Os

　　用简单的几何关系可以计算出形成不同结构的 r^+ 和 r^- 之比的极限值,如图 4-8 所示。图 4-9 绘出了常见阴离子配位多面体的形状。因此,在知道硅酸盐晶体是由什么离子组成后,从 r^+/r^- 值就可以确定阳离子的配位数和阴离子配位多面体的结构。但是,在许多复杂的硅酸盐矿物中,配位多面体的几何形状不像理想状态下的那样有规则,甚至在有些场合下,可能会出现较大的偏差。在实际晶体中,每个离子的环境不一定完全相同,所受的键力也不一定均衡,因此,必然会出现一些特殊的配位情况。

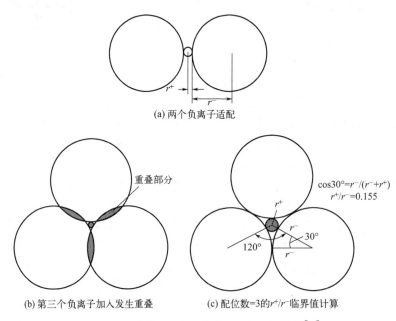

(a) 两个负离子适配

(b) 第三个负离子加入发生重叠　　　(c) 配位数=3的r^+/r^-临界值计算

图 4-8　配位数=2 和配位数=3 的几何结构[10]

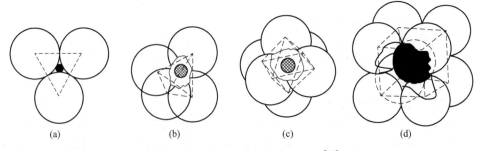

(a)　　　　(b)　　　　(c)　　　　(d)

图 4-9　常见阴离子配位多面体形状[11]

在硅酸盐晶体结构中，主要阳离子的配位关系如下：Si^{4+} 经常存在于四个 O^{2-} 形成的四面体的中心，形成硅氧四面体（以 $[SiO_4]$ 表示）作为硅酸盐的基本结构单元；Al^{3+} 一般位于 6 个 O^{2-} 围成的八面体的中心，有时也可取代 Si^{4+} 而位于四面体的中心，即 Al^{3+} 与 O^{2-} 可形成 4 或 6 配位。因此，在许多硅铝酸盐中，铝一方面以铝氧八面体（以 $[AlO_8]$ 表示）的形式存在；另一方面以铝氧四面体（以 $[AlO_4]$ 表示）的形式与硅氧四面体一起构成硅（铝）骨干。在极少情况下，如在红柱石晶体中，Al^{3+} 也位于由 5 个 O^{2-} 包围的空隙中。Mg^{2+}、Fe^{2+}、Fe^{3+} 一般位于 6 个 O^{2-} 形构的八面体空隙中心。

必须指出，决定一个离子配位数的因素很多，包括温度、压力、正离子类型、极化性能以及正负离子的半径比值等。然而，对于典型的离子化合物来说，在通常的温度和压力条件下，如果离子的变形现象不发生或者变形很小，则它们的配位情况主要由正负离子半径的比值所决定；如果离子存在极化现象，则应该考虑离子的极化对晶体结构类型的影响。

常见阳离子与 O^{2-} 结合的配位数，如表 4-2 所示。

表 4-2　常见阳离子与 O^{2-} 结合的配位数[10]

配位数	阳离子
3	B^{3+}
4	Be^{2+}，Ni^{2+}，Zn^{2+}，Cu^{2+}，Al^{3+}，Ti^{4+}，Si^{4+}，P^{5+}
6	Na^+，Mg^{2+}，Ca^{2+}，Fe^{2+}，Mn^{2+}，Al^{3+}，Fe^{3+}，Cr^{3+}，Ti^{4+}，Nb^{5+}，Ta^{5+}
8	Ca^{2+}，Zr^{4+}，Th^{4+}，U^{4+}，TR^{3+}①
12	K^+，Na^+，Ba^{2+}，TH^{3+}

① TR^{3+} 表示稀土离子。

3. 配位多面体

晶体结构中，以一个原子或离子为中心，将其周围与之形成配位关系的原子或异号离子的中心联结起来所构成的多面体称为配位多面体，如图 4-9 所示。

从图 4-9 中可看出，当一个原子与周围的四个原子配位时，构成配位四面体，若与之配位的 4 个原子为相同的原子，且它们的半径相等，则构成配位正四面体，如图 4-9(b) 所示；当一个原子与周围的 6 个原子配位时，构成配位八面体，若与之配位的 6 个原子为相同的原子，且它们的半径相等，则构成配位正八面体，如图 4-9(c) 所示；当一个原子与周围的 8 个原子配位时，构成配位平行六面体，若与之配位的 8 个原子为相同的原子，且它们的半径相等，则构成配位立方体，如图 4-9(d) 所示。

第四节　常见晶体结构

把离子近似看成一个球体，较小的球（正离子）处在较大球（负离子）堆垛的空隙中，处在不同空隙的正离子将有不同的配位数。以 r^+ 表示正离子的半径，r^- 表示负离子的半径，按照下列三条规则确定正负离子半径的比值与所得配位数之间的关系：①正离子与负离子相接触；②从空间几何角度看，正离子周围的负离子数目尽可能高；③离子不能重叠。

当较小的正离子与比其大得多的负离子结合时，往往可放置两个负离子与这个正离子接触，这种配位结构是直线的，如表 4-3 所示。因为正离子太小，当放置第三个负离子再与这个正离子接触时，则易发生负离子相互重叠。由于离子间的排斥力不允许这种重叠发生，致使较小的正离子就不可能有配位数＝3 的情况。当正离子增大到一定程度，使得正离子恰好能处于 3 个相切负离子的空隙中时，就可以出现配位数＝3 的情况，这种配位结构是三角形的，如表 4-3 所示。从图 4-8(c) 中几何关系可以算出，出现配位数＝3 配位的 r^+/r^- 的临界值为 0.155，且随着 r^+/r^- 继续增大，配位数有可能达到 4、6、8 直至 12。根据各种配位数对应的几何结构，可以计算出各种配位数的临界 r^+/r^- 值。这些 r^+/r^- 临界值、配位结构的形式以及各种配位数的关系详见表 4-3。值得注意的是，虽然对于一个给定的配位数，可能的 r^+/r^- 值是一个范围，但其临界 r^+/r^- 值是最小值。r^+/r^- 必须小于或最多等于 1。大多数离子化合物中的正离子半径都比负离子半径小，如果负离子半径小于正离子半径，这时应该以正离子半径与负离子半径的比值来估算负离子的配位数。若知道较小离子的配位数，则较大离子的配位数就可根据较大离子与较小离子的半径比值或化合物的化学计量来确定。

表 4-3　配位数的临界 r^+/r^- 值（其中几何图形是示意图）[12]

配位数	几何图形	临界 r^+/r^- 值	r^+/r^- 范围
2	直线	0	$0<r^+/r^-<0.155$
3	三角形	0.155	$0.155<r^+/r^-<0.255$
4	四面体	0.255	$0.255<r^+/r^-<0.414$
6	八面体	0.414	$0.414<r^+/r^-<0.732$
8	立方体	0.732	$0.732<r^+/r^-<1$
12	密堆垛	1	$r^+/r^-=1$

上面讨论了用正负离子半径比值来确定离子晶体配位数、结构类型的规律性。讨论过程中假设离子没有极化。如果离子发生极化，则上面得出的规律会出现偏差。离子在紧密接触时，带电荷离子所建立的电场会对另一离子的电子云发生作用（相吸或者相斥），使离子的大小和形状发生改变，这就是极化现象。如果离子在晶体中的位置固定不动，则正、负离子的极化可以相互抵消。在实际晶体中，离子在平衡位置上不停振动，正、负离子的间距发生瞬间变化而产生偶极。这种偶极作用有可能使离子偏离其平衡位置而引起配位数的变化。同

理，如果离子的极化很强，会使晶体的配位数降低，晶体结构发生变化。

对于离子化合物，常出现混合离子/共价特性的键合，这就是仅仅依据 r^+/r^- 值不能准确预计某些离子化合物配位数的原因之一。这也是具有混合离子/共价键的无机材料的特性。因为离子键的特点是组元间电子的转移，共价键的特点则是共用电子对，所以两种键性的比例取决于化合物组元的电负性差（ΔEN）。ΔEN 大时有利于离子键，ΔEN 小时有利于共价键。泡利计算说明电负性差约 1.7 时，导致生成具有 50%离子性百分数和 50%共价性百分数的离子/共价混合键。各种原子电负性大小与键离子性百分数的关系与它们之间的电负性差值大小有关。例如，SiO_2 化合物中，Si 原子（EN＝1.9）与每个最近邻 O 原子（EN＝3.44）共用一对电子，而电负性较大的 O 原子使得共用电子对由 Si 原子向 O 原子部分转移。这意味着含有电子的转移，致使结合键具有离子特性。因 ΔEN 为 1.54，所以可认为Si—O 键约有 45%离子性和 55%共价性。

1. 面心立方结构

图 4-10 所示为一个面心立方晶胞的结构示意图，其中，图 4-10(a) 为与晶胞相关的 14 个原子的实球堆垛模型，图 4-10(b) 为与图 4-10(a) 对应的点阵模型，图 4-10(c) 为配位数的位置示意图。从图 4-10(c) 中可看出，一个晶胞内含 4 个原子，具体为 8 个顶角原子的 1/8，即一个原子，以及 6 个平面上原子的 1/2，即 3 个原子。这四个原子的位置坐标分别可表示为 [(0, 0, 0)]，[(0, 1/2, 1/2)]，[(1/2, 0, 1/2)] 和 [(1/2, 1/2, 0)]。因为是面心立方，每个晶胞含 4 个原子，所以 Pearson 符号是 $cF4$。

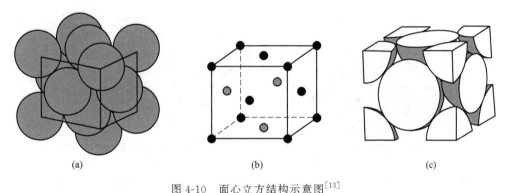

| (a) | (b) | (c) |

图 4-10　面心立方结构示意图[13]

(a) 与晶胞相关的 14 个原子的实球堆垛模型；(b) 原子中心位置的点阵模型；

(c) 包含在一个晶胞内的每个原子所占分数的部分实球模型

面心立方结构的最密排面是 (111)，晶体结构是在密排面 (111) 上按照…ABCAB-CABC…的方式堆垛起来的，如图 4-11(a) 所示；为了进一步厘清其堆垛情况，用图 4-11(b) 展示了堆垛实体原子与晶胞内原子位置的对应关系，其中，三角形 EIG 所构成的平面即为密排面 (111)。因为这种结构是一种原子球的最紧密堆垛，所以其配位数是 12。即任何一个原子都有 12 个最近邻的原子。图 4-11(c) 所示为最紧密堆垛 12 个最近邻原子的另外一种方式，图 4-11(c) 中 12 个深灰色原子是淡灰色原子的最近邻。

面心立方结构的最密排方向是 [110]，即图 4-11(a) 中所示 IG 方向以及其等效方向。面心立方结构中最近邻的原子球是相切的，如果以 a 表示晶胞棱的单位长度，则原子半径 r 是 a [110] /4 的长度，即 $r=\sqrt{2}a/4$。

尽管面心立方是最紧密排列的结构，但仍有空隙。面心立方晶胞中有两种空隙，一种是

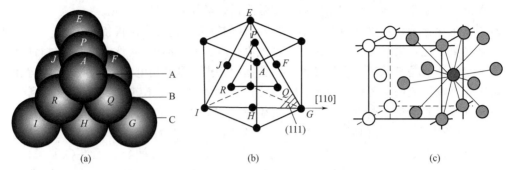

图 4-11　面心立方结构的堆垛和配位数[13]

（a）实球堆垛模型；（b）与（a）对应的点阵模型；（c）配位数的说明

八面体空隙，另一种是四面体空隙。八面体空隙是由 6 个原子构成的八面体所围的空隙，如图 4-12(a) 中深灰色部分所示。在一个晶胞内累计有 4 个完整的八面体空隙，它们中心位置是 [(1/2，1/2，1/2)] 及其等效位置（即晶胞各个棱的中点）。八面体空隙半径为 $r_{Oc} = 0.16a = 0.41r$。四面体空隙是 4 个原子组成的四面体所围的空隙，如图 4-12(b) 所示。每个晶胞内有 8 个完整的四面体空隙，它们中心位置是 [(1/4，1/4，1/4)] 及其等效位置（即体对角线离顶点的 1/4 处）。四面体空隙半径为 $r_{Tr} = 0.079a = 0.2247r$。四面体空隙比八面体空隙小得多。在八面体空隙和四面体空隙中常常可容纳某些半径较小的溶质或杂质原子。

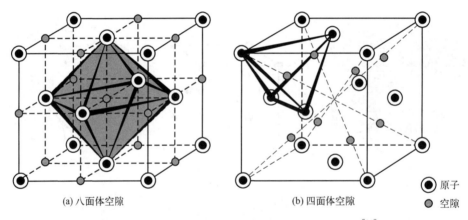

(a) 八面体空隙　　　　　　(b) 四面体空隙　　　　　● 原子　　● 空隙

图 4-12　面心立方结构的八面体和四面体空隙示意图[14]

2. 体心立方结构

图 4-13 所示为一个体心立方晶胞的结构示意图，其中，图 4-13(a) 所示为与晶胞相关的 9 个原子的实球堆垛模型，图 4-13(b) 为原子中心位置的点阵模型，图 4-13(c) 所示为包含在一个晶胞中每个原子所占分数的部分实球模型。从图 4-13(c) 可以看出，一个晶胞内含 2 个原子，具体包括 8 个顶角原子的 1/8，以及一个中心原子。这两个原子的位置坐标分别可表示为 [(0，0，0)] 和 [(1/2，1/2，1/2)]。因为是体心立方，每个晶胞含 2 个原子，所以 Pearson 符号是 $cI2$。

在体心立方结构中没有像面心立方 (111) 那样的最密排面，体心立方结构中相对密排的面是 (110) 面。一个晶胞的 (110) 投影图如图 4-14(a) 所示，从图中看出，若在 (110) 面上堆垛，则每隔一层面就会重复。把这两层标记为 α 和 β，体心立方则沿 [110] 方向

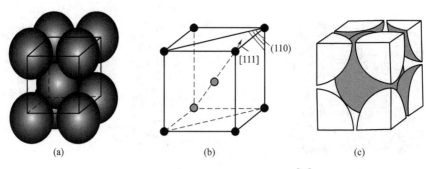

图 4-13 体心立方晶胞结构示意图[15]

(a) 与晶胞相关的 9 个原子的实球堆垛模型；(b) 原子中心位置点阵模型；

(c) 包含在一个晶胞内的每个原子所占分数的部分实球模型

按…αβαβαβ…顺序堆垛而成，每个原子有 8 个最近邻原子和 6 个次近邻原子。若以体心立方结构晶胞中心原子为例描述每个原子的配位，它与晶胞的 8 个顶角为最近邻，因而配位数为 8，如图 4-14(b) 所示，它与相邻的 6 个晶胞的中心原子为次近邻，原子与次近邻原子间的距离仅比与最近邻原子的距离约大 15%，因此，往往还要考虑次近邻的相互作用，有时将配位数记为 8+6，即有效配位数大于 8。

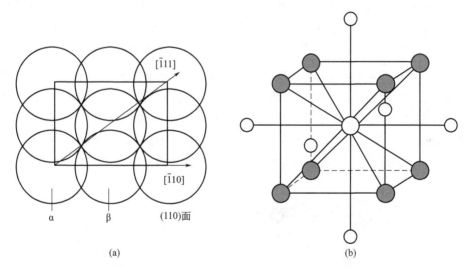

图 4-14 体心立方结构以 (110) 面堆垛以及配位数的说明[16]

(a) (110) 的堆垛；(b) 配位数的说明

从图 4-14(b) 中看出，体心立方结构的最密排方向是 [111]。沿 [111] 方向原子是相切的，因此原子半径 r 是 $a[111]/4$ 的长度，即 $r = \sqrt{3}\,a/4$。

3. 密排六方结构

图 4-15 所示为一个密排六方晶胞的结构示意图，其中，图 4-15(a) 所示为与晶胞相关的 15 个原子的实球堆垛模型，图 4-15(b) 所示为原子中心位置的点阵模型。应该注意的是，图 4-15(a) 和图 4-15(b) 所给出的晶体与其布喇菲单胞并不对应，六面棱柱体仅为显示其对称性而给出的，不是晶体的实际六面棱柱。图 4-15(b) 中黑线画出的六面体是对应布喇菲单胞的另一种晶胞表示。图 4-15(c) 所示为包含在一个晶胞内的原子配置。从图 4-15(c) 中可看出，一个晶胞内的 8 个顶角原子位置坐标分别可表示为 [(0, 0, 0)] 和 [(2/3, 1/3,

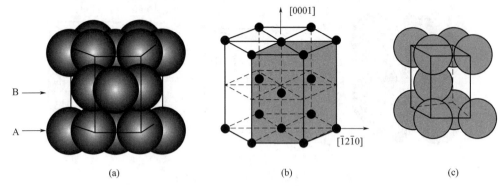

图 4-15 密排六方结构的堆垛和配位数的说明[18]

(a) 与晶胞相关的 15 个原子的实球堆垛模型；(b) 原子中心位置点阵模型；(c) 包含在一个晶胞内的原子配置

1/2)]。因为是密排六方，每个晶胞含 2 个原子，并且注意到晶胞内的原子位置点并非等同，故晶胞属于 P 单胞，所以 Pearson 符号是 hP_2。

密排六方结构的最密排面是 (0001)，与面心立方结构的 (111) 面具有相同的最紧密排列方式。密排六方晶体结构是在密排面 (0001) 上按···ABABAB···的方式堆垛起来的。如果 (0001) 面每层原子球都相切，则其堆垛密度和配位数与面心立方完全相同，即致密度为 0.74，配位数为 12，如图 4-16 (a) 所示，图中 12 个黑色原子是白色原子的最近邻。在 (0001) 面上每层原子球都相切情况下，每个原子中心和其最近邻原子的中心距都为 a [图 4-16(a) 中 $d=a$]，而 $d=a\sqrt{1/3+(c/a)^2/4}$，所以，理想紧密堆垛时的 c 轴与 a 轴的轴比 $c/a=\sqrt{8/3}=1.633$。事实上大多数密排六方金属的轴比在 1.58（铍）～1.89（镉）之间。当 $c/a \neq 1.633$ 时，图 4-16(b) 所示的 $d \neq a$，即在 (0001) 面上原子间的最近邻原子距离和原子与相邻上、下层最近邻原子的距离不相等，因而配位数变为 6+6，致密度小于理想堆垛时的 0.74。密排六方结构的密排方向是 [$11\bar{2}0$]，因此，原子半径 $r=a/2$。与面心立方结构一样，密排六方结构有两种空隙：八面体空隙和四面体空隙。

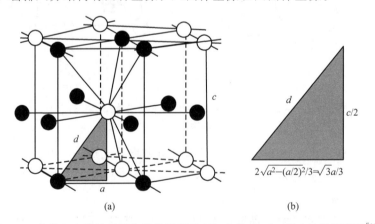

图 4-16 密排六方结构的配位数的说明及理想密排时 c/a 轴比的计算说明[18]

图 4-17(a) 所示为在六面体棱柱晶胞中八面体空隙的位置（图中灰色圆点）。八面体空隙中心位置坐标是 [(2/3, 1/3, 3/3)] 及其等效位置。从图 4-17(a) 中可看出，一个布喇菲单胞中累计有两个完整的八面体空隙。如果是理想紧密堆垛，八面体空隙半径 $r_{Oc}=0.414r$，这一关系式与面心立方结构的相同。如果是 $c/a \neq 1.633$，即不是最紧密堆垛，则

空隙半径比面心立方大。

　　图 4-17(b) 所示为在六面体棱柱体晶胞中的四面体空隙的位置（图中灰色圆点）。四面体空隙中心位置坐标是 [(2/3, 1/3, 7/8)] 及其等效位置，一个布喇菲单胞中累计含 4 个完整的四面体空隙。如果是理想紧密堆垛，四面体空隙半径 $r_{Tr} = 0.2447r$。这也与理想紧密六方结构及面心立方结构的空隙半径与原子半径间的关系完全一样。

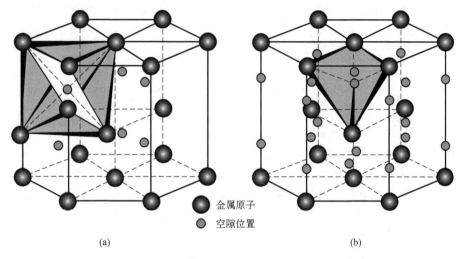

(a)　　　　　　　　　　　　　　　　　　(b)

● 金属原子
● 空隙位置

图 4-17　密排六方结构中的八面体和四面体空隙[15]

　　体心立方也有两种空隙，一种是扁八面体空隙，另一种是四面体空隙。图 4-18(a) 所示为一个扁八面体围成的空隙，它的中心在晶胞 (001) 面的中心，距 (0001) 面的 4 个角点的距离是相等的。在一个晶胞内累计有 4 个八面体空隙，它们中心位置是 $a\sqrt{2}/2$，但与上、下两个原子中心的距离为 $a/2$，所以这个八面体不是正八面体而是一个扁八面体。八面体空隙的坐标位置是 [(1/2, 1/2, 0)]，晶胞的每个棱边中心及晶胞立方体 6 个面的中心都是其等效位置，每个晶胞有 6 个八面体空隙，其空隙半径为 $r_{Oc} = 0.1547r$。

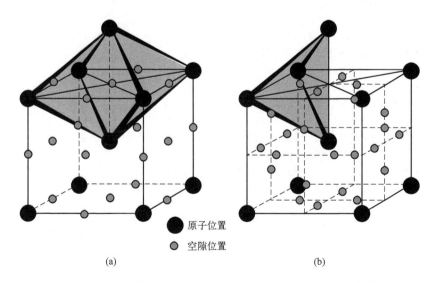

(a)　　　　　　　　　　　　　　　　　　(b)

● 原子位置
● 空隙位置

图 4-18　密排体心立方结构中的八面体空隙和四面体空隙[17]
(a) 八面体空隙；(b) 四面体空隙

图 4-18(b) 所示为四面体空隙的位置，它由 [100] 和 [001] 方向各两个原子组成，因此四面体的这两个方向棱的单位长度是 a，其它 4 条棱的单位长度是 $a\sqrt{3}/2$，因此，它也不是一个正四面体。四面体空隙的中心坐标是 [(1/2, 1/4, 0)] 及其等效位置。一个晶胞累计有 12 个四面体空隙，其空隙半径为 $r_{Tr}=0.291r$。

综合比较上述两种结构类型的特征，虽然体心立方结构的致密度比面心立方结构低，但它的空隙比较分散，即每个空隙的体积相对较小，因此在体心立方结构中可能填入的杂质或溶质原子数量比面心立方结构少。

思考题

- **1.** 什么是最紧密堆积原理？
- **2.** 等径球体的最紧密堆积方式有哪几种？各自的结构特征如何？
- **3.** 在等径球体最紧密堆积中，每个球体周边有几种空隙？每种空隙的个数是多少？
- **4.** 配位数是指什么？影响配位数大小的主要因素有哪些？
- **5.** 配位多面体是指什么？决定配位多面体形状的主要因素有哪些？
- **6.** 典型晶胞结构的主要类型有哪几种？请叙述每种的结构特征。

参 考 文 献

[1] 鲍林（Linus Pauling）. 化学键的本质（The Nature of the Chemical Bond）[M]. 卢嘉锡，黄耀曾，曾广植，等译. 北京：北京大学出版社，2020：405.
[2] 马爱琼，任耘，段锋. 无机非金属材料科学基础 [M]. 北京：冶金工业出版社，2020：34.
[3] 宋晓岚，黄学辉. 无机材料科学基础 [M]. 北京：化学工业出版社，2019：31.
[4] 宋晓岚，黄学辉. 无机材料科学基础 [M]. 北京：化学工业出版社，2019：32.
[5] 翟玉春. 结构化学 [M]. 北京：科学出版社，2021：269.
[6] 王德平，姚爱华，叶松，等. 无机材料结构与性能 [M]. 上海：同济大学出版社，2015：7.
[7] 宋晓岚，黄学辉. 无机材料科学基础 [M]. 北京：化学工业出版社，2019：34.
[8] 卢安贤. 无机材料科学基础简明教程 [M]. 北京：化学工业出版社，2012：9.
[9] 田键. 硅酸盐晶体化学 [M]. 武汉：武汉大学出版社，2010：69.
[10] 余永宁. 材料科学基础 [M]. 北京：高等教育出版社，2006：154.
[11] 宋晓岚，黄学辉. 无机材料科学基础 [M]. 北京：化学工业出版社，2019：35.
[12] 余永宁. 材料科学基础 [M]. 北京：高等教育出版社，2006：155.
[13] 余永宁. 材料科学基础 [M]. 北京：高等教育出版社，2006：157.
[14] 余永宁. 材料科学基础 [M]. 北京：高等教育出版社，2006：159.
[15] 余永宁. 材料科学基础 [M]. 北京：高等教育出版社，2006：162.
[16] 余永宁. 材料科学基础 [M]. 北京：高等教育出版社，2006：163.
[17] 余永宁. 材料科学基础 [M]. 北京：高等教育出版社，2006：164.
[18] 余永宁. 材料科学基础 [M]. 北京：高等教育出版社，2006：160.

第五章

无机材料的化学键结构

　　化学键是构成材料，当然也包括无机材料的重要结构环节，化学键的性质及其空间构型不仅制约着晶体的晶胞结构与构型，更决定着材料的晶体结构与性质，特别是材料的性能。从尺度大小的角度上来说，对于材料结构与性能的影响与控制作用，化学键比晶体结构更加微观、具体与精准。因此，了解无机材料的内部化学键类型及其结构特性不仅有助于理解材料的性质，而且对于从微观角度上分析研究材料结构与性能的关联性是基本的，更是十分必要的。

第一节　化学键类型及主要特征

　　共价键、离子键和金属键是原子间相互作用最普遍的类型[1]。这些常规化学键都通过共用价电荷构成，可能在离子和共价键体系中邻近原子之间形成，也可能在金属体系所有原子之间形成。在平衡状态下，原子或离子之间的最近距离相当于键长[2]。一般而言，在平衡状态下常规化学键的能量是几个电子伏特（eV）。例如，Na 原子之间形成的是金属键，其结合能是 1.1eV/原子。这就决定了金属 Na 具有良好的延展性、导电性和导热性。NaCl是理想的离子键型材料，其结合能为 3.28eV/原子，所以 NaCl 较硬，熔点较高，且易溶于极性溶剂（如水）。金刚石是典型的共价键型材料，其结合能为 7.4eV/原子，是目前为止已发现的最坚硬的天然材料，其熔点高达 3800K，几乎不溶于所有的已知溶剂。极性共价键在共价键和离子键之间形成，存在于大多数合金或化合物中。构成化合物的元素之间的电负性差决定了化学键的性质或元素之间的电荷分配方式。

　　原子之间的强相互作用势决定着原子的结合能和哈密顿量，与之相关的能带结构、色散关系、价带及价带以下的态密度（DOS），以及不同能带上电荷的有效质量和群速度[3]。在平衡状态下，原子之间作用势正比于键长（d）和键能（E_b）。这亦决定了能量密度（E_b/d^3）、一个原子的化学键数目（n）和单个化学键键能的乘积即原子结合能（nE_b）。块体材料已知的可测物理量，如晶体结构相变的临界温度、硬度、熔点、电子和光学以及弹性性能参数等都与化学键的键性质参数（m）、键序（z）、键长（d）和键能（E_b），以及与它们相关的物理量，如结合能、能量密度和晶格振动频率等密切相关；原子结合能决定热稳定性；能量密度决定弹性性能和机械强度。由于常规化学键周期有序、均匀且统一，这些常规化学键及其相关物理函数的性质均可用量子近似且很好地给予描述。

第二节　成键效应与非键类型

化学键的形成是价电子传输的过程。极化和质量传输对原子的周围环境有巨大的影响。原子尺寸的变化必然改变原子间距和表面形貌。在自然界中，除了众所周知的金属键、共价键、离子键和范德瓦尔斯键之外，还存在极性共价键、非键孤对电子、反键偶极子、类氢键和类碳氢键等相互作用力。图 5-1 描绘了常见 4 种化学键和非键孤对电子的形成，以及它们对近邻原子波函数的影响。电负性吸附物或添加剂（较小虚线圆，A）通过从较重主体原子（较大虚线圆，B）中俘获电子或使 B 原子的电子极化的方式来实现与 B 原子的相互作用。极化使该电子的能级由较低能级（绝对值较高）向较高能级（绝对值较低）偏移。电子传输的同时也改变了吸附物 A 和主体 B 的原子化合价态和原子大小。例如，当 O 原子变成 O^{2-} 时，其原子半径从 0.66Å 增大为 1.32Å；当 Cu 原子变成 Cu^+ 时，其原子半径从 1.278Å 减小为 0.53Å。

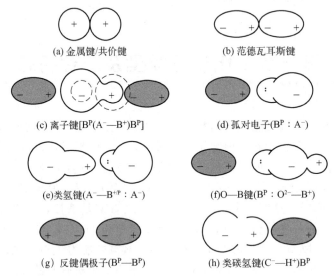

(a) 金属键/共价键　　　　　　　　(b) 范德瓦耳斯键

(c) 离子键[$B^P(A^-$—$B^+)B^P$]　　　　(d) 孤对电子(B^P : A^-)

(e)类氢键(A^-—$B^{+/P}$: A^-)　　　　(f)O—B键(B^P : O^{2-}—B^+)

(g) 反键偶极子(B^P—B^P)　　　　(h) 类碳氢键(C^-—$H^+)B^P$

图 5-1　常规化学键和非键孤对电子结构示意图以及它们对周围原子电子云的影响（灰色区域代表偶极子）[4]

(a) 和 (b) 是众所周知的化学键，分别为金属键/共价键和范德瓦耳斯键；(c) 离子键的形成改变了原子大小（虚线圆）和化合价；(d) 非键孤对电子的形成（用 ":" 表示）诱导 B^P；(e) 若 $B^{+/P}$ 取代 $H^{+/P}$，则为类氢键；(f) O—B 键包括非键电子对和成键电子对；(g) 反键偶极子；(h) B^P 取代 H^+ 而形成类碳氢键，这同样会诱导反键偶极子的形成

所有离子，带电无论正负，都与非键孤对电子一样，倾向于极化其近邻原子，从而导致主体偶极子的局域性。偶极子的形成伴随着原子尺寸的增大和 DOS 能级的上升。偶极子的产生以及偶极子与偶极子之间的相互作用使体系能量增大。因此，反键偶极子的形成是合理的，它是范德瓦耳斯键相互作用的极端情况下的体现。反键是化学反应的副产物，它不会形成于电负性不同的原子之间。

非键孤对电子意味着某特定原子的一对电子占据着这个原子的定向成键轨道。孤对电子的形成只会发生在元素周期表右上角的电负性元素（如 N、O 和 F）的 $2s$、$2p_x$、$2p_y$ 和 $2p_z$ 轨道的杂化过程中[5]。通常，杂化轨道的一部分被共用电子对（成键）占据，剩余的被电负性吸附物的孤对电子（非键）占据。吸附物孤对电子的数目遵循"$4-n$"规则，其中 n 代表吸附物的化合价态。例如，O 的 $n=2$，则将形成两对孤对电子；而对于 N（$n=3$），在 sp 轨道杂化过程中只形成一对孤对电子。"$4-n$"规则适用于发生 sp 轨道杂化的任何元素。孤对电子需要通过极化与其它原子发生相互作用，在这种情况下没有任何电荷传输。事实上，孤对电子不是一个独立的化学键，而是氢键中相对较弱的部分。

人们熟知经典氢键（O^{2-}—$H^{+/P}$: O^{2-}）已 50 余年，它在生物分子的结构和性能上起着至关重要的作用，其中的"—"和":"分别代表成键电子对和非键孤对电子。在树木或蜘蛛网、分子键以及 DNA 的碱基配对和折叠中，氢键决定其材料的强度和弹性。氢键在蛋白质合成和信号转移中起决定性作用。

氢键的形成并不是由于 H 或 O 的存在，而是非键孤对电子存在的必然结果。若孤对电子诱导 B^P 进一步与电负性元素 O 成键，则形成了一个类氢键（O^{2-}—$B^{+/P}$: O^{2-}）。类氢键与经典氢键的区别主要在于类氢键中的 $B^{+/P}$ 取代了氢键中的 $H^{+/P}$ ［如图 5-1(e) 所示］。如果另一个电负性元素原子，如 C，取代了其中的一个氧离子，形成 C^{4-}—$B^{+/P}$: O^{2-} 结构，则称为反氢键。这也是类氢键的一种，其形成仅仅取决于孤对电子的存在而不是特定元素 B 的参与。因此，类氢键应更为普适，尽管目前大家的认识并非如此。同理，类碳氢键的形成也颇为类似。类碳氢键在本质上是极性共价键。由于裸露的 H^+ 极化力较强，并易吸引近邻原子的电子。类氢键可以利用 B^+ 取代 H^+ 而形成；又由于 B 的电负性比 C 小，因此，非键孤对电子、反键偶极子、类氢键以及类碳氢键的产生往往被忽视。然而，事实上，这些键对含电负性吸附物体系的物理性质起着至关重要的作用。通常，一个系统包含几种化学键，比如在石墨和氧化物中，由于 C 原子的 sp^2 轨道杂化，范德瓦耳斯键在石墨的 ［0001］晶向上起主导作用，而在（0001）晶面上起主导作用的是较强的共价键。从图 5-1(f) 和图 5-1(g) 中可以看到，O—B 键的形成涉及共用电子对（成键）、非键孤对电子及反键偶极子。这就很好地说明了在实际情况下一个 O 原子或 N 原子周围的电子环境是各向异性的。

从能量的角度看，化学键的形成降低了系统能量，使系统变得稳定。反键偶极子的形成则需要额外的能量，虽然它在能量上并不是有利的，但仍可作为化学键和非键的副产物而形成。原则上，被电负性元素非键孤对电子占据的轨道既不会升高也不会降低电负性元素孤立原子最初特定能级的系统能量。从能带结构的角度，由于极化电子引起能量增加，反键电子引起的 DOS（或极化子）应高于或接近 E_F 能级。通常，化学键的 DOS 应低于最初占据的电负性元素的能级，而非键孤对电子的 DOS 位于化学键和反键之间。这是因为电子从能量较高的反键状态转变为能量较低的成键状态，所以类氢键的形成使系统变得更稳定。化学键和反键的形成会使得低于主体材料的 E_F 处产生空穴的状态，这可能是化合物在形成时由金属键型材料转变为半导体材料的原因。

众所周知，当一个离子的化合价态改变时，其原子半径将发生改变。除此之外，原子的离子半径和金属半径会随着该原子配位数的减小而收缩。Goldschmidt[3] 表示，若一个原子的配位数从 12 变成 8、6 和 4，那么其离子半径将相应地收缩 3%、4% 和 12%。Pauling[2] 还指出，随着金属原子配位数的减少，金属半径将会大幅度收缩。由此可以得知，位于固体表面上或缺陷（如点缺陷和堆垛层错）处的原子，其原子半径也会因配位数的不完整而引起收缩，这就充分说明表面提供了一个配位数缺失的理想环境。在表面的法线方向上，晶格周期性地终止使表面原子的配位数减少，这将使表面原子剩余的化学键变短。这就是必须考虑配位数的变化对离子键或金属键收缩影响的根本原因。

第三节　化学吸附的成键环境

化学吸附表面的结晶模式和形貌取决于表面晶格的几何结构、尺寸大小，以及吸附客体和主体之间的电负性差异。图 5-2 所示为低指数面心立方（fcc）和六方紧密堆积（hcp）表面典型的配位环境。主体原子排列在 fcc(001)、fcc(110) 和 fcc(111) 及 hcp(10$\bar{1}$0) 和 hcp(0001) 表面前两个晶面的晶格位置上，其单位晶胞分别具有 C_{4v}、C_{3v} 和 C_{2v} 点群对称性。最短原子间距（原子直径）为 a。这种结构代表了迄今为止记录的大多数配位环境。上述单位晶胞的晶格几何结构如表 5-1 所示。

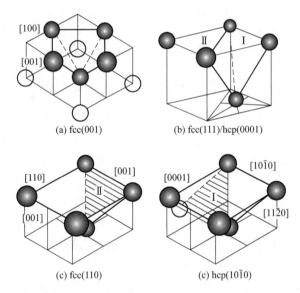

(a) fcc(001)　　　　　　　　(b) fcc(111)/hcp(0001)

(c) fcc(110)　　　　　　　　(c) hcp(10$\bar{1}$0)

图 5-2　原子化学吸附可能的配位环境[5]

（a）fcc（001）面四重（C_{4v}）中空位置的原子形成一个倒立的金字塔。（b）在 fcc（111）和 hcp（0001）表面上，有两种三重（C_{3v}）中空位置的分布类型。hcp（0001）中空位置周围的原子（Ⅰ）形成一个四面体。fcc（111）中空位置（Ⅱ）下面第二层无原子。（c）fcc（110）和（d）hcp（10$\bar{1}$0）面具有沿着密排方向交替的 hcp（0001）和 fcc（111）（Ⅱ）面

表 5-1　不同表面的单位晶胞晶格几何结构比较（原子直径为 a）[5]

项目	a_1	a_2	a_3（层间距）
fcc(001)	1	1	$1/\sqrt{2}$
fcc(110)	1	$\sqrt{2}$	1/2
fcc(111)	1	1	0.6934
hcp(10$\bar{1}$0)	1	1.747	0.2887
hcp(0001)	1	1	0.8735

从图 5-2(a) 中可看出，在 fcc(001) 面晶胞中，C_{4v} 中空位置周围的 5 个原子构成一个倒立金字塔。fcc(111) 和 hcp(0001) 表面的晶格结构都是原子在顶层两个原子面中以相同的顺序排列而成，如图 5-2(b) 所示。hcp(0001) 中空位置（标记为Ⅰ）周围的原子形成四

面体；在 fcc(111) 中空位置（标记为Ⅱ）周围的原子由于标记处下面第二层没有原子，无法形成四面体。fcc(110) 和 hcp(10$\bar{1}$0) 中空位置周围的原子，形成具有 C_{2v} 对称性的矩形金字塔，如图 5-2(c) 和图 5-2(d) 所示。除了表面中空位置之外，还有两个位置沿着 fcc(110) 和 hcp(10$\bar{1}$0) 面的最密排方向。一个是 hcp(0001) 晶面中空位置（Ⅰ），包括顶层一个原子和第二层的两个原子；另一个是 fcc(111) 晶面中空位置（Ⅱ），包括沿着最密排方向的顶层两个原子和第二层的一个原子。fcc(110) 和 fcc(111) 面类似于 hcp(10$\bar{1}$0) 和 hcp(0001) 面，只是内部原子间距稍有差别。

表 5-2 列出了不同电子结构代表的元素电负性（η）、可能的化合价态及原子半径。两种元素原子之间的电负性差异决定了它们之间的化学键性质。如果 $\Delta\eta$ 足够大（大约为 2），则化学键为离子键；否则，为共价键或极性共价键[2]。通常，贵金属（最外层电子为 4d 电子）原子的尺寸比过渡金属（最外层电子为 3d 电子）原子的尺寸大，且贵金属的电负性高于过渡金属。通常情况下，原子半径不是常量，而会随该原子配位数（CN）的变化而改变。更重要的是，原子半径也随化合价态的改变而改变。这些因素对吸附位置以及含 C、N 和 O 的四面体化学键取向起着重要作用，同时也对化学吸附表面的不同模式有重要的影响。

表 5-2　典型元素的电负性、可能化合价态及配位数影响的原子半径[6]

项目	C	N	O	Si	Co	Cu	Ag	Ru	Rh	Pd	V
电子结构	$2s^2p^2$	$2s^2p^3$	$2s^2p^4$	$3s^2p^2$	$3d^74s^2$	$3d^{10}4s^1$	$4d^{10}5s^1$	$4d^75s^1$	$4d^85s^1$	$4d^{10}5s^0$	$3d^34s^2$
η	2.5	3.0	3.5	1.9	1.9	1.9	1.9	2.2	2.2	2.2	1.6
R_{ion}（化合价）/Å	2.6 (−4)	1.71 (−3)	1.32 (−2)	0.41 (+4)	0.82 (+2)	0.53 (+1)	1.00 (+1)	—	—	—	—
R_m（配位数=1）/Å	0.771	0.70/0.74	0.66/0.74	1.173	1.157	1.173	1.339	1.241	1.252	1.283	1.224
R_m（配位数=12）/Å	0.914	0.88/0.92	—	1.316	1.252	1.276	1.442	1.336	1.342	1.373	1.338

第四节　电负性元素的吸附成键：四面体结构化学键

通过以任意元素 B 的主体原子取代 H 原子可将 HF、H_2O、NH_3 和 CH_4 分子结构延伸到化学表面吸附，以此可构建形成四面体键结构，如图 5-3(a) 所示。在构建上述四面体的过程中，需要考虑两个因素：首先，原子半径不是常量，而是随原子化合价态及配位数的变化而改变；其次，O 的 sp 轨道杂化和准四面体形成时，键角和键长不恒定，而是可在一定范围内变动。因此，O 原子可通过两个成键电子对和两个非键电子对孤立地与气态、液态或固态的任意元素 B 原子发生反应。在这种情况下，O 原子的 2s 和 2p 轨道上最初有 6 个电子，随后从其近邻的 B 原子上捕获两个电子，这样 8 个电子完全占据 O 原子的 2s 和 2p 轨道，使其 sp 轨道杂化形成 4 个轨道方向，即 8 个电子重新填充在 4 个不同方向的轨道上，O 和 B 共享两个电子对，O 的孤对电子占据剩下的两个轨道。在成键轨道上，电子共用的程度或者说键的性质取决于 O 和元素 B 之间的电负性差。由于较高的差值 η（详见表 5-2），O 原子从 B 原子中捕获电子 [图 5-3(a) 中标记为 1 和 2] 形成离子键，并在表面发生 Goldschmidt 收缩。但是，非键孤对电子的形成与 B 元素的性质无关。孤对电子 [图 5-3(a) 中标记为 3] 使 B 极化而成为 B^P 偶极子，其尺寸也随之增大，且极化电子所占据的反键能级也随之升高。

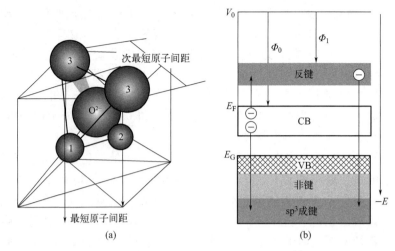

图 5-3　(a) 氧化物的准四面体以及 (b) 成键、非键、反键和电子-空穴的 DOS 特征[7]

(a) 标记为 1 和 2 的两个离子给中心 O 原子各提供一个电子形成离子键，并伴随 Goldschmidt 收缩。标记为
3 的原子是孤对电子诱导形成的金属偶极子，伴随着尺寸膨胀和能级上升。由于电子对之间的斥力，
3 与 3 间的角度大于 109.5°，1 与 2 间的角度小于 104.5°。(b) 图中的箭头代表电荷传输方向。
子带反键态的箭头指向成键态，对应于类氢键的形成过程[7]

在氧化物四面体中，孤对电子和氧的核组成的平面 (303) 理论上应垂直于两个成键轨道构成的平面 (102)。两个 B^+ 之间的距离 (1-2) 以及两个 B^P 偶极子之间的间距 (3-3) 分别等于两个原子层在表面上最短和次最短原子间距。由于偶极子之间的强斥力作用，偶极子 B^P 倾向于定位在表面开口端。B_2O 初级四面体并不标准，这是因为以下两个效应可使其变形。首先，被占据轨道之间排斥力的差异使各键角角度不一 [BA_{ij}（角度 $\angle iOj$）发生改变，其中 i，$j=1$，2，3 分别对应所标记的原子；$BA_{12} \leqslant 104.5°$，$BA_{33} > 109.5°$]；其次，不同位置点的原子配位数不同，使键长发生变化 [$BL_i = (R_{M^+} + R_{O^{2-}})(1-C_i)$，$C_i$ 为有效键收缩系数]。在实际系统中，BL_3 的长度和 BA_{33} 角度会因配位环境的改变而改变。在原子尺度下，O 原子的成键环境是各向异性的。

B 原子选择性地在其它规则点阵的某位置定位。此外，一个 O 原子总是寻求与 4 个近邻原子来形成稳定的准四面体结构。原子半径的扩大和偶极子能量的增加导致了扫描隧道电子显微镜（STM）图像中的突起和局域功函数的降低。这是因为，尽管局域功函数下降明显，但是局域偶极电子仍主导着表面的非欧姆整流。由于这些电子不能轻易地移动，表面偶极子的强局域化增加了表面的接触电阻。因反键偶极子的形成，氧吸附通过极化金属电子对 STM 电流产生了显著影响。

在氧化物四面体的形成过程中，氧化初期，氧分子离解且 O 原子通过单键与主体原子相互作用。O^- 倾向于选择能直接与其相邻的任意原子成键并极化其余位置上的原子。对于低电负性（$\eta < 2$）和较小原子半径（< 1.3Å）的过渡金属，如 Cu 和 Co，O 原子通常先与电外层表面原子成键；对于较高电负性（$\eta > 2$）和较大原子半径（> 1.3Å）的贵金属，如 Ru 和 Rh，O 原子倾向于陷入中空间隙与第一原子层之下的原子成键。不同的成键顺序必然产生不同的重构模式。O^- 还使其它近邻原子极化并将表面上的偶极子 B^P 沿吸附物径向外推。由于形成了带有非键孤对电子和反键偶极子的氧化物四面体，围绕某一特定原子的电子结构会因其所在位置的不同而存在差异。

第五节　化学键性与晶格类型

一、晶体的键性

晶体结构中，质点（原子、离子、离子团或分子）相互之间结合的作用力即为化学键。依据质点的种类或结合方式，可将典型的化学键分为：离子键、共价键和金属键三种。在分子之间还普遍存在着范德华力（也称范德华键，有时也称范德瓦耳斯键，分子或分子间力）。范德华力很弱，其键能比前三种键能小 1～2 个数量级。在某些化合物中，氢原子还能与分子内或其它分子中的某些原子之间形成氢键，其键强与分子键属同一数量级，但比分子键强。

1. 离子晶格

主要由离子键形成的晶体属于离子晶格。离子晶格的晶体结构基本单元为失去电子的阳离子和得到电子的阴离子。质点的结合主要靠阴、阳离子之间的静电引力相互联系起来，从而形成离子键[8]。离子键无方向性和饱和性。晶格中离子之间的具体配置方式，取决于阴、阳离子的电价及其离子半径的比值等因素。

在离子晶格中，鲍林法则是一条重要的法则，它包含五个方面的含义：①围绕每个阳离子形成一个阴离子配位多面体，阴、阳离子的间距取决于它们的半径之和，阳离子的配位数取决于它们的半径之比；②阳离子的电价为其周围的阴离子的电价所平衡，也就是静电价原理；③当两个配位多面体以共棱，特别是共面形式连接时，会降低晶体结构的稳定性；④在含有不同阳离子的晶体结构中，电价高、半径小、配位数低的阳离子的配位多面体趋向于尽量不直接相连，即配位多面体不会共面、共棱或共角顶，这些不相连的配位多面体的中间由其它阳离子的配位多面体予以隔开，彼此尽可能地相距远些，致使它们至多只可能相互共角顶；⑤在一个晶体中，本质不同的结构组元的种类，倾向于最少，即在一个晶体结构中，晶体化学性质相似的不同离子将尽可能采取相同的配位方式，这就是"节省原理"。

离子晶格晶体的特点：①结构较紧密，具有较高的配位数。②晶体呈透明-半透明，非金属光泽，折射率和反射率均低，具有较高的硬度和相当高的熔点；一般不导电，但熔融后可导电。③易溶于极性溶剂。

2. 原子晶格

晶体结构中质点间的结合以共价键占主导地位的晶格即原子晶格。晶体结构单元为原子。原子间的结合是通过共用电子对的方式使之达到稳定的电子构型（外层电子为 8 的稳定结构），形成共价键。共价键具有方向性和饱和性。晶格原子间的排列方式主要由键的取向来控制。

原子晶格晶体的特点：①原子堆积的紧密程度远比离子晶格的低，配位数也较低。②晶体呈透明-半透明；一般具有高的硬度和熔点；不导电。③化学性质比较稳定。

3. 金属晶格

主要由金属键构成的晶体为金属晶格，其结构通常可视为等径球体的最紧密堆积，其晶体结构单元是失去了价电子的金属阳离子和一部分电中性的金属原子。它们彼此之间借助于在整个晶格内不停运动着的自由电子而相互联系，并形成金属键。金属键无方向性和饱和性。

金属晶格晶体的特点：①结构紧密，配位数高。②不透明，金属光泽；硬度一般较小；具有强延展性、良好的导电性和导热性。

4. 分子晶格

主要由分子键形成的晶体为分子晶格。分子晶格与其它晶格的根本区别在于：其结构中存在着真实的电中性分子。分子内部的原子之间通常以共价键相结合，而分子与分子之间则以相当弱的分子间作用力相互联系。分子键无方向性和饱和性。分子相互之间的空间配置方式主要取决于分子本身的几何特征。

分子晶格晶体的特点：①分子之间有可能作非等径球体最紧密堆积，其形式极其复杂多样。②多数晶体透明，非金属光泽；一般硬度小、熔点低；不导电，可压缩性和热膨胀率大，热导率小。③不溶于水，溶于有机溶剂。

5. 多键型晶格

值得注意的是：上述四种晶格类型的晶体结构均属单键型晶格，但是，自然界的矿物晶体，其化学键往往是多键性的（常具过渡性），即在同一种晶格内可以有两种以上的化学键存在，从而形成多键型晶格，一般根据其主要化学键和晶体的性质将其划归于上述四种晶格类型中的某一类晶格[9]。

二、离子的极化

正如前文所述，在讨论晶格类型时，通常把离子看成为一个刚体似的小球。在实际晶体结构中，当离子紧密堆积时，带电荷的离子所产生的电场，必然会对另一离子的电子云发生作用（吸引或排斥），因而使这个离子的大小和形状发生改变，这种现象称为极化，如图 5-4 所示。

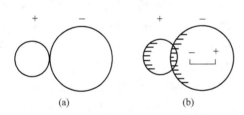

图 5-4　离子极化作用示意图[10]
(a) 未极化；(b) 已极化

极化现象对于每个离子来说都具有双重性，即自身被极化（极化率）和极化周围的离子（极化力）。极化率反映离子被极化的难易程度，即变形性的大小，而极化力则反映离子极化其它离子的能力。这两个作用是同时存在，不能截然分割。一般来说，正离子半径较小，电价较高，极化力表面明显，不易被离子极化。负离子则相反，经常显示出被极化的现象，电价小而半径较大的负离子，如 I^-、Br^- 等被极化的现象尤为显著。因此，通常考虑离子间相互作用时，一般只考虑正离子对负离子的极化作用[11]。但是，当正离子最外层为 18 电子构型时（例如 Cu^+、Ag^+、Zn^{2+}、Cd^{2+}、Hg^{2+} 等），极化率也比较大，也就是说，这时正离子也容易变形。在这种情况下，必须考虑负离子对正离子的极化作用，以及由此产生的诱导偶极所引起的附加极化效应。

正常离子晶体中电荷的分布是对称的，如图 5-5(a) 所示。离子的极化作用，将引起离子正负电荷重心的不重合，从而产生偶极，见图 5-5(b)。如果正离子的极化力很强，就将

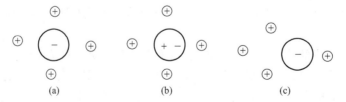

图 5-5　负离子在正离子电场中被极化的情况示意图[12]
(a) 未极化；(b) 极化；(c) 明显极化

使负离子电子云显著变形，产生很大的偶极矩，加强了与附近正离子间的吸引力，导致正负离子更加接近，缩短了正负离子间的距离，从而降低了离子配位数，如图 5-5(c) 所示。这必然引起晶体结构的改变，例如银的卤化物 AgCl、AgBr 和 AgI，按离子半径的理论计算，Ag^+ 的配位数都是 6，属 NaCl 型结构（见表 5-3），但是实际上 AgI 晶体却属于配位数为 4 的立方 ZnS 结构类型。这是由于离子间有很强的相互极化作用，促使离子互相强烈靠近，向较小的配位数方向变化，从而改变了结构。与此同时，由于离子的电子云变形而失去了球形对称，互相穿插重叠，从而导致键型由离子键转变为共价键。因此，极化结果，不仅使离子间的距离缩短，从而降低配位数，而且可以使晶体结构的类型发生变化，晶体中质点之间化学键的性质也发生改变。

表 5-3　卤化银晶体的结构类型[12]

项目	AgCl	AgBr	AgI
Ag^+ 和 X^- 的半径之和/Å	1.23+1.72=2.95	1.23+1.88=3.11	1.23+2.13=2.36
Ag^+—X^- 的实测距离/Å	2.77	2.88	2.99
极化靠近值/Å	0.18	0.23	0.37
r^+/r^- 值	0.715	0.654	0.557
理论结构类型	NaCl	NaCl	NaCl
实际结构类型	NaCl	NaCl	立方 ZnS
实际配位数	6	6	4

三、结晶化学定律

哥德斯米特（Goldschmidt）曾经指出："晶体的结构取决于其组成质点的数量关系、大小关系与极化性能。"这个概括一般称为哥德斯米特结晶化学定律，简称结晶化学定律。

结晶化学定律定性地概括了影响晶体结构的三个主要因素。对于离子晶体来说具体体现在以下三个方面：

（1）物质的晶体结构一般可按化学式的类型分别进行讨论。在无机化合物的结晶化学中，一般按化学式的类型 AX、AX_2、A_2X_3 等进行讨论。化学式类型不同，则意味着组成晶体的质点之间的数量值大小不同，因而晶体结构也不同。例如，TiO_2 和 Ti_2O_3 中正离子和 O^{2-} 的数量关系分别为 1：2 和 2：3，前者为 AX_2 型化合物，具有金红石型结构；后者则为 A_2X_3 型化合物，具有刚玉型结构，所以两者的结构自然也就不同。

（2）晶体中组成质点的大小不同，进一步则反映离子半径的比值（r^+/r^-）不同，从而导致配位数和晶体结构也不相同。

（3）晶体中组成质点的极化性能不同，进一步反映极化率（α）不同，则晶体结构也不相同。

实际上，晶体结构组成质点的数量关系、大小关系和极化性能是由晶体的化学组成决定的。在这里，化学组成是指化学式所表示的质点的种类与数量的关系。

综上所述，在一般情况下，可以认为，离子晶体结构与离子的数量、离子半径比值（r^+/r^-）和离子的极化率（α）三个因素有关。在实际情况下哪种因素起决定性作用，要依据具体情况而定，不能一概而论[13]。

四、鲍林法则

1982 年，鲍林根据当时已测定的晶体结构数据和晶格能公式所反映的关系，提出了判断离子化合物结构稳定性的规则——鲍林法则，共包含五条规则。

（1）鲍林第一法则——配位多面体规则。在离子晶体中正离子周围形成一个负离子多面体，正负离子之间的距离取决于离子半径之和，正离子的配位数取决于正负离子半径比值的大小。鲍林第一规则实际上是对晶体结构的直观描述，如 NaCl 晶体是由 $[NaCl_6]$ 八面体以共棱方式连接而成。

（2）鲍林第二法则——电价规则。在一个稳定的离子晶体结构中，每个负离子的电荷数等于或近似等于相邻正离子分配给这个负离子的静电键强度的总和，其偏差小于或等于 1/4 价。

静电键强度
$$S = \frac{\text{正电子电荷数 } Z^+}{\text{正离子配位数 } n}$$

则负离子电荷数
$$Z^- = \sum_i S_i = \sum_i \frac{Z_i^+}{n_i}$$

离子的电荷数有两种用途，其一：判断晶体是否稳定；其二，判断共用一个顶点的多面体的数目。如，在 $CaTiO_3$ 中，Ca^{2+}、Ti^{4+} 和 O^{2-} 的配位数分别为 12、6 和 6。O^{2-} 的配位多面体是 $[OCa_4Ti_2]$，则 O^{2-} 的电荷数为 4 个 2/12 与 2 个 4/6 之和即等于 2，与 O^{2-} 的电荷数相等，故晶体结构是稳定的。同样的，一个 $[SiO_4]$ 四面体顶点的 O^{2-} 还可以与另一个 $[SiO_4]$ 四面体相连（2 个配位多面体共用一个顶点），或者和另外 3 个 $[MgO_6]$ 八面体相连（按 4 个配位多面体共用一个顶点），这样可使 O^{2-} 的电价饱和。

（3）鲍林第三法则——多面体共顶、共棱和共面规则。在一个配位结构中，共用棱，特别是共用面的存在会降低这个结构的稳定性。其中高电价和低配位的正离子的这种效应更为明显。共用顶点、棱和面的配位四面体和八面体的结构示意图如图 5-6 所示。

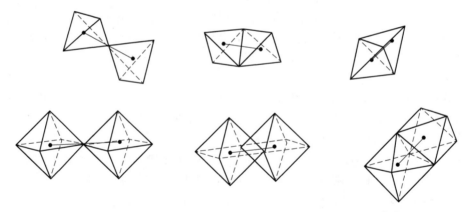

图 5-6　共用顶点、棱和面的配位四面体和八面体结构示意图[14]

假设两个四面体共顶连接时中心距离为 1，则它们共棱和共面时的距离各为 0.58 和 0.33。若是两个八面体共用顶点、共棱和共面，则它们之间的距离分别为 1，0.71 和 0.58。两个配位多面体连接时，随着共用顶点的增加，中心阳离子之间距离缩短，库仑斥力增大，结构稳定性降低。因此，$[SiO_4]$ 四面体结构中只能共顶连接，$[AlO_6]$ 则可共棱连接。在有些结构，如刚玉中的 $[AlO_6]$ 还可共面连接。

（4）鲍林第四法则——不同配位多面体连接规则。若晶体结构中含有一种以上的正离子，则高电价且低配位的多面体之间有尽可能彼此不连接的趋势。例如，在镁橄榄石结构中，有 $[SiO_4]$ 四面体和 $[MgO_6]$ 八面体两种配位多面体，由于 Si^{4+} 电价高且配位数低，所以 $[SiO_4]$ 四面体之间彼此不连接，它们之间被 $[MgO_6]$ 八面体隔开。

（5）鲍林第五法则——节约规则。在同一晶体中，组成不同的结构基元的数目趋向于最少。例如，在硅酸盐晶体中，不会同时出现 $[SiO_4]$ 四面体和 $[Si_2O_7]$ 双四面体结构基元，尽管它们均符合鲍林其它规则。这个规则的结晶学基础是晶体结构的周期性和对称性，如果组成不同的结构基元较多，每种基元要形成的各自周期性和规则性，则它们之间会相互干扰，不利于形成晶体结构。

最后必须指出，鲍林规则仅适用于离子晶体以及带有不明显的共价键的离子晶体，不适用于以共价键为主要键型的晶体，而且还有少数例外。

五、典型无机化合物的晶格结构

在不同化合物中，若其对应质点的排列方式相同和晶体彼此间是等结构的，通常将它们归属为一种结构型，并以其中某一种晶体的结构为代表而命名，称为典型结构。如食盐、方铅矿、方镁石等均具有"NaCl"结构。

典型结构分析步骤如下：

（1）确定晶系及空间格子类型。这是由晶体结构中相当点的分布来确定。具体包括四个步骤：①确定结构中的质点；②找出其所有的相当点；③找出单位晶胞；④确定晶系和空间格子类型。

（2）求出原子或离子的配位数。

（3）确定配位多面体及其连接方式。

（4）计算化学式及单位晶胞的分子数（Z）。

下面介绍几种典型的无机化合物的晶体结构。选择这几种无机化合物的原因是，它们的结构式代表着许多与硅酸盐工业有密切关系的氧化物、氧的复杂化合物、氢氧化物和碳酸盐。

1. AX 型晶体

AX 型晶体是二元化合物中最简单的类型，它有四种代表性结构形式[15]：氯化铯（CsCl）型、氯化钠（NaCl）型、闪锌矿（立方 ZnS）型和纤锌矿（六方 ZnS）型。它们的键性主要是离子键，其中，CsCl 和 NaCl 型是典型的离子晶体，NaCl 型晶体是一种透红外材料；ZnS 型带有一定的共价键成分，是一种半导体。

大多数 AX 型化合物的结构类型符合正负离子半径比与配位数的定量关系，详见表 5-4。只有少数化合物在 $r^+/r^- > 0.732$ 或 $r^+/r^- < 0.414$ 时仍属于 NaCl 型结构，如 KF、LiF、LiBr、SrO 和 BaO 等。

表 5-4　AX 型化合物的结构类型与 r^+/r^- 的关系[16]

结构类型	r^+/r^-	实例（右边数据为 r^+/r^- 值）							
CsCl 型	0.732~1.000		CsCl	0.91	CsBr	0.84	CsI	0.75	
NaCl 型	0.414~0.732	KF	1.00	SrO	0.96	BaO	0.96	RbF	0.89
		RbCl	0.82	BaS	0.82	CaO	0.80	CsF	0.80
		PbBr	0.76	BaSe	0.75	NaF	0.74	KCl	0.73
		SrS	0.73	RbI	0.68	KBr	0.68	BaTe	0.68
		SrSe	0.66	CaS	0.62	KI	0.61	SrTe	0.60
		MgO	0.59	LiF	0.59	CaSe	0.56	NaCl	0.54
		NaBr	0.50	CaTe	0.50	MgS	0.49	NaI	0.44
		LiCl	0.43	MgSe	0.41	LiBr	0.40	LiF	0.35
ZnS 型	0.225~0.414	MgTe 0.37	BeO 0.26	BeS 0.20	BeSe 0.18	BeTe 0.17			

（1）氯化铯（CsCl）型　CsCl 型结构属立方晶系 $Pm3m$ 空间群，具有简单立方格子。根据 P. Cortona 的研究可知，其晶胞参数为：$a=b=c=4.11\text{nm}$，$\alpha=\beta=\gamma=90°$。CsCl 型结构中正负离子作简单立方堆积，配位数均为 8，晶胞分子数为 1，一个晶胞中含有 1 个 CsCl "分子"，键性为离子键。CsCl 型晶体结构也可以看作是正负离子各构成一套简单立方格子沿晶胞的体对角线位移 1/2 体对角线长度的距离穿插而成，如图 5-7 所示。

（2）氯化钠（NaCl）型　NaCl 型结构属立方晶系 $Fm3m$ 空间群，晶胞参数为：$a=b=c=5.46\text{nm}$，$\alpha=\beta=\gamma=90°$，Cl^- 呈面心立方最紧密堆积，Na^+ 则填塞于全部八面体空隙中，两者的配位数均为 6，配位多面体为钠氯八面体 $[\text{NaCl}_6]$；八面体之间共棱连接（共用两个顶点）；一个晶胞中含有 4 个 NaCl "分子"，整个晶胞由 Na^+ 和 Cl^- 各构成一套面心立方格子沿晶胞边棱方向位移 1/2 晶胞长度的距离穿插而成，如图 5-8 所示。

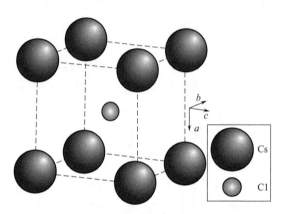

图 5-7　CsCl 的晶体结构[17]

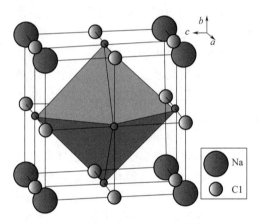

图 5-8　NaCl 的晶体结构[17]

NaCl 型结构在三维方向上键力分布比较均匀，其结构无明显解理（晶体沿某个晶面劈裂的现象称为解理），破碎后的颗粒呈现多面体形状。

NaCl 型结构是 MgO、CaO、SrO、BaO、MnO、FeO、CoO 和 NiO 等许多 A^{2+}-O^{2-} 型氧化物通用的结构形式。O^{2-} 相当于 Cl^-，位于立方体的顶点和各面的中心，两价金属阳离子位于立方体的中心和各棱的中点。这些氧化物都有很高的熔点，尤其是碱土金属氧化物中的 MgO 的熔化温度高达 2800℃左右，因而 MgO（方镁石）是碱性耐火材料镁砖中的主要晶相。方镁石和游离石灰也会出现在水泥熟料中。

（3）闪锌矿（立方 ZnS）型　闪锌矿型结构属立方晶系 $F\bar{4}3m$ 空间群，其结构与金刚石结构很相似。根据 M. Kh. Rabadanow 和 A. A. Loshmanov 的研究，发现其晶胞参数为：$a=b=c=5.434\text{nm}$，$\alpha=\beta=\gamma=90°$。在其晶体结构中，S^{2-} 作面心立方堆积，Zn^{2+} 交错地填充于 8 个小立方的体心，即占据 1/2 的四面体空隙，正负离子的配位数均为 4。一个晶胞中有 4 个 ZnS "分子"。整个晶体结构由 Zn^{2+} 和 S^{2-} 各构成一套面心立方格子沿体对角线方向位移 1/4 体对角线长度的距离穿插而成。Zn^{2+} 的最外层电子具有 18 电子构型，S^{2-} 又易被极化而变形，因此，Zn—S 键带有相当程度的共价键性质。常见闪锌矿型结构有 Be、Cd 和 Hg 等的硫化物，硒化物和碲化物以及 CuCl 及 β-SiC 等。闪锌矿型晶胞结构如图 5-9 所示，其中，图 5-9(a) 为结构示意图，图 5-9(b) 为在（001）面上的投影图，图 5-9(c) 为 $[\text{ZnS}_4]$ 多面体图。投影图中标注在各离子旁边的数值称为标高，它是以投影方向的晶轴全高作为 100（也有的图中作为 1 或 1000）来表示离子在投影方向空间所处的相对高度。若离子在晶轴的最低处则标记为 0，若在最高处则标记为 100，若在半高处则标记为 50，依此类推。从晶胞及空间格子的概念出发，若在 0 处有某种离子，则位于 100 处亦必定有同种离子出现。因为位于 0 的离子对于下面的晶胞而言则处于 100；100 处的离子对于上面的晶胞而言则处于 0。同理，若在 50 处有某种离子，则在 -50 或 150 等处亦有同种离子出现，只是不在本晶胞结构的范围之内罢了。

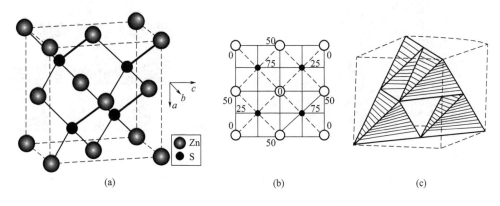

(a)　　　　　　　(b)　　　　　　　(c)

图 5-9　闪锌矿（立方 ZnS）型的结构[18]

　　（4）纤锌矿（六方 ZnS）型　纤锌矿型结构属六方晶系 $P63mc$ 空间群。根据 H. Rozale 和 I. Beldi 的研究，发现其晶胞参数为：$a=b=3.76$nm，$c=6.14$nm，$\alpha=\beta=90°$，$\gamma=120°$，其晶体结构如图 5-10 所示。在晶体结构中，S^{2-} 作六方最紧密堆积，Zn^{2+} 占据 1/2 的四面体空隙，正负离子的配位数均为 4。在六方柱晶胞中，ZnS 的"分子数"为 6，在平行六面体晶胞中，单位晶胞的分子数为 2。结构由 Zn^{2+} 和 S^{2-} 各构成一套六方格子穿插而成。在氧化物中如 BeO 和 ZnO 也具有纤锌矿的结构形式。

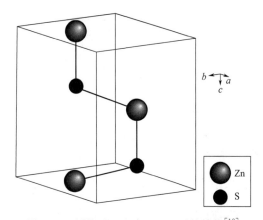

图 5-10　纤锌矿（六方 ZnS）型的结构[18]

　　图 5-11 表示了闪锌矿和纤锌矿结构中形成的 $[ZnS_4]$ 多面体的空间配置关系，其中，图 5-11(a) 为在闪锌矿中的 $[ZnS_4]$ 层，与（111）晶面平行，其第三层的不重叠部分并未全部画出；图 5-11(b) 为纤锌矿中的 $[ZnS_4]$ 层。

2. AX₂ 型晶体

　　AX₂ 型的代表性结构有：萤石（CaF_2，fluorite）型、金红石（TiO_2，rutile）型和方石英（SiO_2，α-cristobalite）型。其中，萤石型结构为激光基质材料，在玻璃工业中常作为助熔剂和晶核剂，在水泥工业中常用作矿化剂。金红石结构的材料可作为集成光学棱镜材料，方石英型结构的材料常为光学材料和压电材料。AX₂ 型结构中还有一种层状 CdI_2 和 $CdCl_2$ 型结构，这种结构的材料可作为固体润滑剂。AX₂ 型晶体也具有按 r^+/r^- 值大小决定其结构类型的倾向，详见表 5-5。

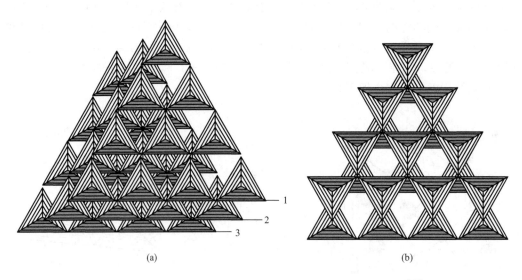

图 5-11   闪锌矿和纤锌矿结构中形成的［ZnS₄］层的配置图[19]

表 5-5   AX₂ 结构类型与 r^+/r^- 的关系[19]

结构类型	r^+/r^-	实例（右边数据为 r^+/r^- 值）						
萤石(CaF₂)型	≥0.732					BaF₂	21.05		
		PbF₂	0.99	SrF₂	0.95	HgF₂	0.84	ThO₂	0.84
		CaF₂	0.80	UO₂	0.79	CeO₂	0.77	PrO₂	0.76
		CdF₂	0.74	ZrO₂	0.71				
金红石(TiO₂)型	0.414~0.732			HfF₂	0.67	ZrF₂	0.67		
		TeO₂	0.67	MnF₂	0.66	PbO₃	0.64	FeF₂	0.62
		CoF₂	0.62	ZnF₂	0.62	NiF₂	0.59	MgF₂	0.58
		SnO₂	0.56	NbO₂	0.52	MoO₂	0.52	WO₂	0.52
		OsO₂	0.51	IrO₂	0.50	RuO₂	0.49	TiO₂	0.48
		VO₂	0.46	MnO₂	0.39	GeO₂	0.36		
α-方石英型	0.225~0.414	SiO₂	0.29	BeF₂	0.27				

（1）萤石（CaF₂）型   萤石型结构属立方晶系 $Fm3m$ 空间群，其结构如图 5-12（a）所示，其中，Ca^{2+} 位于立方晶胞的各个角顶及面的中心，形成面心立方结构，F^- 则填充在八个小立方体的中心；Ca^{2+} 的配位数是 8，形成立方配位多面体［CaF₈］；F^- 的配位数是 4，形成［FCa₄］四面体，F^- 占据 Ca^{2+} 堆积的所有四面体空隙，也可看作 F^- 作简单立方堆积，Ca^{2+} 占据立方体空隙的一半。一个晶胞内的分子数为 4，是由一套 Ca^{2+} 构成的面心立方格子相互穿插而成，如图 5-12（b）所示；每个 F^- 周围有四个 Ca^{2+}，形成四面体结构，如图 5-12（c）所示。

萤石在玻璃工业中一般用作助熔剂，也有用作晶核剂的。在水泥工业中则用作矿化剂。

由于 Ca^{2+} 为 2 价，F^- 半径比 Cl^- 的小，虽然 Ca^{2+} 半径比 Na^+ 稍大，但总的来说，萤石中质点之间的键力应该比 NaCl 中的强些。这些可反映在萤石的性质上，萤石的硬度为莫

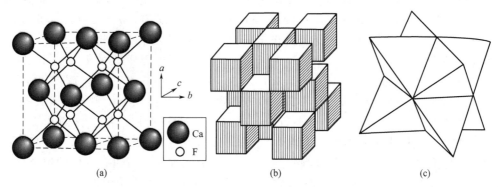

图 5-12　萤石（CaF_2）型的结构[20]

（a）晶胞图；（b）[CaF_2] 多面体图；（c）[FCa_4] 多面体图

氏 4 级，熔点达 1410℃，在水中溶解度为 0.002g/mL。另外，由于在 {111} 面网方向上存在着相互毗邻的同号离子层，因此静电斥力将是它们之间的主要作用，结果导致晶体平行于 {111} 方向发生解理。这就是萤石常呈八面体解理的根本原因所在。

　　萤石型结构是 AO_2 型氧化物所具有的代表性结构，其中，A^{4+} 和 O^{2-} 分别替代 Ca^{2+} 和 F^- 的晶格位置，如 ThO_2、CeO_2 及 UO_2 等氧化物，ZrO_2 也属于这种结构，但相对而言其变形较大。

　　碱金属氧化物 Li_2O、Na_2O、K_2O 和 Rb_2O 的结构属于反萤石型结构，它们的正离子和负离子在晶格中所处的位置与上述情形完全相反，即碱金属离子占据 F^- 的位置，O^{2-} 则占有 Ca^{2+} 的晶格位置。这种在晶格结构中正、负离子位置颠倒的结构，叫做反同形体。

　　（2）金红石（TiO_2）型　金红石型结构属四方晶系 $P4/mnm$ 空间群，根据 A. Rubio-Ponce 和 A. Conde-Gallardo 的研究，其晶胞参数为：$a=b=4.601nm$，$c=2.977nm$，$\alpha=\beta=\gamma=90°$，其结构如图 5-13 所示，其中，Ti^{4+} 在晶胞的顶角和中心的位置上。实际上 Ti^{4+} 在晶体中是按四方简单格子排列的，晶胞中心的 Ti^{4+} 属于另一套简单格子所有。由图 5-13 可看出，Ti^{4+} 的配位数是 6，在它周围的 6 个 O^{2-} 构成了八面体；O^{2-} 则是被位于三角形顶点上的三个 Ti^{4+} 包围起来，每个 O^{2-} 同时为三个钛氧八面体所共有。因此，整个结构可以看出是由 O^{2-} 构成的稍有变形的六方最紧密堆积，Ti^{4+} 只填充了 O^{2-} 所构成的 1/2 八面体空隙。

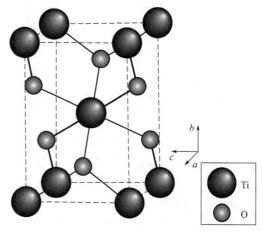

图 5-13　金红石（TiO_2）型的结构[21]

　　在光学性质上，金红石型 TiO_2 具有高折射率（2.76），其表面在电学性质上则具有高的介电系数。因此，金红石型 TiO_2 是制备高折射率玻璃的原料，也是无线电陶瓷中需要的晶相。

　　常见氧化物中，SnO_2、MnO_2、GeO_2、PbO_2、VO_2 和 NbO_2 等具有金红石型晶格结构形式。

（3）碘化镉（CdI_2）型结构　碘化镉型结构属三方晶系 $P\bar{3}m$ 空间群，并具有典型的层状结构。根据 B. Palosz 和 E. Saljie 的研究，其晶胞参数为：$a = b = 2.445nm$，$c = 6.8246nm$，$\alpha = \beta = 90°$，$\gamma = 90°$，结构如图 5-14 所示。在碘化镉型结构中，Cd^{2+} 位于六方柱大晶胞的各个角顶和底心的位置上，I^- 则位于 Cd^{2+} 三角形重心的上方或下方；每个 Cd^{2+} 处在由 6 个 I^- 组成的八面体中央，3 个 I^- 在上，3 个 I^- 在下；每个 I^- 与 3 个同在一边的 Cd^{2+} 相连，I^- 在结构中按（变形的）六方最紧密堆积排列，Cd^{2+} 则在同成层中填充于半数的八面体空隙中，从而构成了平行于（0001）的层型结构；每层含两片 I^-、一片 Cd^{2+}，以配位多面体表示的这种层状结构，如图 5-15 所示。由于极化作用，层内质点之间具有明显的共价键性质，层与层之间则是通过分子间力来连接，所以每层内的结合力较强，层与层之间的作用力相对较弱。因此，晶体具有平行（0001）的完全解理。

$Mg(OH)_2$ 和 $Ca(OH)_2$ 都是具有 CdI_2 型结构的层状晶体。只需将晶格结构中的 Mg^{2+} 和 Ca^{2+} 代替 Cd^{2+}，同时 OH^- 代替 I^- 即可。经过这种替代后，晶格结构必然相对复杂些。

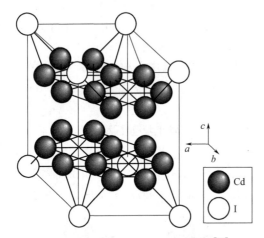

图 5-14　碘化镉（CdI_2）型的结构[21]

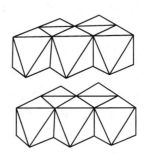

图 5-15　碘化镉层状结构的晶体[21]

3. A_2X_3 型晶体

A_2X_3 型化合物的结构按其阴阳离子半径比可分为多种形式，刚玉（$\alpha\text{-}Al_2O_3$）型结构是其代表性结构。

刚玉（$\alpha\text{-}Al_2O_3$）的天然单体称为白宝石，其中，呈红色的称为红宝石，呈蓝色的称为蓝宝石。刚玉型结构属三方晶系 $R3c$ 空间群，根据 N. Ishizawa 和 T. Miyata 的研究，其晶胞参数为：$a = b = 4.7545nm$，$c = 12.99nm$，$\alpha = \beta = 90°$，$\gamma = 120°$。在刚玉的结构中，O^{2-} 近似地作六方最紧密堆积排列，Al^{3+} 填充在 6 个 O^{2-} 构成的八面体空隙中。因为在晶胞结构中 Al^{3+} 的数目与 O^{2-} 的数目不等，且两者的比例为 2:3，所以只有三分之二的 O^{2-} 八面体空隙被填充，如图 5-16 所示。

在刚玉结构中，两层连续堆积的 O^{2-} 层的排列如图 5-17 所示，其中，右边的 O^{2-} 以 ABAB 方式堆积在左边的之上。从图 5-17 中可看出，3 个 O^{2-} 组成的面构成了相邻的两个八面体的共用面，因此，这 3 个 O^{2-} 所构成的面连接了一对 Al^{3+}。

除 $\alpha\text{-}Al_2O_3$ 之外，$\alpha\text{-}Fe_2O_3$、Cr_2O_3、Ti_2O_3 和 V_2O_3 等氧化物也具有刚玉型结构形式。$FeTiO_3$、$MgTiO_3$、$PbTiO_3$ 等钛铁矿簇的菱面体晶体也都具有刚玉型结构，区别在于，这些复合氧化物，因含有两种正离子，对称性比刚玉结构低。

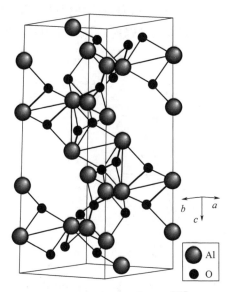

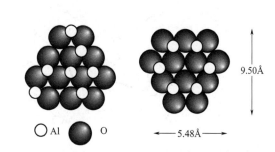

图 5-16　刚玉的晶体结构[22]　　　　　　图 5-17　刚玉结构中两层连续堆积的 O^{2-} 层结构示意图[22]

　　刚玉的硬度极高，为莫氏硬度 9 级，熔点高达 2050℃，这些均与结构中 Al—O 键的键性有关。因此，刚玉（α-Al_2O_3）是构成高温耐火材料和高绝缘无线电陶瓷中的主要物相。刚玉砖和坩埚是熔制玻璃时所需的耐火材料。

　　上面所讨论的三种晶体结构类型都是一种正离子和一种负离子相结合的一些简单晶体的结构，但从中可以看到组成质点的数量关系、大小关系和极化性能对晶体结构的影响。下面再了解两种含有多种正离子的晶体结构。

4. ABO₃ 型晶体

　　在含有两种正离子的多元素化合物中，其结构基元的构成分为两类：其一是单个原子或离子的结构基元；其二是配阴离子的结构基元。

　　ABO_3 型结构中，如果 A 离子与氧离子尺寸相差较大，则形成钛铁矿型结构，如果 A 离子与氧离子尺寸大小相同或相近，则形成钙钛矿型结构，且 A 离子与氧离子一起构成 fcc 面心立方结构。

　　（1）钙钛矿（$CaTiO_3$）型　钙钛矿型结构具假立方体形，在低温时转变为斜方晶系 $R\bar{3}H$ 空间群。根据 N. C. Wilson 和 J. Muscat 的研究，其晶胞参数为：$a=b=5.183nm$，$c=13.877nm$，$\alpha=\beta=90°$，$\gamma=120°$。在这种结构中，O^{2-} 和较大的正离子 Ca^{2+} 构成面心立方最紧密堆积排列，较小的正离子 Ti^{4+} 则占据 1/4 的八面体空隙，结构如图 5-18 所示。在 $CaTiO_3$ 型结构的立方晶胞中，Ca^{2+} 位于立方体的顶角，Ti^{4+} 位于立方体的中心，也是位于由立方

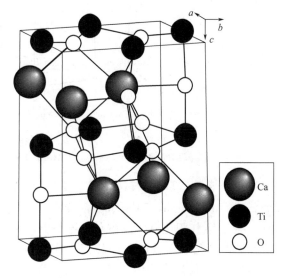

图 5-18　钙钛矿（$CaTiO_3$）型的
晶体结构[23]

体 6 个面中心的 O^{2-} 所构成的八面体空隙的中心。这个［TiO_6］八面体群互相以共用顶角的方式连接形成三维的空间结构，填充在［TiO_6］八面体构成的空隙内的 Ca^{2+} 和 Ti^{4+} 的配位数分别为 12 和 6，如图 5-19 所示。

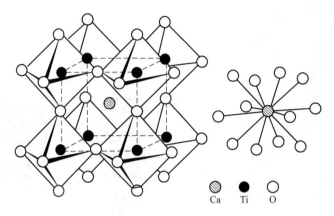

图 5-19　钙钛矿结构中配位多面体连接和 Ca^{2+} 配位数为 12 及 Ti^{4+} 配位数为 6 的情况[23]

除 $CaTiO_3$ 外，有许多化合物具有钙钛矿型结构形式，如 $SrTiO_3$、$BaTiO_3$ 和 $PbTiO_3$ 等，即 Ca^{2+} 可被 Sr^{2+}、Ba^{2+} 和 Pb^{2+} 等两价离子所代替，而 Ti^{4+} 可被 Zr^{4+} 所代替。钙钛矿结构是一系列铁电晶体的代表，如 $BaTiO_3$ 的高介电性、$PbZrO_3$ 优良的压电性，以及由它们衍生出的一系列晶体物质，在电子陶瓷材料中发挥着重要作用。

钙钛矿型结构的化合物在温度变化时会引起晶体结构的变化。以 $BaTiO_3$ 为例，由低温到高温，其中三方、斜方和正方都是由立方点阵经少许畸变而得到，如图 5-20 所示。这种畸变与晶体的介电性能密切相关。高温时由立方向六方转变时要进行结构重组，立方结构被破坏，重构成六方点阵。

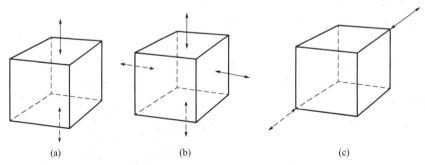

图 5-20　立方点阵变形时形成的三方、斜方及正方点阵[24]

(a) 单轴方向变形为正方晶；(b) 双轴方向变形为斜方晶；(c) 对角线方向变形为三方晶

当温度稍高于 120℃时，立方 $BaTiO_3$ 的晶胞参数 $a=0.401nm$，Ti^{4+} 和 O^{2-} 中心的距离为 $a/2=0.2005nm$，Ti^{4+} 和 O^{2-} 半径之和是 $0.196nm$，相差 $0.0045nm$，说明两者存在间隔，即 Ti^{4+} 体积比氧八面体空隙体积小，如图 5-21 所示。

在正常情况下，晶体中的质点总是在其平衡位置附近做微小的热振动。当温度高于120℃时，氧八面体中心的钛离子的热振动能量较高，钛离子位移后形成的内电场不足以将钛离子固定在新位置上，不能使周围晶胞中的钛离子沿同一方向产生相应的位移，氧八面体中心的钛离子向周围 6 个氧离子靠近的概率相等。因此，从总体来看，钛离子仍然位于氧八

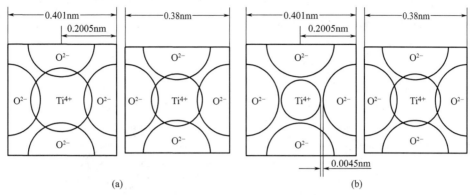

图 5-21 BaTiO₃ 和 CaTiO₃ 结构的剖面图[24]

(a) BaTiO₃；(b) CaTiO₃

面体的中心，不会偏向某一个氧离子。

当温度低于 120℃时，钛离子的热振动能量降低。其中热振动能量低于平均能量的那些钛离子，不足以克服位移后形成的内电场的作用力，必然会向某一氧离子靠近，例如向 Z 轴方向的氧离子 A 靠近，如图 5-22 所示。由于是单轴方向发生畸变，晶胞在钛离子产生位移的方向——Z 轴（即 c 轴）上伸长，晶体结构由立方晶系向正方晶系转变。

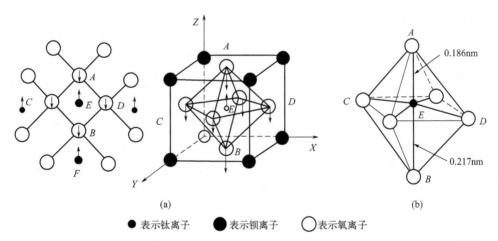

● 表示钛离子　● 表示钡离子　○ 表示氧离子

图 5-22 钛酸钡晶胞自发位移极化示意图（极化结果晶体由立方晶系转变为正方晶系）[25]

CaTiO₃ 属于复杂氧化物类，结构中没有独立的 TiO_3^{2-} 离子团存在。当 ABO₃ 化合物中 B 离子的半径很小时，以致其不可能被 O^{2-} 以八面体形式所包围，例如，C^{4+}，N^{5+} 或 B^{3+}，这时就不能形成钙钛矿型的结构，而形成方解石（CaCO₃）型的结构。

（2）方解石（CaCO₃）型　方解石型结构属三方晶系 $R\overline{3}cH$ 空间群。图 5-23（a）是方解石晶体结构示意图，图 5-23（b）是方解石结构的大晶胞，其晶胞参数为：$a=b=4.991nm$，$c=17.068nm$，$\alpha=\beta=90°$，$\gamma=120°$，一个晶胞中的"分子"数 $Z=4$。方解石型结构可归之为变了形的 NaCl 型结构，即只要将 NaCl 的三次轴竖立并且加压，直至边间角不是 90°且达到 101°55′时为止，然后以 Ca^{2+} 代替 Na^+，CO_3^{2-} 代替 Cl^- 在中心，3 个 O^{2-} 围绕 C 在同一平面上构成一个等边三角形。在方解石型结构中，Ca^{2+} 的配位数为 6。如果结构中的 Ca^{2+} 的位置完全被 Mg^{2+} 替代，就成为菱镁矿（MgCO₃）型结构；若替代一半，即

一半为 Ca^{2+}，另一半为 Mg^{2+} 且两者沿晶胞结构的体对角线方向交替排列，则构成白云石 $CaMg(CO_3)_2$ 的结构，那么其空间群则为 $R\bar{3}$。

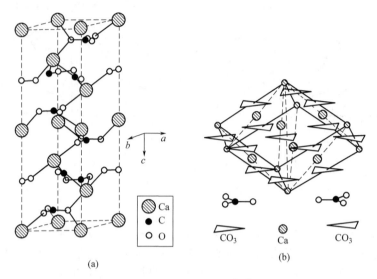

图 5-23　方解石结构[26]

5. AB_2O_4 型晶体

在这一通式中，A 为二价正离子，B 为三价正离子。这类晶体中以尖晶石（$MgAl_2O_4$）型结构为代表。

尖晶石结构属立方晶系 $Fd3_m$ 空间群。O^{2-} 作面心立方最紧密堆积排列，Mg^{2+} 进入四面体空隙，Al^{3+} 则占有八面体空隙。尖晶石晶胞中含有 8 个"分子"，即 $Mg_8Al_{16}O_{32}$，因此在 O^{2-} 堆形成的骨架中有 64 个四面体空隙和 32 个八面体空隙，Mg^{2+} 只占据八分之一的四面体空隙（即 8 个），Al^{3+} 只占据二分之一的八面体空隙（即 16 个），如图 5-24 所示。其中，图 5-24(a) 为尖晶石的晶胞结构示意图，可将其看做由八个小块拼合而成，小块中质点的排列有两种情况，分别标注以 A 块和 B 块。在 A 块中 Mg^{2+} 占据四面体空隙，在 B 块中 Al^{3+} 占据八面体空隙，如图 5-24(b) 所示。将 A 块和 B 块按图 5-24(a) 中的位置堆砌起来即可获得尖晶石的完整晶胞。

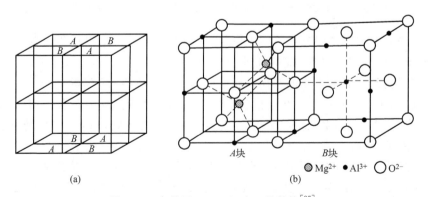

图 5-24　尖晶石（$MgAl_2O_4$）的结构[27]

这种所有二价正离子 A 都填充在四面体空隙中，所有三价正离子 B 都填充在八面体空隙的结构形式叫正尖晶石型结构。镁铝尖晶石（$MgAl_2O_4$）就是一个典型的例子。近代技术上广泛应用的铁氧体磁性材料，即以尖晶石型相为基础而制成。在铁氧体中，二价离子除 Mg^{2+} 之外，还可以是 Fe^{2+}、Co^{2+}、Ni^{2+}、Mn^{2+}、Zn^{2+} 和 Cd^{2+} 等；三价离子除 Al^{3+} 外，还可以是 Fe^{3+} 和 Cr^{3+} 等；它们可以相互取代生成各种尖晶石族矿物。

有时 A^{2+} 占据的 8 个四面体空隙被 8 个 B^{3+} 填充，另外 8 个 B^{3+} 则和 8 个 A^{2+} 填充到 16 个八面体空隙中，可以用通式 $B(AB)O_4$ 来表示，这种结构形式叫做反尖晶石型结构。反尖晶石结构是构成氧化物磁性材料的重要结构。

γ-Al_2O_3 的结构和尖晶石相似。在 γ-Al_2O_3 结构中，O^{2-} 也是按面心立方紧密堆积方式排列，Al^{3+} 分布在尖晶石中的 8 个 A^{2+} 和 16 个 B^{3+} 所占据的位置上，但是有 1/9 的位置空着。因此，在 γ-Al_2O_3 的晶胞中只有 64/3 个 Al^{3+} 和 32 个 O^{2-}。

几种典型的无机化合物的晶体结构，按其负离子的堆积方式分组列于表 5-6。在无机材料中，还会遇到一些碳化物和氮化物。碳化物结构主要被能够容易进入空隙位置的碳原子所决定。多数过渡金属碳化物中金属原子和在空隙中的碳原子趋向于紧密堆积。在这些结构中，金属-碳键介于共价键与金属键之间。碳的化合物，例如在 SiC 中，C 和 Si 的电负性相似，因而原子之间以共价键相连接。普通的 SiC 结构具有与纤锌矿相似的结构。氮化物结构与碳化物相似，在金属键结合能上，通常金属-氮键小于金属-碳键。

表 5-6　根据负离子堆积方式分组的简单无机化合物晶体结构[28]

负离子堆积方式	正负离子的配位数	正离子占据的空隙位置	结构类型	实例
立方最密堆积	6：6AX	全部八面体	NaCl 型	MgO,CaO,SrO,BaO,MnO,FeO,CoO,NiO,$NaCl$
立方最密堆积	4：4AX	1/2 四面体	闪锌矿	ZnS,CdS,HgS,BeO,SiC
立方最密堆积	4：8A₂X	全部四面体	反萤石型	Li_2O,Na_2O,K_2O,Rb_2O
扭曲了的立方最密堆积	6：3AX₂	1/2 八面体	金红石型	TiO_2,SnO_2,GeO_2,PbO_2,VO_2,NbO_2,MnO_2
立方最密堆积	12：6：6ABO₃	1/4 八面体 b	钙钛矿型	$CaTiO_3$,$SiTiO_3$,$BaTiO_3$,$PbTiO_3$,$PbZrO_3$,$SrZrO_3$
立方最密堆积	4：6：4AB₂O₄	1/8 四面体 a 1/2 八面体 b	尖晶石型	$MgAl_2O_4$，$FeAl_2O_4$，$ZnAl_2O_4$，$FeCr_2O_4$
立方最密堆积	4：6：4B(AB)O₄	1/8 四面体 b 1/2 八面体（AB）	反尖晶石型	$FeMgFeO_4$,$Fe^{3+}[Fe^{2+}Fe^{3+}]O_4$
六方最密堆积	4：4AX	1/2 四面体	纤锌矿型	ZnS,BeO,ZnO,SiC
扭曲了的六方最密堆积	6：3AX₂	1/2 八面体	碘化镉型	CdI_2,$Mg(OH)_2$,$Ca(OH)_2$
六方最密堆积	6：4A₂X₃	2/3 八面体	刚玉型	α-Al_2O_3,α-Fe_2O_3,Cr_2O_3,Ti_2O_3,V_2O_3
简单立方	8：8AX	全部立方体空隙	CsCl 型	$CsCl$,$CsBr$,CsI
简单立方	8：4AX₂	1/2 立方体空隙	萤石型	ThO_2,CeO_2,UO_2,ZrO_2

6. 类质同象

类质同象是指晶体结构中某种质点被性质相似的其它质点替代[29]，共同结晶成均匀的单一相的混合体，而能保持其键性和结构形式不变，仅晶格常数和性质略有改变。

类质同象混入物（类质同象替代物）是在晶体结构中某种质点被性质相似的它种质点所替代，如 $ZnS \rightarrow FeS$。

第六节　表面键弛豫

1. 单层弛豫

关于平整表面的键收缩研究已有大量的理论和实验数据，详见表 5-7。原子低配位引起键收缩所导致的层间弛豫和面内重构是表面科学领域普遍关注的问题。例如，低能电子衍射（LEED）测量和密度泛函理论（DFT）计算表明，Ru、Co 和 Re 的 hcp（1010）表面的第一层与第二层原子之间的间距（d_{12}）收缩约 10%。金刚石（111）表面的 d_{12} 相比体内的收缩了约 30%，并伴随表面能的降低。超低能电子衍射（VLEED）测量结果表明，O—Cu 键收缩从 4% 增加至 12% 的过程是 Cu（001）表面 Cu_3O_2 成键四步之一，O—Cu（110）表面的 O—Cu 键也收缩了约 10%[30,31]。TiCrN 薄膜表层键收缩系数为 12%～14%，表面收缩提高了表面应力和杨氏模量。随着 Ag、Cu 和 Au 纳米固体的维度从三维降到一维，其原子间距离显著减小，单键能增加，如图 5-25 所示。Kara 和 Rahman 发现，配位数不同的 Ag、Cu、Ni 和 Fe 的近邻原子间距严格遵循键序-键长-键能，即键弛豫（BOLS）关系。Ag、Cu、Ni 和 Fe 的键长分别为 2.53Å、2.22Å、2.15Å 和 2.02Å，比它们相应的块体键长分别缩短了 12.5%（Ag）、13.2%（Cu）、13.6%（Ni）和 18.6%（Fe）。

表 5-7　典型共价、金属和离子晶体的键弛豫及其对相应固体或表面物性的影响[30]

键性质	物质	C_1	作用
共价键	金刚石	0.7	表面能减少
金属键	Ru、Co 和 Re 的 hcp(1010) 表面 Fe—W, Fe—Fe Fe(310)，Ni(210) Al(001) Ni、Cu、Ag、Au、Pt 和 Pd 二聚物 Ti、Zr V	0.9 0.88 0.85～0.90 0.7 0.6	原子磁矩增强 25%～27% 结合能增加 0.3eV/键 单键能增加 2～3 倍
离子键	O—Cu(001) O—Cu(110) TiCrN	0.88～0.96 0.9 0.86～0.88	硬度增强 100%
特殊情况	Be，Mg 的 hcp(0001) 表面 Zn、Cd 和 Hg 的二聚物键长 Nb	>1.0	无键长膨胀引起物性 变化的相关报道

注：$C_1 = d_1/d_0$，其中 C_1 是键收缩系数，d_0 和 d_1 分别是块体内部原子和表面第一层原子的键长。

不过也有研究报道，Be 和 Mg 的 hcp（0001）表面 d_{12} 以及 Ⅱ-B 族元素 Zn、Cd 和 Hg 二聚体的键长表现出膨胀现象。当 Se 纳米颗粒尺寸由 70nm 减小至 13nm 时，a 晶格膨胀了 0.3%，但 c 晶格略有收缩，晶胞体积仅增大了 0.7%。这些化学键的膨胀似乎偏离了 Goldschmidt 和 Pauling 所强调的化学键自发收缩属性，即键收缩仅与原子配位数有关，而与键性质或组成元素无关，详见表 5-8。

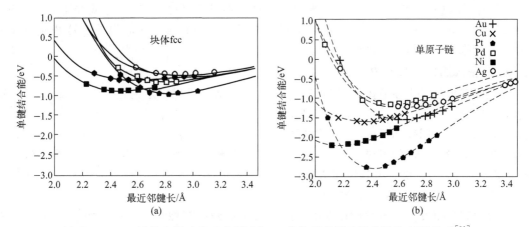

图 5-25 DFT 计算和键弛豫理论预测的 fcc 块体到单原子链的键长-键强关系[31]

单原子链键长收缩，其键能约为 fcc 结构晶体原子的 2~3 倍。这虽然存在一些偏差，但基本与 BOLS 理论预期相符

表 5-8 清洁金属表面层间的弛豫[31]

金属	测量方法	$\Delta d_{12}/d_{12}/\%$	金属	测量方法	$\Delta d_{12}/d_{12}/\%$
Rh(001)	LEED	$-1.2，-1.4$	Al(001)	DFT	-10
W(001)	DFT	-5.7	Al(210)	LEED	-16
W(110)	LEED	-3.0	Ti/Zr(0001)	DFT	$-7.8~-6.1$
W(320)	DFT	-22.3		LEED	-4.9
Ag/Cu/Ni(110)	LEED	$-9~-6$		RSGF	-10.4
Ag/Cu/Ni(111)	LEED	$-2~-1$	Cu(551)	RSGF	-9.8
Ag/Cu/Ni(100)	LEED	$-3~-2$	Cu(211)	DFT	$-14.4，-28.4，-10.8$
Fe/W(110)	DFT	$-10.0，-13.0$		LEED	-14.9
Fe(210)	LEED	-22	Cu(117)	LEED,DFT	$-13.0，-9.5$
Fe(310)	LEED	-16	Al(113)	DFT	-6.8
Pd(310)	DFT	-14.1	Al(115)	DFT	-8.0
Pt(210)	LEED/EAM	$-23.0/-31$	Al(117)	DFT	-8.3
Cu(331)	DFT	$-22.0，-13.8$			

2. 多层弛豫

大量数值计算和衍射优化结果表明，某些金属的键长收缩与膨胀共存，即使其内部的原子层也会如此。例如，Ag(410) 和 Cu(320) 表面出现多原子层弛豫，弛豫幅度与数据处理过程有关。采用不同的过程分析同一套 LEED 测量数据可能会得到不同结果，如最初由 Ag(410) 的 LEED 数据分析发现原子层间不存在弛豫，后来则发现 d_{23} 收缩了 36%，而 d_{34} 膨胀了 18%。理论计算显示，Ag(410) 的最外三层分别收缩了 11.6%、5.3% 和 9.9%，而第四和第五层则膨胀了 2.1% 和 6.7%。结合 LEED、DFT 和分子动力学（MD）研究发现，Ag(110) 表面的 d_{12} 在 133K 时收缩了 8%，在 673K 时收缩了 0.2%，同时表面德拜温度由 (150 ± 65)K 升高至 (170 ± 100)K，而其相应块体值为 225K。

Cu(320) 表面最外两层原子的间距分别收缩了 13.6% 和 9.2%，随后三层分别膨胀了 2.9%、收缩了 8.8% 及膨胀了 10.7%。在 Au(110) 面，d_{12} 收缩了 13.8%，d_{23} 膨胀了

6.9%，d_{34} 收缩了 3.2%。Cu(320) 表面的 LEED 测量结果也表明，d_{12} 收缩了 24%，d_{23} 膨胀了 16%，d_{34} 膨胀了 10%。因此，有必要给予合适的物理约束，以便从这些几何优化数值计算结果中获得科学合理的解释与答案。

3. 液相表面、气相和界面键弛豫

键收缩现象也发生在液体表层和气态分子中，例如，甲醇表层的化学键收缩 4.5%，室温水表面的氢键膨胀 5.9%。液态 Sn、Hg、Ga 和 In 的第一层间距收缩 10%。正烷烃微滴表面出现相变，说明表面形成了单层厚度的油相液体。液相表层键收缩引起表面应变和表面应力，促使液滴和气泡的形成与维持。X 射线晶体学研究发现，3 个双配位脒基配体保护的 Cr_2 阴离子的 Cr—Cr 键长由其块体值的 $0.225nm$ 缩短为 $0.174nm$，中性 Cr_2 复合物的 Cr—Cr 键长则缩短为 $0.175nm$，收缩幅度显然不同。

键收缩现象也发生在异配位体系中。扩展 X 射线吸收精细结构谱（EXAFS）和 X 射线近边吸收谱（XANES）测量表明，CdTe 中的 As 杂质（受主掺杂物）和 Te 亚晶格之间的间距收缩 8%；在 Al 孪晶界处，位错或紧凑或断开界面层，相较于等量的分离位错，驱动紧凑位错的一个刃型位错所需的最小应力（σ_p）约高于前者的 20 倍。同质界面和异质界面的键收缩可加深我们对超细晶粒金属和孪晶界变形行为的理解。不过也存在例外。Lu 等发现，基于电子能量损失谱（EELS）和透射电子显微镜（TEM）测量中 B 和 CK-边缘的精细结构，在金刚石晶粒含硼量最高的位置，C—C 键膨胀。几个原子层的 NB 薄片的层间弛豫呈现非对称性。N 和 B 的 sp 轨道杂化产生了 B 的空轨道和 N 的孤对电子填充轨道。层间弛豫是基于孤对电子和空轨道而产生的。B 外侧界面大幅收缩，N 外侧则大幅膨胀。

思考题

- **1.** 化学键类型有哪些？其结合能大小是多少？影响结合能大小的因素有哪些？
- **2.** 非键类型有哪几种？
- **3.** 非键孤对电子对化学键的影响有哪些？
- **4.** 简要描述四面体键结构的形成机制。
- **5.** 什么是化学键的键性？
- **6.** 典型的晶格类型有哪些？各自的结构特点有哪些？
- **7.** 离子极化的主要影响因素有哪些？
- **8.** 结晶化学定律的主要内容是什么？
- **9.** 鲍林的五条原则的主要内容是什么？各自的物理意义是什么？
- **10.** 典型晶体结构分析包括哪几个步骤？
- **11.** 典型晶体结构有哪几种？各自的结构特征体现在哪些方面？

参 考 文 献

[1]　李淑妮，杨奇，魏灵灵．化学键与分子结构 [M]．北京：科学出版社，2021：24.
[2]　孙长庆，黄勇力，王艳．化学键的弛豫 [M]．北京：高等教育出版社，2017：17.
[3]　孙长庆，黄勇力，王艳．化学键的弛豫 [M]．北京：高等教育出版社，2017：18.
[4]　孙长庆，黄勇力，王艳．化学键的弛豫 [M]．北京：高等教育出版社，2017：21.
[5]　孙长庆，黄勇力，王艳．化学键的弛豫 [M]．北京：高等教育出版社，2017：19.
[6]　孙长庆，黄勇力，王艳．化学键的弛豫 [M]．北京：高等教育出版社，2017：20.

［7］　孙长庆，黄勇力，王艳．化学键的弛豫［M］.北京：高等教育出版社，2017：23.

［8］　王德平，姚爱华，叶松，等．无机材料结构与性能［M］.上海：同济大学出版社，2015：13.

［9］　廖立兵，夏志国．晶体化学及晶体物理学［M］.北京：科学出版社，2012：77-78.

［10］　田键．硅酸盐晶体化学［M］.武汉：武汉大学出版社，2010：72.

［11］　翟玉春．结构化学［M］.北京：科学出版社，2021：287.

［12］　田键．硅酸盐晶体化学［M］.武汉：武汉大学出版社，2010：73.

［13］　鲍林（Linus Pauling）.化学键的本质（The Nature of the Chemical Bond）［M］.卢嘉锡，黄耀曾，曾广植，等译，北京：北京大学出版社，2020：410.

［14］　田键．硅酸盐晶体化学［M］.武汉：武汉大学出版社，2010：75.

［15］　浙江大学，武汉建筑材料工业学院，上海化工学院，等．硅酸盐物理化学［M］.北京：中国建筑工业出版社，1980：12.

［16］　田键．硅酸盐晶体化学［M］.武汉：武汉大学出版社，2010：76.

［17］　田键．硅酸盐晶体化学［M］.武汉：武汉大学出版社，2010：77.

［18］　田键．硅酸盐晶体化学［M］.武汉：武汉大学出版社，2010：78.

［19］　田键．硅酸盐晶体化学［M］.武汉：武汉大学出版社，2010：79.

［20］　田键．硅酸盐晶体化学［M］.武汉：武汉大学出版社，2010：80.

［21］　田键．硅酸盐晶体化学［M］.武汉：武汉大学出版社，2010：81.

［22］　田键．硅酸盐晶体化学［M］.武汉：武汉大学出版社，2010：82.

［23］　田键．硅酸盐晶体化学［M］.武汉：武汉大学出版社，2010：83.

［24］　田键．硅酸盐晶体化学［M］.武汉：武汉大学出版社，2010：84.

［25］　田键．硅酸盐晶体化学［M］.武汉：武汉大学出版社，2010：85.

［26］　田键．硅酸盐晶体化学［M］.武汉：武汉大学出版社，2010：86.

［27］　田键．硅酸盐晶体化学［M］.武汉：武汉大学出版社，2010：87.

［28］　田键．硅酸盐晶体化学［M］.武汉：武汉大学出版社，2010：88.

［29］　何涌，雷新荣．结晶化学［M］.北京：化学工业出版社，2008：71.

［30］　孙长庆，黄勇力，王艳．化学键的弛豫［M］.北京：高等教育出版社，2017：212.

［31］　孙长庆，黄勇力，王艳．化学键的弛豫［M］.北京：高等教育出版社，2017：213.

第六章

无机材料的电子结构

正如前文所述，无机材料的性能是由其内部晶体结构所决定的，晶体结构受化学键性质和空间构型的控制，而化学键的性质则受构成化学键的电子结构的制约。由此逐层推进，从微观角度，特别是从量子角度上来说，对于材料结构与性能的影响与控制作用，电子结构才是无机材料的关键所在。因此，了解能带结构、断键和键序-键长-键强等理论知识是分析研究材料结构与性能的关联性的根本，是基础，更是必不可少的重要环节。

第一节　能带结构

一、价带态密度特征

成键、非键孤对电子和反键偶极子以及类氢键的形成在价带态密度（DOS）方面均会体现各自的特征，如图 5-3（b）所示，箭头表示电子输运的动力学过程。最初在 $T=0K$ 的理想情况下，金属的低于费米能级（E_F）的能态被完全占据[1]。功函数（Φ_0）、费米能级（E_F）和真空能级（E_0）遵循以下简单关系：$E_0 = \Phi_0 + E_F$。以 Cu 为例，其 $E_0 = 12.04eV$，$\Phi_0 = 5.0eV$，$E_F = 7.04eV$。Cu3d 能级位于其 E_F 以下 $-5.0eV$ 到 $-2.0eV$ 的能量范围内，相比 Cu 的 E_F 能级，O 的 p 态能级在 $-5.5eV$ 左右。在反应的初始阶段，金属电子从最外层转移到 O 空置的 2p 轨道上，由此在金属最外层产生一个空穴。最终 O^- 使其近邻原子极化，形成极化子。这样就产生了第一阶段的成键（$\ll E_F$）、空穴（$< E_F$）和反键（偶极子）（$> E_F$）DOS 特征。

随着 O 的 p 轨道被占满，O^{2-} sp 轨道发生杂化，这必然会产生 DOS 的其它特征，如图 5-3 所示：

（1）电子空缺位于 E_F 正下方，在金属的导带和价带之间形成带隙。电子输运使半导体的初始带隙从初始 E_{G0} 扩展到 E_{G1}。

（2）O^{2-} 的非键态位于 E_F 下方，相比于 O 孤立原子的 2p 能级，理论上没有明显的能量变化。

（3）成键态靠近初始的孤立 O 原子已占据的 2p 能态。

（4）反键态（孤对电子诱导的偶极子）位于 E_F 之上或附近。O 诱导极子使功函数从 Φ_0 降低到 Φ_1。

（5）在经过过量的氧作用后，表面上将形成类氢键。过量的氧从偶极子和 B^P 得到电子而形成 $B^{+/P}$。从 E_F 之上的反键态指向更深层次子带的箭头表示类氢键的形成过程。很显然，这个过程会降低系统能量并提高功函数。

空穴和孤对电子既可相互独立地产生，也可同时发生，这导致了 E_F 能级之下的偶合 DOS 特征。如果两个过程中产生的空穴和孤对电子数量相同，则源于这两个过程的偶合 DOS 特征可能无法简单地分离。空穴由成键和反键两种机制产生。以 Cu 为例，其 4s 电子［在导带（CB）中］可与 O 成键或者跃迁至外层空壳（例如 Cu4p）形成反键偶极子。这样的成键和反键过程使得稍低于 E_F 的能态变空，导致铜氧化物成为带隙宽度为 1.2～1.5eV 的半导体。

扫描隧道光谱（STS）和超低能电子衍射（VLEED）分析表明，O-Cu 体系的反键态处于 E_F 以下 (1.3 ± 0.5) eV 的范围内，非键态则处于 E_F 以下 (-2.1 ± 0.7) eV 的范围内。角分辨逆光电子能谱（PES）的分析结果发现，位于 2.0eV 的空态会随着 Cu（110）表面氧覆盖量的提高而下降。O-Pt 表面的光发射电子显微镜（PEEM）观测到，在 $10^2\mu m$ 尺度下暗色岛状区域转换为非常明亮的区域，其功函数约为 1.2eV，低于清洁 Pt 表面功函数。成键态位于 E_F 以下 -5.5eV 附近，由于混合键降低了系统的能量，该成键态能级向 O2p 能级的方向微移，需要注意的是，所有氧衍生的 DOS 特征在空间中均出现强烈的局域化。

非键孤对电子和反键偶极子产生于 sp^3 轨道杂化的过程中，具体步骤如以下：

$$NH_3 \longrightarrow 3H^+ - N^{3-} \quad (:H^P)$$
$$H_2O \longrightarrow 2H^+ - O^{2-} \quad (:2H^P)$$
$$HF \longrightarrow H^+ - F^- \quad (:3H^P)$$

通常，括号中的成分与电子受体不共享电荷，所以在反应公式中常将其省略。紫外光照射或热激发会消除杂化的 sp^3 轨道，同时，孤对电子和偶极子也相应地消失。

图 6-1 所示为 N、O 和 F 吸附在金属和半导体上的 DOS 特征。1 个 N 原子需要共用 3 个电子以成键并形成一对孤对电子。类似地，1 个 F 原子与 3 对孤对电子构成一个四面体。这些孤对电子之间存在能量约为 50meV 的弱相互作用，并极化其近邻原子而非将它们变为偶极子。需要注意的是，四面体中围绕中心 O 或 N 原子的电子分布方式、化学键类型、键长和键能均呈现各向异性。

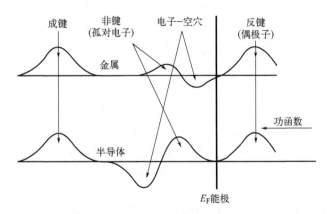

图 6-1　N、O 和 F 表面化学吸附的 DOS 特征[2]

N、O 和 F 的化学吸附改变了金属和半导体的价带 DOS，伴随着 4 个 DOS 特征：成键（$\ll E_F$）、孤对电子（$<E_F$）、电子-空穴（$<E_F$）和反键（偶极子）（$>E_F$）。靠近 E_F 的 3 个 DOS 特征往往被忽视，然而，它们对化合物的性能却至关重要

在半导体化合物中，空穴在价带的上边缘形成，这使得半导体的带隙进一步增大，同时

将半导体转变为绝缘体。在金属化合物中，空穴产生于费米面，并导致带隙的形成。这就是金属化合物失去导电性而成为半导体或绝缘体的原因。非键态位于带隙上，从而形成靠近费米面的杂质态，而反键态位于费米能级之上。偶极子的产生将使表面势垒以高饱和度向外移动，以抵抗带电离子的作用。扫描隧道显微镜（STM）分析发现，非键电子为突起状，偶极子为凹陷状。块体中四面体结构的取向同样取决于配位环境。N、O 和 F 之间的差异在于其结构的对称性以及四面体中孤对电子的数目。

孤对电子的弱相互作用对哈密顿量或原子结合能的贡献微不足道。然而，这些既不遵循规则的色散关系，也不占据价带及以下允许态的电子，在费米能级附近形成了杂质态，它们正好处于扫描隧道电子显微镜（STM）与扫描隧道光谱（STS）的能量测量范围。孤对电子和偶极子的相互作用不仅是生物和有机分子中最重要的功能群，而且在无机化合物中也起着重要作用。

二、表面势垒与形貌

LEED 入射电子穿透表面区域表征的表面势垒（SPB）包含两部分：

$$V(r,E) = \mathrm{Re}V(r) + \mathrm{i}\mathrm{Im}V(r,E) = \mathrm{Re}V(r) + \mathrm{i}\mathrm{Im}[V(r)V(E)] \tag{6-1}$$

SPB 的形状和饱和度取决于表面原子价态，SPB 的高度则接近于固体内部原子的 Muffin-Tin 内势常数 V_0。SPB 的实部（弹性）和虚部（非弹性）满足以下关系[3]：

$$\mathrm{Re}V(z) = \begin{cases} \dfrac{-V_0}{1 + A\exp[-B(z-z_0)]}, & z \geqslant z_0(赝费米\ z\ 函数) \\[2mm] \dfrac{1 - \exp[\lambda(z-z_0)]}{4(z-z_0)}, & z < z_0(经典镜像势) \end{cases}$$

$$\mathrm{Im}V(z,E) = \mathrm{Im}[V(z)V(E)] = \gamma\rho(z)\exp\left[\dfrac{E-\Phi(E)}{\delta}\right] = \dfrac{\gamma\exp\left[\dfrac{E-\Phi(E)}{\delta}\right]}{1 + \exp\left(-\dfrac{z-z_1}{\alpha}\right)} \tag{6-2}$$

式中，A、B、γ 和 δ 为常数；α 和 λ 代表饱和度；z_0 为局域电子所处像平面的初始值；$\Phi(E) = E_0 - E_F$，局域 $\Phi(E)$ 随能量而变，由态密度 $\rho(E)$ 而定。式 $\nabla^2[\mathrm{Re}V(z)] = -\rho(z) \propto \mathrm{Im}V(z)$ 为空间电荷分布。包含在费米 z 函数中的项 $z_1(z_0)[\rho(z_1) = 0.5\rho_{块体}]$ 及 $\alpha(z_0)$（饱和度）描述了空间电荷分布对入射光束阻尼作用的影响。$\rho(z)$ 从晶体内部一点到距离表面无限远的空间积分给出了局域 $\mathrm{DOS}[n(x,y)]$。因此，$\Phi_L(E)$ 能够拓展至与 E 有关的情形以及 LEED 方法涵盖的有效表面区域，如图 6-2 所示。

实部 $\mathrm{Re}V(r)$ 描述入射电子束的弹性散射。$\mathrm{Re}V(r)$ 沿电子束移动路径的积分决定电子束衍射时的相移。虚部 $\mathrm{Im}V(r)$ 描述入射光束的空间衰减。$\mathrm{Im}V(E)$ 表示所有耗散过程的共同作用，包括声子、光子和单电子的激发以及等离振子激发。等离振子激发的能量远高于 E_F（通常比 E_F 高约 15V），声子与光子激发所需的能量远低于功函数。单电子激发发生在任意光束能量大于功函数时电子占据的空间中。电子的空间分布由 $\rho(r)$（电荷密度）描述，它与非弱性阻尼势 $\mathrm{Im}V(r)$ 相关。$\mathrm{Im}V(z,E)$ 可认为包括发生在入射光束能量远高于功函数时电子占据空间中的阻尼效应（费米 z 衰变），取决于已占据的 DOS。

$\mathrm{Re}V(r)$ 与 $\mathrm{Im}V(r)$ 通过泊松议程关联，即

$$\nabla^2[\mathrm{Re}V(r)] = -\rho(r), \mathrm{Im}V(r) \propto \rho(r)$$

$\mathrm{Re}V(r)$ 的梯度与电场强度 $\varepsilon(r)$ 有关，即 $\nabla[\mathrm{Re}V(r)] = -\varepsilon(r)$。如果 $\rho(r) = 0$，则

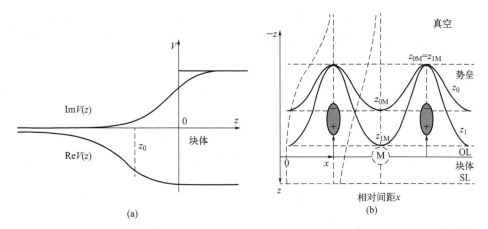

图 6-2　SPB 的（a）实部（弹性）和虚部（阻尼）以及（b）STM 表面形态[4]

（a）中 z 轴指向晶体，Z_0 为像平面的原点。虚部描述的是表面电荷分布和饱和度，它对应表面形态。弹性部分与 LEED 测量中衍射电子束的路径和相移有关。（b）中偶极子的位置处，SPB 原点以高饱和度移出表面，而在空位或离子位置，SPB 则以低饱和度向内移动

$ReV(r)$ 对应一个守恒区域。该区域中移动的电子没有能量损失，并且非弹性势的空间变化 $ImV(r) \propto \rho(r) = 0$。$ReV(r)$ 从 $z = z_0$ 时的赝费米 z 函数转变为由 $1/(z = z_0)$ 主导的经典镜像势。因此

$$\nabla^2[ReV(z_0)] = -\rho(z_0) = 0$$

像平面的起点 z_0 作为电子所占据表面区域的边界。如果 z_0 随表面的坐标变化，则 $z_0(x, y)$ 提供了空间电子分布的轮廓，它应该与利用 STM 成像所绘制的图像类似。

在偶极子位置，$z_{1M} \approx z_{0M} = -3.425$，$\alpha \approx \lambda^{-1}$，而在原子空位或离子位置，由于表面电子的强局域化，$z_{1M} \ll z_{0M} = 1.75\alpha_0$，$\alpha_0$ 为玻尔半径。SPB 的饱和度随着像平面 z_0 的外移而增加。这意味着金属偶极子的形成使电子云向外移动并增大了所移动电子云的密度。

第二节　断键理论

一、势垒限域

材料表面法线方向上晶格周期的终止会导致两种现象：一个是表面势垒（SPB，与功函数相关）的产生；另一个就是表面原子配位数的减少。前者可限制电子在材料内部的运动；后者使表层低配位原子间的化学键变短变强。成键电子键能和质量的局域致密化和量子势阱及非键电子极化，导致原子结合能与哈密顿量中晶体势能的改变。量子钉扎增强了电亲和力和非键电子极化（NEP），从而降低了功函数。

功函数 Φ 是真空能级 E_0 与费米能级 E_F 间的能量差，表示为 $\Phi = E_0 - E_F(n(E)^{2/3})$。$\Phi$ 取决于表面区域的电荷密度 $n(E)$ 和能态密度（DOS）中心处的能量。偶极子的形成增加了能量，高能电子密度减小了金属表面的 Φ 值。由紧束缚电子导致的非键电子极化同样会降低表面势垒 SPB 和功函数 Φ。另外，N 或 O 的吸附也会使 Φ 降低约 $1.2eV$。然而，如果材料表面吸附更多的原子而形成类氢键，金属偶极子将会向电负性元素提供电子，那么将在表面形成"+/P"，从而使 Φ 值恢复到初始值甚至更大的值。

　　SPB 只对在固体内部自由运动的电子有限制，并不影响深层能级中的强局域化电子和成键共用电子。由量子力学不确定性原理可知，当空间维度（D）减小时，高能运动粒子的涨落增强，但其动量 p 或动能 E_k 不变：

$$\begin{cases} \Delta p \propto \dfrac{\hbar}{D}, p = \overline{p} \pm \Delta p \\ E_k = \dfrac{\overline{p}^2}{2m} \end{cases} \tag{6-3}$$

式中，$\hbar$ 是约化普朗克常量，对应于能量和动量空间的最小量子化值；m 是运动粒子的质量。SPB 既不增加自由运动粒子的能量，也不增加束缚电子的能量。因此，根据量子力学不确定性原理可知，当固体维度减小时，载流子或者电子-空穴对的动能变化量是可以忽略的。

二、原子低配位

　　正曲率弯曲表面原子的原子配位数要小于平整表面的，而负曲率表面（如孔或气泡内侧）的配位数要大于平整表面的。因此，从原子配位缺失角度来看，纳米固体、纳米孔与平整表面没有本质上区别。这一现象可拓展至缺陷结构，它们的表面原子配位数都小于块体材料原子配位数（配位数＝12）。

　　图 6-3 为不同维度材料的原子配位数示意图。单原子链的内部原子、单壁碳纳米管（SWCNT）和石墨烯的外部边缘原子配位数是 2，SWCNT 和石墨烯的内部原子配位数为 3，原子链末端原子的配位数是 1。对 fcc 单胞中的原子来说，不同位置原子的配位数不同。边缘和拐角处的原子配位数不同于平面和单胞内部的原子配位数。配位缺失不仅指配位数的减小，还包括化学键角的变化。需要注意的是，有效配位数的缺失与键性质或晶体结构无关。例如，金刚石和 Si 的原子配位数都是 12，而金刚石结构是由两个 fcc 单胞相互嵌套而成的。

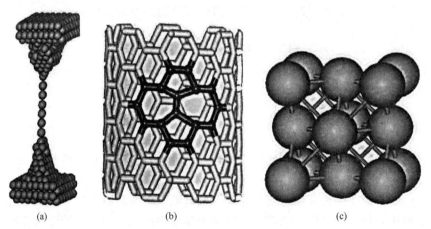

（a）　　　　　　　　（b）　　　　　　　　（c）

图 6-3　（a）单原子链（$z=2$）、（b）单壁碳纳米管（$z=2$，3）以及（c）fcc 单胞的原子配位数（z 因位置的不同而变化）[5]

三、键长与键能弛豫

1. 原子配位数-原子半径关系

Pauling（鲍林）和 Goldschmidt 指出：如果原子的配位数减少，那么原子的离子半径与金属半径会随之收缩。因此，原子配位数缺失会导致低配位原子之间的化学键变短，这与化学键的属性或结构无关。键序缺失导致的键长收缩适用于液体表面、气体、同质界面与异质界面以及真空-固体界面处的原子。

2. 键序-键长-键强（BOLS）的相关符号

键收缩系数、键能比和原子结合能之比与配位数的关系，如图 6-4(a) 所示。其中，当原子配位数从 12 减至 4、6 和 8 时，离子半径分别收缩了 12％、4％ 和 3％。Feibelman 指出，Ti 和 Zr 二聚物的键长收缩 30％，V 二聚物键长收缩 40％。这些键长变化以及键能变化均与 BOLS 描述公式一致[6]。

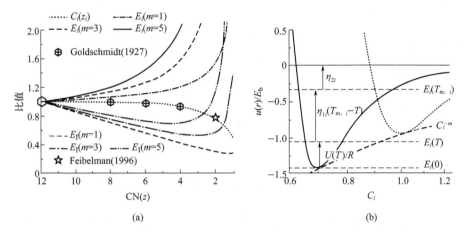

图 6-4　BOLS 机制示意图。(a) 键收缩系数 $C_i(z_i) = d_i/d_b$、键能比 $E_i/E_b = C_i^{-m}$ 以及

原子结合能之比与配位数的关系；(b) 原子配位数缺失修正的双原子势[6]

(a) 中数据点来自 Goldschmidt 和 Feibelman。$C_i(z_i)$ 曲线与 Au 颗粒的实验数据一致。(b) 中原子配位数的

改变引起键长从 d_b 减小至 $C_i d_b$，单键能从 E_b 升高至 $C_i^{-m} E_b$。$E_i(T)$ 和 $E_i(0)$ 之差为热振动能或内能；

$E_i(T)$ 和 $E_i = 0$（蒸发）之差为单键断裂能，对应弹性模量。$T_{m,i}$ 为熔点，正比于原子

结合能 $E_{c,i}$。η_{1i} 为单键比热容，η_{2i} 为熔融状态下 1 个原子蒸发时所需要能量的 $1/z_i$

$$\begin{cases} C_i(z_i) = \dfrac{d_i}{d_b} = \dfrac{2}{1 + \exp\left(\dfrac{12 - z_i}{8z_i}\right)} & \text{（键收缩系数）} \\[4mm] E_i = C_i^{-m} E_b & \text{（单键能）} \\[2mm] E_{c,i} = z_i E_i & \text{（原子结合能）} \end{cases} \tag{6-4}$$

键性质参数 m 将键能与键长联系起来。对 Au、Ag、Ni 和 Cu 来说，$m = 1$；对合金和化合物来说，m 约为 4；优化后，C 和 Si 的 m 值分别为 2.56 和 4.88。第Ⅲ族和第Ⅳ族元素的 m 值与配位数有关。$C_i(z_i)$ 具有各向异性，并随有效配位数的变化而改变。z_i 是指材料表面第 i 层原子的配位数，并与表面曲率相关[6]：

$$\begin{cases} z_1 = \begin{cases} 4\left(1 + \dfrac{0.75}{K}\right), & \text{弯曲表面} \\[2mm] 4, & \text{平整表面} \end{cases} \\[5mm] z_2 = z_1 + 2 \\[1mm] z_3 = 12 \end{cases} \tag{6-5}$$

上式中，曲率 K^{-1} 取值范围为正负无穷。图 6-4 所示的 BOLS 机制与对势形式无关，仅与平衡位置处的键长与键能相关。

四、鲍林的相关法则

从有机化学中 C—C 键的原子间距出发，鲍林导出：

$$r(1) - r\left(\frac{\upsilon}{z_0}\right) = 0.030 \lg \frac{\upsilon}{z_0} \tag{6-6}$$

式中，$r(1)$ 是二聚物化学键的键长；$r(\upsilon/z_0)$ 是具有 υ 个化学键相连、配位数为 z_0 的原子半径。

根据式(6-6)，hcp 结构的 Ti 原子半径与 bcc 结构的 Ti 原子半径是一致的。后者的 Ti 原子半径为 0.1442nm，每个原子有 8 个最近邻原子。从已知的 bcc 晶格常数（0.333nm）可以计算出 Ti 原子周围 6 个次近邻键长为 0.1667nm。由于 Ti 原子的价态为+4，因此需要确定的是这 4 个共价键与 8 个最近邻原子以及与 6 个次近邻原子的比例关系。由式(6-6)可以得到：

$$r(1) - r\left(\frac{x}{8}\right) = 0.030 \lg \frac{x}{8} \tag{6-7}$$

次近邻原子：

$$r(1) - r\left(\frac{4-x}{6}\right) = 0.030 \lg \frac{4-x}{6} \tag{6-8}$$

式中，x 是与 8 个最近邻原子相关的成键个数；$4-x$ 是与 6 个次近邻原子相关的成键个数。用式(6-7)减去式(6-8)，并利用晶格常数（0.1667～0.1442nm），可以得到 $x=3.75$，二聚物键长 $r(1)$ 为 0.13435nm，则其键长缩短了 0.00985nm。在配位数为 12 的 hcp 结构中键数 υ/z 为 4/12，键长 $r(4/12) = 0.13435 - 0.030 \times \lg(4/12) = 0.1487$nm。由式(6-6)可以推导出配位缺失原子的键长：

$$r\left(\frac{\upsilon}{z}\right) = r\left(\frac{\upsilon}{z_0}\right) + 0.030 \lg\left(\frac{z}{z_0}\right) \tag{6-9}$$

上述鲍林公式包含了多个假设，一定程度上含有经验成分。与式(6-6)相比，鲍林表示的键收缩系数是由 d_0 和化合价态决定的，稍显复杂：

$$C(z) = 1 + \frac{0.060 \lg(z/z_0)}{d_0(\upsilon/z)} \tag{6-10}$$

在某些情况下，式(6-10)的计算结果与实验结果吻合得非常好。式(6-6)和式(6-10)都适用，但对配位数效应来说，式(6-6)更普适化，且意义更为丰富。

五、 BOLS 的物理意义

1. 势阱加深

将 Goldschmidt 理论拓展至键能和原子结合能则形成了 BOLS 机制。图 6-4 为用对势 $u(r)$ 表示的 BOLS 机制示意图。当配位数减少时，原子之间的平衡位置将从 d_b 变至 $C_i d_b$，相应的键能从 E_b 增加至 $C_i^{-m} E_b$。实线和虚线分别是配位缺失和配位饱和情况下的 $u(r)$ 曲线，且随配位数减少，$u(r)$ 曲线沿 C_i^{-m} 曲线下移。BOLS 机制关于键长收缩和键能增加的趋势预测与 Bahn 和 Jacobsen 的报道结果一致[7]。因此，键长变短必将导致键能增强。

图 6-4(b) 中几个具有特殊物理意义的特征能量：

(1) 熔点 $T_{m,i}$ 正比于 z_i 配位原子的结合能 $z_i E_i$。

(2) $E_i(T_{m,i})$ 与 $E_i = 0$ 之差，即 η_{2i} 是熔融状态下蒸发 1 个原子所需要能量的 $1/z_i$。

(3) $E_i(T)$ 与 $E_i = 0$ 之差，即 $\eta_{2i}(T_{m,i} - T) + \eta_{2i}$，相当于温度 T 时原子的一条键断裂所需要的能量 E_i。η_{1i} 是单键比热容。

(4) $E_i(T)$ 与 $E_i(0)$ 之间的能量差值对应热振动能。

(5) $E_i(T_{m,i})$ 与 $E_i(T)$ 之差，即 $\eta_{1i}(T_{m,i} - T)$，对应于改变材料的力学强度使之形如熔融相，极度柔软，具有极高的压缩率，剪切模量可视为 0。根据已知的 C_i^{-m} 和块体 η_{1b} 和 η_{2b}（见表 6-1 和图 6-5），可以推导出不同晶体结构的 η_{1i} 和 η_{2i}。η_{1i} 和 η_{2i} 与 z 满足以下关系：

$$\begin{cases} \eta_{1i} = \dfrac{z_0 \eta_{1b}}{z} \\ \eta_{2i} = C_2^{-m} \eta_{2b} \end{cases}$$

表 6-1　不同结构中键能与 T_m 的关系[7]

项目	fcc	bcc	金刚石
$\eta_{1b}/(10^{-4}\,\text{eV/K})$	5.542	5.919	5.736
η_{2b}/eV	-0.24	0.0364	1.29

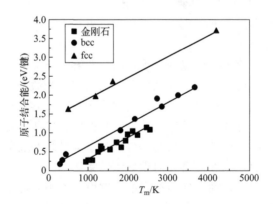

图 6-5　不同晶体结构的原子结合能和熔点 T_m 的关系[7]

$E_b = \eta_{1b} T_m + \eta_{2b}$。对 fcc 结构来说，$\eta_{2b} < 0$，这意味着在熔融状态下，断裂所有化学键所需的能量均来自 $\eta_{1b} T_m$ 项。因此，η_{1b} 为单键比热容，fcc 结构的 η_{1b} 与 T_m 呈线性关系

2. 量子钉扎与致密化

纳米材料的势阱及边缘位置处的 BOLS 效应，如图 6-6 所示。量子限域将尺寸为 d 的孤立原子的中心势阱延伸至尺寸为 D 的颗粒的中心势阱，据此，BOLS 认为势阱包括所有原子的势阱中心；更重要的是，BOLS 适用于材料表面 3 层原子。边缘位置的化学键键长变短和键能增加使径向方向上的表面势阱加深，因此在表面弛豫位置处电荷密度、能量和质量都大于相应的块体值。同时，芯能级和成键电子会向深层能级偏移，导致量子钉扎的产生。这一分析适用于单原子链、原子缺陷、边缘和表面等处的低配位原子。虽然配位数减少，键能 E_i 增加，但原子结合能 zE_i 会减小。

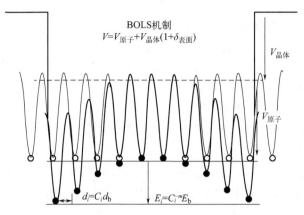

图 6-6　纳米固体势阱变化的 BOLS 机制示意图[5]

固体边缘原子的配位数减少导致局域应变和量子钉扎。在弛豫表面区域，电荷、能量和
质量的密度大于块体内部值。然而，配位数减少会降低原子结合能

六、非键电子极化

1. 作用

非键电子是指非键孤对电子、反键偶极子、非键单电子（如石墨中的 π 键、Si 表面的悬键以及纳米贵金属中半充满 s 轨道中的化学键的电子），以及类氢键和类碳氢键。离子掺杂也会导致偶极子的产生。范德瓦耳斯键（范德华力）的最大能量仅为 1eV 的几分之几，它表示偶极子间的相互作用，而非共用电子，所以也可称为非键电子。这些非键电子只在固体边缘的断键附近才会起作用。

与能带深处的芯电子、价带上的成键电子不同，非键电子会在导带和价带之间增加缺陷态，或在这些能带上形成带尾。由于强局域化且所受约束相当微弱，这些非键电子对哈密顿量没有贡献，也不遵从常规分布情况。但是，它们确实具有奇异性质。这种性质在石墨烯边缘和原子链末端可观察到。这类电子被周围致密钉扎的电荷极化，也可能是它们极化周边电荷。极化态分裂并屏蔽了决定能带的局域晶体势。由于局域化和弱能量束缚，量子计算几乎从未描述过这类电子。然而，当物质受到周围环境因素影响时，它们有时会对材料性能起决定性作用。比如在纳米尺度下，断键周边存在的非键电子态很可能决定着生物、有机分子和功能材料的奇特性能。

2. 极化

根据 Anderson 的研究，键序缺失会引起电子局域化。键长收缩使芯带电子和化学键共用电子局域密度增大，芯带向势阱加深（钉扎，用 T 表示）的方向移动。芯电子和成键电子的局域化和钉扎会进一步极化非键电子，使非键电子能量更接近费米能级。极化后的电子会分裂且屏蔽势能。

键收缩、致密化、钉扎和极化（成键-非键电子排斥和强关联）进一步阐释了 Anderson 关于键序缺失体系的强局域化。在固体表面，非键电子态的特征愈发明显，低配位原子的局域化成键电子和芯电子导致非键孤对电子更易发生极化，这种变化将改变晶体势，并导致其能级分裂和电荷再分布，如图 6-7 所示。

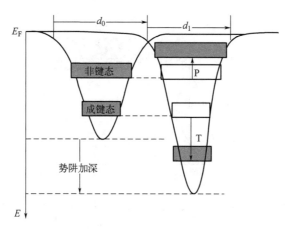

图 6-7　成键电子和芯电子钉扎（T）致使非键电子极化（P）的示意图[8]

第三节　电子的钉扎与极化

　　原子芯能级偏移取决于原子间的相互作用，其交换积分正比于平衡状态下的平均单键能，决定了偏移量的大小；无极化时，能级偏移始终为正。

　　低配位引起量子钉扎，加深芯能级，增强电亲和力。非键电子极化降低功函数，分裂并屏蔽局域原子相互作用势。选区光电子能谱提纯（ZPS）可辨析配位相关信息，如单层表面、台阶边缘和异质界面的键长、键能、结合能密度、原子结合能以及极化强度等。

一、芯能级偏移

　　原子芯能级相较于孤立情况的偏移量，即芯能级偏移（GLS），源于原子间的相互作用，反映了晶体势的强度，可给出晶体结合能的相关信息。而价带态密度（DOS）则直接反映反应过程中电荷输运的动力学信息。化学键性质的改变和键长变化在一定程度上会影响晶体势场和芯能级偏移。通常情况下，键能增强会导致芯能级正偏移；若晶格势场被屏蔽或键能减弱，则发生负偏移。

　　辨析不同物理化学环境下孤立原子能级与芯能级偏移是一项极具挑战性的工作。目前，应用最先进的激光冷却和 X 射线光电子能谱（XPS）技术，人们能够测量激光束因陷的气体原子缓慢移动时的不同能级，从而得到能量差。但是，对于孤立原子的芯能级依然无法直接获得。XPS 测量所得的芯带宽峰拥有大量复杂的信息，原子势阱、晶体结合能、晶面取向、表面弛豫、纳米材料形成过程以及表面钝化都对这一谱峰有贡献。

　　除了"芯-空穴（core-hole）"屏蔽引起的化学偏移外，表面原子的弛豫也能够引起芯能级的分裂、偏移，如图 6-8 所示。基于能级偏移过程来确定偏移方向、偏移起始参考点以及表面能级比重，必然存在较大的争议（如表 6-2 所示）。诸多研究认为，低能部分（远离费米能级 E_F）对应于表面成分峰谱（S_i，$i = 1, 2$），而高能部分对应块体成分，峰谱 $[E_v (\infty)]$ 则视为正偏移（图 6-8）。合成峰通常位于各组分之间，但真实合成峰的位置会随实验条件改变而发生变化，这或许正是芯能级测试值多样的原因。

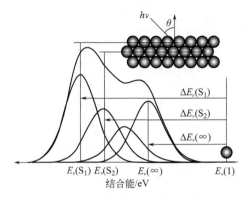

图 6-8　芯能级各组成部分（S_1、S_2、∞ 分别指表面第一、第二原子层及块体内部）相对于

孤立原子能级 $E_F(0)$ 的偏移示意图[9]

偏移量 $\Delta E_v(S_i) = \Delta E_F(\infty)(1+\Delta_i)$，$i=1$，2。测量结果表明，能量较低的块体部分的强度通常
随入射束能量的增加而增加，同时随入射束与表面法向夹角的减小而增强

表 6-2　表面诱导芯能级偏移情况示例[10]

芯能级偏移情况	样品
正偏移： （低→高→E_F） S_1，S_2，…，和 B	Nb(001)、石墨、Tb(0001)-4f、Ta(001)-4f、Ta(110)、Mg(10$\bar{1}$0)、Ga(0001)
负偏移： B，S_4，S_3，S_2 和 S_1 B，S_2，S_3，S_4 和 S_1	Be(0001)、Be(10$\bar{1}$0)、Ru(10$\bar{1}$0)、Mo(110)、Al(001)、W(110)、W(320)、Pd(110,100,111)
混合偏移： S_1，B，$S_{\text{dimer-up}}$，$S_{\text{dimer-down}}$ S_2，B，S_1 S_1，B，S_2 S_2，S_3+S_4，S_1，B	Si(111)、Si(113)、Ge(001)、Ru(0001)、Be(10$\bar{1}$0)

XPS 谱高能部分的强度通常会随入射束能量的增加或 X 射线入射束与表面法向夹角的减小而增加。在同样的入射能量和角度下，XPS 谱的高能部分会随表面原子密度的减小而增加。例如，Pd(110)、Pd(100) 和 Pd(111) 面的 $3d_{5/2}$ 谱均会出现两组峰，峰值分别为 334.35eV 和 334.92eV，这反映存在两种成分的 $3d_{5/2}$。当 Pd 表面由（110）转变为（111）面时（原子密度 $n_{110}:n_{100}:n_{111}=1/\sqrt{2}:1:2/\sqrt{3}$），能量为 334.35eV 的峰强会变小。当用能量为 380.00eV 的 X 射线入射 Rh(111) 面测量 $3d_{5/2}$ 能带时，其 306.42eV 这组峰的峰强要比用能量为 370.00eV 的 X 射线入射 Rh(110) 面测得的同能带同能量峰的强度更高，而对于 $3d_{5/2}$ 能带中的 307.18eV 这组高能峰而言，情况则相反。

合成峰中各组成部分的能量应为其本征固有值，但由于涉及各组成峰的全作用，合成峰会随晶体取向的发生而变化。高能组分强度对入射束条件和原子密度的依赖表明，表面弛豫会诱导正偏移。

在与 O 等电负性元素反应时，芯能级会产生低能伴峰或形成劈裂。这种"化学偏移"源于化学键形成时产生的芯-空穴减弱了晶体势能对芯电子的屏蔽，使表面弛豫和化学反应互相增强。以 Ru(0001) 晶面为例，表面因原子弛豫形成了两种截然不同的 Ru3d$_{5/2}$ 能级，若表面发生氧吸附，两种能级同时增强，产生的正偏移能量最高可达 1.0eV。而 Rh(100) 3d$_{5/2}$ 能级的两个组成分峰较之相应的块体内部的能级值偏离 0.65eV，当其表面吸附氧时，两个分峰都将负偏移 0.40eV。

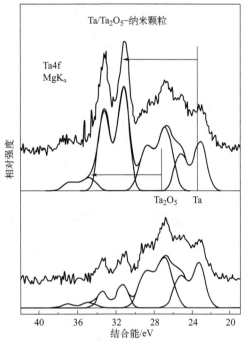

图 6-9 Ta/Si 栅件去除表面纳米颗粒
约 30％（上限）和 50％（下限）时
Ta4f 的强度和能量偏移[11]

Ta4f 能级随表面纳米颗粒状况变化情况如图 6-9 所示。通过溅射法分别去除 Ta/Si 栅件表面纳米颗粒约 30％（上限）和 50％（下限）。第一对峰：Ta4f$_{5/2}$ 和 Ta4f$_{7/2}$ 分别位于 23.4eV 和 26.8eV 处，分别来自 TaSi$_x$ 和 Ta$_2$O$_5$；第二对峰分别位于 31.6eV 和 34.5eV，为尺寸效应引起的第一对峰的伴峰（箭头所示）。这种尺寸效应可通过移除表面纳米颗粒而减弱。因此，化学反应和表面弛豫均能引起芯能级正偏移，且偏移量与初始能级位置和反应程度均相关。

当固体尺寸减小至纳米尺度时，芯能级整体（含主峰和化学伴峰）均向高结合能方向（低能方向）偏移，偏移幅度与初始芯能级及材料的形状和尺寸相关。ZnS 和 CdS 纳米固体的 S2p 和 S2s 芯能级与相应的块体单峰相比，均含有 3 组分峰。按结合能从低到高，三组分峰分别对应于最外覆盖层（0.2～0.3nm）、表层（0.2～0.3nm）和纳米固体中心，如图 6-10 所示。这与表面能级的正偏移趋势是一致的。每组峰的能量值随纳米固体尺寸的变化而略有改变，但各组成峰的强度和合成峰会随最外覆盖层、表层和纳米固体中心的原子比例变化而产生较大改变。当颗粒的尺寸减小时，纳米固体中心能级的强度会降低而表面组分的则增强，这符合纳米固体表体比与尺寸关系的预期。

通常，纳米固体的芯能级偏移遵循尺度关系，这表示能级的偏移幅度的斜率与表面状况、颗粒维度以及颗粒与基底之间的相互作用相关。高定向热解石墨（HOPG）C1s 芯能级的两个组分的结合能相差 0.12eV。低能部分对应于表面，高能部分则为块体效应。沉积在 HOPG 和 CYLC（聚合物）上的 Cu2p$_{3/2}$ 峰，沉积在辛二硫醇、TiO$_2$、Pt(001) 以及 Pd/HOPG 基底上的 Au4F 峰都严格遵循尺度关系。因此，表面弛豫和纳米固体的形成对样品芯能级的劈裂和偏移起着同等重要的作用。

二、经典模型

纳米固体表面及尺寸会诱导芯能级偏移，对此目前主要有如下几种解释[12]：

（1）芯能级偏移的低能级组分归因于表面层间收缩。例如，Nb(001) 第一层间距收缩 12％，其 3d$_{3/2}$ 能级偏移 0.50eV。Ta(001) 第一层间距收缩（10±3）％，导致 4f$_{5/2(7/2)}$ 能级的 0.75eV 芯能级偏移。这些现象均因为表面键收缩增强了层间电荷密度和入射光共振散射而导致芯能级产生正偏移。

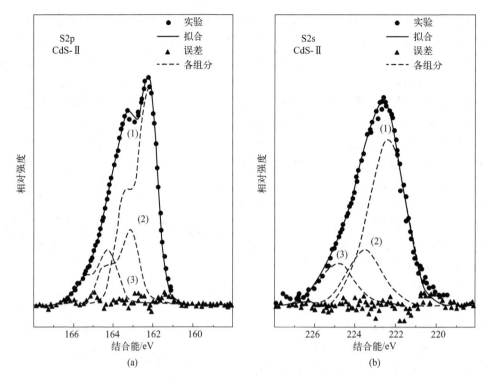

图 6-10 CdS 纳米固体的（a）S2p 和（b）S2s 谱的纳米固体中心（1）、

表层（2）与最外覆盖层（3）各组分解谱图[12]

随着颗粒尺寸的降低，各层原子数发生变化，组分（1）强度降低，（2）和（3）强度增强

（2）热化学或"初-末态"弛豫主导芯能级偏移。初态是指呈中性未被离子化的含 n 个电子的样品；末态是指被辐射离子化的含 $n-1$ 个电子的样品。这一模型定义的芯能级偏移指从表面和块体中各移除 1 个芯电子时所需能量之差。表面原子被假定为 Z 的金属表面上有原子序数为"$Z+1$"的杂质。通常认为，随着颗粒尺寸的减小，块体原子初态能级降低/增加时，平整或弯曲表面的原子态会相应地增加/降低。这种机制会引起理论计算产生的正、负及混合偏移的情况。

（3）CuO 纳米固体尺寸变化导致的 Cu2p 芯能级偏移，归因于尺寸减小增强了 Cu—O 键的离子性。这意味着与块体的情况相比，纳米固体中的 O 与 Cu 原子构成的键更强。

（4）其它模型。例如，界面偶极子形成机制、金属-非金属过渡机制以及界面氧空位机制。简而言之，表面弛豫、缺陷的产生、吸附原子取向生长、原子链以及色带和纳米固体的形成，均能引起芯能级劈裂和能级偏移，但其内在机制却不甚清晰。此外，关于 XPS 峰各组成的定义也十分混淆，低配位引起芯能级偏移的物理根源也存在争议。

三、哈密顿量和能级分裂

哈密顿量和波函数可描述块体原子的单电子在第 ν 级轨道的运动行为[13]：

$$H = H_0 + H'$$

式中

$$\begin{cases} H_0 = -\dfrac{\hbar^2 \nabla^2}{2m} + V_{\text{atom}}(r) & （原子内相互作用） \\[2mm] H' = V_{\text{cryst}}(r) & （原子间相互作用） \end{cases}$$

$$\phi_{\nu,i}(r) \cong |\nu, i> \exp(ikr) \approx |\nu, i> \quad \text{（波函数）} \tag{6-11}$$

其中，H_0 为分裂级孤立原子的哈密顿量，由原子的动能和势能组成，$V_{atom}(r) = V_{atom}(r+R) < 0$；$H'$ 为晶体势，$V_{cryst}(r) = V_{cryst}(r+R) < 0$，$R$ 为晶格常数。$V_{cryst}(r)$ 是所有邻近原子之间的相互作用势的总和。在实空间中，单原子势和晶体势呈周期性。由于内层电子受原子核的强烈束缚，布洛赫函数的平面波因子 $\exp(ikr)$ 往往被忽略。因此，内层电子的波函数束缚近似于一个孤立原子的电子。波函数 $|\nu, i>$ 满足以下要求：

$$<\nu, j | \nu, i> = \delta_{ij} = \begin{cases} 1 & (i = j) \\ 0 & (i \neq j) \end{cases}$$

式中，i 和 j 表示原子位置。

理想块体（有效配位数参考标准：fcc，$z_b = 12$）电子的能级分裂可以表示为[14]：

$$E_{\nu}(z_b) = E_{\nu}(0) + (\alpha_{\nu} + z_b \beta_{\nu}) + 2z_b \beta_{\nu} \Phi_{\nu}(k, R)$$

式中

$$\begin{cases} E_{\nu}(0) = -<\nu, i | H_0 | \nu, i> & \text{（孤立原子能级）} \\ \alpha_{\nu} = -<\nu, i | H' | \nu, i> \propto E_b & \text{（交换积分势）} \\ \beta_{\nu} = -<\nu, i | H' | \nu, j> \propto E & \text{（重叠积分势）} \end{cases} \tag{6-12}$$

孤立原子能级 $E_{\nu}(0)$ 由芯离子和其内部电子的相互作用决定。$E_{\nu}(0)$ 是一个本征常数，它与化学环境和配位数无关，随着壳层 ν 的增加，$E_{\nu}(0)$ 会从 10^3 eV 量级降至 10^0 eV 量级，最终达到 $E_{\nu}(0) = 0$ eV。一旦存在晶体势，块体或液体便形成，此时 $E_{\nu}(0)$ 与谱带展宽量相关，$\Delta E_{\nu}(z_b) - E_{\nu}(0) = \alpha_{\nu} + z_b \beta_{\nu}$。无论是交换积分势 α_{ν}、还是重叠积分势 β_{ν} 均正比于平衡状态下单键的平均结合能 E_b。如图 6-11 所示，当一个电子从价带向下移动时，那么 $\Delta E_{\nu}(z_b)$ 将会从 100eV 转变为 10^{-1} eV，而 $E_{\nu w}$ 将会接近于自旋劈裂的能级线，例如 Cu 的 1s、$2p_{1/2}$ 和 $2p_{3/2}$ 能级。对于 fcc 结构而言，芯带的形状遵循 $2z_b \beta_{\nu} \Phi_{\nu}(k, R)$-$\sin^2(kR/2)$ 形式，通常采用高斯或洛伦兹函数近似来解析光谱。

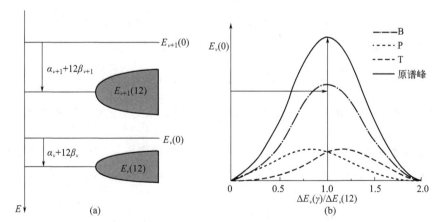

图 6-11　(a) 块体形成时，孤立原子第 ν 壳层的原子能级 $E_F(0)$ 演变为 $E_F(z_b = 12)$

能带的示意图和 (b) 典型光电子能谱解析示意图[14]

(a) 中能级的位移和宽度分别为：$\Delta E_{\nu}(z_b) = \alpha_{\nu} + z_b \beta_{\nu}$，$E_{\nu w} = 2z_b \beta_{\nu} \Phi_{\nu}(k, R)$。能级偏移量和能带扩展量取决于平衡状态下每个键的平均结合能和能带上的量子数。(b) 中表面，除了块体 (B) 分峰，还出现了钉扎 (T) 和极化 (P) 两部分通常情况下，$z_b\beta_\nu/\alpha_\nu < 3\%$。从芯能级偏移的一级近似中单键能 E_b 占主导地位。平衡态的任何原子之间的微扰作用势或者任何原子之间键的变化都会直接改变带宽，同时引起芯能级的偏移。如果配位数 CN 从 0（单原子）变至 12（块体），芯能级偏移（CLS）会随之变化。实验测量得到 Cr_N（$N=2\sim13$）的 2p 能级与理论的配位数-CLS 趋势一致。

四、配位数效应解析

晶体势的修正使芯能级加深 ΔE_ν（z_b）。微扰 Δ_H 引起块体部分正偏移 [$\Delta_H > 0$，钉扎（T）或远离费米能级 E_F] 或者负偏移 [$\Delta_H < 0$，极化（P）或移向费米能级 E_F]，如图 6-11（b）所示。如果钉扎和极化同时存在，那么就产生了混合偏移。假设高密度的局域芯电子的波函数变化不明显，那么式(6-12)就会变成以下形式，用 x [表示有效原子配位数 CN（z）的变化或极化的影响] 替代 z_b。

$$H' = V_{cryst}(r)(1+\Delta_H)$$

$$E_\nu(x) = E_\nu(0) + \alpha_{\nu x}\left(1 + \frac{x\beta_{\nu x}}{\alpha_{\nu x}}\right) + 2x\beta_{\nu x}\Phi_\nu(k, R)$$

式中

$$\begin{cases} E_\nu(0) = -<\nu, i \mid H_0 \mid \nu, i> & \text{（孤立原子能级）} \\ \alpha_{\nu x} = -<\nu, i \mid H' \mid \nu, i> \propto E_b(1+\Delta_H) \propto E_x & \text{（交换积分势）} \\ \beta_{\nu x} = -<\nu, i \mid H' \mid \nu, j> \propto E_b(1+\Delta_H) \propto E_x & \text{（重叠积分势）} \end{cases} \quad (6\text{-}13)$$

根据能带理论和 BOLS，表面和尺寸引起的相对孤立原子能级 E_ν（0）的能级偏移遵循以下关系：

$$\begin{cases} V(\Delta_H) = V_{atom}(r) + V_{cryst}(r)(1+\Delta_H) & \text{(a)} \\ E_\nu(\Delta_H) = E_\nu(0) + [E_\nu(\infty) - E_\nu(0)](1+\Delta_H) & \text{或} \\ E_\nu(\Delta_H) = E_\nu(\infty) + [E_\nu(\infty) - E_\nu(0)]\Delta_H & \text{(b)} \end{cases} \quad (6\text{-}14)$$

式中，E_ν（0）和 E_ν（∞）是样品的固有常量，不管是化学反应还是键弛豫都不会改变这两个常量。微扰 Δ_H 遵循：

$$\Delta_H = \begin{cases} \Delta_H(z) = \dfrac{E_z - E_b}{E_b} = C_z^{-m} - 1 & \text{（缺陷和表面）} \\ \Delta_H(K, \tau) = \tau K^{-1}\sum_{i\leqslant 3} C_i\Delta_H(z_i) & \text{（形状因子为 τ 的纳米颗粒壳层）} \end{cases} \quad (6\text{-}15)$$

式中，Δ_H 是表面和缺陷或纳米固体最外 $2\sim3$ 层原子对哈密顿量的微扰。在更小的尺度下，如在表面一两层原子或者分子链条件下，哈密顿的微扰可直接与均化键行为相关。同时满足以下关系：

$$\frac{E_\nu(\Delta_l) - E_\nu(0)}{E_\nu(\Delta_{l'}) - E_\nu(0)} = \frac{1+\Delta_l}{1+\Delta_r}, \quad l' \neq l$$

$$\frac{E_\nu(\Delta_l) - E_\nu(\infty)}{E_\nu(\Delta_{l'}) - E_\nu(\infty)} = \frac{\Delta_l}{\Delta_r}, \quad l' \neq l \quad (6\text{-}16)$$

Δ_l 也可以是式(6-15)的形式。给定一个明确区分表面的 E_ν（S_i）和 E_ν（∞）的 XPS 图，或者是取自某些不同尺寸的纳米固体的一组 XPS 数据，基于式(6-16)，可以计算出孤立原子能级 E_ν（0）、对应的块体偏移 ΔE_ν（∞）以及有效配位数依赖性的变化，即

$$\begin{cases} E_\nu(\infty) = \dfrac{(1+\Delta_{H'})E_\nu(\Delta_H) - (1+\Delta_H)E_\nu(\Delta_{H'})}{\Delta_{H'} - \Delta_H}, \quad H \neq H' \\ \Delta E_\nu(\infty) = E_\nu(\infty) - E_\nu(0) \end{cases}$$

$$\begin{cases} E_\nu(0) = E_\nu(\infty) - [E_\nu(\Delta_H) - E_\nu(\infty)]\Delta_H^{-1} & \text{(第 } \nu \text{ 壳层能级)} \\ E_\nu(\Delta_H) = E_\nu(0) + [E_\nu(0) - E_\nu(\infty)](1+\Delta_H) & \text{(微扰)} \\ E_\nu(z) = E_\nu(0) + [E_\nu(0) - E_\nu(\infty)]C_z^{-m} & \text{(配位数)} \end{cases} \quad (6\text{-}17)$$

取向不同或尺寸大小不同的某物质的 XPS 总共包含有 $l(>2)$ 个成分峰谱；$E_\nu(0)$ 和 $\Delta E_\nu(\infty)$ 应取 $N = C_l^2!/[(l-2)!2!]$ 种可能组合的平均值，标准误差为 σ，并且 CLS 的有效配位数应遵循如下关系：

$$\begin{cases} < E_\nu(0) > = \left[\sum_N E_{\nu'}(0) \right]/N & \text{(第 } \nu \text{ 壳层能级)} \\ \sigma = \sqrt{\left| \sum_N [E_{\nu'}(0) - < E_\nu(0) >]^2 \right| /[N/(N-1)]} & \text{(微扰)} \\ E_\nu(z) = < E_\nu(0) > \pm \sigma + [< E_\nu(0) > - E_\nu(\infty)]C_z^{-m} & \text{(配位数)} \end{cases} \quad (6\text{-}18)$$

由于测试结果受 XPS 测定数据的精度限制，键长并不一定精确遵循 BOLS 关系。然而，这种方法能够从本质上阐述芯能级与原子有效配位数（$z=0$ 到 $z=12$）的关系。

$$\begin{cases} \varepsilon_z = d_z/d_0 - 1 = C_z^{-1} \\ E_D(z)/E_D(12) = C_z^{-(m+3)} \\ E_c(z)/E_c(12) = z_{ib}C_z^{-m} \end{cases} \quad (6\text{-}19)$$

因此，BOLS-紧束缚（TB）的方法能够唯一确定参考点、物理起源、偏移方向以及低配位系统中与芯能级相关的信息。同时，这种方法还能够确定局域有效原子配位数、相关键应力 ε_z、结合能密度 E_D 及原子结合能 E_c。

五、配位数与电子结合能

1. 表面分辨量子钉扎

图 6-12 和图 6-13 为 Rh、Pd 以及 Ag 表面不同晶面取向的 XPS 解谱图。Pd 的 $3d_{5/2}$ 光谱显示了 1 个对称峰，而 Rh 的 $3d_{5/2}$ 光谱则出现了两个峰。根据 BOLS-TB 原理，低配位缺陷处出现非对称的边缘势阱加深。Pd($5s^0 4d^{10}$)、Rh($5s^1 4d^8$) 和 Ag($5s^1 4d^{10}$) 的 XPS 的差异来自它们的电子结构。

同样的，bcc 结构的 W(100)、W(110) 以及 W(111) 表面，hcp 结构的 Re、Ru 和 Be 表面的 XPS 解谱信息汇于表 6-3。其中，bcc 块体的实际配位数是 8，而不是 fcc 标准固有的配位数 12。有效配位数可以归一化为 $z=12CN_{bcc}/8$，其中导出值 z 是有效值，而非真实值。将井方位（well-faceted）表面的 XPS 分解为块体（B）、表面第二层（S_2）和表面第一层各成分峰谱，并对所报道的最佳拟合结果进行了分析，解谱过程中所遵循的限制条件如上所述。结果表明，最外层的化学键相比于次表层的更短、更强，这与 Matsui 等从 Ni 表面发现的情况一致。Ni2p 能级最外 3 个原子层明显向低能级偏移，且最外原子层偏移量最大。

2. 表面能

如图 6-14 所示，原子配位数（取向和原子层次）可以引起固体表面键应力、能级偏移 BE、原子结合能 E_c 以及结合能密度 E_D 的变化。这可从 XPS 光谱中得到。

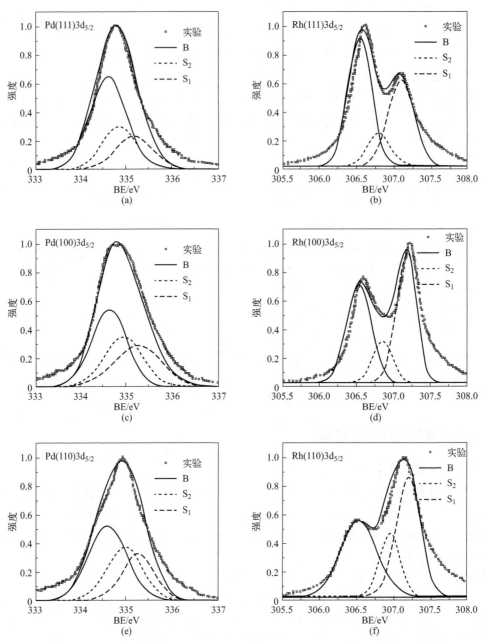

图 6-12　fcc 结构的 Pd 和 Rh(111)、Rh(100) 和 Rh(110) 面的 $3d_{5/2}$ 谱解谱图

块体（B）、表面第一层（S_1）和表面第二层（S_2）的详细信息列于表 6-3。

缺陷或吸附原子引起的势阱边缘处产生非对称带尾[15]

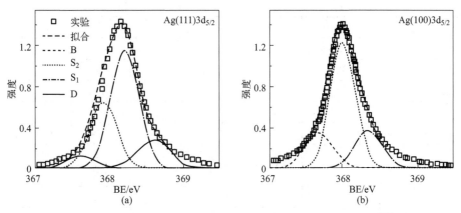

图 6-13　(a) Ag(111) 和 (b) Ag(100) 面的 $3d_{5/2}$ 谱解谱图[16]

分峰均为高斯峰，分别为块体 (B)、表面第二层 (S_2) 和表面第一层 (S_1) 以及缺陷 D，能级从高至低

表 6-3　结构不同的几种材料不同晶面的解谱信息[16]：(a) fcc 结构的 Pd、Rh 和 Ag 表面 ($m=1.0$)，(b) bcc 结构的 W 表面 ($m=1.0$)，(c) hcp 结构的 Re、Be 和 Ru 和 Be 表面 ($m=1.0$)，以及 (d) Si 和 Si_N^+ ($N=5\sim92$) ($m=4.88$)

(a)		z	$Pd3d_{5/2}$	$Rh3d_{5/2}$	$Ag3d_{5/2}$	$-\varepsilon_z$	δE_z	δE_D	$-\delta E_c$
$E_v(0)$		0	330.261	302.163	363.022	—	—	—	—
$E_v(12)$	B	12	334.620	306.530	367.650	0	0	0	0
$\Delta E_v(12)$	—	—	4.359	4.367	4.628	—	—	—	—
fcc(111)	S_2	6.31	334.88	306.79	367.93	5.63	5.97	26.08	44.28
	S_1	4.26	335.18	307.08	368.24	11.31	12.75	61.60	59.97
	D	3.14	—	—	368.63	17.45	21.15	115.39	68.30
fcc(100)	S_2	5.73	334.94	306.85	367.99	6.83	7.33	32.70	48.75
	S_1	4.00	335.24	307.15	368.31	12.44	14.20	70.09	61.93
fcc(110)	S_2	5.40	334.98	306.89	—	7.62	8.25	37.33	51.29
	S_1	3.87	335.28	307.18	—	13.05	13.05	74.99	62.91

(b)		z	$W4f_{7/2}$	$-\varepsilon_z$	δE_z	δE_D	$-\delta E_c$
$E_v(0)$	—	0	28.910	—	—	—	—
$E_v(12)$	B	12	31.083	0	0	0.00	0.00
$\Delta E_v(12)$	—	—	2.173	—	—	—	—
bcc(100)	S_2	5.161	31.283	8.26	9.01	41.20	53.12
	S_1	3.970	31.398	12.57	14.38	71.18	62.16
bcc(110)	S_2	5.829	31.240	6.61	7.07	31.44	47.99
	S_1	3.942	31.402	12.71	14.56	72.22	62.37
bcc(111)	S_2	5.270	31.275	7.96	8.65	39.37	52.28
	S_1	4.195	31.370	11.58	13.09	63.58	60.46

(c)		z	$Re4f_{5/2}$	$Ru3d_{5/2}$	$Be1s$	$-\varepsilon_z$	δE_z	δE_D	$-\delta E_c$
$E_v(0)$	—	0	40.015	275.883	106.416	—	—	—	—
$E_v(12)$	B	12	42.645	279.544	111.110	0	0	0	0

续表

(c)		z	$Re4f_{5/2}$	$Ru3d_{5/2}$	Be 1s	$-\varepsilon_z$	δE_z	δE_D	$-\delta E_c$
$\Delta E_v(12)$		—	2.630	3.661	4.694	—	—	—	—
hcp(0001)	S_3	6.50	42.794	279.749	111.370	5.32	5.62	24.44	42.97
	S_2	4.39	42.965	279.992	111.680	10.79	12.10	57.90	58.99
	S_1	3.50	43.110	280.193	111.945	15.06	17.73	92.14	65.66
hcp(1010)	S_4	6.97	—	279.719	111.330	4.57	4.79	20.57	39.48
	S_3	4.80	—	279.921	111.590	9.35	10.31	48.08	55.88
	S_2	3.82	—	280.105	111.830	13.30	15.35	77.01	63.28
	S_1	3.11	—	280.329	112.122	17.68	21.47	117.74	68.52
hcp(1120)	S_4	6.22	—	—	111.400	5.80	6.16	27.01	44.97
	S_3	4.53	—	—	111.650	10.27	11.45	54.26	57.93
	S_2	3.71	—	—	111.870	13.88	16.11	81.76	64.10
	S_1	2.98	—	—	112.190	18.70	22.99	128.84	69.46
hcp(1231)	S_4	6.78	42.779	—	—	4.81	5.05	21.79	40.65
	S_3	4.88	42.910	—	—	9.09	10.00	46.43	55.27
	S_2	3.55	42.100	—	—	14.77	17.33	89.49	65.29
	S_1	2.84	43.305	—	—	19.89	24.83	142.80	70.46

(d)		z	$2p_{1/2}$	$2p_{3/2}$	$-\varepsilon_z$	δE_z	δE_D	$-\delta E_c$
$E_v(0)$		0	96.740	96.170				
$E_v(12)$	B	12	99.220	98.630	0	0	0	0
$\Delta E_v(12)$		—	2.460	2.460	—	—	—	—
Si(100)	S_2	5.5	99.750	99.160	−7.37	0.53	35.85	50.52
	S_1	4	100.287	99.697	−12.44	1.07	70.09	61.93
Si(111)	S_2	5.64	99.720	99.130	−7.03	0.50	33.89	49.44
	S_1	4.24	100.161	99.570	−11.39	0.94	62.20	60.13

注：表中信息含有效配位数 z，成分峰峰值（单位为 eV），$\varepsilon_z = C_z^{-1}$（单位为%），相对能级偏移 $[\delta E_z = \Delta E_v(z)/\Delta E_v(12)-1 = C_z^{-1}-1$，单位为%]，相对原子结合能 $[\delta E_c = E_c(z)/E_c(12)-1 = z_{ib}C_z^{-1}-1$，单位为%]以及相对结合能密度 $[\delta E_D = E_D(z)/E_D(12) = C_z^{-4}-1$，单位为%]。

　　将平整的 fcc(001) 面作为参考标准，$z_1 = 4$，$z_2 = 5.73$，$z_{i \geqslant 3} = 12$，则相应的键收缩因子为 $C_1 = 0.88$，$C_2 = 0.92$，$C_{i \geqslant 3} = 1.00$。表 6-3 列出了其它表面的原子有效配位数。对于金属（如 Au、Ag 和 Cu 等），m 值取 1；对于 C 和 Si 来说，m 分别取 2.56 和 4.88；对于其它合金和化合物，m 可以取不同的值。将表面两个原子层取平均，可以获得这两层原子内单位面积的平均能量密度和最外两层在温度（T）约为 0K 时每个离散原子剩余的平均能量。采用给定的 Cu（4.39eV/原子）、金刚石（7.37eV/原子）的单键键能值，可很容易地计算出这些材料表面的结合能密度和原子结合能，结果如表 6-4 所示。这说明在 $T = 0$K 时，表面结合能密度（单位 eV/nm^3）始终高于与之对应的块体值，表面原子结合能（单位 eV/原子）则始终低于与之对应的块体值。

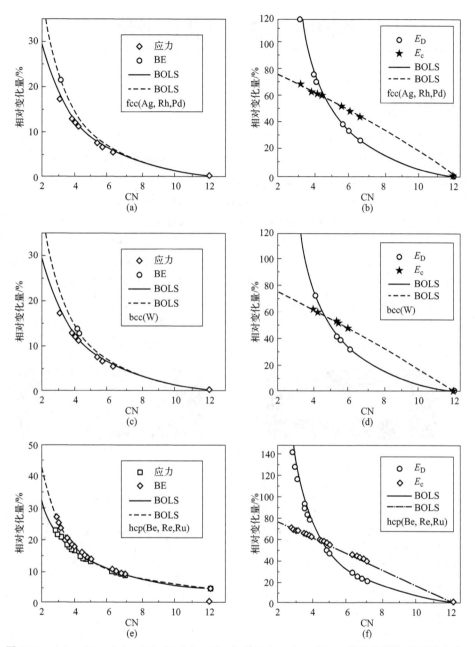

图 6-14 (a)、(b)，(c)、(d) 和 (e)、(f) 分别为 fcc，bcc 和 hcp 结构的固体表面键应力、能级偏移 BE、原子结合能 E_c、结合能密度 E_D 随原子配位数的变化情况[19]

表 6-4 表面与块体情况结合能密度比$<\gamma_d>$和原子结合能比$<\gamma_f>$的预测结果[18]

m	$E_c(B)$	$E_D(B)$	$<\gamma_{ds}/\gamma_{db}>$	$E_D(S)$	$<\gamma_{fs}/\gamma_{fb}>$	$E_c(S)$
1(金属 Cu)	4.39	155.04	1.468	198.60	0.455	2.00
2.56(金刚石)	7.37	1307.12	1.713	2262.63	0.524	3.86
4.88(Si)	4.63	164.94	2.165	357.09	0.649	3.00

注：结合能密度单位为 eV/nm³，原子结合能单位为 eV/原子。

第四节　量子钉扎与极化

一、　Au 和 Ag

电子极化常发生在配位数比平面更低（配位数<4）的原子周围。由于局域极化和钉扎，纳米团簇，如沉积在 Si 衬底上的约 3nm 纳米岛，可由导体转变为半导体。现已在缺陷、链末、台阶边缘及表面上观察到断键引起的低能电子局域化和致密化现象。冰表面和金属薄膜也存在过量电子的强局域化。这种极化行为造成了纳米材料许多新颖性能的出现，如超凡的催化能力、稀磁性、狄拉克-费米极化子的产生、超疏水性等。

图 6-15 所示为（a）突起的 STM/S 图，（b）−0.7eV 处的能态，（c）表观高度以及（d）Au-Au 链末端和内部的线扫描之差。−0.7eV 的能态与更高的 0.02～0.03nm 链末端相关。高突起和边界态代表高饱和、高能的表面电荷，类似于氧化学吸附引起的偶极子。芯能级和成键轨道上的致密钉扎电子所诱发的其它导带的局域极化情况决定着键能大小和饱和程度。图 6-16 所示为（a）Au 纳米线的 STM/S 图，（b）纳米线不同位置的线扫描，（c）对应的 dI/dV 谱。链末端具有相同的趋势。横截面越窄，极化越强。

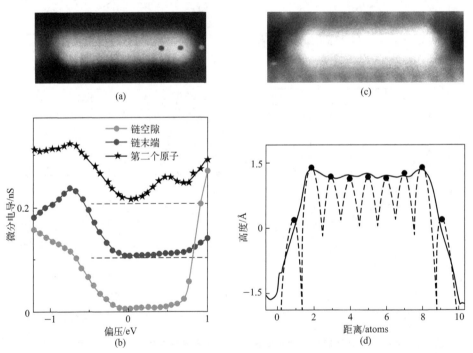

图 6-15　（a）突起的 STM/S 图，（b）−0.7eV 处的能态，（c）表观高度以及
（d）Au-Au 链末端和内部的线扫描之差[19]

图 6-17 为十四面体（cubo-octahedron、CO-13、CO-55、CO-147）和 Marks 十面体（Marks decahedron，MD-13、MD-49、MD-75）Au 团簇的密度泛函理论（DFT）计算结果。尺寸导致极化与 STM/S 观察结果以及 BOLS 预测一致。同时，DFT 计算也证实了 BOLS 所预测的晶格应变、实空间中由内至外原子层的电荷转移以及由低至高键能的价带电

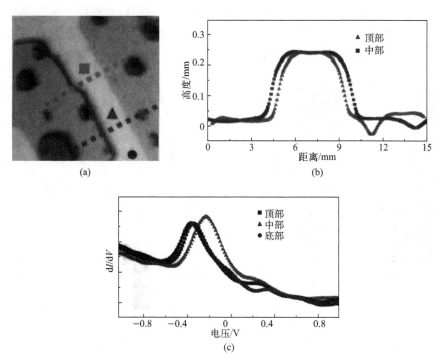

图 6-16 （a）Au 纳米线的 STM/S 图，（b）线不同位置的顶部、中部扫描以及

（c）不同位置对应的 dI/dV（证实 LDOS 态极化的宽度效应）[20]

荷极化。晶格结构中的拐角或边缘的低配位原子化学键比团簇内部的收缩更为明显。如 Au-Au 键收缩 30%，与实验观察到的 Au 团簇表面和 Au-Au 链的键收缩一致。同时，每个原子中约有 1.5 个电子从团簇内壳流动至外壳，这与沉积在 NiAl（110）表面的 Au-Au 链的 STM/S 测试结果一致。

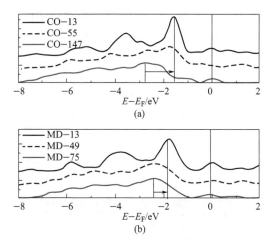

图 6-17 （a）Au-CO 和（b）Au-MD 团簇价带 LDOS 的尺寸效应[21]

随着原子数目的减少，LDOS 向 E_F 移动（0 位置）。极化趋势和不同尺寸 Au 岛和 Au 单原子链的

STM/S 实验观测结果一致

图 6-18（a）所示为正偏压下 Ag 单体、Ag 准二聚体和 Ag$_2$ 二聚体的 STM/S 图。随着有效配位数的增加，未占据态能量从 3.0eV 移动至 2.7eV，再到 2.4eV。Ag 准二聚体保留

了部分单体性质，其极化最弱。图 6-18(d) 所示为清洁 Ag(111) 表面、单体（Ag$_1$）、二聚体（Ag$_2$）、三聚体（Ag$_3$）、四聚体（Ag$_4$）、五聚体（Ag$_5$）和紧凑 Ag 体系（Ag，$n=10$）的 STS 谱结果，与低配位诱导的极化趋势相同。

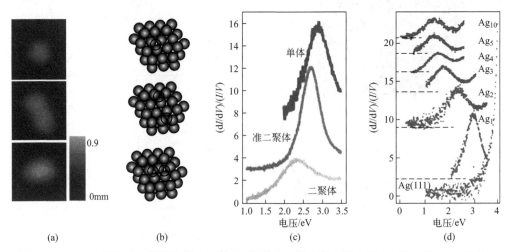

图 6-18　（a）正偏压下，低配位影响 3 种 Ag 结构未占据态极化的 STM/S 图，（b）Ag 单体、Ag 准二聚体和 Ag$_2$ 二聚体，（c）3 种结构未占据态的能量分别为 3.0eV、2.7eV、2.4eV，（d）清洁 Ag(111) 表面和 Ag（$n=1\sim5$，10）团簇的法向 STS 谱（虚线表示光谱中各自的零点）[21]

二、 Rh 和 W

选区 XPS（ZPS）技术能够提取吸附原子或缺陷、表面、界面和存在（不存在）吸附固体表面处低配位导致的电子结合能。从实际表面的 XPS 中扣除同物质的理想表面的 XPS，即可得到 ZPS 谱。扣除之前，所有谱峰均需经背景校正和面积归一化。图 6-19 所示为低配位 W(110) 和 Rh(111) 的邻近表面吸附在 Rh(001) 表面的 Rh($5s^1$) 原子以及 W(320) 表面原子价带局域态密度（LDOS）的 ZPS 谱。

所有的 ZPS 谱都存在一个主要的波谷，与块体成分相对应。波谷之上的谱峰源于成键和芯带轨道的致密钉扎（T）电子对其它价带电子的极化（P）。能带底附近的第二个峰和第二个谷是由钉扎和极化的偶合作用形成的。局域极化电子屏蔽、分裂晶体势使分裂中心带变成 T 和 P 两部分，两者对块体成分均无影响。W(320) 原子的价带 LDOS 可能是由 W 台阶边界原子的低配位极化所致，这与图 6-17 中 Au 团簇的情况相同。

第五节　带宽和带尾

一、带宽：电荷致密化

BOLS-TB 方法表明，晶体势和有效配位数决定纳米固体的带宽[23]。带宽随着尺寸的减小而变小。

$$\begin{cases} \dfrac{\Delta E_{\mathrm B}(K)}{E_{\mathrm B}(\infty)} = \sum_{i \leqslant 3} \gamma_i \left(\dfrac{\Delta \alpha_i}{\alpha} + \dfrac{\Delta z}{z} \right) \\ E_{\mathrm B}(K) = z\alpha\Omega(k_l,\ r,\ z) \\ \alpha = -<\phi_\nu(r)\mid V_{\mathrm{cryst}}(r)\mid \phi_\nu(r-R_{\mathrm C})> \end{cases}$$

式中，α 是重叠积分（仅为交换积分的几个百分比）。以 fcc 结构为例，$\Omega(x)$ 是 $\sin^2(x)$ 形式的函数。CuO 纳米晶体的带宽确实随尺寸的减小而缩小。随着尺寸的减小，峰的强度增加，但峰的面积减小。如果 z 减少到 1 或 2，带宽将会退变成孤立原子分裂能级的能级差。

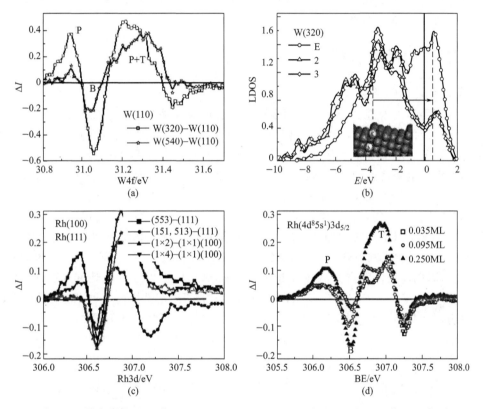

图 6-19　W 和 Rh 不同表面的 ZPS 谱。（a）W(540)（0.16ML）和 W(320)（0.28ML）相对于 W(110) 表面，（b）W(320) 表面原子价带 LDOS，（c）Rh(111) 邻近（553）（0.26ML）和（151，513）（0.07ML）表面及缺失行重构 Rh(100) 表面，以及（d）不同覆盖量下 Rh(100) 表面 Rh 原子（c）中重构的 Rh(100) 表面有相同的边缘态密度（0.5ML），但原子配位数稍有不同。（d）中块体波谷上的谱峰源于价带电荷极化，它屏蔽和分裂了晶体势，从而产生 T 和 P。能带的峰谷代表 T 和 P 的偶合效应[22]

二、带尾与表面态

孤立的纳米颗粒或者表面存在两种表面态：量子钉扎和极化。一种是表面弛豫区域引起的量子钉扎，整个能带向下偏移，并伴随带隙增大和带尾的出现。另一种是悬键或表面掺杂容易产生极化，这可使半导体带隙中加入掺杂态。悬键被氢吸附后可减少掺杂态。

纳米颗粒和无定形块体的区别在于缺陷的分布。在无定形块体中，随机分布的配位缺失情况可导致这些原子的键长和键角发生扭曲，致使它们在块体内部形成随机势阱；同时，低配位原子数目直接依赖于制备和处理条件，因此是不可控的。对于纳米颗粒或者纳米晶体，配位缺失仅发生在表面，因此，配位缺失可以通过调整纳米颗粒形状和尺寸来实现可控。

　　无定形态和纳米颗粒的配位缺失均会使导带发生弯曲，价带尾缘产生被局域态占据的带尾。带尾产生的结果就是在吸收光谱中出现 Urbach 边。根据 BOLS 相关机制，纳米颗粒的 Urbach 边是由表面配位缺失引起键长收缩导致的，它相当于无定形块体内部的随机势阱。表面边缘加深的束缚势场导致在纳米颗粒带尾中产生局域载流子。因此，配位缺失提高了纳米固体表面原子之间的相互作用，同样也会导致带尾的产生，类似于无定形固体中的带尾，只是这两种带尾在实空间中处于不同的位置。从 InAs、InP 的吸收光谱和 Si：H 的 XPS 测量中，Urbach 边已得到证实。

三、 GNR 的带隙展宽

1. 实验与计算的差异

　　扶手型石墨烯纳米带（AGNR）和重构锯齿型石墨烯纳米带（r-ZGNR）都表现出半导体的特征。它们的带隙 E_G 可以通过调节石墨烯纳米带（GNR）边缘的 C—C 键长度来改变。最近邻原子之间准 π 键的形成湮灭了 E_G 中央的杂质态。AGNR 的 E_G 随着 GNR 的宽度减小而增大。电子输运动力学测量表明，在温度低于 200K 时，E_G 随 GNR 宽度 W 变化的函数关系为：$E_G=0.2/(W-16\text{nm})$。当 GNR 宽度小于 16nm 时，E_G 会突然增加几 eV，然后达到 DFT 计算所得数值。电栅极双层石墨烯的 E_G 可以达到 250meV。

　　图 6-20 比较了 GNR 带隙展宽与尺寸关系的第一性原理计算结果和实验测量结果。计算结果表明，当 K 从 20 减小到 1.5 时，AGNR 的 E_G 从 0.25eV 扩展到 2.5eV，并呈现 3n 倍 GNR 宽度的周期性振荡特点。然而，电导测量显示，从 $K=40$ 降低到 $K=5$ 时，E_G 从几 meV 增加到 2.0eV，且 E_G 既不随 GNR 宽度呈 3n 倍的周期性振荡，也不随 GNR 的取向变化。这说明，实验结果和理想条件下的计算结果潜在的物理机制是不同的。

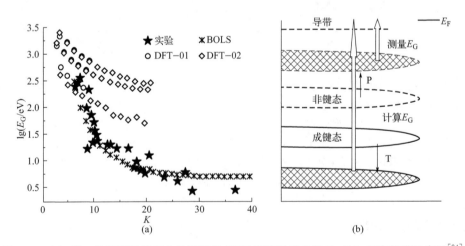

图 6-20　（a）第一性原理计算和电导测量的 GNR 带隙展宽比较及（b）相应能带示意图[24]

利用随带宽变化的 m 值可实现 BOLS 的理论拟合。DFT 结果阐述了理想条件下 E_G 的本质，

而实验测量更多应用中间杂质态调制 E_G

　　E_G 展宽现象不仅在测量结果与理论计算之间存在差异，其本质起源亦处于争论之中。

E_G 展宽涉及受限载流子、边缘扭曲、边缘能量阻塞、掺杂、缺陷形成、对称性破缺、衬底相互作用以及量子限域等影响。Wang 等在紧束缚计算最近邻阶跃积分中引入一个阶跃参数 t_1 来代表各种化学边缘修饰，结果发现，如果 GNR 内外的 t_1 相同，则带隙 E_G 不会出现明显展宽。

因此，边缘阶跃积分 t_1 对 E_G 展宽的影响远大于 GNR 内部的 t。AGNR 边缘的无序状态导致局域长度变短，这使得半导体 GNR 器件展现出绝缘性质。一个孤立的边缘缺陷引起局域态，直接导致电导下降为零。因此，边缘和缺陷的状态是 GNR 性能的关键。尽管可以通过硼、氮、氧或氟等实现化学钝化来进行调节。如果考虑自旋极化，对称和非对称的 ZGNR 都表现半导体性质，而自旋无极化导致其产生金属特性。径向和轴向形变的结合会产生一个介于半导体和导体之间的过渡态。同时，折叠石墨烯方法也可调制带隙和电导。这些方法不仅可改变 AGNR 的带隙结构，同时也可导致导体到绝缘体的转变。

意外的是，BOLS 理论、DFT 计算和实验测量结果一致。BOLS 理论能够很好地揭示 SWCNT、石墨烯和石墨等许多材料的热稳定性、机械强度、带隙和芯能级偏移的尺寸效应，但关于 GNR 的带隙 E_G 随尺寸变化趋势的研究却似乎缺乏确定性。理论和实际的一致说明，边缘的化学吸附引起了非键中间态和非均匀应力。这些情况在目前的理论计算中难以反映出来。由于实验值 E_G 为中间杂质态过渡到导带尾的带隙，而不是直接从价带到导带的带隙，因此非键电子态对于测量 E_G 来说非常关键。从这一角度来看，实验测量值是真实准确的，但不是本征的带隙。测量带隙展宽变化趋势实际上反映了非键态的顶部到导带尾的带隙差的改变情况。

2. 杂质态

事实上，带隙 E_G 本质上取决于晶体势的哈密顿矩阵，而载流子的密度和能量在 GNR 输运中扮演着重要角色。为了验证边缘应力和量子钉扎在带隙展宽中的贡献，Zhang 等用第一性原理计算了各种具有不同配位数的碳结构，得到相关价带 DOS 图、C—C 键及带隙展宽，如图 6-21、图 6-22 和表 6-5 所示。虽然计算的 E_G 值与参考文献相仿，但是第一性原理计算得到的低配位 C—C 键收缩的程度要远低于 BOLS 的理论预测。同样地，带隙计算得到的电荷致密化也低于 BOLS 理论预期。如果考虑反常的边缘应力和钉扎边界条件，也就是说，势垒会跟随势阱的变化而加深，那么量子计算的结果可能会出现与 BOLS 预期的结果相同。

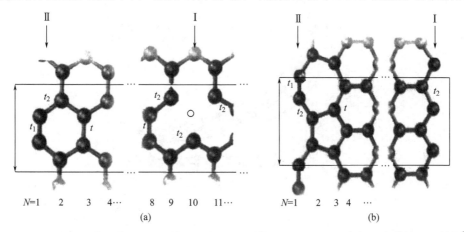

图 6-21　（a）ZGNR（Ⅰ）和 AGNR（Ⅱ）以及（b）重构 ZGNR（Ⅱ）无限长纳米带的原子结构[25]

底部 N 表示原子位置，t 是纳米带内部两个相邻原子之间的重叠积分，t_1 和 t_2 是边缘的积分

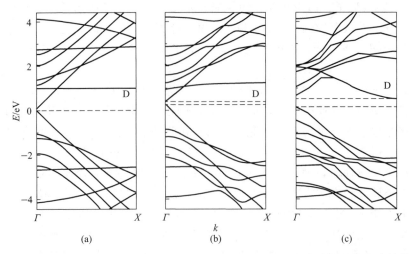

图 6-22　（a）传统 TB、（b）BOLS-TB 和（c）DFT 关于 AGNR-11 能带结构的计算结果[26]

悬键电子在费米能级附近提供杂质态（虚线），用 D 表示。（b）和（c）中形成了带隙 E_G。

悬键态并不影响带隙 E_G 的计算结果

表 6-5　基于 BOLS 获得的应变和重叠积分

键位置	t_1	t_2	H-C 边缘	带内部	石墨烯	金刚石
z	2	2.5	2.125	3	5.335	12
应变/%	−30.2	−23.6	−11.5	−18.5	−7.8	0
积分	1.49t	1.17t	1.11t	$t=−2.4eV$		

注：应变指由配位数变化引起的键长相对变化量。

3. 边界量子钉扎

鉴于 BOLS 理论、第一性原理计算及实验的差异性，Zhang 等利用边缘改进的 BOLS-TB 方法，研究了 AGNR（Ⅱ）和重构 ZGNR（Ⅱ）带隙展宽，如图 6-21 所示。在 $N=10$ 处存在一原子空位。t 是 GNR 内部两个相邻原子之间的重叠积分；t_1 和 t_2 是边缘积分。表 6-5 列出了基于 BOLS 获得的应变和重叠积分。

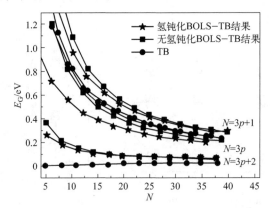

图 6-23　有/无氢钝化的 AGNR 带隙 E_G 与尺寸的关系[27]

在传统的 TB 方法中，当 $N=3p+2$ 时，无带隙展宽。BOLS-TB 预测结果与 DFT 计算结果相同，

且澄清了带隙展宽随尺寸变化的根源。氢钝化并不会影响本征带隙

图 6-22 比较了关于 AGNR-11 能带结构的传统 TB、基于表 6-5 给出的应变和重叠积分的 BOLS-TB 以及第一性原理计算的结果。由图 6-22（a）可看出，高 DOS 在 $E = \pm 2.7\text{eV}$ 处出现简并，这反映系统不稳定。但这种结果可通过改进的 BOLS-TB 和 DFT 方法给予避免。由于在 AGNR-11 单胞中存在 22 个未配对 p_s 电子，将出现 22 条双重简并的能态，因此，费米能级位于带隙 E_G 中间。在 BOLS-TB ［图 6-22（b）］和 DFT ［图 6-22（c）］计算中出现了带隙 E_G。悬键电子在费米能级附近提供杂质能级，这对带隙 E_G 未产生明显影响。

图 6-23 对比了 AGNR 有/无氢吸附情况下带隙 E_G 与尺寸 N 的关系。当 $N = 3p + 2$（p 是一个整数）时，传统 TB 计算得到的带隙 E_G 为零；而修正的 BOLS-TB 方法计算结果带隙 E_G 不为零，这与 DFT 计算和实验观测结果一致。边缘氢原子的吸附并不明显影响带隙 E_G 的产生或 E_G 展宽的趋势。上述结果进一步证明，在有/无氢化情况下，均为边缘应变和量子钉扎导致了 GNR 的带隙 E_G 展宽。氢钝化对带隙宽度的影响和氢化非晶硅是一样的。GNR 边缘加氢去除了悬键，因此在不影响本征带隙 E_G 的情况下最大限度地减少了中间杂质态的影响。同样，使用这 3 种方法计算有或没有加氢钝化的重构 ZGNR，可以得到相似的结果。后两种方法在 Γ 点附近会出现一个很小的带隙（大概为 0.1eV）。

4. 色散线性化

随着 GNR_S C—C 的键收缩（可达 $C_{z=2} - 1 = 0.3$），相应的倒易晶格和布里渊区边缘将会膨胀到 0.7^{-1}（约 1.4），同时带宽也将扩大 $0.7^{-2.56} = 2.49$。这种倒易变换将延伸价带和价带之下的色散关系 $E_v(k)$，并在一定程度上呈线性化。由哈密顿决定能量色散，而后者决定有效质量 $h^2 [\nabla_k^2 E_v(k)]^{-1}$ 和成键电子的群速度 $\nabla_k E_v(k)/h$。色散的伸展和线性化可降低群速度 $\nabla_k E_v(k)$，而线性化减小 $\nabla_k^2 E_v(k)$ 则又导致成键电子有效质量增大，这与狄拉克-费米子的表现相反。较小有效质量和高群速度证明狄拉克-费米子极化子局限在 GNR 布里渊区的角落，这既不遵循线性色散也不占据价带和价带之下的允许态。

BOLS-TB 计算方法能够澄清 GNR 带隙展宽尺寸效应的能量起源。在边缘处低配位的原子之间键变短和变强，这会引起相关边缘量子钉扎效应，从而对哈密顿量产生微扰，最终开启非键态调制的带隙 E_G。悬键能够形成准 π 键，消除带隙 E_G 中间的杂质态。非键态的存在是导致第一性原理计算和实验观测结果差异的原因。氢钝化可去除带隙中间非键态而不会影响本征带隙。然而，在电导测量中，中间态会对实际测量 E_G 产生影响。键收缩引起布里渊区的伸展和能量色散的线性化，这使得群速度降低和成键电子有效质量增大。这种相反的变化趋势恰恰证明了非键态的存在。

5. 总结

应用 BOLS 原理计量配位缺失引起的固体哈密顿量微扰，以此统一 E_G、E_{PL}、E_{PA}、带宽、芯能级偏移以及量子钉扎和极化的尺寸效应。在表面乃至整个固体中引入低配位缺失效应，能够得到纳米半导体整个能带系统的演变。这种方法能够有效区别晶体势和电子-声子偶合作用对带隙增加和光致发光蓝移的影响。

边缘非键态的存在导致关于带隙展宽方面的实验测量结果和第一性原理计算结果存在差异。在 AGNR 和重构 ZGNR 中，边缘处键的收缩和量子钉扎会产生带隙 E_G 并使之增大。另外，传统的能带理论仍然适用于包含原子数目众多的纳米粒子。表面原子化学键的自发收缩是纳米颗粒尺寸效应的起源，因为可测物理量都是原子结合能的函数。因此，在小尺寸颗粒中，配位缺失导致键长收缩以及因尺寸减小而使体表比升高，将改变纳米半导体的能带结构，从而表现出不同的电子、声子和光子行为。

思考题

- **1.** 基于电子态密度，如何理解非键孤对电子和反键偶极子对化学键结合能的影响？
- **2.** 请从电子态密度角度，构建表面势垒与形貌之间的关联性。
- **3.** 势垒限域对电子运动的影响体现在哪些方面？
- **4.** 请论述键长和键能弛豫如何对电子结构及物质性能产生影响。
- **5.** 量子钉扎是如何产生的？它的产生会导致电子结构发生什么样的变化？
- **6.** 非键电子极化产生的原因有哪些？电子极化后对电子结构会产生哪些影响？
- **7.** 电子钉扎是如何产生的？它的产生会导致化学键的电子结构及物质的性质发生什么样的变化？
- **8.** 带宽和带尾是如何产生的？它们的存在会如何影响电子结构和物质的性能？

参 考 文 献

[1] 李淑妮，杨奇，魏灵灵. 化学键与分子结构 [M]. 北京：科学出版社，2021：163.

[2] Sun C Q. Oxidation electronics: Bond-band-barrier correlation and its applications [J]. Prog Mater Sci, 2003, 48 (6): 521-685.

[3] 孙长庆，黄勇力，王艳. 化学键的弛豫 [M]. 北京：高等教育出版社，2017：27.

[4] 孙长庆，黄勇力，王艳. 化学键的弛豫 [M]. 北京：高等教育出版社，2017：28.

[5] Sun C Q. Size dependence of nanostructures: Impact of bond order deficiency [J]. Progress in Solid State Chemistry, 2007, 35 (1): 1-159.

[6] 孙长庆，黄勇力，王艳. 化学键的弛豫 [M]. 北京：高等教育出版社，2017：196.

[7] 孙长庆，黄勇力，王艳. 化学键的弛豫 [M]. 北京：高等教育出版社，2017：198.

[8] Sun C Q. Dominance of broken bonds and nonbonding electrons at the nanoscale [J]. Nanoscale, 2010, 2 (10): 1930-1961.

[9] 孙长庆，黄勇力，王艳. 化学键的弛豫 [M]. 北京：高等教育出版社，2017：302.

[10] 孙长庆，黄勇力，王艳. 化学键的弛豫 [M]. 北京：高等教育出版社，2017：303.

[11] Schmeisser D, Bohme O, Yfantis A, et al. Dipole moment of nanoparticles at interfaces [J]. Phys Rev Lett, 1999, 83 (2): 380-383.

[12] 孙长庆，黄勇力，王艳. 化学键的弛豫 [M]. 北京：高等教育出版社，2017：305.

[13] 孙长庆，黄勇力，王艳. 化学键的弛豫 [M]. 北京：高等教育出版社，2017：306.

[14] 孙长庆，黄勇力，王艳. 化学键的弛豫 [M]. 北京：高等教育出版社，2017：307.

[15] Wang Y, Nie Y G, Pan J S, et al. Orientation-revolved $3d_{5/2}$ binding energy shift of Rh and Pd surfaces: Anisotropy of the skin-depth lattice strain and quantum trapping [J]. Phys Chem Chem Phys, 2010, 12 (9): 2177-2182.

[16] Goertz M P, Zhu X Y, Houston J E. Exploring the liquid-like layer on the ice surface [J]. Lanmmuir, 2009, 25 (12): 6905-6908.

[17] 孙长庆，黄勇力，王艳. 化学键的弛豫 [M]. 北京：高等教育出版社，2017：314.

[18] 孙长庆，黄勇力，王艳. 化学键的弛豫 [M]. 北京：高等教育出版社，2017：313.

[19] Grain Y N, Pierce D T. End states in one-dimensional atom chains [J]. Science, 2005, 307 (5710): 703-706.

[20] Schoutoden K, Lijnen E, Muzyehenko D A, et al. A study of the electronic properties of Au nanowires and Au nanoislands on Au (111) surfaces [J]. Nanotechnology, 2009, 20 (39): 395401.

[21] 孙长庆，黄勇力，王艳. 化学键的弛豫 [M]. 北京：高等教育出版社，2017：232.

[22] 孙长庆，黄勇力，王艳. 化学键的弛豫 [M]. 北京：高等教育出版社，2017：233.

[23] 孙长庆，黄勇力，王艳. 化学键的弛豫 [M]. 北京：高等教育出版社，2017：344

［24］　孙长庆，黄勇力，王艳．化学键的弛豫 ［M］．北京：高等教育出版社，2017：346．

［25］　孙长庆，黄勇力，王艳．化学键的弛豫 ［M］．北京：高等教育出版社，2017：247．

［26］　孙长庆，黄勇力，王艳．化学键的弛豫 ［M］．北京：高等教育出版社，2017：248．

［27］　孙长庆，黄勇力，王艳．化学键的弛豫 ［M］．北京：高等教育出版社，2017：249．

第七章

纳米材料的结构与性能

纳米材料的概念自 20 世纪 80 年代提出以来，因其独特的性能以及在高尖精科学技术方面的应用而日益受到重视，并已经成为材料科学重要的新兴学科分支——纳米材料学。纳米材料，特别是无机纳米材料的六大效应及应用性能与其结构，特别是与其表面结构密切相关，因此，了解和掌握纳米材料的结构与性能的关联性不仅有助于开展纳米材料的科学研究，更有助于提升其应用性能，从而充分挖掘纳米材料的潜能，促进将纳米材料主要效应转化为应用性能，使纳米材料早日大规模地应用于日常生活中的方方面面。

第一节 纳米材料及其主要效应

一、纳米材料与纳米科技

1. 纳米材料

纳米是一个长度单位，英文为 nanometer，缩写为 nm；与常用的长度单位的关系：$1nm = 10^{-3} \mu m = 10^{-6} mm = 10^{-9} m$。纳米尺度：$1 \sim 100nm$ 的大小范围。

纳米材料诞生的标志是 1984 年德国萨尔大学格兰特（Gleiter）教授等人首次采用惰性气体凝聚法制备了具有清洁表面的纳米粒子，然后在真空室中原位加压成纳米固体并经测量发现，所获得纳米固体的物理性质优于相应的传统固体材料，从而提出了纳米材料界面结构模型。

关于什么是纳米材料，或者说如何定义纳米材料，目前存在不同的观点，主要包括以下几种：

（1）把组成相或晶粒结构控制在 100nm 以下的长度尺寸的材料称为纳米材料；

（2）纳米材料的平均粒径或结构畴尺寸在 100nm 以下；

（3）纳米材料是指在三维空间中至少有一维处于纳米尺度范围（$1 \sim 100nm$）或由它们作为基本单元构成的材料。前者为严格意义上的纳米材料，后者为纳米结构材料。

虽然上述三种观点均有不同程度的合理性，但是，相对而言，第三种观点更严谨、更全面和更合理。

2. 纳米科技

纳米科技是研究由尺寸在 $0.1 \sim 100nm$ 之间物质组成的体系的运动规律和相互作用，以及可能的在实际应用中的技术问题的科学技术[1]。

纳米科学技术最早由著名物理学家、诺贝尔奖获得者理查德·费曼（Richard Feynman）

于 1959 年提出，是 20 世纪 80 年代末诞生并正在蓬勃发展的一种高新技术。它的研究内容是在纳米尺度范围内认识和改造自然，通过直接操纵和安排原子、分子而创造新物质。它的出现标志着人类改造自然的能力已延伸到原子和分子水平，标志着人类科学技术已进入一个新的时代——纳米科技时代。

二、纳米材料的主要效应

在纳米尺度下，物质中电子的波动性以及原子之间的相互作用将受到尺度大小的影响，物质会因此而出现完全不同的性质。即使不改变材料的成分，纳米材料的熔点、磁学性能、电学性能、光学性能、力学性能和化学活性等都将与传统材料大不相同，且呈现出用传统模式和理论无法解释的独特性能和奇异现象。随着纳米科技研究的广泛和深入，科学界对纳米材料的这些独特性能和奇异现象从理论上进行了系统分析，发现了纳米材料的小尺寸效应、表面效应、量子尺寸效应、宏观量子隧道效应等基本效应[2]，从而为人们学习和研究纳米科技和纳米材料提供了理论支撑。

1. 小尺寸效应

当超细微粒的尺寸与光波波长、德布罗意波长（De Broglie wavelength）以及超导态的相干长度或透射深度等物理特征尺寸相当或更小时，晶体周期性的边界条件将被破坏，非晶态纳米微粒的表面层附近原子密度减小，声、光、电磁、热力学等物理性质均会发生变化，这就是所谓的纳米粒子的小尺寸效应，又称体积效应。纳米粒子体积小，所包含的原子数很少，相应的质量极小，因此许多现象不能用通常有无限个原子的块状物质的性质加以说明。

（1）特殊的热力学性质　固态物质在其形态为大尺寸时，其熔点是固定的，超细微化后其熔点将显著降低。例如，金的熔点与金纳米粒子的尺度关系图如图 7-1 所示。金的常规熔点为 1064℃，当颗粒尺寸减小到 2nm 时，熔点仅为 500℃左右。又如，以银的熔点和银粒子的尺度作图，则当粒子尺度在 150nm 以上时，熔点不变，为 960.3℃，即通常的熔点；然后，银粒子的熔点随尺度变小而下降，当粒子尺度下降到 5nm 时，熔

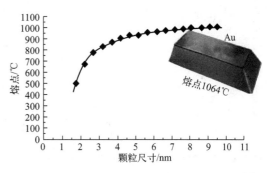

图 7-1　金的熔点与金纳米粒子的尺度关系图[3]

点为 100℃。超微颗粒熔点下降的性质对粉末冶金工业具有一定的吸引力。在钨颗粒中附加 0.1%～0.5%（质量分数）的超微镍颗粒后，可使烧结温度从 3000℃降低到 1200～1300℃。在纳米尺度下，热运动的涨落和布朗运动将起重要的作用。因此，许多热力学性质，包括相变和"集体现象"，如铁磁性、铁电性、超导性和熔点等都与粒子尺度密切相关。

（2）特殊的磁学性质　小尺寸的超微颗粒磁性与大块材料显著不同。例如，大块的纯铁矫顽力约为 80A/m，而当其颗粒尺寸减小到 20nm 以下时，其矫顽力可增加 100 倍；若进一步减小其尺寸，当颗粒尺寸小于 6nm 时，其矫顽力反而降低到零，呈现出超顺磁性。典型利用如磁性纳米微粒导航，进行几万公里长途跋涉的大海龟。众所周知，海龟是世界上珍贵的稀有动物，美国科学家对东海岸佛罗里达的海龟进行了长期研究，发现了一个十分有趣的现象：海龟通常在佛罗里达的海边上产卵，幼小的海龟为了寻找食物，通常要到大西洋的另一侧靠近英国的小岛附近的海域生活，从佛罗里达到这个岛屿的海面，再经大海游回到佛

罗里达的路线是不一样的，相当于绕大西洋一周，需要 56 年的时间。这样准确无误地航行靠什么导航？美国科学家发现海龟的头部有磁性的纳米微粒，它们就是凭借这种纳米微粒准确无误地完成几万公里的迁移。

（3）特殊的力学性质　陶瓷材料在通常情况下呈脆性，然而由纳米超微颗粒压制成的纳米陶瓷材料却具有良好的韧性。因为纳米材料具有大的界面，界面的原子排列是相当混乱的，在由于外部作用力而产生内部应力的情况下，边界原子很容易发生迁移而消耗掉内应力，从而表现出极强的韧性与一定的延展性，使陶瓷材料具有新奇的力学性质。美国学者报道氟化钙纳米材料在室温下可以大幅度弯曲而不断裂。研究表明，人的牙齿之所以具有很高的强度，是因为它是由羟基磷酸钙等纳米材料构成的。此外，纳米金属的密度只有传统粗晶粒金属密度的 1/5～1/3。

2. 表面效应

表面效应又称界面效应，它是指纳米粒子的表面原子数与总原子数之比随其粒径减小而急剧增大后所引起的性质上的变化。纳米粒子尺寸小，表面能高，位于表面的原子占相当大的比例。随着颗粒粒径的减小，表面原子占颗粒中全部原子的百分数迅速增加。

纳米粒子表面原子数与粒径的关系如图 7-2 所示。当纳米粒子的粒径为 10nm 时，表面原子数占完整晶粒原子总数的 20%；当粒径降到 1nm 时，表面原子数所占的比例达到 90% 以上，原子几乎全部集中到纳米粒子表面。这样高的比表面原子，使处于表面的原子数越来越多，同时表面能迅速增加。纳米微粒的表面原子所处环境与内部原子不同，它周围缺少相邻的原子，存在许多具有不饱和性的悬键，易与其它原子相结合而稳定。因此，纳米晶粒尺寸减小的结果导致了其表面积、表面能及表面结合能均迅速增大，进而使纳米晶粒表现出很高的化学活性；且表面原子的活性也会引起表面电子自旋构象和电子能谱的变化，从而使纳米粒子具有低密度、低流动速率、高吸附气体性和高混合性等特点。例如，金属纳米粒子暴露在空气中会燃烧，无机纳米粒子暴露在空气中会吸附气体，并与气体进行反应。

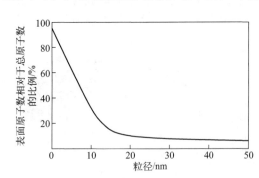

图 7-2　纳米粒子的表面原子数与粒径的关系[4]

3. 量子尺寸效应

金属费米能级（Fermi level）附近电子能级在高温或宏观尺寸情况下一般是连续的，但当粒子尺寸下降到纳米尺度的某一纳米值时，金属费米能级附近的电子能级由准连续变为离散能级的现象，以及纳米半导体微粒存在不连续的最高被占据分子轨道和最低未被占据的分子轨道能级而使能隙变宽的现象均称为量子尺寸效应。20 世纪 60 年代，久保（Kubo）与其合作者针对金属超微粒子费米面附近电子能级状态分布提出了久保理论，对小颗粒的大集合体的电子能态作了两点主要假设：

（1）简并费米液体假设：把超微粒子靠近费米面附近的电子状态看作是受尺寸限制的简并电子气，并进一步假设它们的能级为准粒子态的不连续能级，而准粒子之间交互作用可忽略不计。

（2）超微粒子电中性假设：从一个超微粒子取走或放入一个电子都是十分困难的。

低温下电子能级是离散的，且这种离散对材料热力学性质起很大的作用。例如，超微粒子的比热容、磁化率明显区别于大的块体材料，久保及其合作者采用电子模型求得金属纳米晶粒的能级间距 δ 为[5]：

$$\delta = \frac{4E_F}{3N} \tag{7-1}$$

式中，E_F 为费米能级；N 为微粒的总导电电子数。

能级的平均间距与组成物体的微粒中自由电子总数成反比。

对于宏观物体包含无限个原子（即导电电子数 $N \to \infty$），能级间距 $\delta \to 0$，即对大粒子或宏观物体，能级间距几乎为零。对于纳米微粒，所包含原子数有限，N 值很小，这就导致 δ 有一定的值，即能级间距分裂。

当能级间距大于热能、磁能、静磁能、静电能、光子能量或超导态的凝聚能时，必须考虑量子尺寸效应，这会导致纳米微粒磁、光、声、热、电以及超导电性与宏观特性有着显著的不同，如光谱线偏移、导体变绝缘体等。

（1）光谱线偏移　微粒下降到纳米尺度时，费米能级附近的电子能级由准连续能级变为分裂能级，吸收光谱阈值向短波方向移动。如图 7-3 所示为 CdSe 纳米粒子的吸收光谱随粒径的变化关系图。由图 7-3 可见，随着粒径的不断减小，吸收光谱阈值逐渐向短波方向移动。

（2）导电性能的转变　用久保关于能级间距的公式，估计 Ag 微粒在 1K 时出现量子尺寸效应（导体→绝缘体）的临界粒径 d_0（Ag 的电子数密度 $n = 6 \times 10^{22}/cm^3$）。

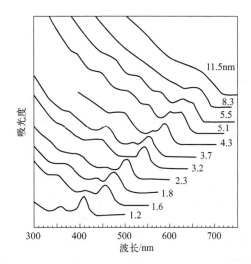

图 7-3　不同尺寸 CdSe 纳米粒子的吸收光谱[6]

由公式

$$E_F = \frac{H}{2m}(3\pi^2 n_1)^{2/3} \tag{7-2}$$

和

$$2\delta = \frac{4E_F}{3N} \tag{7-3}$$

得到

$$\frac{\delta}{k_B} = (8.7 \times 10^{-18})/d^3 \tag{7-4}$$

根据久保理论，只有 $> k_B T$ 时才会产生能级分裂，从而出现量子尺寸效应，即

$$\frac{\delta}{k_B} = (8.7 \times 10^{-18})/d^3 > 1 \tag{7-5}$$

由此得出，当粒径 $d_0 < 20nm$ 时，Ag 纳米微粒变为绝缘体；如果温度高于 1K，则要 $d_0 \ll 20nm$ 才有可能变为绝缘体，此外还需满足电子寿命 $\tau > H/\delta$ 的条件。实验表明，纳米 Ag 的确具有很高的电阻，类似于绝缘体，满足上述两个条件。

4. 宏观量子隧道效应

微观粒子具有贯穿势垒的能力称为隧道效应。近年来，人们发现一些宏观量，如微粒的磁化强度、量子相干器件中的磁通量等亦具有隧道效应，称为宏观量子隧道效应。早期曾用来解释超细镍微粒在低温继续保持超顺磁性。近年来人们发现 Fe-Ni 薄膜中壁运动速度在低于某一临界温度时基本上与温度无关。于是，有人提出量子力学的零点振动可以在低温起着类似热起伏的效应，从而使在绝对零度附近纳米微粒磁化矢量的重取向，保持有限的弛豫时间，即在绝对零度仍然存在非零的磁化反转率。相似的观点可解释高磁晶各向异性单晶体在低温产生阶梯式的反转磁化模式，以及量子干涉器件中一些效应。

宏观量子隧道效应对基础及应用研究都有着重要意义，它限定了磁带和磁盘进行信息存储的时间极限。量子尺寸效应、隧道效应将会是未来微电子器件的基础，或者它们确立了现存微电子器件进一步微型化的极限。当微电子器件进一步细微化时，必须要考虑上述的量子效应。如在制造半导体集成电路时，当电路的尺寸接近电子波长时，电子就通过隧道效应而溢出器件，使器件无法正常工作，经典电路的极限尺寸大概在 $0.25\mu m$。目前研制的量子共振隧穿晶体管就是利用量子效应制成的新一代器件。

5. 库仑堵塞与量子隧穿效应

库仑堵塞效应是 20 世纪 80 年代介观领域所发现的极其重要的物理现象之一。当体系的尺度进入到纳米级（一般金属粒子为几个纳米，半导体粒子为几十纳米）时，体系的电荷是"量子化"的，即充电和放电过程是不连续的，充入一个电子所需的能量 E 为 $e/(2C)$（其中，e 为一个电子的电荷，C 为小体系的电容），体系越小，C 越小，能量 E 越大。我们把这个能量称为库仑堵塞能。换句话说，库仑堵塞能是前一个电子对后一个电子的库仑排斥能，这就导致对一个小体系的充放电过程，电子不能集体传输，而是一个一个单电子的传输。通常把小体系这种单电子输运行为称库仑堵塞效应。如果两个量子点通过一个"结"连接起来，一个量子点上的单个电子穿过能垒（"结"）到另一个量子点上的行为称作量子隧穿。为了使单电子从一个量子点隧穿到另一个量子点，在一个量子点上所加的电压必须克服 E_0，即 $U>e/(2C)$。通常，库仑堵塞和量子隧穿都是在极低温情况下观察到的，观察到的条件是 $[e^2/(2C)]>k_b T$。有人已作了估计，如果量子点的尺寸为 1nm 左右，我们可以在室温下观察到上述效应。当量子点尺寸在十几纳米范围，观察上述效应必须在液氮温度下。原因很容易理解，即体系的尺寸越小，电容 C 越小，$e^2/(2C)$ 越大，这就允许我们在较高温度下进行观察。

利用库仑堵塞和量子隧穿效应可以设计下一代的纳米结构器件，如单电子晶体管和量子开关等。由于库仑堵塞效应的存在，电流随电压的上升不再是直线上升，而是在 I-U 曲线上呈现锯齿形状的台阶。如图 7-4 所示为尺寸约为 4nm 的 Au 颗粒在不同温度下的 I-U 曲线，在低温下可明显地观察到分别具有库仑阻塞和库仑台阶特征的零电流间隙，以及电流平台。

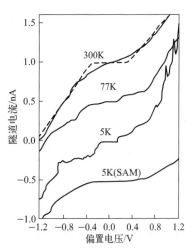

图 7-4 尺寸约为 4nm 的 Au 颗粒在
不同温度下的 I-U 曲线[7]

6. 介电限域效应

介电限域是当纳米微粒分散在异质介质中时，由于界面引起的体系介电增强的现象，这种介电增强通常称为介电限域。它主要来源于微粒表面和内部局域场的增强[8]。当介质的折射率与微粒的折射率相差很大时，会产生折射率边界，这就导致微粒表面和内部的场强比入射场强明显增加，这种局域场强的增强称为介电限域。一般来说，过渡金属氧化物和半导体微粒都可能产生介电限域效应。纳米微粒的介电限域对光吸收、光化学、光学非线性等均有重要的影响。因此，我们在分析这一材料光学现象的时候，既要考虑量子尺寸效应，又要考虑介电限域效应。下面从布拉斯（Brus）公式分析介电限域对光吸收带移动（蓝移、红移）的影响[9]：

$$E(r) = E_g(r = \infty) + h^2\pi^2/2\mu r^2 - 1.786e^2/\varepsilon r - 0.248E_{Ry} \tag{7-6}$$

式中，$E(r)$ 为纳米微粒的吸收带隙；$E_g(r = \infty)$ 为体相的带隙；r 为粒子半径；h 为普朗克常数；μ 为粒子的折合质量；E_{Ry} 表示有效的里德伯能量；第二项为量子限域能（蓝移）；第三项表明，介电限域效应导致介电常数 ε 增加，同样引起红移；第四项为有效里德伯能。

其中

$$\mu = \left[\frac{1}{m_e} + \frac{1}{m_b}\right]^{-1} \tag{7-7}$$

式中，m_e 和 m_b 分别为电子和空穴的有效质量。

过渡金属氧化物，如 Fe_2O_3，Co_2O_3，Cr_2O_3 和 Mn_2O_3 等纳米粒子分散在十二烷基苯磺酸钠（DBS）中出现了光学三阶非线性增强效应。Fe_2O_3 纳米粒子测量结果表明，三阶非线性系数 x 达到 $90m^2/V^2$，比在水中高 2 个数量级。这种三阶非线性增强现象归结于介电限域效应。

7. 量子限域效应

半导体纳米微粒的半径 $r < a_B$（激子玻尔半径）时，电子的平均自由程受小粒径的限制，被局限在很小的范围，空穴很容易与它形成激子，引起电子和空穴波函数的重叠，这就很容易产生激子吸收带。随着粒径的减小，重叠因子（在某处同时发现电子和空穴的概率）$|U(0)|^2$ 增加，对半径为 r 的球形微晶忽略表面效应，则激子的振子强度 f 为[10]

$$f = \frac{2m}{h^2}\Delta E |\mu|^2 |U(0)|^2 \tag{7-8}$$

在式(7-8)中，m 为电子质量；ΔE 为跃迁能量；μ 为跃迁偶极矩。当 $r < a_B$ 时，电子和空穴波函数的重叠因子 $|U(0)|^2$ 将随粒径减小而增加，近似于 (a_B/r)。因为单位体积微晶的振子强度 $f_{微晶} V$（V 为微晶体积）决定了材料的吸收系数，粒径越小，$|U(0)|^2$ 越大，$f_{微晶} V$ 也越大，则激子带的吸收系数随粒径下降而增加，即出现激子增强吸收并蓝移，这就称作量子限域效应。纳米半导体微粒增强的量子限域效应使它的光学性能不同于常规半导体。

纳米材料界面中的空穴浓度比常规材料高得多。纳米材料的颗粒尺寸小，电子运动的平均自由程短，空穴约束电子形成激子的概率高，颗粒愈小，形成激子的概率愈大，激子浓度愈高。这种量子限域效应，使能隙中靠近导带底形成一些激子能级，产生激子发光带。激子发光带的强度随颗粒尺寸的减小而增加。

上述的小尺寸效应、表面效应、量子尺寸效应及量子隧道效应是纳米微粒和纳米固体的基本特性。它使纳米微粒和纳米固体呈现许多奇异的物理化学性质，并出现一些反常现象。例如，金属为导体，但纳米金属微粒在低温由于量子尺寸效应会呈现电绝缘性，一般 Pb、Ba 等是典型铁电体，但当其尺寸进入纳米级时就会变成顺电体；铁磁性的物质进入纳米级（约 5nm），由多畴变成单畴显示极强顺磁效应；当粒径为十几纳米的氮化硅微粒组成了纳米陶瓷时，已不具有典型共价键特征，界面键结构出现部分极性，在交流电下电阻很小；化学惰性的金属铂制成纳米微粒（铂黑）后却成为活性极好的催化剂；金属由于光反射显现各种美丽的特征颜色，金属的超微粒光反射能力显著下降，通常可低于 1%，因为小尺寸和表面效应使纳米微粒对光吸收表现极强能力；由纳米微粒组成的纳米固体在较宽谱线范围显示出对光的均匀吸收性，纳米复合多层膜在 7～17GHz 频率的吸收峰高达 14dB，在 10dB 水平的吸收频宽为 2GHz；颗粒为 6nm 的纳米 Fe 晶体的断裂强度较之多晶 Fe 提高 12 倍；纳米 Cu 晶体自扩散是传统晶体的 10^{16}～10^{19} 倍，晶界扩散是传统晶体的 10 倍；纳米 Ag 晶体作为稀释制冷机的热交换器效率比传统材料高 30％；纳米磁性金属的磁化率是普通金属的 20 倍，而饱和磁矩是普通金属的 1/2。

第二节　纳米材料面临的冲突与挑战

一、与传统概念的冲突

纳米体系，作为连接原子尺度与宏观尺度的桥梁，不仅具有许多颇具科学意义的新奇特性，而且在纳米力学-电子学器件领域有着广泛的应用前景。因此，纳米材料引起了人们的广泛关注。相比于块体材料，纳米材料的最大意义在于其物理特性的可调性。块体表面的低配位原子通常可忽略不计，而纳米体系的配位数欠缺状态使其特性既不同于组分孤立原子或分子，也不同于通常相应的块体状态。由于平均原子配位数的减少，纳米体系表现出新颖的力、热、声、光、电、介电以及磁学特性。然而，纳米体系的这些反常特性早已超出了基于连续介质力学和统计热力学等经典理论的预期和描述。材料的杨氏模量、延展率等物理量已不再是常数，而是随其尺寸而改变，但又不是线性变化。通常，纳米固体的力学性能随实验温度和压强发生改变，普遍情况为材料加热变软、加压变硬。有意思的是，引入尺寸这一自由度并将之与温度和压强结合，不仅可以调节纳米固体的物理特性，而且可以借此获得许多常规方法难以得到的定量信息。

研究纳米体系力学性能时，对以下概念的理解非常重要[11]：

（1）表面能，其定义可归纳如下：①一定厚度的材料，单位面积材料表面相对于材料内部所多出的能量；②表面化学键断裂时离散单原子剩余结合能；③传统定义，即形成单位面积表面时所消耗的能量。

（2）表面应力（σ），是表面能相对于表面应变的改变，即结合能对体积的一阶导数。表面应力与表面能和硬度（H）具有相同的单位（J/m^3 或 N/m^3），反映了在给定温度下内能对体积改变的响应。硬度是指在塑性形变中材料抵抗划痕和压痕的能力。应力通常适用于弹性范畴，而硬度或屈服应力则适用于塑性形变。塑性形变会涉及蠕变、晶体滑移、位错运动以及应变梯度硬化等。

（3）体弹性模量（B），是结合能对体积应变的二阶导数。从量纲或精确度两方面看，均正比于单位体积内的结合能之和。与结合能不同的是，杨氏模量（Y）是材料对外部单轴应力的相关性响应，与晶体或晶体中缺陷的取向有直接联系。杨氏模量与维度的乘积代表了材料的刚度，与原子结构有关，其值亦与材料的其它性质，如德拜温度、声速、单位体积内的比热容以及热导等相关。

（4）压缩率（β，也称延伸率），理论上与弹性模量成反比。样品的刚度是指其弹性强度，即杨氏模量与厚度的乘积。样品的韧度则是指其塑性强度，它与形变过程中原子位错运动的产生与消失、化学键的折叠、晶体滑动以及加工硬化等相关。虽然样品的弹性强度和塑性强度都正比于结合能密度，但刚度强的样品其韧度不一定也强；反之亦然。

（5）表面张力（τ），指液相表面能，是一个重要的物理量。它控制材料在基底上的生长，也与液体表面的许多现象相关，如凝聚、熔化、蒸发、相变、晶体生长以及化学反应等。根据表面张力的温度依赖性可获得许多重要的信息，特别是对表面吸附分子、多元合金或化合物体系。

（6）临界温度（T_c），是一个与原子结合能相关的物理量，表征样品的热稳定性，如固-液、液-气、铁磁、铁电、超导相变以及非晶态的玻璃转化。

从实验的角度分析，可以测量外界刺激对材料内部原子间化学键的响应，从而得到体弹性模量（B）与表面应力（σ）[11]：

$$\begin{cases} \sigma = \dfrac{F}{A} = \dfrac{E}{V} \propto -\left.\dfrac{\partial u(r)}{\partial V}\right|_{r \neq d} \propto \dfrac{u(r)}{r^3} & （表面应力） \\[3mm] B = V\left.\dfrac{\partial P}{\partial V}\right|_{r=d} \propto -\left.\dfrac{\partial^2 u(r)}{\partial V^2}\right|_{r=d} \propto \dfrac{E_b}{d^3} & （体弹性模量） \\[3mm] \beta = \dfrac{\partial V}{V \partial P} = B^{-1}, \quad \beta' = \dfrac{\partial^2 V}{V \partial P^2} & （压缩率） \end{cases} \tag{7-9}$$

式中，F、V 和 A 分别是力、体积以及力 F 的作用面积；函数 $u(r)$ 为原子间对势，其中，r 为原子间距。在平衡位置，$r=d$，σ 为 0。

给定状态下，容易得出 σ、B 和 Y 都正比于单位体积内的结合能：

$$[\sigma] \propto [B] \propto [Y] \propto \dfrac{E}{d^3} \tag{7-10}$$

利用量变分析得到正比关系，这是因为我们关注的主要是 σ 和 B 相对于块体值的相对变化。

由 LBA 方法可知，在无相变的情况下，对某给定样品，化学键的性质和总化学键的数目并不会发生改变，因此，可以建立样品的弹性和应力与代表化学键的键长（体积）和键能的关系。

从原子角度和量纲角度看，σ、B 和 Y 以及表面张力和表面能本质上均正比于单位体积内键能之和，所以它们具有相同的单位（Pa 或 J/m^3）。只要没有外部影响，式（7-10）本质上应适用于呈任意相的任何物质及过程，包括弹性、塑性、可回复形变以及不可回复形变。不同碳材料、成分以及 SiC 的硬度均随弹性模量呈线性变化，这也是式（7-10）的有效证明。纳米压痕测量亦表明，Ni 薄膜的硬度和体弹性模量线性相关。然而，也有相反情形，如实验观测到多晶金属的杨氏模量与晶粒尺寸无关，而其硬度的变化遵循 Hall-Petch 关系（IH-PR）。这是因为在进行硬度测量时，外界因素的引入占主导作用，包括纯度、应变率、蠕变率、加载范围和方向等。在纳米压痕和维氏硬度等测量中，这些因素总是不可避免地引入。这些外在因素对纳米晶的影响更胜于薄膜表面，这点已被实验所证实。因此，实验测量纳米体系的力学特性时，实际是许多内存和外在因素共同作用造成的，这也就使我们很难区分内存因素和外在因素对力学性能的具体影响。

目前，测量纳米体系杨氏模量与应力的方法很多。除了传统的维氏硬度测试外，常用技术还有：使用原子力显微镜（AFM）悬臂的拉伸测试、纳米拉伸测试、基于透射电子显微镜（TEM）的拉伸测试、AFM 纳米压痕、AFM 三点弯曲测试、AFM 线自由端位移测试、AFM 弹-塑性压痕测试以及纳米压痕测试等。表面声波（SAW）、超声波、原子力声学显微镜（AFAW）以及 TEM 中的电场诱导振荡也是常用的方法。SAW、超声波、AFAW 以及电场诱导振荡方法能获得所涉及的所有化学键的统计信息，但这些方法具有非破坏性，能将外界影响降至最低。

二、面临的挑战

纳米力学是一个新兴领域，其理论研究远滞后于实验研究，目前还有许多问题存在争议，其理论研究面临着巨大挑战。下面是关于纳米体系力学性能的一些典型问题的归纳[12]：

1. 弹性和屈服强度的尺寸效应

实验研究表明，纳米固体的弹性和强度随尺寸的变化表现出 3 种相互冲突的趋势，如表 7-1 所示，并为解释纳米体系的新奇力学特性从不同的角度提出了许多复杂的理论模型。例如，对纳米结构的弹性响应和力学强度的解释有非线性效应、表面重构与弛豫、表面应力或表面张力、剩余表面与边界应力、表面壳层高压缩率、位错饥饿、位错源随机长度、应力失配、晶粒体积弛豫、化学键缺失与饱和竞争以及低配位原子的增强化学键等。

表 7-1　表面和纳米材料尺寸减小时，弹性模量和机械强度变化的实验结果汇总[12]

趋势	样品	实验方法
硬化	TiCrN、AlGaN、a-C 和 a-C：N 表面 Ni、Ag、Ni、Cu、Al、α-TiAl 和 γ-TiAl 表面 Au 和 Ag 薄膜 TiC、ZrC 和 HfC 表面 不锈钢晶粒 ZnO 纳米带、纳米线和表面 Ag 纳米线 聚左旋乳酸（PLLA）纤维 SiTiN 纤维 Au—Au 化学键 SWCNT、MWCNT 和 SiC 纳米线 CNT 纺纤维 Ag 和 Pd 纳米线 GaN 纳米线	纳米压痕法 AFM SAW DFT AFM 纳米压痕法
软化	Ni 表面和纳米颗粒 聚合物表面 聚苯乙烯表面 ZnO 纳米带/纳米线 Cr 和 Si 纳米腔 ZnS 纳米丝	AFAM AFM AFM 三点弯曲测试 AFM 力偏转光谱
不变或 无规律	ZnS 纳米带硬度增强而弹性下降 Au 纳米线 SiO_2 纳米线 Ag 纳米线 20～80nm Ge 纳米线	AFM 纳米压痕法

对纳米材料塑性形变的大尺度分子模拟结果表明，在单轴拉伸或纳米压痕下，晶粒内部和外部的形变过程都是以塑性形变为主要因素，不同参数对应力状态和动力学的影响也可进行定量化研究，其中所考虑的参数包括：晶体取向（单向、双向、四向以及八向滑移）、温度、外加应变率、样品尺寸、样品的长宽比、形变路径（压缩、拉伸、剪切和扭转）以及材

料的种类（Ni、Al 和 Cu）。虽然在不同尺寸下热力学作用力（应力）会有所不同，但分子模拟、有限元模拟以及实验研究结果均表明，其形变动力学十分类似。分子模拟本质上涵盖了极限应变率和尺寸因素，给出的结果与宏观测量的塑性性质相一致。这包括在某一范围内屈服应力与应变率无关。然而，分子动力学模拟结果表明，虽然表面原子在纳米体系力学性能中起了重要作用，但目前仍缺少从分子层面上理解可决定纳米结构、尺寸延伸的和温度效应的本质因素和相关的解析表达式。

2. 表面能、强度及热稳定性

通常，无机纳米材料壳层表面的硬度比内部更硬，而表面熔点却远低于块体值（T_m）。以 Si(111) 面为例（$T_m = 1687K$），其表面台阶处或者无台阶边缘在 1473～1493K 的温度范围内就开始熔化。对 T_m 较低的样品来说，并不一定会出现硬度增强的情况。相较于固体，液体表面最先固化，并伴随着最外层原子晶格收缩和晶格化现象。虽然临界深度机制将表面硬化现象归结为表面效应、应变梯度硬化以及形变的非位错机制，但这些现象超出了从熵、焓和自由能来分析的经典理论的理解范畴。因而，人们迫切需要从原子尺度揭示表面张力及其温度和吸附效应的物理机制。此外，传统的表面能定义是基于大尺度统计热力学与连续介质模型提出的，而在纳米尺度下，量子化效应趋于主导，因此，纳米体系的表面能必须加以修正。

3. 热致软化

无论材料的形状和尺寸如何，材料都容易产生热致软化现象。这是被大量实验已经验证的事实。通常，当测试温度升高时，固体的压缩率/延伸率也会相应提高，引起机械强度的改变，如 Al 纳米晶和金刚石薄膜。在高温下，金刚石梁（线）在断裂前，其弯曲刚度和杨氏模量会明显降低到初始值的 1/3。氢化、硅烷化及固体的有机硅胶树脂的挠曲强度和模量也会随着测试温度的升高而降低。温度升高，一定尺度的 Mg 纳米固体的屈服强度也会下降。原子尺度模拟计算结果表明，测试温度升高时，材料无论处于弹性还是塑性都会出现相应的软化现象。在 200℃下，300nm Cu 纳米晶的强度降低 15%，而延展性却会增加。虽然 TiN/Mo$_x$C 多层膜的杨氏模量随调制周期降低而升高，但当温度从 100℃升高至 400℃时，杨氏模量降低。分子动力学研究结果表明，对扶手型和锯齿型碳纳米管而言，在 300～1200℃的温度区间内，纵向杨氏模量与剪切模量表现出相反的变化趋势，即温度升高，杨氏模量降低，而剪切模量升高。

在极低温度下，杨氏模量呈线性下降趋势；而高温下，遵循线性关系。当测试温度从室温上升至 400℃时，尺寸为 100～290nm 的超精细 FeCo$_2$V 样品的延伸率从 3%增加至 13%，甚至达到 22%，而强度逐渐降低。当温度升高至约 2000K 时，单个单壁碳纳米管呈现超塑性，纳米固体的延展性随温度升高呈指数级增长，接近 T_m 时趋近无穷。然而，目前热致软化和热致延展性强化的解析表达式还有待确定。

4. 单原子链（MC）模型

在 4.2K 和超高真空条件下，对 Au 的单原子链（MC）的测试结果表明，Au—Au 键断裂时的键长为 0.23nm，比块体值 0.29nm 缩短了约 21%。而在室温下，实验测得其断裂极限在 0.29～0.48nm 范围内。不过，对于其它金属，很难控制其单原子链的形成。对这些实验测量值的重现，目前已有一部分理论取得了一定进展，即 MC 在形变过程中不存在化学键的解折叠和原子滑移位错，它是进行力学测试的一种理想模型，如基于先进计算方法的模糊成像、原子杂质调制以及电荷调制机制等，但对于 0.23nm 和 0.48nm 两种极限键长的情况，却一直无法实现理论重现。

5. 纳米尺度的刚性和热稳定性

对于块体材料而言，其弹性模量正比于熔点；但在纳米尺度下，这一规则并不成立。例如，碳纳米管、ZnO 和 SiC 纳米线，相比于相应块体材料，有极高的强度和较低的热稳定性。随着单壁碳纳米管（SWCNT）的厚度改变，其弹性模量会在 $0.5 \sim 5.5$ TPa 范围变化。多壁碳纳米管（MWCNT）的杨氏模量随管壁数目（厚度）倒数的增大而降低，而且如果管壁厚度不变，最外层原子半径的改变对其影响不大。在 1593K 时，SWCNT 开口端边界原子会发生融合，约在 2000K 时，其延伸率可达 280%。在室温下，普通相机的闪光都能使 SWCNT 燃烧。

6. 反 Hall-Petch 关系

在拉或压应力作用下，粒径大于或等于 100nm 的晶体的硬度或屈服应力满足经典的 Hall-Petch 关系（HPR）。硬度随着固体尺寸平方根的减小而线性增加，随着尺寸的进一步减小，力学强度会继续增加，但开始偏离最初的 HPR，直至 10nm 左右临界尺寸时，硬度达到极值。在临界尺寸下，反 HPR(IHPR) 曲线的斜率由正变为负，从而导致纳米固体变软。虽然已有大量实验结果证实了纳米尺度下 IHPR 的存在，但其背后蕴藏的原子尺度物理机制仍不清楚，密度 HPR 转变临界尺寸的因素是什么，仍有待研究。由于部分位错运动引起晶界滑移的产生和消失，这涉及许多外部与内部因素的相互竞争，可能决定了 HPR-IHPR 转变，这也是当前最具争议的研究课题。

7. 空位和纳米腔导致的硬化和热失稳

原子空位减少了化学键的数目，从而降低了多孔材料的强度。然而，材料的硬度并不简单遵循这种配位数的规则。空位不仅可作为阻止位错运动的钉扎中心，并在特定浓度时增强材料机械强度，还为结构失效提供位置。多孔材料中引入有限的空位或纳米腔确实可以增强其力学强度。样品中原子空位或离散分布的纳米腔在增强力学强度的同时，也会导致材料熔点降低。相比于标准材料，质量密度约为 $40\% \sim 60\%$ 的金属泡沫更硬、更轻，可用于能源存储材料。然而，当材料的空位数目过多或存在过大孔时，反而会对样品的力学强度起反作用。例如，纳米管的杨氏模量随原子缺陷的增加会降低，当仅存在几个原子缺陷时，塑性强度也受到极大影响。如何理解空腔所致硬化或熔点变化的理论预期与实验测量结果存在偏差，也是一项具有挑战意义的工作。

8. 吸附诱导表面应力

液体表面张力随测量温度升高呈线性下降。但如果液体表面带有杂质或存在吸附，很可能会引起这种线性变化趋势的改变。固体表面吸附成键可使表面应力表现出多种形式，例如，氢吸附会导致金属变脆，而碳吸附则通常会诱导表面产生压应力。即使在相同表面上，不同的吸附物，如 C、N、O、S 以及 CO 等也会引起不同的表面应力。特定吸附物可以导致表面应力改变性质，即便在同一种材料的不同表面上，特定吸附物也可能引起不同的应力。基于化学键成键，可从电荷化和重新分布的角度来理解吸附导致表面应力及其随温度变化的趋势。

9. 界面与纳米复合物

不同种类复合材料的层状复合，或如碳纳米管、纤维和黏土等纳米结构嵌入多聚物基底的复合形式，可增强材料的机械强度。关于纳米复合物力学强化过程中，界面混合、界面表面分离和填充物的作用至今尚不清楚。

10. 经典理论与量子近似的局限性

从吉布斯自由能角度出发的经典方法或连续介质力学都可很好地描述宏观系统的物理特性。例如，在不考虑原子内部本质变化时，可测物理量可直接同外界条件，如温度（T）和熵（S）、压强（P）和体积（V）、表面积（A）和表面能（γ）、化学组分（n_i）和化学势（μ_i）、电场（E）和电荷量（q）、磁场（B）和磁矩（μ_B）等建立关系：

$$G\ (T,\ P,\ A,\ n_i,\ E,\ B,\ \cdots)\ =\Omega\ (ST,\ VP,\ \gamma A,\ \mu_i n_i,\ qE,\ \mu_B B,\ \cdots)$$

而在原子尺度上，量子效应起主导作用。这时，小尺寸材料的物理特性需通过求解电子的薛定谔方程或者原子的牛顿运动方程来进行精确计算。在这种情况下，平均原子间相互作用势之和可看作单体系统的核心。

$$H_i=T_i+v_i\ (r)\ +V_{\mathrm{crystal}}\ (r+R_{ij}) \qquad （量子力学）$$

$$F=-\nabla\ [V_{\mathrm{crystal}}\ (r+R_{ij})\ ]\ =M_{\mathrm{r}}^n \qquad （分子动力学）$$

式中，H_i、F、T_i、v_i、V_{crystal}、R_{ij} 和 M_{r} 分别为系统的哈密顿量、力、动能、原子间势场、晶格周期势场、原子间距和原子质量。

然而，对处于纳米尺寸的小体系来说，经典和量子方法都会遇到严重困难。例如，对原子数目为 N 的体系进行统计时，其标准差正比于 N^{-12}。特定参数，如熵、体积、表面能和化学势等不再是常数，而随材料尺寸改变而变化。此时，量子力学方法面临边界条件等纳米科学核心问题。断键引起的局域应变、表层量子钉扎以及相应的表面电荷、能量和质量致密化起到很重要作用。事实上，真实体系在原子位置是各向异性和运动的，而且具有很强的局域特征。使用平均原子间势场和周期性边界条件来描述表面钉扎未免过于理想化。因此，从局域键平均（LBA）的角度给出材料内存力学性质和尺寸、温度、键性质关系的解析表达式是十分必要的，这在一定程度上对经典和量子理论进行了补充。

第三节　纳米材料的化学键结构与性能

对于孤立的纳米固体或者高度分散的纳米固体复合物而言，其晶格常数相对于块体材料一般是收缩的，而对于嵌入其它材料基质或经过化学钝化的纳米固体而言，其晶格常数一般是膨胀的。例如，金属表面吸附 O 时，O 原子嵌入最外两层之间形成四面体结构，从而使 d_{12} 膨胀 10%～25%。类似地，纳米晶 Cu 的晶格也出现膨胀。直径 6～27nm 的 Ni 纳米材料，其表面 0.4nm 厚的氧化层使 Ni 晶格膨胀，并伴随饱和磁化强度（M_s）减小。16nm 的 $La_{0.7}Sr_{0.3}MnO_3$ 纳米颗粒的 M_s 远小于其块体值。固体 Ar 中孤立的直径 2.5～13nm 的 Ag 颗粒以及直径 1.4～5.0nm 的 Pd 颗粒的最近邻原子之间距都发生明显收缩。内嵌在非晶 C 中 14nm 的 FePt 纳米颗粒的晶格常数收缩了 4%。Sn 和 Bi 纳米颗粒的平均晶格常数随颗粒尺寸的减小而减小，且 c 轴晶格收缩绝对值比其它轴的大，这表明晶格常数收缩具有各向异性特征。12.5nm 的 ZnMnTe 纳米固体晶格收缩约 8%。Cu—Cu 键长随固体大小呈 D^{-1} 的趋势收缩，对于 0.7nm 的 Cu 颗粒，其 Cu—Cu 键从 0.2555nm 变为 0.2223nm，收缩了约 13%。不过，有效介质理论认为，小尺寸的 Cu 纳米颗粒（包含 100～1000 个原子）的键长受温度影响很小。DFT 计算结果表明，Ge 和 Si 纳米颗粒的原子间距在中心膨胀，在表层收缩，平均晶格常数比块体值小。

结合 MD 计算、Pauling 关系以及相干电子衍射，Huang 等研究表明，Au 纳米颗粒的最外两原子层弛豫不均匀，如图 7-5 所示。首先，弛豫是由大量边界原子的面外键收缩主导

（约 0.02nm，约 7%）；其次，（100）表面原子也有显著收缩（约 0.013nm，约 4.5%）；（111）面内原子收缩很小（约 0.005nm，约 2%）。EXAFS 测量表明，Au—Au 化学键的收缩只与配位相关，与基底无关，与键序-键长-键强，即键弛豫（BOLS）的假设一致。然而，涂有硫醇有机配体的 Au_{102} 团簇的 Au—Au 键长发生膨胀，它应该是 S 原子扩散至 Au 原子层中形成 Au—S 化学键而引起的，这一过程增大了 Au—S—Au 间距，与氧吸附的原理相同。

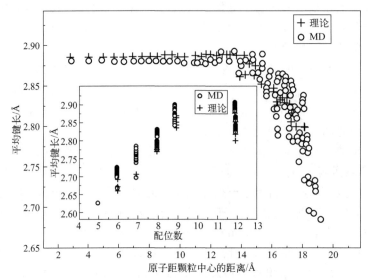

图 7-5　Au 纳米团簇 Au—Au 键长与原子-中心间距的关系[13]

图中表明，键的应变只涉及最外两个原子层。插图为平均原子键长与配位数的关系

低配位会引起固体和液体表层、台阶边缘、气相、纳米固体表层以及与之相关的掺杂和界面的全局键收缩。这与 BOLS 的低配位原子间键更短、更强的观点相一致。

一、可能的物理机制

通常认为，纳米固体晶格收缩是表面应力的静水压力部分和各向异性的内部压缩系数造成的结果。平均晶格应变常数按 H、C 和 O 等掺杂或晶体中的假晶情况来给予解释。BiSn 纳米晶体的晶格收缩的各向异性说明，其块体的 c 和 a 轴压缩系数以及热膨胀系数都是各向异性的。尺寸引起的晶格收缩也与 Laplace-Young 方程和固-液界面能相关。颗粒内部晶格空位的过度饱和也可改变纳米晶体的晶格常数。不过，尽管物理根源不同，各种模型与实验数据均吻合得很好。

事实上，无外部压力时，表面应力和表面能本质上是由键收缩引起的，而不是引起了键收缩。例如，静水压缩系数 β 和热膨胀系数 α 遵循以下关系[14]：

$$\beta = -\frac{1}{V}\left(\frac{\partial V}{\partial P}\right)\bigg|_T = \left(-V\frac{\partial^2 u}{\partial V^2}\bigg|_T\right)^{-1} \propto Y^{-1}, \quad \alpha = \frac{1}{V}\left(\frac{\partial V}{\partial T}\right)\bigg|_P \qquad (7\text{-}11)$$

式中，Y 为杨氏模量；u 为原子势能。压缩性和热膨胀性都是固体的固有特性，是原子间相互作用以及原子尺寸的函数。这些可测物理量可用于描述晶格（$V \propto d^3$）对静水压力 ΔP 或温度 ΔT 等外界因素改变的响应：

$$\frac{\Delta V}{V} = 3\frac{\Delta d}{d} = \begin{cases} \beta \Delta P \\ \alpha \Delta T \end{cases}$$

外界因素仅仅提供了检测这些响应的探索方法：压缩或膨胀。在处理纳米固体问题时，假定压缩系数或热膨胀系数恒定是不恰当的。事实上，表面应力和界面能是自发收缩时增强的表面键能量的衍生产物。

二、键弛豫（BOLS）表述

BOLS（键序-键长-键强）机制提出，固体平均晶格常数的收缩起源于配位数缺失引起的表面原子键收缩以及表面/固体原子百分比。表面应变和纳米固体致密化的关系如下[14]：

$$\frac{\Delta d(K)}{d_0(\infty)} = \begin{cases} \Delta_d = \tau K^{-1} \sum_{i \leqslant 3} C_i (C_i - 1) < 0 & \text{（BOLS）} \\ -(2\beta\sigma)/(3K) & \text{（液滴）} \\ -(\beta\gamma_{s\text{-}1}d_0)^{1/2}/K & \text{（表面应力）} \end{cases} \quad (7\text{-}12)$$

式中，β 为压缩系数；σ 为块体表面应力。$\gamma_{s\text{-}1} = (2d_0 S_{vib} H_m)/(3VR)$ 为固-液界面能，它是块体熔融焓（H_m）、摩尔体积（V）和熔融热焓振动部分（S_{vib}）的函数。根据 BOLS 机制，颗粒平均晶格常数的相对变化只依赖于固体形状、尺寸和键收缩系数，无需引入其它与固体尺寸相关的参量。

X 射线衍射（XRD）是确定块体和纳米结构的晶粒大小 D 和晶格常数 d 的最佳方法，如图 7-6 所示。此法的基本理论是布拉格衍射定律和 Scherrer 议程式：

$$2d\sin\theta = n\lambda$$
$$D = \lambda (H\cos\theta)^{-1}$$

式中，λ 为 X 射线的波长；θ 为衍射角；H 为半峰宽；n 为衍射级数。

对于一个给定形状、尺寸和已知原子直径的纳米固体，利用式(7-12)可轻易预测其晶格收缩情况。以 ZnMnTe 纳米球体为例，其组成原子 Zn、Mn 和 Te 的原子直径分别为 0.1306nm、0.1379nm 和 0.1350nm，球的最外三层有效配位数分别取 4、6 和 8。平均键长可表示为 $<d> = \Sigma x d_x$，其中 x 为各成分所占比例。计算结果与实验结果非常匹配（12.5nm 的 ZnMnTe 纳米颗粒收缩了约 8%），且证实颗粒尺寸足够大时，平均晶格常数才可达到块体值；当颗粒为次小尺寸时，平均晶格常数接近同组

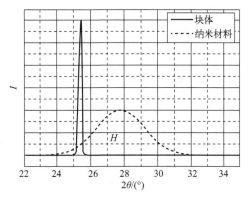

图 7-6　XRD 确定纳米材料晶格
常数和晶粒尺寸[15]

分的二聚物的值。此外，BOLS 机制对于 ZnS：Mn 薄膜、Sn 和 Bi 纳米颗粒晶格收缩的理论预测也与实验结果相符。对于粒径为 2.0nm、2.5nm 和 3.5nm 的 Ag 颗粒，实验结果显示，Ag-Ag 原子之间的间距比块体的值小。而对于 5.0nm 的 Ag 晶体，其 60% 的原子之间的间距值与块体的值相同，40% 的小于块体的值。

常见金属的晶格收缩情况如图 7-7 所示。对于 Ag、Cu 和 Ni 3 种元素，尺寸稍小时的平均原子间距减小了 1.6%～2.0%，而尺寸稍大的只收缩了 0.6%。如果用晶格在 a 和 c 轴的相对变化 $\Delta a/a$ 和 $\Delta c/c$ 来替代晶格常数绝对变化值，那么金属 Bi 晶格收缩的各向异性将不会体现出来。

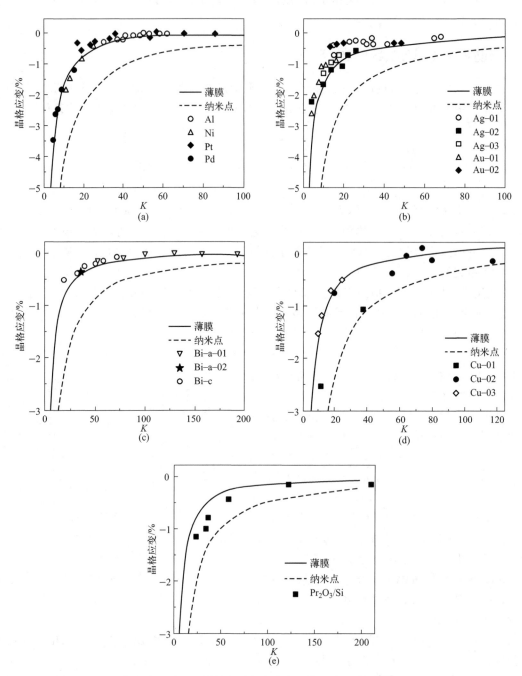

图 7-7　BOLS 理论预测与实验测量的不同材料晶格应变与固体尺寸的关系[16]：（a）Al、Ni、Pd 和 Pt；
（b）Ag-01、Ag-02、Ag-03、Au-01 和 Au-02；（c）Bi-a-01、Bi-a-02 和 Bi-c；（d）Cu-01、Cu-02 和
Cu-03 纳米颗粒；（e）Si 基底上 Pr$_2$O$_3$ 薄膜的晶格常数与厚度的关系，Bi 纳米固体的相对
应变 $\Delta a/a$ 和 $\Delta c/c$ 均匀，不体现各向异性

三、应变诱导的刚度强化

BOLS 机制表明，纳米颗粒表面原子自发弛豫，而内部原子类似块体原子，并非整个颗粒都发生均匀弛豫。综合宽角度 XRD 的对分布函数（PDF）和扩展 X 射线吸收精细结构谱（EXAFS），Gilbert 等发现，在 2nm 间距内结构相干性消失。ZnS 纳米颗粒真实 PDF 图像与理想计算结果有 5 点不同，如图 7-8 所示：

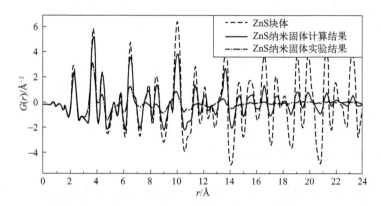

图 7-8　ZnS 块体以及 ZnS 纳米固体计算和实验的对分布函数比较[17]

（1）真实纳米颗粒第一壳层的 PDF 峰强比计算情况低；

（2）在较高相关间距时，实际 PDF 峰强比计算情况减小得更快；

（3）实际 PDF 峰宽比计算情况更宽；

（4）PDF 峰位置靠近 $r = 1.0$nm 和 1.4nm 的原子位置（分别收缩了 0.008nm 和 0.02nm）；

（5）晶格振动频率从块体的 7.1THz 变为 11.6THz，意味着化学键硬化。

ZnS 纳米固体的硬化证实，表面化学键变短变强，主导了整个纳米固体的弛豫。PDF 强度衰减缘于配位原子高度缺失的低配位原子的体积变化。PDF 峰的偏移和宽化缘于最外两至三层原子键收缩程度的不同和尺寸的不均匀。从大量 XRD 和 EXAFS 的统计信息来看，只能辨别出结构误差的存在，但几乎不能推断结构变形是源于表层还是源于核心区域。不过，1.4nm(3.4nm − 2.0nm) 的直径差与含最外原子覆盖层和表层 ［3（层数）×2（边数）×0.255（直径）nm≈1.5nm］ 的表面（其原子配位数不饱和）厚度一致。与非晶固体（其结构相干性仅几个原子间距）的 PDF 相比，ZnS 纳米固体的 PDF 与实测固体的芯尺寸相一致。因此，表层在纳米固体键长变化中处于支配地位。

纳米颗粒与非晶固体之间的差异是低配位原子的分布情况。低配位原子只位于纳米颗粒表面，而随机分布在非晶体内部。而且，低配位原子的分布情况对非晶处理工艺非常敏感。据统计研究，无论低配位原子处于颗粒的什么位置，它们对固体硬化的贡献都相同。与预期的一样，PDF 相干长度或芯尺寸随纳米晶体尺寸的增大而增大。不同尺寸纳米晶的实验结果进一步证实，壳层应变导致纳米固体硬化。

四、能量钉扎

由于表面电子和能量的局域化、钉扎以及较低的原子相干性，低配位引起的表面键收缩对纳米固体的各种物理性质产生了巨大影响。除了磁力增强，Al、Ag、Cu 和 Pd 的表面弛豫引起表面能量偏移和局域化。对于 Ag 纳米晶体，表面致密化使原子之间的相互作用力常数变大，与块体相比增大了 120%。Cu(711) 表面的台阶和平台原子的振动能和热容对局部原子环境敏感，在室温时，台阶原子过剩自由能的振动贡献部分是扭折形成能的重要组成部分。Al(001) 的表面弛豫使弛豫单层的带宽与块体截断面单层值相比扩大了 1.5eV，同时原子结合能增大 0.3eV。对于粒径为 1.6nm、2.4nm 和 4.0nm 正十二硫醇覆盖的 Au 纳米颗粒，其晶格常数分别收缩了 1.4%、1.1% 和 0.7%，4f 能级分别偏移了 0.36eV、0.21eV 和 0.13eV。因此，原子配位数不饱和以及与之相关的键强增强对物理性质的影响非常明显，特别是对于含有大量低配位原子的系统。

五、总结

低配位原子的化学键变短、变强。化学键变短伴随电荷、能量和质量的局域致密化；化学键变强导致势阱加深，使电荷和能量钉扎。局域钉扎的成键电子易极化非键电子。局域应变、量子钉扎和电荷极化等电子结构的变化将导致缺陷以及表面的纳米结构的各种反常行为，这可能是纳米材料呈现各种奇异性能的原因。

第四节　纳米材料的电子结构与性能（形状与尺寸效应）

一、核壳模型：表体比

表体比 γ_i 决定尺寸效应的趋势。以半径为 R 的球形材料为例，厚度在 d_{z1} 的第一原子层的 γ_1 为[18]：

$$\gamma_1 = \mathrm{d}(\ln V) = \frac{\int_{v_1}^{v_2} \mathrm{d}V}{V} = \frac{4\pi \int_{R-d_{z1}}^{R} R^2 \mathrm{d}R}{4\pi R^3/3} \approx 1 - 3\left(\frac{R-d_{z1}}{R}\right) = \frac{3C_{z1}}{K} \tag{7-13}$$

式中，K 是沿球形纳米材料的半径方向、薄膜厚度方向或纳米管管壁厚度方向的原子数；C_{z1} 是键收缩系数。一般来说，$\gamma_i = \tau k^{-1} C_i$。$\tau = 1$、2 和 3 分别对应于薄膜、纳米线和纳米点。对含孔洞的体系来说，需引入参数 L，表示孔洞结构中没有占据原子的原子层数。上述情况下，表体比之和 γ_i 需要计入孔洞体系的内外两部分。实心体系中，$L = 0$；中空球形或管状材料中，$L < K$。对于中空体系来说，随着材料尺寸减小，表面原子性质将占主导地位，这是因为尺寸极小（$K \to 3$）时，γ_i 趋近于 1。当 $K = 1$ 时，材料成为孤立原子。如果纳米材料中所有的化学键都对尺寸效应有贡献，则对材料整体的积分也将趋于 1。因此，尺寸效应表明有限厚度表层的化学键主导着物理量的变化，如图 7-9(a) 所示。

这里，对维度的定义有别于传统情况。球形纳米材料、棒状纳米材料和薄膜的维度分别定义为三维、二维和一维。图 7-9(b) 和图 7-9(c) 分别表示表体比与 K 和 N 的关系。由于 K 是整数，所以小尺寸情况下物理量的变化将会表现出分立特点，这与其晶格结构有关，如图 7-9(c) 所示。

二、局域键平均近似

某材料，无论是晶体还是非晶体，无论是否有缺陷，在受到外界因素作用时，材料内包

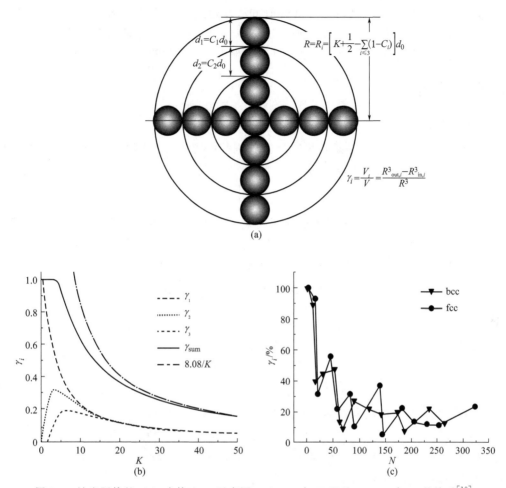

图 7-9　纳米固体的 (a) 表体比 γ_i 示意图，(b) γ_i 与 K 以及 (c) γ_i 与 N 的关系[19]

(b) 中展示了固体从原子 $K=1$ 增加至 $K=\infty$ 时，γ_i 从 1 减小至接近零的趋势。在尺寸 K 极小时，固体退化为单原子。

(c) 所示为 bcc 和 fcc 结构纳米固体的表体比 γ_i 与原子数 N 的关系

含的化学键的性质和总数目保持不变，除非材料发生相变。但在外界因素作用过程中，化学键的键长和键能或其平均值都会发生一定的改变，直到化学键发生断裂。如果能通过函数把可测物理量与均化键的键特性联系起来，那么就可以通过均化键键长和键能等情况的改变来推测整个材料物理性能的变化趋势。这就是局域键平均（LBA）近似方法的出发点。

　　LBA 近似方法大体上与 Delph 等提出的体积分割近似方法相同，后者改进了用局域物理计算材料性能的方法。他们通过分析包含固定原子数目的分割区域得到局域应力和弹性常数的绝对值，拓展局域原子势能，获得局域的第二类 Piola-Kirchoff 应力。利用这种方法，在远场区域他们得到了与平均无连续解一致的结果。这为分析复杂微结构材料的应力与弹性性质提供了一种合理且正确的处理方法。

　　LBA 近似方法与体积分割近似方法的差异在于，前者试图寻求在外界环境作用下纳米材料可测物理量与其已知块体材料物理量的相对变化情况。LBA 近似方法只关注局域均化键的变化情况，并不考虑所有的化学键，因为材料发生相变前，化学键的总数是不变的。断键、缺陷、杂质或非晶态的出现会影响可测物理量的参考值。长程相互作用或高阶项作用可简化折算到当前涉及的化学键中。LBA 近似方法可表征真实测量情况，与利用倒易空间和理论计算得到的结果一致，但体积分割近似方法是通过大量原子或化学键的统计分析而来的，与实验和计算方法相比，LBA 近似方法可以区别不同位置的局域键性质，并可用于阐明目前经典力学和量子力学都无法解决的小尺寸材料的一些特殊物性。

三、尺度关系

1. LBA 尺度关系

假设纳米材料包含 N 个原子，尺寸为 K，则其可测物理 $Q(K)$ 与饱和配位体材料相应物理量 $Q(\infty) = Nq_0$ 之间满足以下关系[20]：

$$Q(K) = Nq_0 + \sum_{i \leqslant 3} N_i(q_i - q_0) \tag{7-14}$$

式中，下角标 i 表示从材料表面最外层原子向第 i 层原子，$i > 3$ 表示没有配位缺失的第三层以内的原子，即均为饱和配位；q_0 和 q_i 分别表示块体和第 i 原子层的可测物理量 Q 的局域密度。根据式（7-14）可得 $Q(K)$ 的相对变化量为：

$$\frac{Q(K) - Q(\infty)}{Q(\infty)} = \begin{cases} bK^{-1} & \text{（实验）} \\ \Delta_q & \text{（理论）} \end{cases}$$

$$\Delta_q = \sum_{i \leqslant 3} \gamma_i \frac{\Delta q_i}{q}$$

$$\gamma_i = \frac{N_i}{N} = \frac{V_i}{V} = \frac{\tau C_i}{K} \leqslant 1 \tag{7-15}$$

式中，斜率 b 为常数，即纳米材料物理意义的核心所在。当给定函数 $q(z_i, C_i, m)$，$\Delta_q \propto K^{-1}$ 仅与 $\gamma_i(\tau, K, C_i)$ 有关。权重因子 γ_i 表示材料形貌（K, L）和维度（τ）对材料性能的影响，决定了物理量变化的量级。$\Delta q_i / q_0$ 是材料可测物理量变化的本质，维度 τ 是材料形状因子，不存在零维材料。

当材料尺寸从原子级别增大至块体材料时，总的表体比 $\sum_{i \leqslant 3} \gamma_i = \sum_{i \leqslant 3} \tau K^{-1} C_i$，将以 K^{-1} 的趋势从 1 降至无穷小。球形材料的 γ_i 大于同尺度的棒状和层状材料。当 $K < 3$ 时，γ_i 趋近于 1，表面原子对材料性能起主导作用。当颗粒为次小尺寸的球形纳米点，$K = 1.5$（以 Au 球形纳米点为例，$Kd_0 = 0.43 \text{nm}$），$\gamma_1 = 1$，$\gamma_2 = \gamma_3 = 0$，$z_1 = 2$，这与单原子链中的原子情况一致，只是键的方向不同。原子链中的原子与单原子链中的原子情形相同，只是前者两化学键的几何取向不同。事实上，在 BOLS 中并没有涉及化学键取向问题。因此，从键序缺失的角度出发，如果是同一种元素，fcc 单胞结构中的原子与单原子链中的原子没有区别。次小尺寸纳米材料物理量的变化与单个化学键直接相关，这就是 LBA "自下而上" 方法的出发点。更重要的是，LBA 近似方法可覆盖从单原子链到无限大体积尺寸范围的材料。除了尺寸效应之外，温度变量也是一个关键参量，因为所有化学键的键性都会随温度的发生而产生不同程度的变化。

纳米球的表体计算模型如图 7-10（a）所示。它表明，由于断键引起局域应变和量子钉扎，表面主导纳米材料物理性能的变化，而内层原子与块体材料原子性质相同，保持不变。

2. 表体比

正负曲率表面的表体比 γ_i 不同，但低配位原子的配位情况基本相同。如图 7-10（a）所示，半径为 K 的球形材料，沿半径方向具有 $n + 1/2$ 个球形孔洞（半径为 L），则球体内共

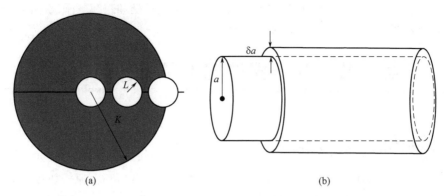

图 7-10 （a）曲率 $4\pi(n+1/2)^3/3$ 的球形材料表体比示意图及 （b）纳米棒核壳结构示意图[16]
厚度 δa 内的表层原子对物理量的变化起作用，材料内部原子保持块体材料性质不变

有 $4\pi(n+1/2)^3/3$ 个孔洞。对中空球形材料（$n=0$）来说，孔洞位于材料中心，上述表达式只需微调。假设 V_0 为除孔洞外的余下球体体积，V_i 为孔洞内表面和球体外表面的总表面积，则 V_0 和 V_i 分别为[21]：

$$V_0 = \frac{4\pi}{3}\left[K^3 - \frac{4\pi}{3}\left(n+\frac{1}{2}\right)^3 L^3\right]$$

$$V_i = 4\pi\left[K^2 C_{i0} + \frac{4\pi}{3}\left(n+\frac{1}{2}\right)^3 L^2 C_{ii}\right]$$

式中，C_{i0} 和 C_{ii} 分别表示负曲率孔洞表面原子的键收缩系数和正曲率球体外表面原子的键收缩系数。则材料的表体比可表示为：

$$\gamma_i(n, L, K) = \frac{V_i}{V_0} = \frac{3}{K} \times \frac{3C_{i0} + 4\pi(n+1/2)^3(L/K)^2 C_{ii}}{3 - 4\pi(n+1/2)^3(L/K)^3}$$

$$= \frac{3}{K} \times \begin{cases} \dfrac{3C_{i0} + 4\pi(n+1/2)^3(L/K)^2 C_{ii}}{3 - 4\pi(n+1/2)^3(L/K)^3} & \text{（多孔球体）} \\ C_{i0} & \text{（实心球体）} \\ \dfrac{3C_{i0} + 4\pi(L/K)^2 C_{ii}}{3 - 4\pi(L/K)^3} & \text{（中空球体）} \end{cases} \quad (7\text{-}16)$$

由于受到沿半径 K 方向能够排列的孔洞最大数目的限制，参数 n、L 和 K 需满足：$2(L+1)(n+1/2) \leqslant K-2$。$2(L+1)$ 表示考虑了表面第一层的孔洞直径，$K-2$ 是除去表层的球体半径。式（7-16）涵盖了实心球体、中空球体以及均匀分布相同尺寸的球体情况，也同样适用于纳米棒、中空管以及多孔纳米线。

根据 $\gamma_i(n, L, K)$ 和已知的 $q[z_i, d_i(t), E_i(t)]$ 表达式，无需引入假定参数，就可得到低配位体系可测物理量 Q 随尺寸、孔洞密度及温度的变化趋势。

四、总结

这部分详细阐述了原子配位缺失及其对键长、键能、电荷钉扎和极化的影响。从单键结合能出发，利用 BOLS 机制揭示相变和晶体生长等热激活的物理过程。从材料表面结合能密度出发，通过研究体系哈密顿量的变化来分析由此导致的纳米材料能带结构的演化情况。某些物理性质，如力学强度和磁性、原子结合能和能量密度呈此消彼长的趋势。表面量子钉扎主导着输运动力学行为。这些材料物理性质主要是由化学键和束缚电子决定的。尺寸效应可导致纳米材料展现块体所不具备的新颖物性。

第五节　纳米固体的电子钉扎与极化

一、纳米固体的芯能级偏移

从一组芯能级偏移尺寸效应的数据中，可以根据 BOLS 获得孤立原子能级 $E_\nu(0)$，其尺度效应遵循式(7-15) 所示关系。由于 $\Delta_H \propto K^{-1}$，$Q(\infty) = E_\nu(\infty) - \Delta E_\nu(0) = B/(\Delta_H K)$ 仅与参数 m、给定的维度 (τ) 和材料尺寸 (K) 相关。因此，在计算过程中仅有 m 和 $\Delta E_\nu(\infty)$ 两个独立的参量。倘若知道了系统的某物理量 $Q(\infty)$ ［例如 $T_m(\infty)$ 或能隙 $E_G(\infty)$］和实验中尺寸相关的测量值 $Q(K)$，通过对比实验和理论结果，即可获得 m 值。一旦 m 值确定，同一体系的任何求解物理量 $Q(\infty)$，如晶体结合强度 $\Delta E_\nu(\infty)$ 和孤立原子能级 $E_\nu(0)$ 都可以利用上述关系进行确定。

芯能级偏移（CLS）与团簇尺寸（有效配位数）的关系如图 7-11(a) 所示。如果固体尺寸从一个孤立原子增大到无限大，CLS 沿图 7-11(a) 中下半部分的曲线偏移。芯能级在 $z=2$（面心立方晶胞）时达到最大值，然后以 K^{-1} 的形式恢复到块体偏移量 $E_\nu(12)$。图 7-11 (b) 所示为 Cr_N 团簇（$N=2\sim13$）的 2p 能级随配位数的变化趋势，$z>2$ 时的 C1s 偏移趋势也与 BOLS 预测一致。

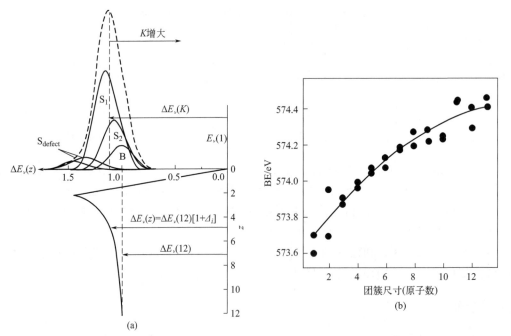

图 7-11　(a) 芯能级偏移与团簇尺寸的关系，(b) 团簇 Cr_N 的 2p 能级随团簇尺寸的变化情况[22]

从单原子 Cr 变为含有 13 个原子（有效配位数为 2）的 Cr 团簇时，E_{2p} 能级从 537.5eV 上升至 574.4eV

1. 表面、尺寸及边界

图 7-12(a) 和（b）给出了 Si 表面的 2p 芯能级谱，图 7-12(c) 和（d）为团簇 Si（$N=5\sim92$）的 2p 芯能级以及价带的能级偏移；图 7-16(e) 是 Si(100) 和 Si(210) 阶梯表面的密度泛函理论（DFT）优化的价带态密度（DOS）图。图 7-16(f) 为芯能级偏移与尺寸的关系。上述结果表明，Si 原子团簇表层与台阶边缘的低配位原子出现势阱，并使其 2p 能级和价带向深层能级偏移。

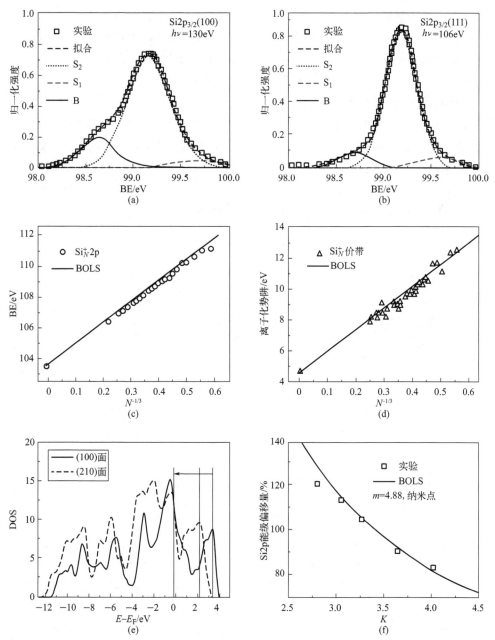

图 7-12　Si 的表层、尺寸和边缘的芯能级偏移情况，（a）Si(100) 和 （b）Si(111) 的 2p 芯能级谱图；
Si$_N^+$ 团簇的 （c）2p 能级和 （d）价带的尺寸效应以及 （e）Si(100)、
Si(210) 面的 DOS 图和 （f）Si 颗粒 2p 能级偏移与尺寸的关系[23]

$$\begin{cases} E_{2p}(K) = E_{2p}(\infty) + b/K = 99.06 + 9.68/K & \text{(纳米硅)} \\ E_{2p}(K) = 102.60 + 13.8/n^{1/3} = 102.60 + 10.69/K & (\text{Si}_N^+) \\ E_{\nu b}(K) = 4.20 + 10.89/K & (\text{Si}_N^+) \end{cases}$$

相对于已知的块体值 $E_{2p}(\infty) = -99.2\text{eV}$，采用了修正量为 $0.14\text{eV}(99.2-99.06)$ 与 $-3.4\text{eV}(99.2-102.60)$ 的修正值。这些修正值并不影响偏移值，$\Delta E_{2p}(\infty) = E_{2p}(\infty) - E_{2p}(0)$。具体处理数据时，团簇尺寸大小由 $n = 4\pi K^3/3$ 更换为 $K^{-1} = [3n/(4\pi)]^{-1/3} = 1.29n^{-1/3}$。由于测量精确度存在偏差，数据拟合曲线斜率也略有偏差。Si_N^+ 中的缺失电子削弱了对晶体势的屏蔽效果。对于较小的团簇来说，其键长比较大的颗粒的键长短而强。在 Si2p 能级尺寸效应的拟合中，根据 $m = 4.88$ 可得孤立原子能级 $E_{2p}(0) = -96.74\text{eV}$ 和块体偏移量 $\Delta E_{2p}(\infty) = -2.46\text{eV}$，该测量值与理论值相匹配。

2. 势阱的芯-壳模型辨析

Cu2p、Au4f、Pd3d 纳米固体的能级偏移的尺寸效应如图 7-13 所示。$E_\nu(K)$ 与 K^{-1} 呈线性关系，以此可推断出其斜率和 $E_\nu(\infty)$ 值，并获得孤立 Cu 原子的 Cu2p 能级 $E_{2p}(0) = 931.0\text{eV}$ 和块体偏移量 $\Delta E_{2p}(\infty) = 1.70\text{eV}$。将已获得的 $\text{Cu}\Delta E_{2p}(\infty)$ 作为参考值，根据 Cu 在 CYCL 上的 $\Delta E_{2p}(K)$ 尺寸效应数据进行拟合，可得出 $m = 1.82$。这里，m 的改变是由于 Cu 和 CYCL 聚合物基底之间的界面贡献，故而 $m \neq 1$。

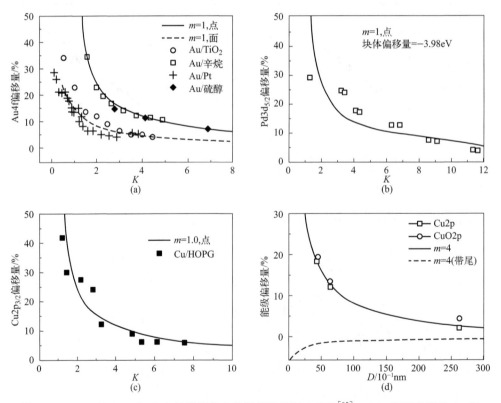

图 7-13　Au、Pd、Cu 和 CuO 纳米固体芯能级偏移的尺寸效应[25]：（a）硫醇密封的 Au 和在辛烷上生长的 Au 具有三维特征，而 Au 在 TiO_2 及 Pt 基底上体现平面特性；（b）在 HOPG 基底上生长的 Pd；（c）在 HOPG 上的 Cu 以及（d）CuO 纳米颗粒

对 Au 纳米固体而言，通过对 Au 在 C 和 W 基底上沉积时 T_m（熔点）的尺寸效应研究已证实 $m=1$。利用 $m=1$ 拟合 Au 团簇实验所测的 $\Delta E_{2f}(K)$，可以得出孤立 Au 原子的能级 $E_{4f}(0)=81.50\text{eV}$ 和块体偏移量 $\Delta E_{4f}(\infty)=2.86\text{eV}$。取 $\Delta E_{4f}(\infty)=-2.86\text{eV}$ 作为参照，比较 Au 在 TiO_2 和 Pt(001) 基底上以层状模式生长时相应能级的变化情况。与 Pd 表面的块体偏移量和孤立原子能级（分别为 4.36eV 和 330.26eV）相比较，解谱 Pd/高定向热解石墨（HOPG）纳米固体 XPS 结果可得出其块体偏移量 $\Delta E_{Pd3d}(\infty)=(4.00\pm0.02)\text{eV}$ 和孤立原子能级 $E_{Pd3d}(0)=330.34\text{eV}$。

ZnS 和 CdS 纳米固体的覆盖层、表面和中心的计算结果表明，由于 Zn—S 键长小于 Cd—S 键长，S2p 在 ZnS 中的晶体结合强于 CdS，相关比较见表 7-2。与 CdS 中测得的 S2s 和 S2p 峰相比，ZnS 中的 S2p 峰会略微向下偏移，而 S2s 峰则会向上偏移。这可能导致在两种样品中的 S 原子的孤立原子能级 $E_{2p}(0)$ 发生微小改变。

表 7-2　基于 XPS 数据计算的各纳米固体的 $E_\nu(0)$、$\Delta E_\nu(\infty)$ 及标准差 σ（$m=4$）[24]

纳米固体	XPS 测量 E_ν/eV			计算结果		
	$S_1(z_1=4)$	$S_2(z_2=6)$	B	$E_\nu(0)/\text{eV}$	$\Delta E_\nu(\infty)/\text{eV}$	σ
CdS-S2p	163.9	162.7	161.7	158.56	3.14	0.002
ZnS-S2p	164.0	162.4	161.4	157.69	3.71	0.002
CdS-S2s	226.0	224.7	223.8	220.66	3.14	0.001
ZnS-S2s	229.0	227.3	226.3	222.32	3.92	0.001
CuO-Cu2p$_{3/2}$	936.0/934.9 (4nm/6nm)	932.9 (25nm)	932.1 (块体)	919.47	12.63	0.36 (2.8%)
CuO-Cu2p$_{3/2}$ 精确数据	935.95/934.85 (4nm/6nm)	932.95 (25nm)	932.1 (块体)	919.58	12.52	0.30 (2.4%)

设 O—Cu 的 $m=4$，可以利用测量数据来估算块体 Cu 和 CuO 中的 $E_{2p}(0)$ 和偏移量 $\Delta E_{2p}(\infty)$，相关结果亦在表 7-2 中给出。估算结果比 Cu/HOPG 和 Cu/CYCL 所得的结果大得多而显得不甚合理。在前面曾经提到过，计算结果的精确性受限于 XPS 数据的准确性。当尺寸减小时，O—Sn 及 O—Ta 化合物的纳米固体 XPS 中主峰和伴峰都会向高结合能方向偏移，这也与理论模型的预测一致（见表 7-3）。

表 7-3　Au、Cu、Pd 和 Si 纳米固体的键性质（m）、维度（τ）和结合能[24]

项目	Au/辛烷	Au/TiO$_2$	Au/Pt	Cu/HOPG	Cu/CYCL	Si	Pd
m	1				1.82	4.88	1
τ	3	1	1	3	3	3	3
d_0/nm	0.288			0.256		0.263	0.273
$E_\nu(\infty)/\text{eV}$	84.37(4f)			932.7(2p)		99.20	334.35
$E_\nu(0)/\text{eV}$	81.504	81.506	81.504	931.0		96.74	330.34
$\Delta E_\nu(\infty)/\text{eV}$	2.866	2.864	2.866	1.70		2.46	3.98

3. 石墨烯的层数效应

石墨烯的 C1s 谱能量分别在 285.97eV、284.80eV 和 284.20eV 时，与之对应的分别是

GNR 边缘、表面层和石墨块体部分。由于单层石墨烯的块体值从 284.40eV 增加到 284.85eV，这引起了块体成分强度的增强与合成峰的偏移。这与 C_{60} 沉积在 CuPd 基片上功函数和 C1s 谱随厚度的变化趋势相同。表 7-4 为 C1s 能级偏移与配位数的关系。配位数引起的钉扎效应和极化偶合导致了所测现象。

表 7-4　碳同素异形体的 C1s 能级偏移与原子配位数的关系[26]　　　　　　　单位：eV

原子配位数	0	2	3	5.335	12
BOLS 预测值	282.57	285.89	284.80	284.20	283.89
实验值	—	285.97	284.80	284.20	283.50～289.30
			284.42	284.30	
			284.90 284.53～284.74	284.35	
				284.45	

注：$z=0$ 和 12 分别对应于孤立碳原子和块体金刚石的碳原子。$z=2$、3、4、5.335 分别对应于石墨烯/CNT 边缘、石墨烯内部、金刚石表面以及石墨块的有效原子配位数。

实验数据与 BOLS-TB 理论相结合，就得到了 C1s 能级偏移与有效配位数的表达式（单位为 eV）[26]：

$$E_{1s}(z)=E_{1s}(0)+[E_{1s}(12)-E_{1s}(0)]C_z^{-2.56}=282.57+1.32C_z^{-2.56} \tag{7-17}$$

图 7-14 所示为碳同素异形体的 C1s 能级 $E_{1s}(z)$ 对有效配位数的依赖性，插图为石墨烯 C1s 和有效配位数的关系，当石墨烯层数为 1、2、3 以及 10 时对应的有效配位数为 2.97、3.2、3.45 和 4.04。

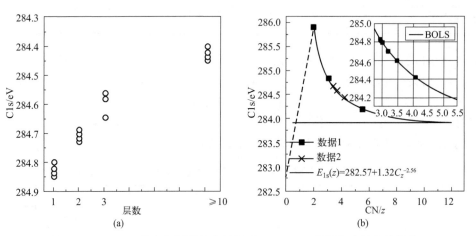

图 7-14　（a）C1s 能级与原子层数的关系；（b）C1s 能级与有效配位数的
关系（数据 1）以及石墨烯 C1s 与有效配位数的相关性（数据 2）[26]

单层 GNR 的 C1s 出现正偏移，并伴随功函数的减小（块体值在 4.6～4.3eV 范围内）。功函数的降低表明边缘极化的增强以及由键收缩引起了电荷致密化。若表面和边缘原子比例增加，则层的数目就会相应减少。因此，功函数的降低和 C1s 的能级偏移很好地证实了钉扎和极化的共存。

4. 尺寸诱导极化

图 7-15 表明，ZnS 晶体从 202nm 减小到 3.0nm 时，与之对应的 $Zn2p_{3/2}$ 能级由于极化作用出现了负偏移，偏移量为 1.2eV。氧钝化消除了极化态，并促使其 2p 能级向低能级转移。在 3％H_2＋97％Ar（Ⅰ）和 21％O_2＋79％N_2（Ⅱ）氛围中，在常温和温度高达 900℃ 条件下对 ZnS 退火 24h，可产生两种类型的缺陷。Ⅰ型表现出光致发光（PL），能级为 2.46eV，Ⅱ型的为 2.26eV。

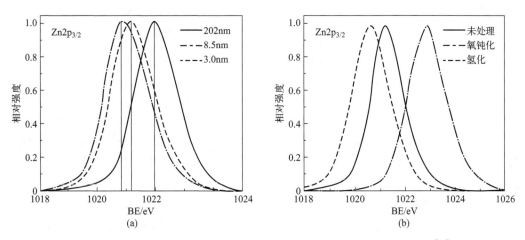

图 7-15　（a）团簇尺寸及（b）退火条件引起 Zn2p3/2 能级偏移的情况[27]

（a）表明，团簇减小诱导极化，引起晶体势和芯能级的负偏移。（b）表明，在 0.21O_2＋0.79N_2 环境下退火，
谱峰从高能 1021.2eV 降低至 1020.8eV，但在 0.03H_2＋0.97Ar 下退火，
极化湮没能级从 1020.8eV 上升至 1022.9eV

不像其它金属的能级随着尺寸的减小出现正偏移，ZnS 的 $Zn2p_{1/2}$ 能级随着其尺寸的减小负移。氧钝化增强了芯能级正移，而氢钝化却使芯能级负移。若在 100％O_2 常压下进行退火处理，PL 峰的能量值将会从 2.46eV 减小到 2.15eV。由于芯能级和带隙均取决于晶体势，且键收缩加强深势阱，致使极化通过屏蔽效应减弱势阱。颗粒尺寸的减小增强了紧束缚电子对非键电子的作用，从而使极化增强。这种现象通常发生在高度弯曲的表面。

氧诱导的偶极子可屏蔽晶体势，使得带隙变窄，芯能级负偏移。然而，加氢会淬灭未成对电子的偶极子。因此，极化和势阱的竞争决定了带隙和芯能级。

尺寸减小引起的极化，发生在含 N、O 和 F 的化合物和最外层 s 轨道含有未成对电子的金属中，如 Ag、Au 和 Rh，而不是发生在 s 轨道是空的或填充有成对电子的金属中，例如 Pt 和 Co。纳米尺度下出现极化的物质会展现出一些相应块体材料不具备的新性能，如稀磁性、催化、超疏水性、流动性和润滑性等，这是纳米材料引起广泛关注的根本原因。

二、电亲和势与功函数

1. 电亲和势的调制

电亲和势是指真空能级（E_0）和导带底部边缘能量差，用以表征约束成键电子的能力。两种元素电负性差代表电负性较强的元素从电负性较弱的元素获得电子的能力。具有较大电负性的元素则具有较高的能力来更加稳固地保持所捕的电子。

导带的势阱引起元素电亲和势的变化，改变规律遵循如下关系[28]：

$$\Delta\varepsilon(\tau,K)=\Delta E_c(\tau,K)-\Delta E_c(\infty)-\Delta E_c(\tau,K)/2 \tag{7-18}$$
$$=[\Delta E_c(\infty)-\Delta E_c(\infty)]/2\Delta_H(\tau,K)$$

导带边缘从孤立原子能级 $E_c(0)$ 急剧变化至 E_c 最大值（K 约为 1.5），然后以 K^{-1} 的形式改变，直至块体值 $\Delta E_c(\infty)$ 为止。$K=1.5$ 对应的配位数 $z=2$，这一般是指单原子链（$\tau=1$）或包含 12 个原子的 fcc 结构的单晶胞（$\tau=3$）。利用已得到的 $\Delta E_c(\infty)$ 和参数 $\tau=3$，$m=1.0$，$\Delta_H(1.5)=0.7^{-1}-1=43\%$，可进一步求得 Cu2p 和 Au4f 纳米球的 $\Delta\varepsilon_M$ 最大值，或价带电荷态密度（DOS）偏移，即 Cu2p：$\Delta E(\infty)=2.12eV$，$\Delta\varepsilon_M=0.99eV$ 和 Au4f：$\Delta E(\infty)=2.87eV$，$\Delta\varepsilon_M=1.34eV$。对于半导体 Si 的纳米球（$\tau=3$ 和 $m=4.88$）而言，其电亲和势增大了 $\Delta_H(1.5)=0.7^{-4.88}-1=470\%$。根据 $\Delta E(\infty)=2.46eV$ 和 $E_G(\infty)=1.12eV$，估计 Si 的 $\Delta\varepsilon_M$ 至少应为 5.8eV。

悬键的钉扎和极化之间的竞争调制着电亲和势。如图 7-13（a）所示，金属平整表面（$z_i=4$）的能级将会出现 $0.88^{-1}-1=13.6\%$ 的偏移，这导致了电亲和势的增强。电亲和势的增强可进一步解释Ⅲ-A 纳米固体键性质的改变和Ⅳ-A 共价键键强在 $z_i\leqslant3$ 时的增强。纳米材料的价带电荷 DOS 势阱对 O 和 Cu 的离子性起到一定的作用。电亲和势的增强应可以解释纳米晶体表面的毒性。

2. 功函数的调制

（1）几何调制方式：电荷致密化　化学键的收缩不仅会加深原子势阱，也会增强表面弛豫区域的电荷密度，致使表面边缘附近被限域的电子会变得更加致密和局域化。除了极化，致密化也会降低功函数。

尺寸为 K 的孤立纳米固体，其功函数 Φ 满足（$V\propto d^\tau$）：

$$\Phi=E_0-E_F,\quad E_F\propto n^{2/3}=\left(\frac{N_e}{V}\right)^{2/3}\propto(\bar{d})^{-2\tau/3} \tag{7-19}$$

式中，纳米固体总的电子数 N_e 守恒。在球形或半球形颗粒尺寸近极限（R 约为 1nm，$\tau=3$）情况下，其平均键长约为块体键长的 80%。由式（7-19）可知，此时 Φ 相较于最初值将减小 30%（E_F 向上偏移 $0.8^{-2}-1$）。

金刚石（111）面的 Φ 值在平均粒径减小至 $4\mu m$ 左右时，从块体值 4.8eV 减小至最小值 3.2eV，随后在尺寸为 $0.32\mu m$ 时恢复并达最大值 5.1eV，如图 7-16（a）所示。这反映曲面势阱在其中起主导作用，此时金刚石表面无偶极子形成。当钼尖端的多晶金刚石薄膜平均粒径从 $0.25\mu m$ 增加到 $6.00\mu m$ 时，场发射阈值从 $3.8V/\mu m$ 降低至 $3.4V/\mu m$。在 GaAs(001) 面上生长的 InAs 量子点，其功函数 Φ 值低于 InAs 湿润层，随量子点高度的降低而增加。

尺寸介于 $0.4\sim2.0nm$ 之间的 Na 颗粒，其功函数 Φ 与尺寸成反比关系，从块体值 2.75eV 降低到 2.25eV（降幅 18%），如图 7-16（b）所示。碳纳米管尖端的 Φ 值在 5.6eV 左右。碳纳米管的金属性和半导体性导致了上述偏差。随着晶体尺寸减小，多孔 Si 的平均功函数 Φ 反而增加，这是由于刻蚀引起表面形成杂质键 Si—H、Si—O 和 Si—O—H。

富氢和含氧的前置相能够促进离散金刚石颗粒和非连续金刚石薄膜的电子发射，但不能提高高质量连续金刚石薄膜、金刚石纳米晶或玻璃态碳涂层的电子发射，即使这些材料含有导电的石墨碳。当纳米管的直径在 $14\sim55nm$ 时，单一多壁碳纳米管尖端的 Φ 对碳纳米管直径并没有显著的依赖性。这种现象表明，配位数减少引起 Φ 的降低归因于纳米颗粒和表面化学态之间的差异。

（2）力学调制　无定形碳（a-C）薄膜中存在的内应力（约 12GPa），相比其他无定形材

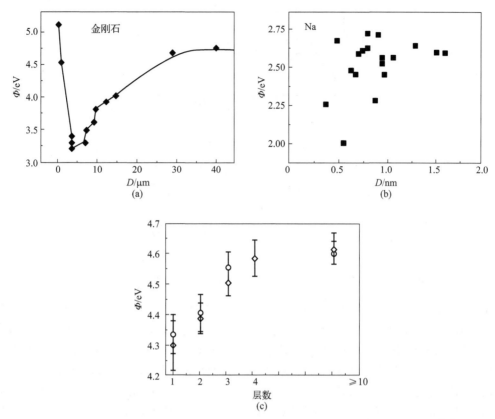

图 7-16　（a）金刚石，（b）Na 纳米晶体和（c）带状石墨烯功函数的尺寸效应[29]

几何面平整性越高，功函数越易恢复

料如 a-Si、a-Ge 或者金属（<1GPa）大约高出一个数量级。若对材料加压，即可通过应力调整其电子性能，如能带结构、电阻率、功函数等，找到了应力和电子发射阈值之间的相互关系，如图 7-17 所示，通过改变内应力（从 1GPa 到 12GPa）来抑制电子发射阈值。内应力的增大会挤压 π 和 π^* 能带，造成能带的重叠会增强电导值，从而降低阈值；另外，sp^2 杂化团簇的 "c 轴" 区间相对于石墨晶体，在存在内应力的情况下可能减小，从而导致在区域内电荷致密，最终导致阈值降低。若通过弯曲 a-C 薄膜或碳纳米管的方式施加外应力，对降低电子发射阈值可起到同样的效果。然而，在阈值减少到临界值时，若继续施加外应力，便可使阈值恢复。

Lacerda 等检测了在 a-C 基底上囚陷惰性气体（Ar、Kr 和 Xe）对 a-C 薄膜内应力的影响。通过控制囚陷惰性气体的孔尺寸，可使其内应力从 1GPa 增加到 11GPa，同时囚陷气体的芯能级提升 1eV，并伴随原子间距膨胀 0.05nm。对 Ar 或 Xe 来说，在 1～11GPa 压力范围内，在第一原子层间距会从 0.24nm 或 0.29nm 分别变化到 0.29nm 或 0.32nm。这意味着，界面 C—C 键的键长收缩会使囚陷气体的孔径和气体分子间距增大。

在 11GPa 的外应力下，石墨面内间距会减小 15%，从而使芯能级电子、价电子和碳原子等紧紧靠在一起。外加静水压力增强会使 a-C 薄膜的电阻率降低。受压时，石墨碳会变得致密，具有金属性和刚性。其它材料晶格的自发收缩会使电阻增强，相反地，虽然内压和外压都会使高 sp^2 杂化的 a-C 薄膜的质量、电荷和应力（能量）致密化，但致密化的电荷却因陷在变低的势阱中。

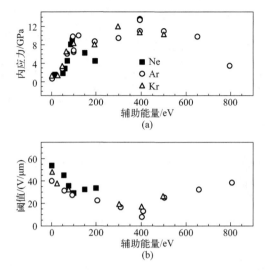

图 7-17   不同惰性气体轰击时，无定形碳的阈值和内应力与辅助能量的关系[30]

BOLS 理论提供了一种解释碳薄膜阈值应力强化的机制。即纳米孔的形成导致在囚陷气体和 a-C 基底上的界面处产生低配位原子。这种配位缺失会导致基底晶格的收缩，而使孔径及囚陷气体的分子间距膨胀，这种膨胀又会伴随囚陷气体原子之间结合能的降低。此外，界面处 C—C 键的自发收缩会导致电荷密度、内应力的增强，致使局域功函数以高达 30% 的幅度降低。内应力通过增强局部囚陷在深势阱中的电荷密度来影响功函数。从这个角度看，尽管此时局域电子的弱范德华键会在带隙中添加一个 DOS 特征，但相较于 sp^3 杂化的团簇（键长为 0.154nm），sp^2 杂化的团簇键长变短（≤0.142nm），这将会对场发射性能更为有益。

外部拉应力会减弱原子的结合能力和两个原子间的总能量。从最终效应来看，这同加热导致化学键变弱是一致的。因而，加势或者加压会导致 $n(E)$ 的升高，从而减小 π 和 π^* 能带之间的带隙。给样品过度加压往往会破坏 C—C 键，从而形成悬键，这会在带隙中添加悬键电子和 DOS 特征。这个过程为样品过度加压时阈值的恢复提供了一种可能的解释机制。

虽然外应力导致的 Φ 降低和内应力所导致的 Φ 降低结果是相同的，但其内在物理机制却截然不同。内压应力通过势阱作用增强电荷密度并提高电阻率；而外拉应力通过极化仅仅是像"泵"那样抬高了 $n(E)$ 的量级从而提高了电导率。这种物理机制能很好地解释相关观察结果。例如，对生长的 Cu 纳米固体而言，其电阻值与固体尺寸成反比，即在拉伸情形下电阻值依旧可与块体的相比。

3. 总结

BOLS 机制将表面弛豫和纳米固体形成所致的芯能级偏移统一归结到最基本的原子配位缺失这一根源上。配位数的缺失亦会增强氧和金属等组分原子的离子性，甚至最终产生毒性。配位数的缺失为芯能级偏移提供一个新的解释角度，并使人们得以确定孤立原子的芯能级，并且据此可以区分在表面弛豫、块体形成和纳米固体形成时原子内囚陷芯电子的晶体势贡献。减小尺寸或者增大曲率、化学吸附、压缩以及拉伸都可提高局部电荷密度或极化，这将导致表面功函数的降低。

第六节　量子钉扎的应用与讨论

一、钉扎无极化的 Co 和 Pt

沉积在 Cu(111) 表面的 Co 纳米岛的低温 STM/S 谱图如图 7-18 所示。随着岛尺寸从 22.5nm 减小至 4.8nm，占据态能带从 −0.3eV 移动至 −0.4eV。其中，Co 岛尺寸减小时，晶格常数从块体的 0.251nm 减少至边界态的 0.236nm，收缩 6%[31]。Co 岛中存在钉扎，但没有极化，这是因为 Co($3d^7 4s^2$) 原子中缺少极化所需的未配对电子。这说明存在无极化的量子钉扎。

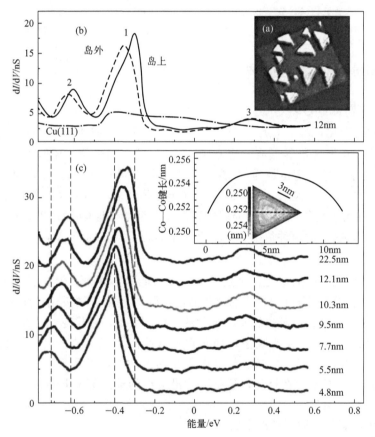

图 7-18　Co 纳米岛不同位置的 Co—Co 键长和价态电子量子钉扎的尺寸效应[31]

0.3eV 未占据态的恒定能量表明不存在极化效应

Pt (111) 表面 Pt 原子和含空穴边缘的六角重构 Pt(001) 表面的 ZPS 谱[32]，如图 7-19 所示。从图中可看出，Pt 表面仅出现钉扎态而无极化。70.5eV 处的波谷对应于块体材料。吸附原子 (71.0eV) 和空穴边缘 (71.0eV) T 峰之间的微小差别表明，Pt 吸附原子的有效配位数比空穴边缘原子的小。Pt($5d^{10} 6s^0$) 态中没有非键电子，因此无极化产生。

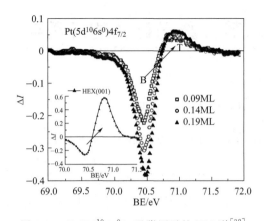

图 7-19 Pt($5d^{10}6s^0$）吸附原子的 ZPS 谱[32]

该图表明了 Pt($5d^{10}6s^0$）的无极化钉扎。谱中 70.5eV 处的波谷 B 对应于块体成分。

插图为六角重构 Pt 表面的 ZPS 谱。71.0eV 处的谱峰源于吸附所致的钉扎效应

二、单层石墨和石墨带边界

1. 缺陷和边界：钉扎及极化

基于 sp^2 轨道杂化，每个 C 原子的 3 个 sp^2 电子与邻近原子以 C_{3v} 对称形式形成 σ 键，非键单电子则在布里渊区角落形成 π 态和 π^* 态。单壁碳纳米管（SWCNT）或石墨烯纳米带（GNR）的边缘 C 原子配位数为 2。通常，按边界形状分，GNR 可分为两类：一类是扶手型的石墨烯纳米带（AGNR），具有宽带隙和半导体性质；另一类是锯齿型石墨烯纳米带（ZGNR），具有在费米能级或以上的局域边界态，表面具有金属特征[33]。E_G 基本上正比于 GNR 宽度的倒数。在上述两种情况下，边缘原子间距不同：对于 AGNR，边缘原子间距是 d 或 $2d$；对于 ZGNR，则为 $\sqrt{3}d$。

通常，GNR 的电子非局域化，决定其电导率和低温热导率。但在表面边界附近，由于深钉扎成键电子的作用，导致初始非局域化的电子强局域化且被极化，如图 7-20(a) 所示。当 STM 针尖从 GNR 内部移至边缘时，极化变得更为突出，狄拉克峰更接近 E_F。拓扑绝缘体的边界狄拉克态引起许多反常现象，如非常规磁性使 C 具有铁磁性、自旋玻璃态、半整数量子霍尔效应、极低的有效质量、超高电子和热流动性，以及真空光速 1/300 倍的群速等。但是，AGNR 边缘不存在极化，这是因为沿边缘的最近邻 C 原子会形成类 π 键，使得悬键电子消失；沿 AGNR 和 ZGNR 边缘排列原子间距的细微差异所造成的影响非常明显：一种类似半导体，而另一种则类似金属。

石墨表面 Ar^+ 喷雾产生的原子空位具有与 ZGNR 边缘相同的局域态密度（LDOS）等特征，即在零偏压下具有高 STM 突起和狄拉克共振峰，如图 7-20 所示。价带电子的迁移率比边界态的低。石墨表面和 GNR 内部并没有上述特征，如图 7-20(b) 和 (c) 所示。仅仅一个邻近键变短导致了缺陷和表面电子结构的巨大差异，选区光电子能谱提纯（ZPS）谱有力证实了表面键比块体键短而强，缺陷附近的键更短和更强。

2. 单层薄膜：钉扎无极化

图 7-20 (d) 比较了单层石墨和石墨空位缺陷的 ZPS 谱。从图中可看出，单层石墨的 ZPS 谱仅显示钉扎，无极化，与 Pt 吸附原子的 ZPS 谱相同。但石墨空位缺陷的 ZPS 谱显示

了一个低能量钉扎峰和一个附加极化峰，与 Rh 吸附原子和 W 边缘类似。结合 STM/S 和 ZPS，可以对单层石墨、石墨点缺陷以及 GNR 边缘的性质进行全面了解：

（1）与石墨内部原子相比，低配位 C 原子间的键变短、变强。

（2）由于更多邻近原子的缺失，GNR 缺陷边缘的键更短、更强。

（3）致密钉扎的芯带和成键轨道电子极化及 ZGNR 边缘的 σ-悬键电子，导致高 STM 突起和 E_F 能级共振狄拉克-费米子态的出现。

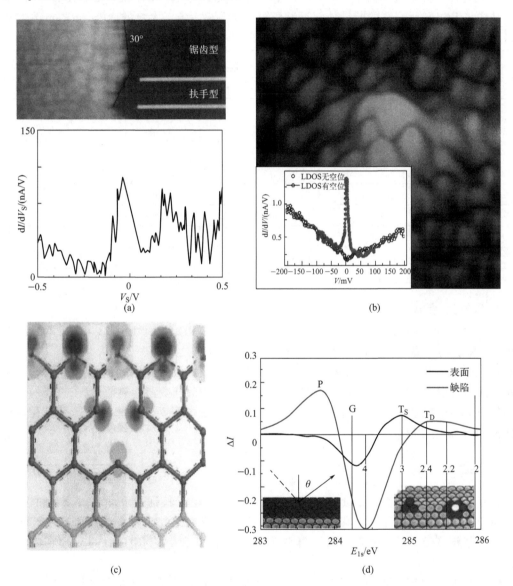

图 7-20　（a）不同边缘的 GNR，（b）有无空位缺陷的石墨表面，（c）z 边界和空位极化的 STM/S 图，以及（d）石墨单层表面和（0001）面点缺陷的 C1s ZPS 谱[34]

在 E_F 处的高突起和共振态对应极化的悬键电子。扶手边缘、石墨表面和 GNR 内部没有显示出明显的极化。

C1s ZPS 谱表明，缺陷偶极子引起晶体势的屏蔽和分裂，形成了 T_S（表面，z 约为 3.1）、T_D（缺陷，z 约为 2.2~2.4）钉扎态和 P 态。ZPS 波谷对应石墨的块体成分（$z=5.335$）。石墨缺陷谱由 $9 \times 10^{14} \, cm^{-2} \, Ar^+$ 喷雾产生。表面 ZPS 谱是 75° 和 25° 谱的差谱

（4）极化电子屏蔽、分裂局域原子势能，形成 C1s 带中的钉扎 T 和极化 P 态。

（5）由于 AGNR 边缘 d 或 $2d$ 的原子间距和重构 ZGNR 边缘，悬键电子之间形成准 π 键。因此，AGNR 边缘无极化，使其体现出半导体特征。

3. 配位数与键能的关系

Cirit 等应用缺陷校正 TEM 发现，断开空位附近 2 配位的 C 原子所需最小能量为 7.5eV/键，而断开石墨烯内部 3 配位的 C 原子所需能量为 5.67eV/键，前者比后者高 32%。这一结构与 BOLS 所预测的断键使邻近键变短、变强相一致。大量的 XPS 和 Raman 实验测试以及数值计算证实了 BOLS 所预测的不同情况 C—C 键的性质，如表 7-5 所示。

表 7-5　C—C 键的键长、键能以及 z 配位 C 原子 C 1s 的电子结合能[35]

项目	z	C_z	d_z/nm	E_z/eV	C1s/eV	P/eV
单原子	0	—	—	—	282.57	
GNR 边缘	2.00	0.70	0.107	1.548	285.89	
空位第一近邻	2.20	0.73	0.112	1.383	285.54	
空位第二近邻	2.40	0.76	0.116	1.262	285.28	283.85
GNR 内部	3.00	0.81	0.125	1.039	284.80	
石墨表面	3.10	0.82	0.127	1.014	284.75	
石墨	5.335	0.92	0.142	0.757	284.20	
金刚石	12.00	1.00	0.154	0.615	283.89	

注：$C_z = d_z/0.154$，是键收缩系数。

4. 狄拉克-费米极化子

图 7-21 所示为带有一个原子空位、边界氢化的 AGNR 的 BOLS-TB（紧束缚）得到的 LDOS 结果。与石墨表面空位一样，AGNR 空位导致 E_F 处出现一个尖锐共振峰。箭头记号表明，一旦一个电子从内部移动到边缘，再到 AGNR 空穴位置，则 p_z 电子的成键和反键带之间的间距将增加。因此，随着原子配位数减少，钉扎和极化程度增强。量子钉扎的配位变化趋势与 ZPS C1s 能级偏移情况一致。致密钉扎的成键电子对非键单电子产生极化，导致狄拉克-费米极化子形成。

三、总结

所有低配位体系都表现出量子钉扎甚至局域极化的电子特征。Au、Ag、Rh 和 W 的低配位原子同时展现了钉扎和极化特性，而 Co 和 Pt 仅存在钉扎现象。缺陷和 ZGNR 边缘附近的 C 原子键变短，从而呈现出与石墨平面、GNR 内部和 AGNR 边缘的 C 原子完全不同的特性。

将 ZPS 与 STM/S 和 XPS 等手段结合，能够有效澄清原子尺度不同能带末端和边界态的物理根源。原子低配位的物理影响源于：断键导致局域应变和键能增强，引发芯电荷和能量致密化和钉扎；这些致密钉扎的电荷转而极化其它导带电子，导致 STM/S 谱中出现突起和狄拉克共振 E_F 态。非键电子极化会导致晶体势能屏蔽和分裂，如 Ag($5s^1$)、Au($6s^1$) 和 Rh($5s^1$)。如果系统中不存在非键电子，则情况完全不同，如 Co($3d^7 4s^2$) 和 Pt($5d^{10} 6s^0$)。在实际情况中当然也存在一些反常情况，如 W($5d^4 6s^2$)，因为它具有高量子数的价电荷混合带。

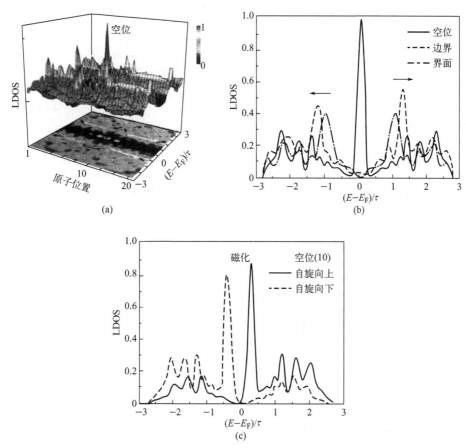

图 7-21　（a）BOLS-TB 得到的 AGNR 的 LDOS 结果；（b）相比边缘和 GNR 内部，空位处极化和
钉扎的影响更明显（如箭头所示）；（c）空位体现了自旋 LDOS 特征[36]

思考题

- **1.** 纳米材料的主要效应有哪些？这些效应与其性能的关联性如何？
- **2.** 纳米材料面临的冲突与挑战体现在哪些方面？
- **3.** 请论述纳米材料的化学键特征及其对性能的影响。
- **4.** 如何理解纳米材料的电子结构与性能的关联性。
- **5.** 纳米材料的电子钉扎与极化会给纳米材料的结构带来哪些变化？请论述这些变化如何影响纳米材料的性能。

参 考 文 献

[1]　刘吉平，孙洪强. 碳纳米材料 [M]. 北京：科学出版社，2004：1.
[2]　陈敬中，刘剑洪. 纳米材料科学导论 [M]. 北京：高等教育出版社，2006：6.
[3]　徐云龙，赵崇军，钱秀珍. 纳米材料学概论 [M]. 上海：华东理工大学出版社，2008：15.
[4]　徐云龙，赵崇军，钱秀珍. 纳米材料学概论 [M]. 上海：华东理工大学出版社，2008：16.
[5]　徐云龙，赵崇军，钱秀珍. 纳米材料学概论 [M]. 上海：华东理工大学出版社，2008：17.
[6]　徐云龙，赵崇军，钱秀珍. 纳米材料学概论 [M]. 上海：华东理工大学出版社，2008：18.
[7]　徐云龙，赵崇军，钱秀珍. 纳米材料学概论 [M]. 上海：华东理工大学出版社，2008：20.

[8] 张立德，牟季美. 纳米材料和纳米结构 [M]. 北京：科学出版社，2012：65-66.

[9] 徐云龙，赵崇军，钱秀珍. 纳米材料学概论 [M]. 上海：华东理工大学出版社，2008：21.

[10] 徐云龙，赵崇军，钱秀珍. 纳米材料学概论 [M]. 上海：华东理工大学出版社，2008：22.

[11] 孙长庆，黄勇力，王艳. 化学键的弛豫 [M]. 北京：高等教育出版社，2017：425.

[12] Sun C Q. Thermo-mechanical behavior of low-dimensional systems：The local bond average approach [J]. Prog Mater Sci，2009，54（2）：179-307.

[13] Huang W J，Sun R，Tao J，et al. Coordination-dependent surface atomic contraction in nanocrystals revealed by coherent diffraction [J]. Nat Mater，2008，7（4）：308-313.

[14] 孙长庆，黄勇力，王艳. 化学键的弛豫 [M]. 北京：高等教育出版社，2017：217.

[15] 孙长庆，黄勇力，王艳. 化学键的弛豫 [M]. 北京：高等教育出版社，2017：218.

[16] 孙长庆，黄勇力，王艳. 化学键的弛豫 [M]. 北京：高等教育出版社，2017：219.

[17] Gilbert B，Huang F，Zhang H Z，et al. Nanoparticles：Strained and stiff [J]. Science，2004，305（5684）：651-654.

[18] 孙长庆，黄勇力，王艳. 化学键的弛豫 [M]. 北京：高等教育出版社，2017：201.

[19] Sun C Q，Size dependence of nanostructure：Impact of bond order deficiency [J]. Prog Solid State Chem，2007，35（1）：1-159.

[20] 孙长庆，黄勇力，王艳. 化学键的弛豫 [M]. 北京：高等教育出版社，2017：203.

[21] 孙长庆，黄勇力，王艳. 化学键的弛豫 [M]. 北京：高等教育出版社，2017：205.

[22] Reif M，Glaser I，Martins M，et al. Size-dependent properties of small deposited chromium clusters by X-ray absorption spectroscopy [J]. Phys Rev B，2005，72（15）：155405.

[23] 孙长庆，黄勇力，王艳. 化学键的弛豫 [M]. 北京：高等教育出版社，2017：316.

[24] 孙长庆，黄勇力，王艳. 化学键的弛豫 [M]. 北京：高等教育出版社，2017：319.

[25] 孙长庆，黄勇力，王艳. 化学键的弛豫 [M]. 北京：高等教育出版社，2017：318.

[26] 孙长庆，黄勇力，王艳. 化学键的弛豫 [M]. 北京：高等教育出版社，2017：320.

[27] 孙长庆，黄勇力，王艳. 化学键的弛豫 [M]. 北京：高等教育出版社，2017：321.

[28] 孙长庆，黄勇力，王艳. 化学键的弛豫 [M]. 北京：高等教育出版社，2017：322.

[29] 孙长庆，黄勇力，王艳. 化学键的弛豫 [M]. 北京：高等教育出版社，2017：323.

[30] Poa C H，Lacerda R G，Cox D C，et al. Stress-induced electrons emissions from nanocomposite amorphous carbon thin films [J]. Appl Phys Lett，2002，81（5）：853-855.

[31] Rastei M V，Heinrich B，Limot L，et al. Size-dependent surface states of strained cobalt nanoislands on Cu（111）[J]. Phys Rev Lett，2007，99（24）：246102.

[32] 孙长庆，黄勇力，王艳. 化学键的弛豫 [M]. 北京：高等教育出版社，2017：235.

[33] 玛杜丽·沙伦（Madhuri Sharon），马赫赫斯赫瓦尔·沙伦（Maheshwar Sharon）. 石墨烯：改变世界的新材料 [M]. 张纯辉，沈启慧，译. 北京：机械工业出版社，2017：34.

[34] 孙长庆，黄勇力，王艳. 化学键的弛豫 [M]. 北京：高等教育出版社，2017：236.

[35] Sun C Q，Nie Y，Pan J. Zone-selective photoelectronic measurements of the local bonding and electronic dynamics associated with the monolayer skin and point defects of graphite [J]. RSC Adv，2012，2（6）：2377-2383.

[36] 孙长庆，黄勇力，王艳. 化学键的弛豫 [M]. 北京：高等教育出版社，2017：238.

第八章

碳材料的结构与性能

碳（C）的原子序数为 6，作为元素周期表中的第六个元素，在过去的几十年里，以其独特的排列组合方式和由此而构建的具有独特性能的新材料，一次又一次地突破了人们的想象，令全世界共同见证了碳材料的巨大潜力。

石墨和金刚石是人们最早发现的碳的两种同素异形体。然而，由单质碳构成的物质远不止这两种。1985 年，Smalley 等[1] 发现了 C_{60}，因其形似足球，称为"足球烯"。后来，人们又陆续发现了其它碳原子更多的具有类似笼状结构的碳物质，这些物质和 C_{60} 一起被命名为"富勒烯"（fullerene）。基于富勒烯独特的物理化学性质，圆筒状富勒烯分子的基础研究引起了广泛的关注，Baughman 等在 1987 年预言石墨炔的存在[2]。在此推动下，1991 年日本 NEC 公司的饭岛（Iijima）用高分辨透射电子显微镜观察到了碳纳米管结构，并在 *Nature* 杂志上进行了报道[3]，由此进一步推动了碳材料的同素异形体及其结构研究。2004 年单层石墨烯材料被报道[4]。在这短短的 20 年里，人类依次发现了上述三种碳纳米材料，预测了石墨炔的存在，并提出了石墨烷和石墨酮的概念。它们优异的性能一直吸引着全世界的科学家进行深入研究，特别是其结构与性能的关联性是一个值得探索的问题。

本章首先介绍各种碳材料的定义、结构、分类及主要物理化学性能，重点突出碳的同素异形体在晶格结构、化学键和电子结构等方面的差异，着重关注上述结构差异引起的性能差异，以期建立碳材料的结构与其性能之间的关联性。

第一节　金刚石

一、概述

金刚石俗称金刚钻或钻石，是一种珍贵的矿物。

金刚石是碳的结晶体，属于等轴晶系，结晶形态多种多样，常见的有八面体、十二面体、四面体、六四面体、四角三八面体，其中以八面体和十二面体最为常见；除了平晶面晶体外，还有浑圆状的晶体，如凸八面体、凸十二面体和凸六面体等，如图 8-1 所示，以及由这些单晶构成的双晶或聚晶。

金刚石的结构非常特殊，两组立方面心格子平行叠列，碳原子具有高度的对称性。在每个原子周围都有四个原子排列在正四面体的锥角顶端，四面体的每个角顶又为相邻四个四面体所共有，如图 8-2 所示，碳原子之间是以共价键结合的，这种结构特殊而坚固，也是金刚石具有许多特异性质的根本原因。

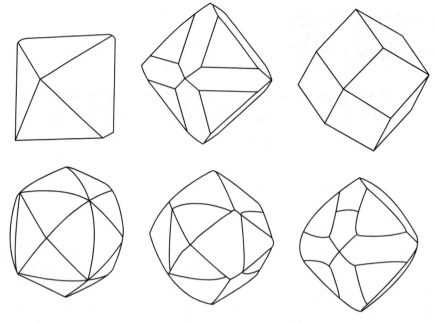

图 8-1　天然金刚石的晶体形态[5]

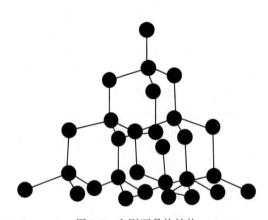

图 8-2　金刚石晶体结构

金刚石是目前自然界中最硬的一种物质。在以相对刻划为基础的摩氏硬度级别中，被列为最硬的一级——10 级。它的绝对硬度是刚玉的 150 倍，是石英的 1150 倍。金刚石不同的结晶形态的晶面硬度不同，八面体的晶面硬度大于十二面体的晶面硬度，十二面体的晶面硬度大于立方体的晶面硬度。即使是同一颗金刚石，不同方向的硬度也不同，这就是金刚石的异向性。微量元素的混入会显著改变金刚石的硬度，如 Cr 元素的混入会大大降低金刚石的硬度，而 N 元素的混入会大大提高金刚石的硬度。金刚石性脆，抗冲击性能差。金刚石的密度较大，常在 $3.47\sim3.56\mathrm{g/cm^3}$ 之间波动，平均密度约为 $3.52\mathrm{g/cm^3}$。

金刚石具有高的折射率和强的散光性，纯净的金刚石无色透明，闪光夺目。金刚石的光泽不完全一样，按其强弱分为三种：强金刚石光泽、金刚光泽和弱金刚光泽。有的金刚石由于受到腐蚀或射线作用而呈现出油脂光泽或玻璃光泽。

金刚石的颜色多种多样，最常见的有无色、浅黄色、浅棕色、浅绿色和棕色等，红色和蓝色的金刚石比较少见。包体和夹杂物也会引起晶体颜色的改变，这时，晶体所呈现的颜色为夹杂物或包体的颜色，非晶体的真实颜色。氧化铁混入晶体的微小裂隙，会使晶体呈现浅红色。具有石榴子石包体的晶体，呈现红色。

金刚石具有在射线作用下发光的特性。在紫外线作用下发鲜明的天蓝色、紫色和黄绿色的荧光；在 X 射线作用下发天蓝色的荧光；在阴极射线作用下发绿色、天蓝色和蓝色的荧光。受日光暴晒的金刚石在暗室里可发出淡青蓝色的磷光。

通常，金刚石是不良导电体，但随着温度的升高，金刚石的导电性有所增加。金刚石为非磁性矿物，但某些金刚石晶体，由于含有磁性包裹体而具有磁性。金刚石具有亲油疏水的特性，与水的接触角 θ 为 106°，与油或油膏具有很强的亲和能力。

金刚石耐高温，在空气中的燃点为 850～1000℃。在空气中加热金刚石，其损失量随金刚石颗粒的大小而变化，当温度超过 500℃时，细粒金刚石即开始损失；温度达 800℃以上，晶体颜色、表面结构开始变化；1000℃以上即氧化燃烧。

$$C+O_2 \Longrightarrow CO_2 \uparrow$$

金刚石的化学性质稳定，不溶于酸，能与碱缓慢地作用。

金刚石的颗粒大小悬殊。大部分金刚石都在 1Ct（1Ct＝1 克拉＝200mg，下同）以下，目前发现的世界上最大的一颗金刚石为 3106Ct。

二、金刚石的分类

天然金刚石的分级分类方法多种多样[6]：

1. 按性质结构分

① 圆粒金刚石　一般为无色、黄色和灰色，圆粒呈不规则结晶状、结晶状及放射状集合体。

② 红钻石　一般为浅红色，是圆粒金刚石的一个变种，形状球形。在表面常有一层细粒金刚石包裹，结构坚硬致密，韧性大。

③ 黑粒金刚石　是不透明的，是细粒金刚石的多孔状集合体，一般是椭圆形的。这些金刚石被碳质胶结，颗粒表面光滑，具松脂状及半金刚光泽。

2. 按晶体形状分

① 单晶　常见有菱形十二面体、八面体及过渡形晶体；其次有六面体、六四面体、四角三四面体和六八面体等。

② 双晶　金刚石的双晶属尖晶石律双晶，除了简单的双晶外，还出现镶嵌双晶、星状双晶、轮式双晶和穿插双晶等。简单的尖晶石律双晶，构成双晶的两个单体分别处于双晶接合面的两侧。常见的有八面体双晶，以及过渡形的双晶及菱形十二面体的双晶。

③ 连生体　有平行连生体、不规则连生体和复合连生体等。

3. 按用途分

按金刚石的用途：分为工艺用品用金刚石、拉丝模用金刚石、硬度计压头用金刚石、刀具用金刚石、砂轮刀用金刚石、特种用途金刚石和磨料用金刚石等。每类用途的金刚石又分为若干级别和规格，各级别各规格都有不同的具体要求。

此外，还可以按金刚石的电学性质或光学性质进行分类。具有电学和热学特性的为Ⅱ类（特殊）金刚石，主要用作激光窗口电热片和半导体元件；不具电学和热学特性的为Ⅰ型，即普通金刚石。

4. 金刚石单晶体的分类

研究结果[7] 发现，金刚石中有用肉眼便能彼此分辨的各类晶体，它们的区别在于生长形态、内部结构（织构）及杂质中心的特征差异，杂质中心决定着一定的总体性质。

在金刚石结晶过程中形成各种平晶面的晶体。它们的初始形态以及某些性质，常常由于溶解、腐蚀和表面色素的形成、塑性变形等后成作用而变化。因此，要撰写出反映晶体在形成过程中所具有的成因特征的矿物学分类方法时，分类的根据应是平晶面生长形态的特点及结晶过程中产生的其它标型特征。

晶体的初始平晶面形态，在溶解过程中不少变成曲面浑圆形，这些形态是次生形态，也即结晶后发展成的。因此，平晶面和曲晶面晶体的外形特点不是两者分成独立成因类型的根据。平晶面和曲晶面的晶体，只要那些由一定杂质缺陷所决定的总体性质是相同的，并且具有同一的内部结构，那么它们就是某一类晶体的生长形态和它们所衍生的溶解形态。因为不同种类的晶体具有不同的内部结构及不同的晶体生长形态，那么，当溶解过程起作用时，这些特征要体现在表面的花纹上，也要体现在它们的溶解过渡（不稳定态）的形态上。根据某些标记，便能很容易地用肉眼鉴别出在溶解过程中变化了的晶体是相应于哪种平晶面晶体。

下面说明金刚石平晶面晶体的种类，并指出它们的形态在溶解过程中所发生的程度不同的变化。

（1）Ⅰ类 在金刚石平晶面晶体中间，有的晶体具有八面体形态，晶面平整光滑，或者带有台阶状发育特征。在后一种情况下，因为出现不均匀的复合表面代替了锋利的晶棱，而且在立方体晶面上的不规则的表面又使顶角钝化，八面体晶形可能强烈变形。这样，发育成外表复杂的聚形晶体，在某些情况下是假菱形十二面体及假立方体形态。必须指出，所有这些晶体的生长平晶面都可归属于 {111} 晶面簇，而所有其它形态都是由于不规则复合表面的发育而形成的。也就是说，这类晶体的生长形态是八面体。在这些晶体上很少能观察到理想的（100）平晶面，它能钝化八面体某些顶角，但不是习惯性的生长发育。

上述的平晶面晶体的生长形态很少见到有始终不变的。一般，它们都带有溶解的痕迹，致使在 {111} 面上呈现蚀象及微起层现象，晶格或复合表面变成曲面。溶解作用进一步继续下去，则平晶面形态变成浑圆形。在某些产地（例如乌拉尔），曲面浑圆形溶解形态的金刚石晶体大大多于平晶面晶体，未变化的及在溶解过程中各不同阶段所形成的第一类平晶面晶体少见。

Ⅰ类晶体是透明的。在显微镜（不是正交偏光镜）下观察，它们没有带状结构。这类晶体大多数是无色的，但常见到淡黄色，有时也遇到明亮的、深稻草黄色的晶体。晶体有初始的原生颜色，初始的无色或黄色金刚石，可在塑性变形作用及着色作用的后生过程影响下，后染颜色或改变本来的颜色。塑性变形造成淡玫瑰紫和烟褐色，着色作用造成绿斑和褐色，这类晶体绝大多数是 I_a 型金刚石，常富含氮杂质（达 $4×10^{20}$ 原子/cm^3）。它们中间的偶氮杂质中心浓度最大（可达 $4×10^{20}$ 中心/cm^3），偶氮杂质中心具有一定线系（A 和 B_2 线系，相应的主线是 $1282cm^{-1}$ 及 $1365cm^{-1}$）的红外吸收光谱和在 $3200Å$ 以下的连续紫外吸收光谱。这些晶体中的氮主要以缔合原子的形式进入金刚石结构中，对顺磁性无影响。

Ⅰ类晶体的特征是：氮以单个（"孤立的"）原子形态类质同象地取代碳，并且有顺磁性，在晶体中这种氮通常约为氮杂质总含量的 0.001%（10^{15} 原子/cm^3）。有时在一些样品（I_b 型金刚石）中，这种形式的氮顺磁中心含量也较高（10^{20} 原子/cm^3）。氮杂质含量小的晶体（Ⅱ型及中间型金刚石）占很小部分（1%～2%）。这类晶体的另一特征是具有产生吸收光谱 N_3 中心，特别是它决定了晶体的黄色及蓝色发光作用。这些中心的浓度在某些样品中达到约 10^{17} 中心/cm^3。在所有晶体中，少数晶体具有重要影响的其它缺陷中心浓度，它可产生 N_9、H_3、H_4 和 S_1 等线系。

在所有矿床的金刚石中，这类晶体在数量上均大大多于其它类别，有的占金刚石总数的 98%～99%（例如，乌拉尔）。在某些非洲产区（布希梅矿等）的金刚石中，有大量的有壳的晶体（具体情况将在Ⅳ类金刚石中进行说明），但是，在外面形成外壳的那个内核通常是

Ⅰ类晶体。

（2）Ⅱ类　在某些矿床的平晶面金刚石晶体中，有立方形的晶体，其主要特征是具有很深的琥珀黄色和绿色。在溶解过程的作用下，这些晶体变成类立方体，溶解作用继续进行便形成类十二面体，它具有一定的形态学特点。这类晶体是透明的，在显微镜（不是正交偏光镜）下观察，不出现带状结构。它们都含有可观察到的氮杂质浓度（Ⅰ型金刚石）。在它们中间总能找到这样的缺陷中心，即引起主线为 $1282cm^{-1}$ 红外吸收谱带及从 3200Å 开始的连续紫外吸收光谱的中心。与Ⅰ类晶体珠特点不同的是，在这些晶体中不存在产生主线为 $1365cm^{-1}$ 的红外吸收谱带的中心。Ⅱ类晶体的特点是作为顺磁中心的单原子态氮杂质含量比较高（可达 10^{17} 原子$/cm^3$），这意味着这些晶体接近于 I_b 型金刚石。这些中心均匀地分布在整个晶体中间。单原子态的氮占杂质氮总量的 0.1%～1.0%。它决定了晶体的颜色，而颜色的深浅与顺磁中心的浓度有关，这些中心引起从 550～500nm 开始的可见光区吸收。此类晶体常常显示黄色及橙黄色的光致发光（主线为 5034Å 及 5107Å 的 S_1 系）。引起 N_3 系中心不是它们的特征，而且有时只有很小的浓度，这对颜色及光致发光无影响。

（3）Ⅲ类　金刚石中有立方形和少数聚形（八面体＋菱形十二面体＋立方体）晶体，它们的外形、内部结构和一系列性质与Ⅰ、Ⅱ类及下述Ⅳ金刚石的立方晶体不相同。Ⅲ类晶体是半透明的、无色的或者在不同程度上为灰色的或者几乎是黑色的不透明金刚石。这类晶体的特征是形成平行的和不规则的连生体，以及服从尖晶石律的穿插双晶体。Ⅲ类晶体的内部结构是复杂的。在它们的中心有无色透明区带，在外部有显微包裹体。这些包裹体造成了晶体的深灰色，由于外部存在许多缺陷，在溶解时即生成大量细小的溶蚀像。

所有Ⅲ类晶体都是Ⅰ型金刚石，富含氮杂质。它们之中有的杂质中心能引起主线为 $1282cm^{-1}$ 的红外吸收系及从 3200Å 开始的连续紫外吸收光谱，特别是在这些晶体的结构中，如同第Ⅱ类晶体中一样，不存在产生 $1365cm^{-1}$ 的吸收线系的缺陷中心。在这类晶体中并不存在由氮的单原子所发展异质同晶取代碳所形成的顺磁中心。在Ⅲ类晶体的红外吸收光谱中看到了附加谱带，它的出现与晶体外层中的缺陷和包裹体有关。有时出现单线条的电子顺磁共振谱（$g＝$约 2.0 电子），这与单原子氮所激发的谱线不同。产生这个共振谱的顺磁中心可能是由于晶体外层的结构缺陷及包裹体所造成的。大部分晶体在紫外线激发下才能发光。它们发出了带浅绿色色调的特殊白光，同时可看到带状的光色，晶体内部呈淡蓝色，而外部则为浅黄绿色。

（4）Ⅳ类　在金刚石中有这样的晶体，如果它们有裂口，那么肉眼就可清楚地看到它们的带状结构。这类晶体在文献里被称为有壳的金刚石，因为晶体的外层一般是混浊的乳白色、浅灰色或不同程度染有黄色或绿色，而内核通常是透明的晶体，故内外大不相同。这些晶体使人想起众所周知的"夹层"晶体，例如水晶或方解石。X 射线衍射形貌图表明，有壳的金刚石的平晶面晶体的外形是多种多样的，它们有的是八面体形状，有均匀的晶面或台阶状的发育特征，也有呈立方体形态及聚形晶体形态的（八面体＋菱形十二面体＋立方体）。当溶解时，有壳的平面晶体晶面上常常形成很多极微细的蚀象，并布满于晶体表面。进一步溶解时，平晶面的晶体变成浑圆形。

金刚石的一系列特性与氮杂质中心的分布有关，在这一方面，有壳的晶体与其它类别大为不同。它们的内部是透明晶体，具备Ⅰ类晶体的同样特点。在带色的外层（外壳）里常有含量较高的顺磁态氮杂质（达 10^{17} 原子$/cm^3$ 以上）。顺磁中心在外壳里的分布是不均匀的，而且随浓度不同而生成黄色或绿色。在外壳里不存在处于偏析态的氮。

（5）Ⅴ类　Ⅴ类晶体是深色或黑色的金刚石，其颜色决定于晶体外层中大量的同生石墨包裹体。晶体的中间部分是透明无色的。这类平晶面晶体与Ⅰ类晶体相同，具有八面体形状。在溶解时，它们长出了曲晶面、浑圆形的晶棱和顶角，这时晶体往往呈现聚形或者典型的浑圆形类十二面体形态。在这类聚形和浑圆形晶体上，L_4 晶轴的顶角是完全透明无色的，因为在晶体的这些部分，带石墨的黑色外层被溶解了。在八面体的残留晶面上或类十二面体的 {111} 顶角上还留有黑色外层。除单独的单晶外，有时还见到两三颗这类晶体的单晶连生体。

对Ⅴ类晶体的杂质中心研究不多。氮原子在这类晶体的结构中形成两种最普遍的中心，分别产生主线为 $1282cm^{-1}$ 和 $1365cm^{-1}$ 的红外吸收系。在可见区有 550nm 的吸收，这与外层里大量存在的缺陷有极大的关系。像Ⅲ类晶体那样，在电子顺磁谱中观察到单线（$g \cong 2.0$ 电子）。某些样品在紫外光下发光，这时晶体清洁透明的中部发出了蓝光（N_3 系），而含大量包裹体的外层则发出黄色或黄橙色光。

5. 金刚石多晶体的分类

金刚石多晶体的结构形态多种多样[8]，它们可分为巴拉斯，即具有放射状条纹结构的球粒；博特，即全晶粒质集合体；卡邦纳达，即由亚微观金刚石颗粒组成的隐晶体。显然，金刚石球粒和卡邦纳达型隐晶体是在不同于单晶的特别生长条件下结晶出来的。它们具有特定的结构且十分易于鉴别。关于归属于博特的全晶粒质集合体，则有下列情况要说明，有时见到了上述各类单晶金刚石的若干单体的连生体，例如，对Ⅲ和Ⅴ类晶体而言是为数不少的，这在论述单晶时已经指出过。因为我们用作分类的根据，是那些能证明金刚石结晶形态的生长条件有重大差别的标志，所以当连生体大大少于组成这些连生体的单晶时，该种连生体便不属于金刚石多晶体的类别。属于博特的所谓全晶粒质金刚石集合体，是指那些数量很多，并常有大量同生石墨包裹体的小颗粒金刚石构成的连生体，它们的形成条件显然不同于单晶或两三个单晶的偶然连生体。

除此之外，在金刚石中也见到一定类型的三四个晶体的连生体。通常，它们也不是单独存在，也就是说，它们结晶成连生体是经常发生的事。因此就把它们从单晶中分出，并在多晶体Ⅶ类一项里论述。在全晶粒质连生体中间有这样的样品，它们的结构特征及组成它们的单体特征有些特殊。下面在博特类的名称下论述这两个类别，它们的外形彼此互有差异；但其成因，由它们的特征可以看到，它们是互相接近的，并可归在一个名称下。

（1）Ⅵ类（巴拉斯）　具有放射状条纹结构的球粒金刚石，称为巴拉斯。一般巴拉斯的形状是完全规则的球形，但也有滴状或梨形的情况，大多数巴拉斯金刚石的表面有特殊的花纹，它是判断巴拉斯型的很好的外部标志，借此可与有时呈圆形外表的单晶相区别；在断口上巴拉斯金刚石露出放射状的条纹结构，组成的单晶条纹在不同的样品中有大小不尽相同。巴拉斯金刚石的结构特点清楚地反映在它们的 X 射线照片上，根据斑点的大小以及是否存在光环可看出，样品是具有均匀的细条纹结构，还是样品中有扇形的粗条纹，而粗条纹在 X 射线照片上形成分立的大斑点状反射。如同大晶体一样，巴拉斯金刚石有无色的、浅灰色的及完全黑色的，其中也有些是乳白色和蛋白色的，这在浅色样品中常能见到。巴拉斯金刚石的深颜色是因为存在深色小包裹体（显然是石墨），而且集中在球粒的外部。当包裹体很多时，巴拉斯金刚石变成全黑色，其外形很像碎石，显然，有人曾将这类金刚石分出来而定名为"碎块博特"（shot bort），正是与此有关的。

（2）Ⅶ类　这是一类半透明金刚石晶体的连生体，晶体本身通常是浅黄色，因为其中有缺陷（裂纹及石墨包裹体）而成半透明。组成这些连生体的晶体生长形态是八面体，在溶解的时候，最初是发育成复合的平晶面曲晶面形态，保持着八面体习性，而后变成类十二面体。在遭到溶解的晶体表面上出现很多狭窄的、方向各异的浸蚀沟。浸蚀沟沿这些晶体表面的大量裂纹而发展，也沿连生体各单体间的连生而发展，连生体总的形态是不规则的，这些连生体中各单体的尺寸比较大（4～5mm）。

（3）Ⅷ类（博特）　这一类晶体是大量晶面较好、尺寸大体相同的小晶体的集合体。连生体总的形状是椭圆或球形，很像小晶体的团块晶簇。组成连生体的各单体生长形态多为八面体，常有台阶状的晶面结构，这造成了假菱形十二面体的发育。在这些连生体内部，如果晶体是透明的，一般就能看到深绿色的核。这个核是形状不规则的金刚石粒的集合体。深色是因为有石墨包裹体，按其结构来说它属于下述Ⅸ类，外层由透明晶体积聚成。

（4）Ⅸ类（博特）　这类全晶粒质金刚石连生体为不规则的块状。组成它们的颗粒很易区分，没有规整的晶形。集合体不透明，呈深灰及全黑色，有时是不均匀的粒状结构。

（5）Ⅹ类（卡邦纳达）　划分出来称之为"卡邦纳达"的金刚石类别由来已久，而且在过去的矿物学著作和手册中早曾出现。这个特殊的类别与其它类型的金刚石大不相同，它不仅可以作为金刚石多晶体的成因分类，也完全可作为矿物形态的一类，因为卡邦纳达的同位素组成及结构与其它类型的金刚石有很大差别，这使人们有理由认为这种结晶形态的金刚石具有独立的碳源和特有的生长条件。

卡邦纳达是隐晶或微晶体，具有不规则的块状或碎块状，棱角一般是浑圆形。在卡邦纳达的 X 射线照片上有光环和光圈，这是在细分散物质照相时才出现的。各个光环的位置是与金刚石晶格中最主要的面间距相适应的。构成卡邦纳达的各个晶粒不大于 $20\mu m$。有的卡邦纳达样品表面无光泽，有的则为珐琅状，有光泽；有的像致密的石头块，有平滑的表面；有的则极多孔，如炉渣，孔隙常常被硅酸盐物料及氧化铁所填满。卡邦纳达不透明且具各种颜色：深灰色、浅绿色、淡绿色、淡玫瑰色、棕色以及深棕色和深紫色。通常，卡邦纳达表面的颜色要更深些，有时在外部它们完全是暗色的，而内部是浅色的。

三、金刚石的化学组成

金刚石的化学本性在被发现的几百年时间内均没有被猜破，牛顿首先提出假说，它们由碳所组成的。直到 18 世纪末期，这个假说才为实验所证实。在 19 世纪完成了许多分析[9]：把金刚石燃烧并将所得到碳酸气数量换算成纯碳。金刚石燃烧后残留若干灰分，这证明金刚石中存在其它杂质元素。当燃烧透明的金刚石晶体时，灰分为 0.02%～0.05%。只有在某些情况下它的含量才可达 4.8%。在灰分中查明存在着下列元素：Fe、Ca、Mg、Ti 和 Si 等。在博特和卡邦纳达型金刚石燃烧后，于气态产物里找到了氢和氧，并发现存在惰性气体氮、氪等。

近年来由于用高灵敏度分析方法（发射光谱仪、分光光度计、气体色谱、放射性测量等），因而可检出微量杂质，发现存在于金刚石中的元素比以前知道的多得多，且杂质元素的含量和金刚石晶体物理性质及结构之间的关系也弄清楚了。在研究金刚石碳的同位素组成方面所进行的工作对于解决这种矿物的成因问题有很大意义。下面就介绍金刚石的化学组成。

在研究金刚石中碳的同位素组成时，一些研究者分析了许多国家的系列矿物的金刚石，在他们所研究的金刚石中 $^{12}C/^{13}C$ 的值在 89.16～89.24 之间。在详细地研究俄罗斯矿床的金刚石时发现，西伯利亚各矿床的金刚石中的碳比超基性岩中的分散碳要"重"一些。在研究"和平"岩管的金刚石中碳的同位素组成，以及金伯利岩和其它含碳矿物中的分散碳的同位素组成时，发现其 6 个金刚石样品的 $^{12}C/^{13}C$ 值变动于 89.49～89.78 之间。基于上述分析结果可得出结论，世界各个矿床的金刚石中碳的同位素组成是相接近的，它们的 $^{12}C/^{13}C$ 值变动范围很小。$^{12}C/^{13}C$ 的最小绝对值等于 89.24，这源自南非矿床的金刚石；最大的值为 89.78，是"和平"岩管的金刚石；金刚石中 $^{12}C/^{13}C$ 的平均值，等于 89.44。

除了上述数据，重要的是说明为什么在各类各不相同的金刚石单晶体及多晶体中，碳的同位素组成如此一致。为此，分析了若干个金刚石样品，它们的特征列于表 8-1。表中金刚石样品取自三个不同矿床的（"和平""艾哈尔"和"金伯利"岩管）普通透明金刚石晶体（表 8-1，分析号 1～3），有非常接近的 $^{12}C/^{13}C$ 值，在前面所述的同位素比值范围内。在外层中有深色包裹体（石墨？），而且按结构及形态特征来看，属于Ⅲ类晶体的是不透明。灰色的金刚石立方晶体，碳的同位素组成与普通透明晶体一样。由 5 和 6 号（表 8-1）的分析结果可看出，在Ⅳ类晶体的内核和外壳中有某种"轻"碳。统计资料未能证明这一点，是因为对这类金刚石晶体中碳的同位素组成的 $\Delta^{13}C$ 偏差下结论的根据还不充分。分析南非产出的黑色粗晶博特（表 8-1，分析号 7）表明，这类金刚石的 $^{12}C/^{13}C$ 值不超出单晶的数值范围。

表 8-1　在各类金刚石单晶体和多晶体中碳的同位素组成[10]

分析号	金刚石样品的说明	产地	类别	碳的同位素组成	
				$^{12}C/^{13}C$	$\Delta^{13}C/\%$
1	等轴形八面体，无色、透明。在(111)面上有薄层理。无色包裹体。在紫外线下不发光。重 19.3mg	"艾哈尔"岩管	Ⅰ类普通晶体	89.55	−0.62
2	等轴形八面体，无色、透明。在(111)面上有薄层理。无包裹体。有浅绿色的光致发光现象，对 3000Å 以下的紫外线是透明的（中间型金刚石），重 18.8mg	"和平"岩管	Ⅰ类普通晶体	89.47	−0.54
3	三个小的透明八面体金刚石和两个透明金刚石晶体的碎块	南非"金伯利"岩管	Ⅰ类普通晶体	89.52	−0.59
4	立方晶体，等轴形，浅灰色，不透明，在不平滑的(100)表面上有许多四方体形腐蚀坑，在近表面处可看到许多尘状黑包裹体（石墨？），重 32.3mg	"艾哈尔"岩管	Ⅲ	89.57	−0.66
5①	八面体，菱形十二面和立方体的聚形晶体，淡黄浅绿色，不透明	"艾哈尔"岩管	Ⅳ有壳的金刚石	89.88	−1.0
6②	晶面被强烈浸蚀			89.88	−1.0
7	博特；粗晶颗粒，无正规结晶界面，黑色	南非	Ⅸ	89.57	−0.66
8	卡邦纳达；灰色	巴西	Ⅹ	91.55	−2.81
9	卡邦纳达	巴西	Ⅹ	91.55	−2.80
10	卡邦纳达	巴西	Ⅹ	91.56	−2.84
11	卡邦纳达	巴西	Ⅹ	91.54	−2.78

①分析号 5——晶体的无色内核。
②分析号 6——有色的外壳。

另一个 $^{12}C/^{13}C$ 值是从巴西的卡邦纳达金刚石中得到的。巴西产出的卡邦纳达中，碳的同位素组成大大不同于所有其它各类金刚石。而且与标准的偏差 $\Delta^{13}C$ 相比，在金刚石单晶体中不高于 −0.9%，但在卡邦纳达中平均为 −2.8%。

这样，通过对各类金刚石单晶体和它们的多晶体中碳的同位素组成所进行的研究，可得出下列结论：在各类金刚石晶体和粗晶博特型金刚石中，碳的同位素组成是相近的，且在金刚石单晶体的碳同位素的中间值在很窄的范围（89.24～89.78）内变动。在巴西卡邦纳达中碳的组成与所有其它各类很不相同；它们的中间$^{12}C/^{13}C$值在91.54～91.56的范围内变动。

卡邦纳达类型金刚石特有的结构及其碳同位素的差异，使金刚石分类中的隐晶类与所有其它各类金刚石之间有鲜明的区别。

四、金刚石的结构

关于金刚石结构的问题在某些方面至今仍有争论。金刚石的结构变体是有一个还是有几个，并没有统一的认识。不同的学者依据各方面或者根据理论分析，或者根据某些实验数据提出了不尽相同的见解。

18～19世纪，在研究金刚石晶体外形的初始阶段确认，金刚石属于等轴晶系，这是毫无疑问的。但是对于它们的晶体类型，几乎立即引起争论。当时大多数结晶学家在研究金刚石晶体的外形后，曾做出金刚石属于等轴晶系六四面体类（T_d）的结论。得到这个结论的事实根据是，在金刚石中间有时碰到有四面体习性的晶体。按这些结晶学家的意见，金刚石的八面体晶体是两个四面体按摩斯-罗兹律沿〔110〕面长成的穿插双晶，如图8-3所示。

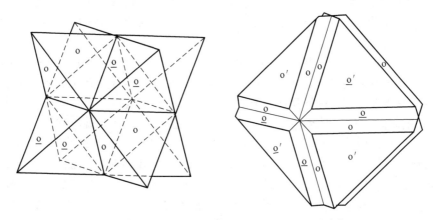

图 8-3　两个四面体按摩斯-罗兹律的穿插生长[11]

与此同时，另一些结晶学家否定了金刚石八面体晶体的双晶本性，并认为，金刚石属于六八面体类（O_h）。他们解释说，金刚石出现四面体晶体是由于其八面体四个相应的晶面延伸生长成假四面体顶角。

在20世纪初有人对金刚石晶体的对称形态作了专门的探讨。其中有一种论点是在研究了金刚石的对称性及其压电性之后，认为金刚石半面体的假定是错误的，金刚石应属O_h类。

与之同时的另一种论点则断定，金刚石的半面体可认为已得到证明。证明这一点的是：①在金刚石中找到了四面体习性的晶体，用测角仪测得这些晶体的反射图像的特征也是证明；②按摩斯-罗兹律孪生的两个四面体，其中一个稳定性小，在自然界中或在人工腐蚀时，它受到快速的溶解。断而指出："……我们应该设想的不仅仅是半面体，而且有按尖晶石律（孪生平面p）及按摩斯-罗兹律（孪生平面d）形成的简单的及复杂的双晶体。"

1913年布拉格在进行X射线结构研究时，从实验上证明了金刚石属等轴晶系，首次测定了它的空间格子的特征，且认为金刚石中碳原子形成了共价键并具有球形对称性，因而断定金刚石就属等轴晶系高级六八面体类（O_h），其晶格具有 O_7^h-F_{d3m} 点群对称性。

　　布拉格的工作准确地确定了金刚石的对称性，而且似乎已解决了金刚石晶体对称类型的争论问题，有助于金刚石属于全对称晶体类型的主张。但是在较早时候的资料却说，在金刚石晶体中发现有微弱的热释电性和压电性，这使某些研究者设想，金刚石晶体中的相邻碳原子具有不同的电荷。在此之后，也有人推论说，许多碳的化合物的晶体结构，以及游离态的碳，都可以根据下面的假定给以解释：在这些物质之中，碳原子具有两个不同类型的价键。在这种情况下，金刚石空间格子的对称性应与闪锌矿一样，即属于 T_d 晶类。自然，如果金刚石具有离子结构，那么它们应具有热释电性及压电性。

　　实验资料表明，在研究过的金刚石中所观察到的压电效应不高于水晶中同样效应数值的 $1/600$。也有的实验没有发现金刚石的压电效应。其后，在专门研究金刚石压电性的实验之后，也有的学者指出，金刚石的某些物理性质要求全对称。考虑到这些研究工作是在更高的技术水平上进行的，据此，所谓金刚石中有微弱的热释电性和压电性之说是值得怀疑的。

　　1932 年，A. F. Williams 等认为金刚石的对称性，符合六八面体类的所有要求是毫无疑问的，而具有六四面体类晶体外形的金刚石多面体，应视为六八面体的极端变形晶体。据此，A. Mallard 提出，金刚石中有似晶结晶现象，并研究了金刚石晶体中各向异性的表现。这个概念在他的后续著作中又有所发展，且认为双折射金刚石是低温α-变体对高温β-变体的同质异晶体，前者属 O_h 晶类，后者具有 T_d 点群对称性。至于结构的多晶型转化是发生在 t＝1885℃（转化点）时。

　　1934 年，R. Robertson 等提出，有两种类型的金刚石，它们在红外线的透明度、红外吸收光谱、光电导性和某些其它性质方面都有区别；并从金刚石具有几个结构变体的假定出发，对这些类型金刚石的物理性质的差异作了解释。假定金刚石结构中碳原子间的共价键沿四面体的 L_3 轴取向，并认为碳原子具有本来的对称性 T_d。据此，做出结论：由于它们的相互取向不同，可存在四类金刚石结构，其中两类具有六四面体晶类的对称性（T_{d1} 和 T_{d2}），且每一类都有相应的性质，并视这些结构是以纯净的形式出现还是彼此穿插，金刚石便分属于Ⅰ型或Ⅱ型，并表现出不同类型的特性。后续研究表明，Ⅰ型或Ⅱ型金刚石性质的差异是由于它们中间氮杂质含量不同所致，并非因为它们的结构不同。1955 年，在分析了金刚石各种设想的结构类型存在的可能性后，并从金刚石晶格中碳原子固有的对称性出发，A. B. O. Шубников 认为金刚石的结构属于 O_h 晶类，此外，还可能存在以前从未提出过的、T_h 晶类的另外一种类别。1960 年，A. Neuhaus 认为金刚石有两种结构变体：α-立方体，对称性为 O_h-$m3m$，在高压和 1200℃ 以上是稳定的；β-三方晶体，对称性为复三方-偏三角面体类 D_{sd}，在低于 1200℃ 时是稳定的。据此可认为天然金刚石是 β-金刚石，有立方结构。这个结论的根据是在磨片中观察到金刚石晶体俨如微片的双晶结构。出现似晶双晶片的特征证明，它们是在结构转化的过程中形成的。综上所述，金刚石可能存在的结构如下：T_h、D_{sd}、T_d 和 O_h。

　　大多数研究者认为，金刚石具有 T_d 和 O_h 晶类的结构。金刚石属于 T_d 晶类的根据之一，是在金刚石中找到了四面体形态的晶体。但是应该指出，带有尖锐顶角的典型四面体在金刚石晶体中还未见到过。四面体习性的晶体，其顶角都被不大的 {111} 面不同程度地钝化了。想找出典型四面体晶体而论证金刚石结构属于 T_h 晶类是不可能的，因为只有在八面体的一定晶面不均匀发育时，八面体的外形发生变化才可能具有四面体习性，这时才能出现典型四面体晶体。金刚石存在不同结构变体的其它证明是Ⅰ型和Ⅱ型金刚石物理性质的差异。

随着对金刚石结构研究的深入，越来越多的资料涉及金刚石实际晶体结构中由于局外元素杂质所引起的缺陷。研究表明，氮起主要作用，其含量影响到金刚石晶体的结构及许多物理性质。根据这些资料，便可由具有空间群的一种结构来解释两个金刚石类型物理性质的差别。据此可作出结论，在所有推测过的金刚石结构中，得到理论上和实验上最充分证明的是属于全对称晶类的 O_h 结构，它具有空间群 O_h^7-$Fd3m$ 的对称性[12]。

关于金刚石结构有不同的提法，但通常，非常肯定地认为它具有空间群 $Oh7R$ 的对称性。金刚石的空间格子描写为布拉维面心立方格子，有四个充填原子，规律地处于格子内部，如图 8-4(a) 所示。这些原子的位置按下列坐标确定：（1/4，1/4，1/4）、（3/4，3/4，1/4）、（1/4，3/4，3/4）和（3/4，1/4，3/4）。四面体是金刚石晶格中的配位多面体（配位数为 4）；$z=8$。用配位多面体描绘出来的金刚石结构如图 8-4(b) 所示。每个碳原子具有四个相邻原子，相距 1.524Å（±2%）。金刚石结构中的碳原子形成四个共价键，相互夹角 109°28′（键的方向与四面体的 L_3 轴重合）。

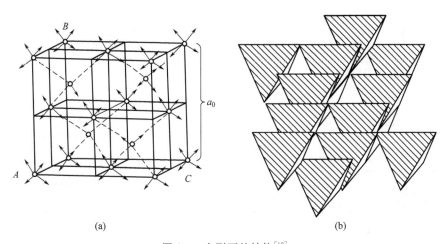

(a)　　　　　　　　　　　　(b)

图 8-4　金刚石的结构[12]

（a）碳原子在金刚石晶格中的分布特征；（b）用多面体描绘金刚石的结构

1. 金刚石的杂化和价态

金刚石晶体结构中 C—C 原子间是共价键结合，涉及"杂化"概念。基态的 C 原子电子组态是 $1s^2 2s^2 2p^2$，从电子配对角度，C 原子只能形成两个电子对键。实际情形是：C 原子可以形成 CCl_4，表明为正 4 价，且 4 个键等价，键之间角度为 109°28′。这表明原子成键时，原子基态电子被激发，提供成键需要的数量足够的成键单电子和轨道。能量相近轨道可以混合，形成新轨道，轨道可以"杂化"。C 原子完成"杂化"之后才能处于想象之中的成键状态，即价态。在 CCl_4 和 CH_4 等化合物中，C 原子是 4 价，根据电子配对法一定要有 4 个未成对电子。C 原子必须从基态 $2s^2 2p^2$ 激发到 $2s^1 2p^3$ 激发态。基态组态中能量最低光谱项是 ^3P。激发态中能量最低光谱项是 ^5S，^5S 和 ^3P 能量差为 400kJ/mol，这就说明激发过程至少需 400kJ/mol 能量。经过激发，C 原子有 4 个未成对电子，可形成 4 个共价单键。这样就很好地解释了 C 在 CH_4 等化合物中呈现 4 价的现象，四个共价键是由能量相近的 $2p_x$、$2p_y$、$2p_z$、s 轨道，经历"杂化"过程形成的。每条新轨道里包含相同份数的 s 和 p 成分，轨道分别指向正四面体四个顶点。四个价电子分占不同新轨道，且自旋完全无序。与配位原子（Cl 和 H）电子自旋配对，达到价态。完成这个过程（即从 ^5S 到达价态）约需 230kJ/mol 能量。轨道杂化是把能量相近和不同类型若干轨道"混合"起来，组成新轨道，即杂化轨道。一条

s 轨道和一条 p 轨道杂化，称 sp 杂化轨道；一条 s 轨道和两条 p 轨道杂化，称 sp^2 杂化轨道；如此类推。价态是一种假想适合成键的原子状态。原子从基态变成激发态，需要经历电子激发和原子轨道杂化的假想过程，并提供可与其它处于激发态原子成键的轨道。从基态到激发态需要的能量可在成键过程中得到补偿。图 8-5 给出了 C 原子杂化轨道，其中，图 8-5（a）和（b）分别是一个 p 轨道与 s 轨道的杂化，形成在轴方向的化学键；图 8-5（c）、（d）是 C 原子 sp^2 杂化轨道。图 8-6 给出 C 原子 sp^3 杂化轨道示意图。

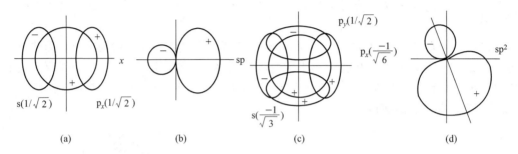

图 8-5　C 原子的 sp 杂化轨道（a）和（b）与 sp^2 杂化轨道（c）和（d）[13]

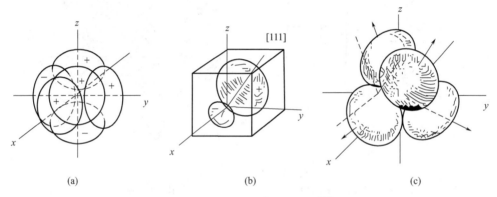

图 8-6　C 原子的 sp^3 杂化轨道[13]

2. 晶体结构

晶体是内部质点在三维空间成周期性重复排列的固体，或者说，晶体是具有格子构造的固体。金刚石晶体由碳原子构成，碳原子以共价键结合，键与键间夹角为 109°28′，为 sp^3 杂化构成 4 个等价轨道。sp^3 杂化电子态可分成成键态和反键态，相对而言反键态具有较高能量。在 $T=0K$，所有 $4N$ 个成键电子（N 为晶体中原子数）处在最低能态。成键态与反键态的能级差约 5.4eV。金刚石晶体是绝缘体，由 sp^3 杂化轨道原子组成晶体，形成如图 8-7 所示的金刚石晶体结构，图中虚线表示立方晶胞，实线表示原子间成键，注意沿 [111] 方向原子排列以及碳原子构成扭曲六边形。

金刚石空间点阵是面心立方，与每个阵点联系的结构基元是两个等同原子，分别位于（0，0，0）和（1/4，1/4，1/4）。金刚石晶格结构可看作是两个彼此错开对角线四分之一距离的面心立方结构构成的。每个 C 原子有 4 个最近邻和 12 个次近邻原子。金刚石结构之所以比紧密堆积疏松，是因为其共价晶体，原子之间键力有方向性、有取向饱和性共价键准确地保证能量达到极小。

金刚石晶体有两种结构：面心立方结构和六方结构。晶体结构中对称要素（微观对称元

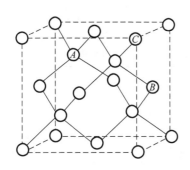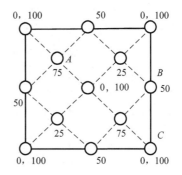

图 8-7　立方金刚石晶体的晶格结构

素）集合称为空间群。立方金刚石晶格空间群表示成 $Fd3m$ (O_h^7)，空间群的点群是 $m3m$。上述空间群符号的意义是：F 表示金刚石属于面心立方点阵；d 表示在与（100）晶面相平行方向有滑移面；平衡距离为 $(b_0+c_0)/4$；3 表示沿 [111] 方向有三次旋转轴；m 表示（110）晶面为反映对称面。金刚石结构每个晶胞有 8 个碳原子，8 个原子的坐标分别是：（0，0，0），（0，1/2，1/2），（1/2，0，1/2），（1/2，1/2，0），（1/4，1/4，1/4），（1/4，3/4，3/4），（3/4，1/4，3/4），（3/4，3/4，1/4）。

　　金刚石结构的非点式对称要素有滑移面 d 及 4_1 螺旋轴，通过（1/2，1/4，3/4）点，有平行于 c 轴的 4_1，它使（1/4，1/4，1/4）可变换到（1/2，0，1/2），再可变换到（3/4，1/4，3/4），又可变换到（1/2，1/2，1），最后可变换到（1/4，1/4，5/4），完成 c 方向上的一个周期平移。这是 $Fd3m$ 中第一特征方向上的对称要素。对 d 滑移面，垂直 c 轴轨迹为（x，y，1/8）的平面就是一个 d 滑移面，它使（0，0，0）依次可变换到（1/4，1/4，1/4），（1/2，1/2，0），（3/4，3/4，3/4），（1，1，0），这也是第一特征方向的对称要素。在第二特征方向上的 3 次轴，由于通过反映中心，实际上是 $\bar{3}$ 次轴。在第三特征方向上，还有 2 次轴，所以，$Fd3m$ 的完全国际符号为 $F(4_1/d)\bar{3}(2/m)$。金刚石结构的布喇菲晶胞是面心立方晶胞，每个晶胞含有 4 个格点。图 8-8 描述了四次螺旋轴。图 8-8 中 A 点的坐标是（1/2，1/4，0），在 c 方向有一个螺旋轴 4（转 90°，左旋或右旋均可）。左旋（逆时针）使原子 1（1/4，1/4，1/4）转到原子 2 的位置（1/2，0，1/4）。因为是螺旋轴，有一个沿 c 方向的 $c/4$ 移动量，则位置标定为（1/2，0，1/2），即面心原子的位置。再左转 90° 到原子 3 的位置，考虑到沿 c 方向有一个 $c/4$ 的移动，坐标应当为（3/4，1/4，3/4）。再转 90°，移动到原子 4 位置，坐标为（1/2，1/2，1），是平面的面心原子，再转到 90°，移动到立方晶胞外面（1/4，1/4，5/4），这就完成了沿 c 方向的一个螺旋周期。

　　滑移的讨论如下：滑移面垂直于 c 轴，在 $a \perp$ c 坐标系中可表示成 d 平面，该平面一定沿对角线滑移，对角线是沿（$a+b$）方向的平面对角线，而不是沿（$a+b+c$）方向的体对角线，因为 d 平面垂直于 c 轴。滑移面坐标为（x，y，1/8），（0，0，0）原子沿（$a+b$）滑移，滑移量是（$a+b$）/4，

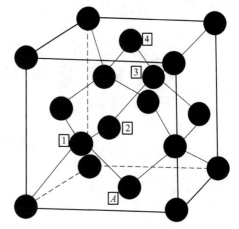

图 8-8　金刚石晶体的空间群的螺旋操作[14]

因此，其位置是（1/4，1/4，0）与（1/4，1/4，1/4）投影重合，经过反映正好到原子2的位置。具体步骤如表8-2所示：

表8-2　确定金刚石晶胞结构中碳原子位置的步骤[15]

步骤	起始原子	中间原子	终态原子
1	(0,0,0)	(1/4,1/4,0)	(1/4,1/4,1/4)
2	(1/4,1/4,1/4)	(1/2,1/2,1/4)	经向下反映至(1/2,1/2,0)
3	(1/2,1/2,1/4)	滑移至(3/4,3/4,0)	反映至(3/4,3/4,1/4)
4	(3/4,3/4,1/4)	滑移至(1,1,1/4)	反映(1,1,0)

从表8-2中可见，滑移面的作用是使原子沿一定方向平移（这里是 $a+b$ ），之后原子在该平面上下反映，滑移面的坐标确定以后，$(x，y，1/8)$ 是不动的。

反映中心为金刚石结构立方体的中心，如图8-9所示，原子1、2和3经反映中心分别反映到原子4、5和6。1、2和3是三个面的面心原子，4、5和6分别是与其相对应的另外三个面的面心原子，所以，[111]方向的对称轴是3次旋转轴。

金刚石晶格还有六方及菱方结构，六方结构金刚石最先在陨石中发现，之后采用爆炸冲击法生长出了六方金刚石。沿石墨晶体的 c 轴方向加温加压，也能生长六方金刚石。六方金刚石密度与立方金刚石相同，每个原子周围有四个距离为 0.154nm 的原子，在空间呈对称分布。晶格常数 $a=0.251\sim0.252$nm，$c=0.412$nm，晶体结构如图8-10所示。六方及菱方金刚石X射线衍射数据如表8-3所示。

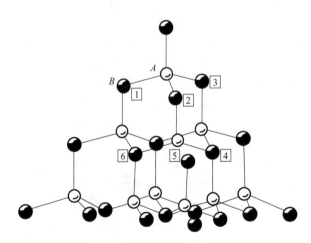

图8-9　金刚石晶体中的反演操作[15]

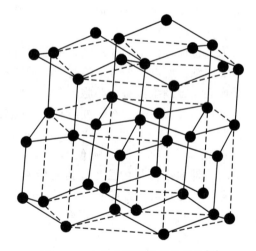

图8-10　六方金刚石的晶体结构[15]

表8-3　六方及菱方金刚石的X射线衍射数据[15]

六方晶面指数(hkil)	0110	0002	0111	0112	1210	0113
六立晶面间距/nm	0.2174~0.218	0.206	0.196	0.15	0.126	0.116
菱方晶面指数(hkl)	107	015	104	018		
菱方晶面间距/nm	0.20592	0.21177	0.21409	0.20251		

五、金刚石的性质

1. 金刚石物理性质

（1）密度（298K）　由晶格常数计算金刚石的密度值为 $3.51525g/cm^3$。金刚石晶体往往有缺陷和杂质，实际测量结果表明，19 粒 I 型金刚石的密度为 $(3.51537\pm0.00005)g/cm^3$；14 粒 II 型金刚石的密度为 $(3.515.6\pm0.00005)g/cm^3$。

（2）硬度　压痕硬度，即负载 5N、20N 或 100N 的金刚石压痕硬度值如表 8-4 所示。表 8-4 的测量是在 298K 温度条件下进行的，(khl) 表示晶面。表 8-5 给出了金刚石及几种材料硬度数值及相关数据。

表 8-4　金刚石两个晶面的压痕硬度[16]

材料	晶面	压痕硬度/GPa	载荷/N
金刚石	(001)	57~104	100 或 20
	(111)	90	5

表 8-5　金刚石与硬材料力学及热学性质[17]

材料	熔点/℃	硬度(HV)/MPa	杨氏模量/(kN/mm²)	热膨胀系数/10⁶K⁻¹	热导率/[W/(m·K)]
金刚石	3800	80000	1050	1	1100
Al_2O_3	2040	21000	400	6.5	25
e-BN	2730	50000	440		
SiC	2760	26000	480	5.3	84
Si_3N_4	1900	17000	310	2.5	17
TiN	2950	21000	590	9.3	30
WC	2776	23000	720	4.0	35

（3）弹性模量和压缩率

① 弹性常数　用应变表示应力的广义 Hook 定律，是 6 个线性方程组成的方程组，比例系数 C_{mn} 共 36 个，它们确定材料弹性性质。金刚石晶体有 3 个独立系数，$C_{11}=10.76$、$C_{12}=2.75$ 和 $C_{44}=5.19$（所有值乘以 10^2GPa）。

② 体弹性模量（单位面积压力/单位体积变量）　用公式 $K=1/3(C_{11}+2C_{12})$ 计算得 $K=5.42\times10^2GPa$（WC 的体弹性模量 $K=2.99\times10^2GPa$），这表明金刚石刚度高。

③ 压缩率　$1.7\times10^{-8}/MPa$（WC 的压缩率为 $3.30\times10^{-2}/GPa$）。

（4）强度

① 抗拉强度　抗拉强度指材料在拉断前承受最大应力值。金刚石正常解理面是（111）面，也偶尔在（110）面观察到解理面。由球形压头逐渐加载可观察到弯曲裂纹，用压头做缓慢冲击，金刚石表面会产生球形裂纹。由于金刚石中有缺陷、杂质和包裹体等，其强度实验值会在较宽范围变化，抗拉强度值：$1.3\sim2.5GPa$。

② 剪切强度　剪切强度是指材料承受剪切力的能力。金刚石的剪切强度理论值：120GPa，实验值：87GPa（摩擦实验）和 3GPa（扭曲实验）。上述数值均为真实剪切强度值。数值变化是由于实验很困难，摩擦实验中材料仅有非常小的面积受到压力；扭曲实验中

材料破坏可能开始是在样品边上比较大的缺陷处出现。

③ 压缩强度　压缩实验中，试样直至破裂（脆性材料）或产生屈服（非脆性材料）时所承受最大压缩应力。计算时采用的面积是试样原始横截面积。压缩强度是重要力学量，它表征材料抵抗压缩载荷而失效的能力。不包含可见缺陷及包裹体的天然八面体金刚石压缩强度一般为 8.68GPa，最大可达 16.53GPa。

（5）热导率　材料热导率是沿热流传递方向的单位长度上，当温度降低 1K 时单位时间内通过单位面积的热量。金刚石典型热导率（293K）：Ⅰ型为 9W/(K·cm)；Ⅱₐ 型为 26W/(K·cm)；最大热导率（在 83K）：Ⅰ型为 24W/(K·cm)，Ⅱₐ 型为 120W/(K·cm)。为突出金刚石的热导性，可参考其它材料的热导率值，如铜（293K）为 4W/(K·cm)；SiC（293K）为 4W/(K·cm) 和（73K）为 50W/(K·cm)。

（6）热膨胀（线性系数）　物体因温度改变发生体积膨胀现象叫"热膨胀"，表征其热膨胀性的参数称为热膨胀系数。金刚石在 293K 的热膨胀系数为 $(0.8\pm0.1)\times10^{-6}$/K，193K 为 $(0.4\pm0.1)\times10^{-6}$/K，在 393～173K 范围内为 $[(1.5\sim4.8)\pm0.1]\times10^{-6}$/K。

（7）热容　给系统一微小热量 dQ，温度升高 dT，比值 dQ/dT 即是热容。物质吸收热量温度升高，温度每升高 1K，吸收的热量为该物质的热容。热容是广度量，升温在体积不变下进行，该热容称等容热容；升温在压力不变下进行，该热容称等压热容。物体在不同温度条件下，温度变化 1K 所需热量是不同的，因此，热容需要标明在某温度 T 下。例如金刚石的热容在 293K 时为 6.187J/(mol·K)。

（8）折射率、反射率　光从真空射入介质发生折射，入射角 i 与折射角 r 正弦比称介质绝对折射率，简称折射率 μ。折射率是光在真空中速度 c 与在介质中的速度 v 之比。$\mu=\sin i/\sin r=c/v$。光在真空中传播速度最大，其它介质折射率都大于 1。同一介质对不同波长光，有不同折射率。在可见光透明的介质内，折射率随波长减小增大，红光折射率最小，紫光折射率最大。几种常见物质折射率如下：玻璃 1.5000，石英 1.5530，黄玉 1.6100，红宝石 1.7700，蓝宝石 1.7700，水晶 2.000，钻石 2.4170。不同波长，介质折射率 $n(\lambda)$ 不同，称光色散。金刚石折射率 $\mu=2.4237$（Hg 绿线 546.1nm），$\mu=2.4099$（Hg 红线 656.3nm），$\mu=2.7151$（紫外线 226.3nm）。投射到物体上被反射辐射能与总辐射能之比，称物体反射率。金刚石反射率是 5.308%（油中）；17.29%（空气中）。

（9）介电常数（σ）　介质在外加电场中产生感应电荷而削弱电场，原外加电场（真空中）与最终介质中电场比值，为介电常数，又称诱电率。高介电常数材料置于电场中，场强度在电介质内有可观下降。对相变电磁场，物质介电常数与频率相关，称介电系数，表示绝缘能力特性的系数，以字母 ε 表示，单位为 F/m，在 300K 中和 0～3kHz 条件下，金刚石的介电常数为 $\sigma=5.58\pm0.03$。

（10）光学穿透性　光学穿透性，通常表现为光能够通过的材料的最大厚度。Ⅰ型金刚石一般为 340.0nm 至 2.5μm，最大可达 10μm 以上；Ⅱₐ 型金刚石一般为 225.0nm 至 2.5μm，最大可达 10μm 以上。

（11）电阻率　Ⅰ型及大多数Ⅱₐ型金刚石的电阻率 $\rho>10^{16}\Omega\cdot$cm；Ⅱ_b 型金刚石的电阻率 ρ 为 $10\sim10^3\Omega\cdot$cm。金刚石结构中 sp^3 杂化轨道上的 4 个电子，分成两个电子状态：成键电子态与反键电子态。在 0K 状态下，4 个电子全部在成键电子状态。成键状态与反键状态有一个间隙，这个间隙在态密度图上大约是 5.4eV，如图 8-11 所示，这是纯金刚石有高电阻的原因。

金刚石有导电特性，须有电子从价带（VB）进入导带（CB）。对纯度很高的金刚石晶

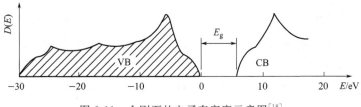

图 8-11 金刚石的电子态密度示意图[18]

体，需要相当高温度才能实现。缺电子原子进入金刚石晶体，并处在替换碳原子的晶格位置状态，会形成大量空穴，反键状态从高能态下移，带隙由 5.4eV 变小，B 原子进入金刚石晶体就是这种情况。多电子原子进入金刚石，多余电子在价带出现，成键状态能级向上移动，提高成键状态能量，带隙（5.4eV）因此变小，N、P 原子进入金刚石属这种情况。

2. 金刚石化学性质

（1）金刚石的石墨化 加热金刚石晶体，晶体表面发生明显依赖于周围环境的变化。如氧（或其它活性剂）存在，当温度在 873K 以上时，金刚石表面会包上一层黑色。若金刚石晶体周围存在惰性气体，其石墨化开始温度为 1773K；温度升高，石墨化速度迅速变快，一粒 0.1Ct（克拉）八面体金刚石可在 3min 之内全部变成石墨。八面体金刚石表面石墨化，所具有的激活能为 1.06×10^3 kJ/mol；十二面体金刚石表面石墨化的速度更迅速些，其具有较小激活能，为 7.3×10^3 kJ/mol。八面体金刚石表面 1 个原子离开，需要断掉 3 个 C—C 键；十二面体表面 1 个原子离开，有 2 个 C—C 键断开。若金刚石晶体表面存在一层 Fe、Ni 和 Co 等元素，会加速金刚石的石墨化，且石墨化温度也较低，称金刚石催化石墨化。

（2）抗化学惰性 金刚石在化学上是稳定的，除与硫酸和二铬酸钾混合物发生反应外，常温下基本不与其它化学试剂反应。在高温（1270K 左右）和常压条件下暴露在氧气中是破坏金刚石的通常方法。纯氧环境中金刚石氧化温度是 873K。723K 熔化状态的亚硝酸钠可破坏金刚石。在高温可与金刚石反应并生成相应金属碳化物的有两类元素：W、Ta 和 Ti 等，及 Mn、Fe、Co 和 Ni 等。

第二节 石墨

工业金刚石的原料有天然石墨与人造石墨。天然石墨矿石有很多杂质，不能直接用于生产。石墨矿石要进行酸碱处理、高温焙烧，将杂质去除后才能使用。人造石墨主要是用石油焦经过研磨、压制成形、焙烧、浸渍、高温石墨化等工序后才能作为原料。我国金刚石行业发展早期，选择石墨没有明确的理论指导，也没有统一的技术标准，高纯度石墨、核石墨、烧结 SiC 炉心石墨都曾用过。1973 年苟清泉提出"三高"石墨适合做金刚石生长的炭源，此后便开始对石墨作为金刚石生长原料应当具有的特性进行了系统的研究。石墨作为高温高压金刚石生长的原料，其特性研究进入了一个新阶段，这是苟清泉对金刚石行业具有里程碑意义的贡献。对"三高"石墨（即高石墨化度、高纯度和高密度）及大晶粒度特性反复研究，是金刚石行业发展动力之一。采用天然石墨生长金刚石以来，许多细致的工艺流程核心是石墨净化，这表明粉末技术与间接加热方式生长金刚石，"高石墨化和高纯度石墨"概念仍然有指导作用。

一、天然石墨的分类

石墨与金刚石、C_{60} 和碳纳米管等都是碳元素的单质，它们互为同素异形体。自然界中没有纯净石墨矿，石墨中往往含有 SiO_2、Al_2O_3、Fe_2O_3、CaO、P_2O_5 和 CuO 等杂质。这些杂质以石英、黄铁矿、碳酸盐等矿物形式存在。此外，还有水、沥青、CO_2、H_2、CH_4 和 N_2 等杂质。石墨矿的分析，除测量固定碳含量外，须同时测定挥发分和灰分含量。结晶形态不同的石墨矿物，有不同工业价值和用途。根据结晶形态不同，天然石墨分为三类。

1. 致密结晶状石墨

致密结晶状石墨又称块状石墨，结晶明显，晶体肉眼可见。颗粒直径大于 0.1mm，比表面积范围集中在 $0.1 \sim 1 m^2/g$，晶体排列杂乱无章，呈致密块状构造。品位高，含碳量 $60\% \sim 65\%$，可达 $80\% \sim 98\%$，可塑性和油腻性不如片状石墨。

2. 片状石墨

呈鳞片状、薄叶片状晶质石墨，片状尺寸 $(1.0 \sim 2.0)mm \times (0.5 \sim 1.0)mm$，最大 $4 \sim 5mm$，片层厚度 $0.02 \sim 0.05mm$。鳞片愈大，经济价值愈高。鳞片状是在高强度压力下变质而成的，有大鳞片与细鳞片之分，鳞片有明显定向排列，与层面方向一致。石墨含量 $3\% \sim 15\%$，最高 20% 以上，常与古老变质岩（片岩、片麻岩）中石英、长石和透辉石等矿物共生，在火成岩与石灰岩接触带也可见到。鳞片状石墨具有层状结构，主要用作制取高纯石墨制品原料。这类石墨可浮性、润滑性、可塑性、导电性等性能均比其它类型石墨优越，工业价值最大。

3. 隐晶质石墨

隐晶质石墨又称非晶质石墨或土状石墨，晶体颗粒直径小于 $1\mu m$，比表面积范围集中在 $1 \sim 5 m^2/g$，是微晶石墨集合体，电子显微镜下可见到晶形，石墨表面呈土状，缺乏光泽，润滑性差。品位达 $60\% \sim 80\%$，少数高达 90% 以上。

二、石墨的晶体结构

碳能够创造新材料甚至生命，是由于其具有以碳原子为中心形成长链的独特能力。在石墨中相邻的碳原子之间形成一个 σ 键（即共价键），其碳碳键长约为 0.1421nm，如图 8-12 所示。

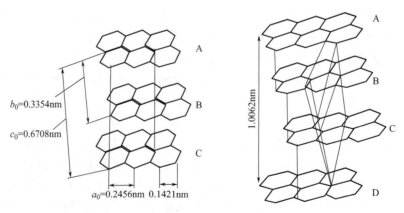

图 8-12　石墨烯的堆叠形成了石墨[19]

石墨中的每个碳原子通过与三个相邻的碳原子共享三个 sp^2 电子，形成蜂窝状网络的平面结构。石墨是由许多这样的蜂窝状网络结构堆叠而成的，这些堆叠有两种形状，即六方形和菱形，如图 8-12 所示，碳的第四个电子游离在整个石墨晶面。sp^2 具有很强的面内键（共价键），面外键（范德华力）较弱。由于面外键较弱，层之间的距离为 0.3354nm，因此石墨片易滑动，从而构成了石墨烯。

1926 年，约翰 D·伯纳尔（John D. Bernal）首次提出石墨的片层结构有两种：六方相和三方相。在六方相（六边形）结构中，每一个碳原子与其相邻的三个碳原子在同一平面且呈对称关系。在面内的碳碳键间距离为 0.1421nm，面内晶格常数 a_0=0.2456nm，c 轴晶格常数 c_0=0.6708nm，层与层的距离 b_0=0.3354nm，平面因电子共振和电子的离域而形成稳定的状态。当平面层以 ABABAB… 的顺序堆叠时，就形成了此种结构，这样所有的原子薄片互相位于薄片 B 的上层或下层。在三方相结构中，片层以 ABCABC… 的顺序排列。在这两种结构中，互相堆叠的片层之间的距离均为 0.3354nm，六方相的结构比三方相更稳定。

石墨中石墨层的面内σ键和垂直于平面π轨道的结构示意图如图 8-13 所示。石墨晶体 C 原子结构是平面六角 ABAB… 堆积，理想的 AB 层之间距离是 0.3354nm。石墨中有三种化学键：平面层内 C—C 原子间σ键、附加在σ键上的π键和层间范德华键，其中，σ键和π键特点见表 8-6。有多种键型是石墨晶体材料有极广泛应用的原因。

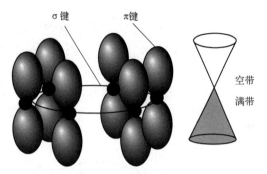

图 8-13　石墨烯片上的面内 σ 键和垂直于平面 π 轨道的示意图[19]

在单层石墨烯中，π 轨道相交，形成了零带隙（空带）和价带（满带）。由于密度状态呈抛物线形，就形成了一个圆锥的形状

表 8-6　σ 键、π 键的特点[20]

σ 键	π 键
电子云分布沿原子轨道交叠而成,交叠程度大	侧面交叠,交叠程度小
电子云对键轴呈圆柱形对称分布,原子核对其束缚力较大	电子云分布在 C—C 原子平面上下,流动性较大
C—C 原子绕键轴旋转,不破坏交叠	C—C 原子相对旋转,减少或破坏交叠
键能大,稳定	键能小,容易起化学反应

化学键结合能在 1.0×10^2 kJ/mol 数量级，分子间范德华键能量只有几千焦每摩尔。范德华化学键分取向力、诱导力和色散力。取向力：极性分子间靠永久偶极-永久偶极之间的作用，存在于极性分子之间。取向力 $F \propto \mu^2$，其中，μ 是偶极矩。诱导力：诱导偶极与永久偶极之间的作用。极性分子作用于非极性分子而产生诱导偶极，或使极性分子的偶极增大（也产生诱导偶极），诱导偶极与永久偶极间形成诱导力。诱导力存在于极性分子与非极性分子之间，同样存在于极性分子与极性分子之间。色散力：瞬间偶极与瞬间偶极间形成的作用。各种分子均有瞬间偶极，色散力存在于极性分子与极性分子、极性分子与非极性分子以及非极性分子与非极性分子之间。色散力不仅存在广泛，而且是分子间力重要的成分。

取向力、诱导力和色散力有以下共性：永远存在于分子之间；力的作用很小；无方向性和饱和性；是近程力，$F \propto 1/r^7$，经常是色散力为主。C 原子 AB 层之间弱相互作用本质就是 A 层 C 原子的电子在运动过程中对邻近 B 层 C 原子感生出瞬时电偶极矩，反之亦然。六角网络石墨 C 原子层间瞬间电偶极的相互作用，是 A 层与 B 层间色散力。

1. 石墨晶体的六方结构

石墨晶体结构分两种形式：α-石墨，即立方结构石墨；稍微不稳定 β-石墨，即菱方结构石墨。理论上石墨层内 C—C 原子间距为 0.1412nm，层内 C—C 键能 611kJ/mol。石墨层间 C—C 原子间距离为 0.3354nm，键能约 16kJ/mol。石墨晶体的六方结构，见图 8-14，单胞有六次对称，空间群是 D_{6h}^4-$P6_3/mmc$。D_{6h}^4 是 Schoefles 符号，后面是国际符号。P 是点阵类型符号，表示石墨晶格结构属六方底心晶格；6_3 表示 [002] 方向有一个 6 次螺旋轴，滑移量为 3/6；第一个 m 表示 [001] 方向有一个反映镜面；第二个 m 表示 [100] 方向有一个反映镜面；c 表示 [210] 方向有一个轴向滑移面。石墨属六方晶系，$a \neq b \neq c$，$\alpha = \beta = 90°$，$\gamma = 120°$。每个晶胞有 4 个原子。4 个原子坐标：(0, 0, 0)，(0, 0, 1/2)，(2/3, 1/3, 0)，(1/3, 2/3, 1/2)。金刚石 C—C 键能是 336kJ/mol，1 个 C 原子与 4 个 C 原子形成共价键，4 个共价键总键能是 1344kJ/mol。石墨层平面间 C—C 键能是 16kJ/mol，平面内 C 原子与 3 个 C 原子形成共价键，3 个共价键总键能 1833kJ/mol，再加上层间键能，总键能达到 1849kJ/mol。因此，从化学键角度看，常温下石墨比金刚石更稳定。

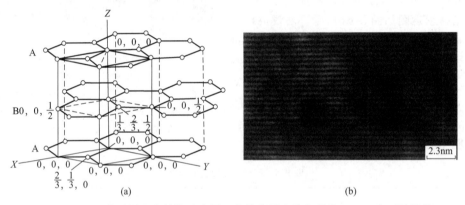

图 8-14　(a) 为石墨六方结构示意图，虚线范围为单位晶胞；(b) 为石墨层状高分辨率电子显微图像，层间距离是 0.3354nm[21]

2. 石墨晶体的菱方结构

石墨晶体菱方结构，为石墨 β 形式，空间群是 $D3d5$-$R3m$。R 表示石墨晶格属菱方原始晶格；3 表示有一个 3 次旋转对称轴；m 表示有一个反映镜面。每个单胞含 5 个原子，原子的坐标为 (0, 0, 0)，(2/3, 1/3, 1/2)，(0, 0, 2/3)，(2/3, 2/3, 1/3)，(1/3, 2/3, 2/3)。

石墨六方结构与菱方结构的差异是六角网状石墨碳原子层排序不同。六方石墨碳层间排序是 ABAB⋯，菱方结构碳层间排序是 ABCABC⋯，见图 8-15。菱方石墨晶胞参数 $a = 0.3635$nm，$c = 1.0061$nm，$\alpha = 39°30'$。

三、石墨的性质

1. 密度

国内几种块状石墨假密度值见表 8-7。表 8-7 中第二列设定金刚石密度为 1，石墨密度为相对值；第三列是设定石墨密度理论值为 1，其它几种人造石墨密度为相对值。

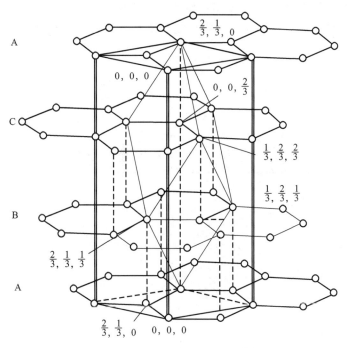

图 8-15　石墨菱方结构示意图[22]

表 8-7　几种人造石墨密度[22]

金刚石		3.541g/cm³	1	
石墨	理论值	2.266g/cm³	0.645	1
	热解石墨	2.15g/cm³	0.612	0.94
	光谱纯	1.80g/cm³	0.521	0.79
	HSK	1.78g/cm³	0.507	0.78
	SK	1.63g/cm³	0.464	0.72

从表 8-7 中可见固体石墨密度远低于理论值，气孔率 20% 以上。气孔内存在有害杂质，开口气孔可吸附大量水。正如高压设备压头之间、压头与压缸因角度关系，压头行进到一定程度，外界施加的压力会受到限制一样，较大石墨-合金粉末柱体密度，可减少金刚石单晶生长局部环境压力梯度。

2. 电阻

单晶石墨电阻具有方向性，c 方向为 $40\Omega/cm$；a 方向为 $1.375 \times 10^{-3}\Omega/cm$。石墨导电性可从石墨晶体电子态密度得到解释，见图 8-16。E_F 称费米能级，是电子占据的最高能量。石墨中 σ 电子（层内形成 C—C 化学键电子）形成成键轨道 σ 与反键轨道 σ^*，两个轨道之间有很大能量间隙（约 7eV）。如果没有 π 电子，对于二维（2D）碳原子单层不存在导电问题，是比金刚石还要绝缘的结构，硬度也更高。由于存在没有成键 π 电子，π 电子轨道形成 π 成键轨道（价带）和 π^* 反成键轨道（导带）。两个轨道恰将 σ^+ 键形成的能量间隙填满，致使价带和导带间没有重叠，不能显示石墨是很好的导体。图 8-16（b）表示三维（3D）石墨晶体结构态密度，图中显示导带和价带有约 40% 重叠，有少量电子进入导带，石墨显示半金属性质，石墨具有导电性。图 8-16（d）显示当石墨中掺杂 B 原子后，费米能级位于价带以内，形成更好的导电性。石墨许多性质与态密度有直接关系。石墨化温度与电阻率关系，见表 8-8。

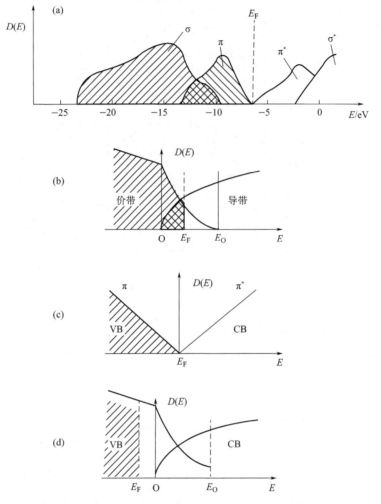

图 8-16　石墨的态密度示意图

（a）石墨态密度示意图，真空能级取为 0 能级；（b）接近能带重叠区域的 3D 石墨态密度，取导带底部为 0 能级；
（c）接近能带区域的 2D 石墨（单片碳原子网）态密度；（d）掺杂约 10^{-4} 硼原子的 3D 石墨态密度[23]

表 8-8　石墨化温度与电阻率[23]

石墨化温度/℃	电阻率/$\mu\Omega\cdot m$
2000	10～15
2250	8～12
2500	6～9
2750	5～7
3000	4～5

3. 熔点、沸点

石墨熔点：3850℃；沸点：4250℃。

4. 吸热量

石墨吸热量：$6.9036 \times 10^4 \text{kJ/mol}$。

5. 热膨胀系数

石墨晶格常数随温度升高变大，见图 8-17。图 8-17 中下面曲线是石墨晶格常数与温度的关系，上面曲线表示无定形碳晶格常数与温度的关系。当温度达 1470K 时，石墨晶格常数增加约 3%。石墨热膨胀系数与石墨单晶方向有关，垂直于 c 轴与平行于 c 轴有不同特点。石墨在两个方向的热膨胀均是升高温度初期膨胀得快，之后膨胀速度减慢。对于间接加热组装系统，石墨热膨胀现象是需要考虑的。需要注意的是，石墨的热膨胀对于压力传递有益。

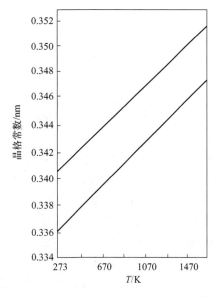

图 8-17　温度对石墨晶格常数的影响[24]

6. 热导率

石墨热导率分垂直于 c 轴和平行于 c 轴两个数据：5.7W/(m·K)（⊥）；1960W/(m·K)（//）（298K）。致密石墨多晶体，热导率约 $70 \sim 150\text{W/(m·K)}$，沿石墨单层平面热导率在 1950W/(m·K)（300K）。石墨材料热导率与石墨晶格常数有关。石墨晶粒尺寸越大，热导率越高的原因是：在常温下，热导率主要由声子平均自由程决定。热导率 $\lambda = CVL/3$，其中 C 是单位体积热容，V 为声子传播速度，L 为声子平均自由程。平均微晶尺寸越大，声子平均自由程越大，相应材料热导率大。石墨静观密度对热导率影响很大，静观密度越大，热导率越大。

石墨相关热力学参数随温度变化，见图 8-18。横轴是温度，纵轴的 kJ/mol 是 ΔS、ΔH 的标度；kJ/(mol·K) 是 C_p 的标度。

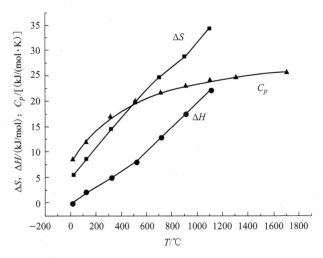

图 8-18　石墨的焓、熵、热容随温度的变化

第三节　石墨烯

石墨烯这一术语首次出现在 1987 年，莫拉斯（Mouras）等人用以描述石墨组成部分中的单层薄膜。国际理论和应用化学联合会用石墨烯一词代替了石墨层。根据最新的定义，

"石墨烯是碳原子组成的二维单层膜，是石墨材料（如富勒烯、碳纳米管和石墨）的基本构件"。石墨烯是二维材料，由呈蜂窝状排列的碳原子单层膜构成，如图 8-19 所示。石墨烯中碳原子的键长（C—C 键距）为 0.142nm，见图 8-19，层高为 0.33nm，它是目前已知的最薄且也是最强韧的材料。石墨烯几乎全透明，其结构密集到即使是最小的氦原子也无法渗透穿过，其导电性可与铜媲美，导热性远胜于已知的其它材料。

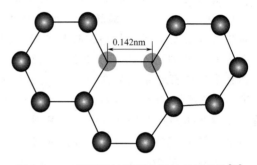

图 8-19　二维原子晶体石墨烯的晶格结构[25]

一、石墨烯的结构

1. 石墨烯的基本结构

碳在元素周期表中排位第六，它有 6 个核外电子围绕在原子核周围，同时它也是地球上

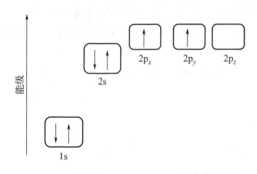

图 8-20　碳原子的 1s、2s、2p 轨道能级图

含量最丰富的元素之一，位居第六。碳的电子结构为 $1s^2 2s^2 2p_x^1 2p_y^1 2p_z^0$。碳的电子能级分布情况如图 8-20 所示。也许会对只有 p_z^0 电子轨道上没有电子这一点产生疑问。事实上，p_x、p_y 和 p_z 的能级是相等的，如图 8-20 所示。因此，为了方便起见以及看起来更具有体系性，让 p_z 上显示为无电子。在碳的 6 个电子中，位于价带的四个电子在碳的三种杂化过程中起着至关重要的作用，即 sp、sp^2 和 sp^3，且显著差异，这与碳所处的化学环境，即周围的其它元素有关。

简单来讲，石墨烯就是单层的石墨片，是富勒烯、碳纳米管和石墨等碳材料的基本构成单元。石墨烯具有 sp^2 杂化碳原子排列组成的蜂窝状二维平面结构。石墨烯作为单原子层的二维晶体，一个 2s 轨道上电子受激发而跃迁到 $2p_z$ 轨道上，另一个 2s 电子与 $2p_x$ 和 $2p_y$ 上的电子通过 sp^2 杂化形成 3 个 σ 键，每个碳原子和相邻的 3 个碳原子结合并形成 3 个等效的σ键，因此，3 个 σ 键在平面内彼此之间的夹角为 120°，而 $2p_z$ 电子在平面方向上形成 π 键。石墨烯中的碳原子通过 sp^2 杂化与相邻碳原子以 σ 键相连，形成规则正六边形结构。

1959 年，英国化学家本杰明·伯蒂（Benjamin Bordie）通过让石墨与氯酸钾和发烟硝酸进行反应，热还原氧化石墨，制备了一种极薄的层状结构，结果形成了氧化石墨烯微晶的悬浮物。这种氧化石墨烯之后被制成纸。对这种氧化石墨烯纸特性的早期研究是由科尔舒特（Kohlschutter）和海尼（Haenni）于 1919 年共同完成的。

石墨烯是由单层碳原子形成的一个完美的蜂窝状晶格，且具有二维结构。石墨烯的蜂窝网状结构是由 sp^2 杂化的碳原子构成的。多层石墨烯的堆积就形成了更常用的石墨。由于石墨烯是一种纯碳材料，所以在了解石墨或石墨烯之前，需要先了解一下碳材料的基本物理化学特性。

石墨及含碳材料的不同杂化形式如图 8-21 所示。sp^2 和 sp^3 杂化碳原子是迄今为止已知稳定的碳结构的主要组成部分。

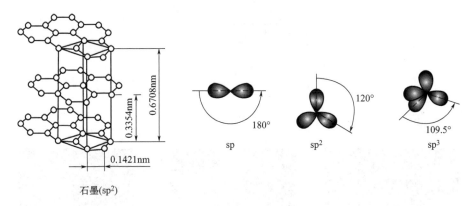

图 8-21 碳的不同杂化[26]

1932 年及 1933 年诺贝尔物理学奖得主量子物理学家薛定谔（Schrodinger）、海森堡（Heisenberg）和狄拉克（Dirac）论述了在原子核的影响下碳的 6 个电子的运动状态。

埃尔温·薛定谔　　　　　　维尔纳·海森堡　　　　　　保罗·狄拉克
(Erwin Schrodinger)　　　 (Werner Heisenberg)　　　 (Paul Dirac)

碳具有形成多种有机物的独特能力，同时它也具有形成特殊聚合物的能力。它可以各种不同的方式与许多元素结合在一起，是所有已知生命形式的基本元素。碳以原子形态只能存在极短的时间，因此它的各种分子构型或同素异形体的多原子结构都是稳定的，如无定形碳、石墨、金刚石和 1985 年新发现的富勒烯，包括巴基球、碳纳米管、碳纳米球和纳米纤维等。

石墨烯为由 sp^2 杂化碳原子形成的密集蜂窝结构单层碳的同素异形体。石墨与新发现的碳同素异构体之间的结构是相互关联的，如图 8-22 所示，而且蜂窝晶格是碳的其它各种重要的同素异形体的基本单元，例如：

（1）堆叠的蜂窝结构形成了三维石墨；

（2）当其排列成二维结构时，形成了石墨烯；

（3）卷状的蜂窝结构形成了一维碳纳米管；

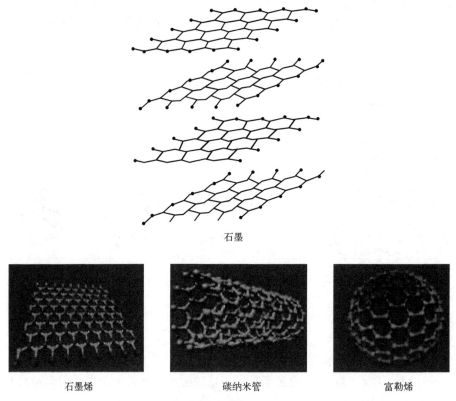

石墨

石墨烯　　　　　　　碳纳米管　　　　　　　富勒烯

图 8-22　石墨的蜂窝晶格排列形成了碳的各种不同形式[27]

（4）球状的蜂窝结构形成了零维富勒烯。

石墨烯层包含了面内σ键和π键，如图 8-23（a）所示。π键使石墨烯具有电子传导性，并使石墨烯层之间产生了较弱的相互作用；共价σ键形成了六边形结构和沿 c 轴方向的刚性主链，即π键控制着不同的石墨烯层之间的关联。图 8-23（a）展示了一个面上的 3 个σ键/原子以及垂直于σ键/原子面的π轨道。

双层石墨烯是指两层石墨烯的堆叠。它可以形成扭曲的结构（即两层彼此互相旋绕）或石墨的贝纳尔堆叠结构（即一层中一半原子位于另一个层的一半原子的上面）。双层和多层石墨烯属于拟二维 sp^2 杂化碳结构。这种石墨烯具有不同于单层石墨烯和石墨的特性。

双层石墨烯中，碳原子以独特的方式堆叠：六边形 ［AA 堆叠，图 8-23（b）］，AB 堆叠 ［图 8-23（c）］。值得注意的是，石墨烯层（单层或双层）的每一个六边形结构的终端都含有氢原子，以满足碳原子的四价需求。这意味着在石墨烯层中，位于交界面上的每个六边形结构均包含了 3 个氢原子。

在双层石墨烯中，通过施加一个外部电场可产生带隙，其大小由电场的大小来控制。双层石墨烯的带隙大小可以由零到红外能量之间进行变化。此外，带隙大小可以在零到红外区范围内进行精确的调整，这可应用于半导体器件的设计及优化中，并可体现极大的灵活性，如图 8-23（b）和（d）所示。

单层石墨烯中，p_z 轨道（即π键）没有与下层的碳原子发生相互作用的场所（因为下层没有碳原子），而在双层石墨烯中 ［图 8-23（b）］ 却存在这种可能性。基于这种可能性，它形成了一个零能量的带隙。如果沿 c 轴施加电场，它就有可能使带隙在零到最大 250meV 的

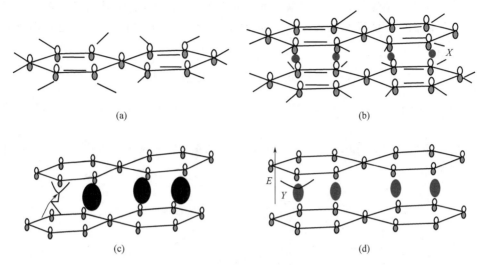

图 8-23　(a) 单层石墨烯；(b) AA 堆叠的双层石墨烯，石墨烯上层的面外 π 键与下层 σ 键
交叠，形成了一个零间隙的能带 X；(c) AB 堆叠的双层石墨烯，可以形成类似的间接零间隙
的能带，这是由于这一结构与 AA 堆叠的双层石墨烯的结构有所不同，下层的碳原子不完全
位于上层的碳原子之下；(d) 当在 c 轴施加电场时，带隙 Y 上略微增加了约 250meV。
黑线表示另一个碳原子的 σ 键，它也显示了每个六边形结构上两个双键的存在[28]

区间内变化。这种带隙的变化可由电场的大小来调控 [图 8-23(d)]。当双层以 AA 型堆叠
时，这种情况是有利的；如果以 AB 型堆叠，上下两层中碳原子的 p_z 不能完全对应，因此
这样的相互作用会导致间接带隙的形成。间接带隙可在 $0 \sim 250$meV 范围内变化。因此，确
定 AB 型石墨烯的这种特性是有必要的。此外，还必须确定带隙的变化是由于在沿 c 轴
(0.3354nm) 距离上的变化，还是由于 π 电子波长的改变。

2. 石墨烯结构的无序性

　　若要了解石墨烯结构的不完备性，首先需要对石墨烯现存的无序性或缺陷进行了解，石
墨烯片的波纹形貌如图 8-24 所示。虽然这些紊乱或存在的晶格缺陷及石墨烯的氧化功能使
其在质量方面有所下降，但有助于人们了解并极大地提高石墨烯独特且新颖的特性，如：排
列整齐且高度有序的石墨烯在室温下表现出较高的载流子迁移率。这些特性对缺陷和紊乱十
分敏感，因而具有电、热绝缘性，石墨烯中的杂质，如被吸附原子或缺陷产生了磁矩。缺陷
的类型如下所述。

图 8-24　石墨烯片的波纹形貌图[29]

（1）褶皱结构　褶皱结构是石墨烯片固有的特征，具有通过诱导磁场和在一定温度 T 下，改变单位面积的弯曲模态的局部势函数能够强烈影响电子的特性，L_T 是弯曲模态的热波长。

$$N_{\mathrm{ph}} \approx \frac{2\pi}{L_T^2} \ln \frac{L}{L_T}, \quad L_T = \frac{2\pi}{\sqrt{k_B T}} \left(\frac{k}{\sigma}\right)^{1/4}$$

当 $T = 300\mathrm{K}$ 时，$L = 0.1\mathrm{nm}$，这表明由于弯曲声子的热波动，自由浮动的石墨烯在室温下通常会褶皱。

（2）拓扑缺陷　因五边形、七边形及它们组合的存在而形成的拓扑缺陷，称为拓扑晶格缺陷，如图 8-25 所示。

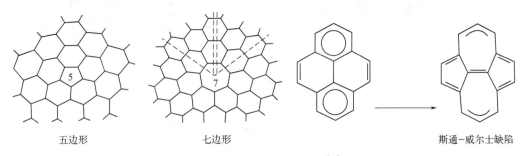

五边形　　　　　　　　　七边形　　　　　　　　　　　　　　　斯通-威尔士缺陷

图 8-25　石墨烯的拓扑缺陷[30]

二、石墨烯的基本性能

1. 石墨烯的电学性能

石墨烯是一种零带隙半金属材料，其电子能谱——电子的能量与动量呈线性关系，也就是说石墨烯的导带与价带相交于布里渊区的一点 $K(K')$，如图 8-26 所示。处于该点附近的电子运动不能再用传统的薛定谔方程加以描述，只能通过狄拉克方程来进行解释[32]。因此，该点也称为狄拉克点 $K(K')$。

石墨烯的特殊结构使其具有一些特殊的性质。首先，在石墨烯狄拉克点附近，电子的静止有效质量为零，为狄拉克费米子特征，其费米速度高达 $10^6\mathrm{m/s}$，是光速的 1/300，悬浮石墨烯的载流子密度高达 $10^{13}/\mathrm{cm}^2$，迁移率高达 $200000/(\mathrm{cm}^2 \cdot \mathrm{V} \cdot \mathrm{s})$。即使在 SiO_2 衬底上，石墨烯的迁移率仍然可高达 $10000 \sim 15000/(\mathrm{cm}^2 \cdot \mathrm{V} \cdot \mathrm{s})$。其次，电子波在石墨烯中的传输极容易在高磁场作用下形成朗道能级，进而出现量子霍尔效应[33]。再次，由于电子赝自旋的发生，电子在传输运动过程中对声子散射不敏感，最终使得在室温下就具有量子霍尔效应[34]。除了整数量子霍尔效应外，由于石墨烯特有的能带结构，导致了新电子传导现象的发生，如分数量子霍尔效应（即 ν 为分数）、量子隧穿效应和双极性电场效应等。最后，石墨烯的载流子浓度和极性可通过掺杂手段进行有效的调控。目前常见的掺杂方式有原子替代掺杂和表面掺杂，这两种掺杂方法均可以得到高载流子浓度的 n 或 p 型石墨烯，为石墨烯的功能化修饰进而为改变石墨烯的性质奠定了良好的基础。

正如块状材料存在一定表面态一样，有限尺度的石墨烯纳米结构同样具有特殊的边缘电子态，例如宽度在纳米尺度的石墨烯纳米带（准一维）和各种形态的石墨烯岛（准零维）。与石墨烯晶体结构零带隙导致的半金属态不同，在石墨烯纳米带中，由于受到量子化的限制，电子态具有依赖于纳米带宽度和边缘原子结构类型的性质。

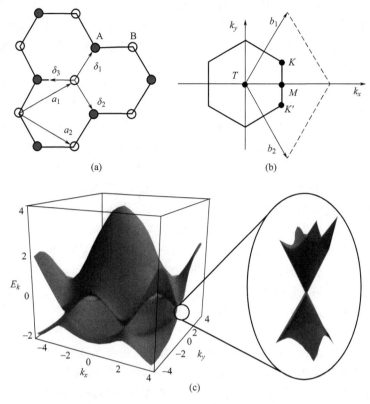

图 8-26 石墨烯的晶体结构和能带结构[31]

20 世纪 90 年代，Fujita 等人[35] 利用紧束缚电子结构模型发现，边缘结构为锯齿形状的石墨烯纳米带具有金属性质，且费米面能级附近电子态集中在石墨烯的边缘；而边缘结构为扶手椅形状的石墨烯纳米带，其电子结构根据宽度不同表现出金属性或者半导体性。根据石墨烯纳米带中碳原子链的条数可以定义纳米带的宽度，如图 8-27 所示。根据此定义，研究表明石墨烯纳米带的能隙会随着纳米带宽度的变化而变化，$N=20$ 的扶手椅型石墨烯纳米带可很好地体现带隙、显示出半导体性质，同样的道理，锯齿型石墨烯纳米带为零带隙的金属，且在费米能级处出现了局域的边缘态。

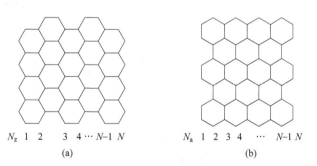

图 8-27 石墨烯纳米带[35]
（a）锯齿型边界结构；（b）扶手椅型边界结构

Son 等人[36] 进一步通过第一性原理计算发现了锯齿型石墨烯边缘态的存在，并利用施加的横向电场破坏了其对称性，最终实现该结构对一种自旋电子可导性。同样的分析手段，在扶手椅型纳米石墨烯条带结构中没有发现边缘态的存在，基于二维点阵和紧束缚模型理论计算发现了石墨烯纳米带宽度与带隙的相关性。在实际的石墨烯纳米带样品中，由于其边缘可能出现结构的无序、化学修饰等因素影响，测量得到的能隙均不为零，但是仍然和条带的宽度存在一定的相关性。

总之，石墨烯纳米带作为一种新型的石墨烯结构，其电子性质强烈依赖于本身结构，基于这一特性，通过合理设计不同宽度或边界类型的石墨烯纳米带及其进一步组合，可以实现纳米电子器件的有效构筑。例如，选取分别具有金属性和半导体性的石墨烯纳米带可以形成肖特基势垒，进一步构筑而成的三明治式结构可形成量子点，且量子态可通过石墨烯纳米带的结构进行有效的调控。最近，来自瑞士和德国的科学家实现了石墨烯纳米带边界类型的精确合成[37]，在他们的工作中，通过选取合适的有机单体作为前驱体，采用自下而上的方式，经过表面辅助的聚合反应和脱氢环化反应在 Au（111）基底上制备了边界类型具有锯齿结构的石墨烯纳米带，该工作为制备性能可控的石墨烯提供了有效的途径，在自旋电子学等领域具有极其广阔的应用前景。

前述石墨烯的电学性质讨论均是基于石墨烯的单层结构，其实石墨烯电学性质与层数之间也存在一定的相互关系。双层石墨烯是由石墨烯派生出来的另一个重要的二维体系，从结构上来讲，双层石墨烯是由两个单层石墨烯按照一定的堆垛模式构成。理论计算表明，双层石墨烯中的载流子能谱为手性无质量的能谱形式，其能量正比于动量的平方，与单层石墨烯相比既有类似之处又有差异。在双层石墨烯的结构中，由于层间π轨道的偶合，在施加外电场后很容易打开带隙而成为半导体。利用紧束缚模型理论可计算得到的双层石墨烯能带结构关系，结果如图 8-28 所示。值得注意的是，双层石墨烯是目前已知的唯一可以通过外场调节其半导体性质的材料。最近的理论和实验结果也证实，通过合理施加垂直于石墨烯平面方向的电场，其带隙随外场大小可以在 0.1～0.3eV 范围内发生变化。

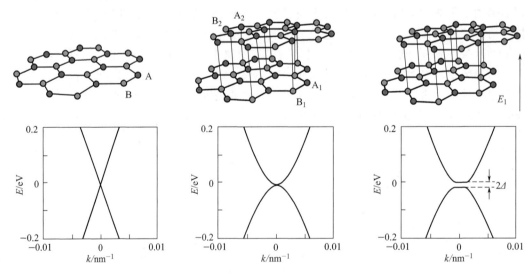

图 8-28　双层石墨烯的能带结构关系[38]

为了实现对双层石墨烯的性质研究，其制备方法也一直是该领域的热点。在此简述最常用的化学气相沉积法在制备可控转角双层石墨烯方面的进展。Zhong 等人利用化学气相沉积法首次在铜催化剂上生长了大面积的均一双层石墨烯，尺寸可达 2in×2in（1in＝0.0254m，下同）。在电学测试中带隙的出现证实了双层石墨烯的存在。Duan 等人同样利用氩气辅助的化学气相沉积法制备了由两片单晶六角石墨烯按照 Bernal 堆垛方式组成的双层石墨烯，且尺寸达到 $300\mu m$。Ruoff 等人在石墨烯的生长过程中引入氧气，在铜基底上制备了尺寸达 0.5mm 的 Bernal 堆垛方式组成的双层石墨烯晶体。上述工作为双层石墨烯的可控制备提供了有效途径，也为将来研究其性质奠定了坚实的基础。

随着层数的继续增加，石墨烯的能带结构也会逐渐变得复杂。其中，三层石墨烯具有半金属特性，同时其带隙可以通过电压的调节来控制。总之，石墨烯层数的变化会导致其性质的改变，这也为调控石墨烯的性质提供了一种有效途径，同时为未来基于石墨烯在电学等领域的应用奠定了基础。

2. 石墨烯的光学性能

石墨烯由单层到数层碳原子组成，因此大面积的石墨烯薄膜具有优异的透光性能。对于理想的单层石墨烯，波长在 $400\sim800nm$ 范围内光吸收率仅有 $2.3\%\pm0.1\%$，反射率可忽略不计；石墨烯层数每增加一层，吸收率增加 2.3%；当石墨烯层数增加到 10 层时，反射率也仅为 2%，如图 8-29 所示。单层石墨烯的吸收光谱在 $300\sim2500nm$ 范围内较平坦，只在紫外区域（约 270nm）存在一个吸收峰。因此，石墨烯不仅在可见光范围内拥有较高的透明性，且在近红外和中红外波段内同样具有高透明性，这有利于它在透明导电材料中的应用，尤其是窗口材料领域拥有广阔的应用前景。首尔大学 Young Duch Kim 等人将电流通过真空中悬于两电极之间的石墨烯，可以加热到 2500℃ 并且辐射强度高出基底上的石墨烯 1000 倍。进一步改进后，该器件有望用于超薄显示器中的纳米光发射器[40]。Bao 等人和 Xing 等人先后发现了石墨烯是一种很好的饱和吸收体，可用来做超快脉冲激光器。Hendry 小组通过可见光到近红外光波段的四波混频实验，得到单层石墨烯三阶非线性极化率在近红外区域为 1.5×10^7esu（$1esu=3.335\times10^{-10}C$，下同）。Zhang 等人用 Z 扫描实验测量了石墨烯的非线性折射率。

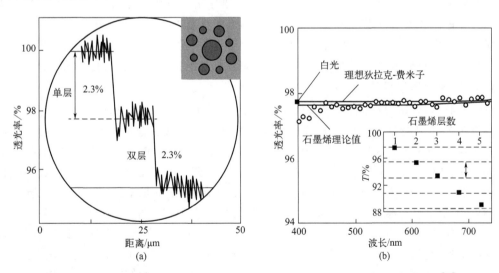

图 8-29　（a）石墨烯的透光性；（b）石墨烯层数以及光波长对透光率的影响[39]

3. 石墨烯的力学性能

与碳纳米管、碳纤维等碳材料相似，石墨烯中单层内碳原子 sp^2 杂化后形成牢固的碳碳键，而在石墨烯层间则主要依靠范德华力和 π 电子的偶合作用。因此石墨烯具有出色的力学性能，同时石墨烯的结构特点决定了其力学性能具有各向异性特征。石墨烯各向异性远高于其它材料，仅次于单壁碳纳米管，如图 8-30 所示。James Hone 等人对单层石墨烯的力学性质进行了较系统的全面研究。结果表明，石墨烯平均断裂强度为 55N/m，石墨烯厚度 0.335nm，石墨烯的杨氏模量可达 (1.0 ± 0.1)TPa，理想强度为 (130 ± 10)GPa。他们还研究了化学气相沉积法制备的石墨烯的力学性能，结果表明，石墨烯晶粒完美连接成的石墨烯膜同样具有优异的力学性能，碳原子间的强大作用力使其成为目前已知的力学强度最高的材料，将来可能作为增强材料并广泛应用于各类高强度复合材料中。

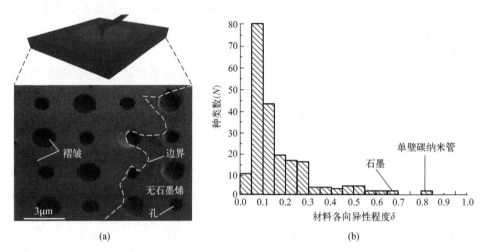

图 8-30   (a) 石墨烯力学性能测试示意图[41]；(b) 六角晶体材料各向异性分布[41]

研究人员将传统剪纸艺术（通过剪切和折叠纸张来构建复杂的结构）应用于石墨烯制作技术[42]。他们使用黄金垫作为手柄，首先使用红外激光器对石墨烯薄膜上的黄金垫施加压力，将石墨烯弄皱后，对产生的位移进行测量，测量结果可以用来计算石墨烯层的力学性能。经过分析研究人员发现，超皱石墨烯的力学性能得到提升，正如揉皱的纸比光滑的纸韧性更强一样，事实上正是这样的机械相似性，使研究人员能够把纸模型的方法应用于石墨烯制备。这一发现将成为研发新型传感器、可伸缩电极或制备纳米机器人的专用工具。

4. 石墨烯的热学性能

石墨烯是二维 sp^2 键合的单层碳原子晶体，与三维材料不同，其低维结构可显著削减晶界处声子的边界散射，并赋予其特殊的声子扩散模式。Balandin 等人测得单层石墨烯的热导率高达 5300W/(m·K)，明显高于金刚石 [1000～2200W/(m·K)] 和单壁碳纳米管 [3000～3500W/(m·K)] 等碳材料。Ghosh 等人研究了石墨烯热导率随层数的变化情况。图 8-31(a) 所示为热导率测量方法，石墨烯从单层增加到 4 层时，热导率迅速降低 [图 8-31(b)]，4 层石墨烯热导率与高质量石墨相当。由于石墨烯具有非常高的稳定性，因此可以用于导热材料。厦门大学蔡伟伟课题组利用非接触光学拉曼技术进一步研究了同位素效应对化学气相沉积法制备的石墨烯热导率的影响，实验结果表明，不含同位素[13]C 的石墨烯的热导率在 320K 温度下高于 4000W/(m·K)，热导率数值两倍于[12]C 和[13]C 以 1:1 比例组成的石墨烯的热导率。该工作为调控石墨烯的导热性质提供了一种有效途径，并将进一步促进二维原子晶体中热性能的研究。

优异的导热性能使石墨烯在热管理领域极具发展潜力，但这些性能都基于厚度为纳米尺度的薄层，难以直接利用。因此，将纳米的石墨烯组装形成宏观薄膜材料，同时保持其纳米效应是石墨烯规模化应用的重要途径。一般来讲，氧化石墨烯薄膜在退火后热导率会提升，

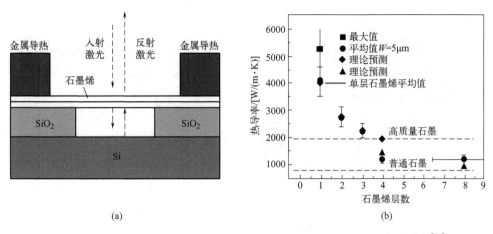

(a)　　　　　　　　　　　　　　　　　(b)

图 8-31　　(a) 热导率测量的示意图；(b) 石墨烯热导率随层数增加而降低[43]

但也变得脆而易碎。如果把一维的碳纤维作为结构增强体，把二维的石墨烯作为导热功能单元，通过自组装技术，则可构建结构/功能一体化的碳/碳纳米复合薄膜。中国科学院山西煤炭化学研究所的研究人员所构筑的这种全碳薄膜具有类似于钢筋混凝土的多级结构，其厚度在 10～200nm 范围内可控，在室温下其面向热导率高达 977W/(m·K)，拉伸强度超过 15MPa。以氧化石墨烯为前驱体很容易获得薄膜材料，但这种材料需通过热处理才能恢复其导热/导电性能。进一步的研究结果表明，1000℃是薄膜性能扭转的关键点，薄膜的性能在该点发生质变，面向热导率由 6.1W/(m·K) 迅速跃迁至 862.5W/(m·K)。这一发现不仅解决了石墨烯热化学转变的基础科学问题，也为石墨烯导热薄膜的规模化制备提供了科学依据。

5. 石墨烯的其它性能

2014 年，Geim 课题组[44] 在世界上首次发现了单层石墨烯对质子的透过行为。研究发现质子可以完全高效地穿过一些二维原子晶体，石墨烯的该特性必将使其在基于质子导电的领域内展现巨大的应用前景。通过对石墨烯进行处理，石墨烯可以制成具有选择透过性的膜材料。Ivan Vlassiouk 等人采用氧等离子体处理技术得到带有孔洞的石墨烯膜并用于水溶盐处理。他们通过控制处理条件来调节孔洞大小，从而进一步控制石墨烯膜对分子通过的选择性。优化后的多孔石墨烯膜脱盐率接近 100%，表现出极其优异的选择性，如图 8-32 所示。美国南卡罗来纳大学的工程师研制出世界上最薄的氧化石墨烯过滤膜。氢气和氦气能够较易通过这种薄膜，而氧气、氮气、甲烷以及一氧化碳等其它气体通过的速度则明显慢得多。Geim 等人还利用氧化石墨烯薄膜制备了超快分子筛，该分子筛可以选择性地透过水合半径小于 0.45nm 的溶质，而且透过速率相比于简单的扩散速率提高了数千倍，显示了石墨烯在过滤领域的巨大潜力。新兴石墨烯基膜对分子分离具有重要意义，利用石墨烯及其衍生物可以制备具有良好的纳米结构的、选择性可调和可控的渗透膜，这反映未来石墨烯基可以用于水和气体净化等领域。

此外，石墨烯的比表面积可达 2630m²/g，分子附着或脱离石墨烯表面时会引起石墨烯局部载流子浓度的变化，进而导致电阻发生阶跃式变化，从而产生信号。据此可将石墨烯用于各种高灵敏度传感器，并应用于环境监测等领域。南开大学陈永胜教授等研究发现了一种特殊的石墨烯材料，在几十厘米的真空管里，在一束光的瞬间照射下，可使新型石墨烯材料一次最远可前进 40cm。这一独特发现使太阳光驱动太空运输成为可能。

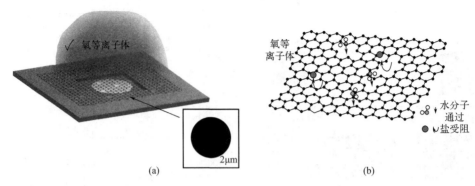

图 8-32　(a) 氧等离子体处理石墨烯产生孔洞[45]；(b) 多孔石墨烯膜用于水脱盐[45]

　　加州大学伯克利分校物理系的 Mike F. Crommie 教授小组[46] 借助石墨烯首次实现了对"原子坍塌"现象的成功观察，他们利用扫描隧道显微镜（STM）把石墨烯上的五个钙二聚体（calcium dimers）放到一起，组成超大"原子核"，继而通过 STM 来观测由此产生的原子坍塌态——电子螺旋地绕出原子核，并且有空穴产生（对应于正电子）的现象。该工作对于未来石墨烯基电子器件的发展，尤其是极小的纳米器件的发展也有着深远的意义。最近，来自西班牙、法国和埃及的研究团队通过在石墨烯上添加氢原子使其产生磁矩，且可以在较大距离范围内产生铁磁性，最终实现了对石墨烯磁性在原子级别上的调控[47]。氢原子修饰的石墨烯材料作为存储信息的材料，可以极大地提高信息的存储密度，从而促进未来电子信息领域的发展。

第四节　碳纳米管

一、碳纳米管的发现

　　1991 年，Iijima 发现了碳纳米管。他在考察电弧蒸发后在石墨阴极上形成的硬质沉积物时，通过高分辨率电子显微镜观察发现，阴极形成的炭黑中含有一些针状物，其直径为 4～30nm、长约 1μm，由 2～50 个同心管构成。在这种新石墨结构中最迷人之处是比以前看到了更细小、更完整的长形中空纤维。该结果首先在 1991 年的一次会议上报道，随即发表在 *Nature* 杂志上。正是他的发现真正引发了碳纳米管的研究热潮和近些年来碳纳米管科学与技术的飞速发展。

　　1993 年，通过在电弧放电过程中加入过渡金属催化剂，NEC 和 IBM 的研究小组同时成功合成了单壁碳纳米管。1996 年，Thess 等利用脉冲激光沉积的方法制备出了大量的定向单壁纳米管束，由此人们开始对碳纳米管的物理化学性质展开了系统、深入的研究。

二、碳纳米管的结构

　　在结构上，可以将碳纳米管看作由一层或者多层石墨片按照一定螺旋角卷曲而成的、直径为纳米量级的圆柱壳体。碳纳米管的管轴相对于石墨碳网排列的取向不同，能够形成不同结构的碳纳米管。根据碳纳米管管壁所含石墨片层的多少，可将碳纳米管分为三类，即单壁碳纳米管、双壁碳纳米管和多壁碳纳米管，它们分别是由单层石墨片、双层石墨片和多层石墨片卷曲而成的，如图 8-33 所示。这种结构上的多样性使碳纳米管具有多种用途，如半导体单壁碳纳米管能够应用于场效应晶体管传感器，金属多壁碳纳米管能够用于电催化的电极材料等等。

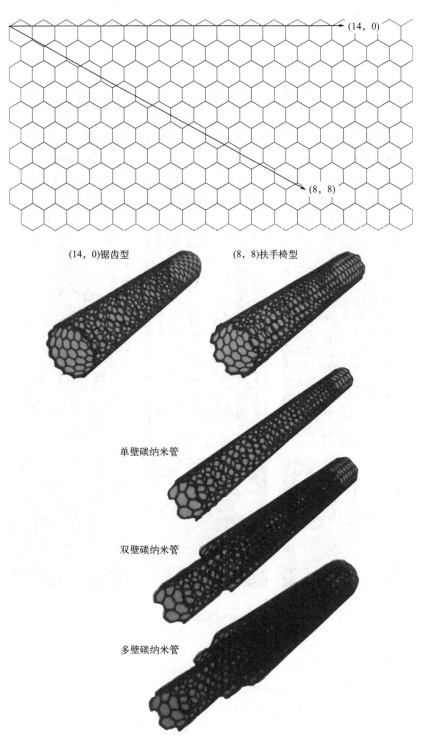

图 8-33　碳纳米管的结构分类[48]

1. 单壁碳纳米管的结构

碳纳米管中每个碳原子和相邻的三个碳原子相连，形成六边形网格结构，因此，碳纳米管中的碳原子以 sp^2 杂化为主，但其中仍存在一定的 sp^3 杂化键。单壁碳纳米管可看成是由石墨烯平面映射到圆柱体上形成的，在映射过程中石墨烯片层中的六边形网格保持不变，因此，六边形网格排列方向与碳纳米管轴之间可能出现夹角。根据单壁碳纳米管中六边形网格沿轴向的不同取向，也可以将其分成锯齿型、扶手椅型和手性型三种，其结构如图 8-34 所示。

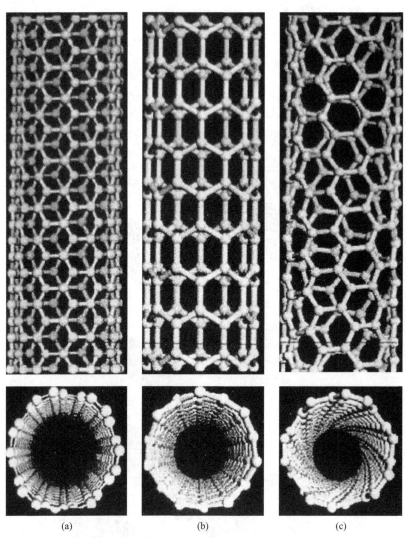

(a)　　　　　　　　　(b)　　　　　　　　　(c)

图 8-34　单壁碳纳米管的结构示意图[49]

(a) 扶手椅型；(b) 锯齿型；(c) 手性型

由于映射过程出现夹角，单壁碳纳米管中的网格会产生螺旋现象，而螺旋的单壁碳纳米管具有手性。在锯齿型和扶手椅型单壁碳纳米管中，六边形网格和管轴的夹角 θ（螺旋角）分别为 0° 和 30°，不产生螺旋现象，所以没有手性，而手性单壁碳纳米管的 θ 为 0°～30° 之间的其它角度，其网格有螺旋，因此具有手性。根据手性的不同可把它们分为左螺旋和右螺旋两种。

单壁碳纳米管的管径分布范围小，一般在 0.5～6nm 之间，长度可达几微米。单壁碳纳米管具有自组装特性，可形成管束或管束环。由于单壁碳纳米管间存在较强的分子间作用力，因此，容易聚集形成管束，构成类似于平面六边形的二维晶体结构。Tersof 和 Ruoff 讨论了各种管径的单壁碳纳米管排列成管束的情况，发现随着管径的增加，管与管之间的孔隙也增大。管径小于 1nm 的单壁碳纳米管形成管束时，每根碳纳米管的管壁均保持完整的圆形结构，管径大于 2.5nm 的碳纳米管，其管壁则由于管与管之间的范德华力而发生形变，呈现蜂窝形结构。

2. 多壁碳纳米管的结构

理想的多壁碳纳米管可以看成是由两层以上的石墨烯片卷成的无缝的同心圆柱，层数可从两层到十几层（两层即为双壁碳纳米管），其外径一般从几纳米到十几纳米，内径从 0.5nm 到几纳米，长度从几微米到十几微米，甚至可达到毫米级，如图 8-35 所示，多壁碳纳米管层间距约为 0.34nm。用密度泛函理论研究多壁碳纳米管层与层之间的相互作用，计算结果表明，多壁碳纳米管层间很容易发生滑动和旋转。但在研究多壁碳纳米管的稳定性时发现，其两端并不存在悬键，容易形成类似富勒烯的笼状结构，笼状结构或多壁碳纳米管中存在的缺陷可限制层与层之间的滑动和旋转。

椅式多壁碳纳米管结构比较复杂、不易确定，需要用三个以上的参数来表示（除了直径

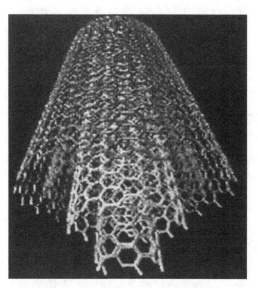

图 8-35　多壁碳纳米管的结构示意图[50]

和螺旋角外，还需要考虑管壁之间的距离以及不同片层之间六边形网格的排列关系）。

三、碳纳米管的基本性质

碳纳米管具有最简单的化学组成及原子结合形态，却展现出了最丰富多彩的结构以及与之相关的多种物理化学性能。碳纳米管的力学性能一直是广大科研人员感兴趣的研究方向。碳纳米管相对于体材料而言，缺陷密度要小得多，其力学强度远大于宏观材料。碳纳米管的基本结构是 C—C 共价键，网格沿管轴方向有序排列，构成闭合的空间结构。这种闭合的空间结构使碳纳米管具有石墨的平面性质，比如耐腐蚀、耐高温、耐热、传热和电导性好及自润滑性等。但碳纳米管的尺度、结构、拓扑学因素又赋予了碳纳米管极为独特而且富有广阔应用前景的性能，其中最为突出的性能主要体现在以下几个方面：

1. 弹性模量

弹性模量是力学性能的基本参数之一，体现了原子间的结构力。具有共价键结构的碳纳米管中，两个原子间相互作用的势函数决定了其理想晶体的弹性性质。科学家们在碳纳米管弹性模量的测量方面做了大量实验，但大部分实验都是间接测量。最早的实验是由 Treacy 等完成的，他们在透射电子显微镜中用电子束加热碳纳米管，由碳纳米管的振幅得到其弹性模量。Wong 等利用原子力显微镜测量了多壁碳纳米管的弯曲力，并拟合出弹性模量，他们在单壁碳纳米管上外加一个交变电压来激发碳纳米管并使其产生振动，由碳纳米管受迫振动

的频率推算出其弹性模量。解思深等成功制备的超长碳纳米管使得利用常规手段对碳纳米管力学性能的测试成为可能，他们利用一种小型拉伸装置首次直接测量了碳纳米管平行束的弹性模量和抗拉强度。

由于碳纳米管的结构中存在缺陷，一些实验结果往往不能准确地说明其性能，很多科学家在理论上对碳纳米管弹性模量进行了计算和预测。在模拟方法中，分子动力学模拟是较为常用的方法。Cornwell 等采用 Tersoff 势函数分子动力学模拟对单壁碳纳米管的弹性模量进行计算，得出直径为 1nm 的单壁碳纳米管的弹性模量为 4TPa 左右。Gao 等采用分子动力学模拟的方法计算单壁碳纳米管势函数的二价导数，得到的弹性模量的值从 640.30GPa 到 673.49GPa 不等。Yakobson 等将某一特定的分子动力学模拟结果和连续壳模型模拟结果进行了比较，结果发现碳纳米管的弹性模量为 5.5TPa。Lu 采用分子动力学经验模型研究了单壁碳纳米管和多壁碳纳米管的弹性性质，得出的弹性模量大约为 1TPa，他们还发现，碳纳米管的这些性质与其直径、螺旋角以及层数几何结构无关。Hernande 等采用非正交紧束缚理论计算得到，单壁碳纳米管的弹性模量为 1.24TPa。Zhou 等根据电子能带理论得到，单壁碳纳米管的弹性模量为 5.1TPa，表面碳纳米管的应力能主要来自非成键的价电子，并且也认为弹性模量和其直径、螺旋角无关。上述研究表明，碳纳米管的弹性模量在 1TPa 以上，与金刚石的弹性模量相近。

2. 强度和屈曲

在实验技术方面，Walters 等用原子力显微镜侧向力模式在单壁碳纳米管束上进行横向加载，得到碳纳米管的拉伸强度为 45GPa；Wagner 等采用将碳纳米管埋入基体材料后进行载荷转换的实验方法得到的拉伸强度为 55GPa。在模拟方法和理论计算方面，Yakobson 等用分子动力学模拟的方法研究了碳纳米管受到的拉伸载荷作用，得出的拉伸强度和应变分别为 150GPa 和 30%；此外，还模拟了碳纳米管在弯曲和扭转时的屈服，发现弯曲时，管的中部区域坍塌，扭转时，管扁平化或横截面坍塌；Belytschko 等用分子动力学模拟的方法研究了碳纳米管的断裂行为，发现断裂应变在 15.8%～18.7% 之间，并发现断裂应力与螺旋角相关。Huang 等基于原子之间的作用势和连续介质力学框架对碳纳米管破坏时的应变进行了计算，并发现在碳纳米管形变过程中存在一个破坏应变 ε_b，且当 $\varepsilon < \varepsilon_b$ 时它是完全弹性的。

就目前的研究进展来看，碳纳米管具有很高的强度，大约是钢的 100 倍、碳纤维的 20 倍，而碳纳米管的密度仅为钢的 1/6，为碳纤维的一半。碳纳米管的层间剪切强度可达 500MPa，这比传统碳纤维增强环氧树脂复合材料高很多倍。碳纳米管的韧性很好，在一定范围内压缩或扭转之后能够恢复到原来的形态，经过多次反复大幅度的弯曲后不会发生明显的断裂。碳纤维在变形约 1% 时就会断裂，而碳纳米管要到变形约 18% 时才会断裂。

3. 磁学性能

碳纳米管在磁场中的特性是学科研究中的热点之一。Ajiki 等人应用微扰理论研究了碳纳米管在磁场中的特性，并发现随着磁场强度的增大，碳纳米管的禁带宽度会发生变化。磁场强度周期性变化，禁带宽度也随之会有类似的周期性变化。在磁场的作用下，金属性碳纳米管可转化为半导体性碳纳米管，其振荡周期与碳纳米管的结构有关。

碳纳米管禁带宽度随外加磁场振荡的特性只有在磁场强度达到一定值（启动磁场强度 B_t）之后才会发生。B_t 的大小和碳纳米管的结构密切相关。例如：当碳纳米管直径 $d = 0.7nm$ 时，$B_t = 10700T$；$d = 30nm$ 时，$B_t = 5.85T$。由此可见，启动磁场强度随碳纳米管直径的增大而减小。碳纳米管的这一特性使它可用于制作电磁开关，从而广泛地应用于航天器等领域中。

4. 电学性能

碳纳米管的结构和几何特点决定了它在电学性能方面的复杂性。目前碳纳米管应用研究的最主要领域是电学领域。由于电子的量子限域效应，电子只能在单层石墨片中沿碳纳米管的轴向运动，径向运动受到限制，因此，它们的波矢是沿轴向的，在碳纳米管周围运动的电子中，只有特定波长的电子能够被保留下来，其它的则可能完全被抵消。在石墨片里，碳纳米管的导电性完全来自处于物理学中费米点的特殊电子态和电子的运动，其它态的电子则完全不能自由运动。1/3 的碳纳米管具有恰当的直径和螺旋程度，这允许状态里含有这个特殊的费米点，使这些碳纳米管具有金属性；其余 2/3 的碳纳米管则是半导体性的。在半导体性的碳纳米管和金属性的碳纳米管之间可以形成整流结。

目前，在碳纳米管电子器件和电路研究中多数采用单壁碳纳米管。通常，可以用一组被称为碳纳米管指数的整数 $(n，m)$ 来描述碳纳米管，它包含了碳纳米管的管径和螺旋角等信息，由于螺旋情况不同，碳纳米管的电学特性可表现为金属性或半导体性。实验和计算表明，如果 n 和 m 满足下式：

$$(n-m)=3q \quad (q \text{ 为整数})$$

那么它就是金属性的，否则是半导体性的。所以，碳纳米管有 1/3 是金属性的，而另外 2/3 是半导体性的。半导体性碳纳米管可以用于构建场效应晶体管（Field Effect Transistor，FET），而金属性的碳纳米管可以用于构建单电子晶体管（Single Electron Transistor，SET）。

碳纳米管中的缺陷（如在六边形网格中引入五边形、七边形结构）也会导致同一碳纳米管既具有金属的性质，又具有半导体的性质。这种碳纳米管实际上是一种分子二极管，电流可以沿着碳纳米管由半导体性的一端流向金属性的一端，而反向则无电流。两根不同粗细的碳纳米管对接也可形成半导体异质结。如果在碳纳米管内邻近异质结的地方引入第三电极，则能形成栅极控制的导电沟道。据此有的碳纳米管晶体管可在室温下工作，并且具有很高的开关速度，调节栅极电压，碳纳米管的电阻可以在半导体到绝缘体这样一个很宽的范围内变动。这种三电极的单分子晶体管的发现是分子电极的一个重大进步。利用毛细管作用将液态金属填充到碳纳米管中，可制成纳米金属导线，这种技术可使微电子器件升级进入纳米阶段。如果实现了这一目标，就可以制造出袖珍计算机和袖珍机器人，并使所有控制系统纳米化。

由于碳纳米管的尖端具有纳米尺度的曲率，在相对比较低的电压下就能够发射大量的电子，因此，碳纳米管能够呈现出良好的场发射特性，非常适合于用作各种场发射器件的阴极。利用碳纳米管极好的场发射性能，可制作平面显示装置，取代体积大、质量大的阴极电子管，并提高显示装置的清晰度。用碳纳米管制成的电子枪与传统的电子枪相比，不但具有在空气中稳定、易制作的特点，而且具有较低的工作电压和较大的发射电流，适用于制作大的平面显示器。加利福尼亚大学的研究人员证明，碳纳米管具有稳定性好和抗离子轰击能力强等良好性能，可以在 $10^{-4}\mathrm{Pa}$ 真空环境下工作。通过将碳纳米管沉积在一种高分子膜上制成的显示器，在 200V 的工作电压下工作了 200h 后，电流密度可达 $10^{-2}\mathrm{A/cm^2}$。将单壁碳纳米管在晶态金膜上组成阵列，可提供高达 $10^6\mathrm{A/cm^2}$ 的电流密度。场发射方面的应用最有可能是碳纳米管大规模商业化的方向。

碳纳米管也是一种非常好的电极材料，它可以作为锂离子电池负极材料。多壁碳纳米管的层间距为 0.34nm,略小于石墨的层间距(0.35nm),这有利于 Li^+ 的嵌入与迁出,它特殊的圆筒状构型不仅可使 Li^+ 从外壁和内壁两个方向嵌入,又可防止溶剂化的 Li^+ 嵌入引起石墨层剥离,造成负极材料的损坏。碳纳米管掺杂石墨后可提高石墨负极的导电性,消除极化。实验表明,用碳纳米管作为锂离子电池负极材料的添加剂,或单独用作锂离子电池的负极材料,均可显著提高负极材料的 Li^+ 嵌入量和稳定性。

碳纳米管也是一种非常有潜力的超级电容器电极材料。超级电容器是一种能量存储装置,其综合性能比二次电池要好得多,如可大电流充放电、几乎不存在充放电过电位、循环寿命可达上万次和工作温度范围宽等。超级电容器在音频-视频设备、调谐器、电话机和传真机等通信设备及各种家用电器中得到了广泛应用。作为超级电容器的电极材料,要求结晶度高、导电性好、比表面积大和微孔孔径分布范围宽(对存储能量有贡献的孔不到 30%),碳纳米管比表面积大、结晶度高、导电性好和微孔孔径大小可通过合成工艺加以控制,因而成为一种理想的电极材料。美国 Hyperion 催化国际有限公司报道,采用通过催化裂解法制备的碳纳米管(外径约 8nm)作为电极材料,质量分数为 38% 的 H_2SO_4 作为电解液制成的超级电容器可获得大于 113F/g 的电容量,比目前用多孔碳制成的超级电容器的电容量高出 2 倍多。目前以碳纳米管为电极材料的超级电容器,其质量比功率已超过 8000W/kg,有可能用作电动汽车的启动电源。

5. 储氢性能

氢能作为一种高能量密度、清洁的绿色新能源备受重视,但要利用氢能,必须解决氢的安全存储和运输问题。近来,碳纳米管储氢性能的研究成了热点。碳纳米管具有比较大的比表面积,且具有大量的微孔,其储氢量远远大于传统材料的储氢量,因此被认为是良好的储氢材料。

碳纳米管是理想的准一维材料。单壁碳纳米管和多壁碳纳米管的共同特点是都由石墨片卷曲而成,都是长径比很高的纳米级中空管。中空管内径为 0.5nm 到几纳米,其中单壁碳纳米管的内径一般小于 2nm,而这个尺度是微孔和中孔的分界尺寸,这说明单壁碳纳米管具有微孔性质,可以被看作一种微孔材料。理想单壁碳纳米管的微观结构相当规整。与传统微孔碳(MPC)所具有的狭缝形孔不同,单壁碳纳米管具有圆柱形的微孔。根据吸附势能理论,圆柱形孔比相同尺寸的狭缝形孔具有更大的吸附势能。此外,单壁碳纳米管具有很大的比表面积,是一种优良的微孔吸附材料。近年来,随着制备技术的发展,人们对碳纳米管的高储氢量进行了预测和实验验证,开展了碳纳米管吸附性质研究。通过对孔径结构的研究,认为多壁碳纳米管是一种中孔吸附剂;通过吸附等温线计算,认为单壁碳纳米管是一种微孔吸附剂。这样的结果与用电子显微镜直接观察的结果相近。由于碳纳米管一般是排列成束状的,因此,碳纳米管束中除了具有中空管形成的一维微孔结构外,还具有管间形成的孔,这样就丰富了碳纳米管中孔的种类。但是,束状的排列,也会损失相当一部分的比表面积。

美国国家可再生能源实验室的 Dillon 等采用程序控温脱附仪测试了单壁碳纳米管的储氢性能。他们在实验中发现,单壁碳纳米管在 130K、4×10^4 Pa 的条件下,储氢量为 5%～10%(质量分数)。Poirier 等在空气中和低温条件下,对单壁碳纳米管的储氢性能进行了测试,并将单壁碳纳米管和活性炭的相关性能进行了比较,结果表明:一些含钛自由基的单壁碳纳米管在任何温度下都比活性炭储氢性能好得多。Sudan 等对单壁碳纳米管与氢的相互作用进行了分析。他们在实验中测定了热脱附谱,发现主要的可逆脱附发生在 77～320K 的范围内,且大约在 90K 时出现峰值,这对应着单壁碳纳米管的表面物理吸附。在同样条件下,石墨和多壁碳纳米管样品也发现了这样的脱附峰。在谱图中，还出现了另外的一些小台阶，但是仅限于单壁碳纳米管。纳米金属颗粒对单壁碳纳米管的物理吸附作用没有任何影响，单壁碳纳米管的储氢性能主要取决于试样的比表面积。

加州理工学院的 Ye 等将单壁碳纳米管纯化，并在不同的条件下研究了单壁碳纳米管储氢量与表面积之间的联系，发现在 80K、12MPa 的条件下，碳纳米管的储氢量达到了 8% （质量分数）。Luxembourg 等在实验中发现，单壁碳纳米管在 253K、6MPa 的条件下，最大储氢量可达 1% （质量分数）。他们认为对单壁碳纳米管储氢性能起影响作用的是其微孔容量。Takenobu 等研究了 C_{70} 包裹的单壁碳纳米管的储氢性能。Georgiev 等用非弹性中子散射光谱，在温度为 20K 左右时，测定了单壁碳纳米管的物理吸附性能，考察了其对单壁碳纳米管储氢性能的影响。

郝东辉等采用定向多壁碳纳米管和非定向多壁碳纳米管混以铜粉制成电极，分别进行了恒流充放电化学实验。对二者储氢量进行对比发现，定向多壁碳纳米管的储氢量可高达 5.7%，是非定向多壁碳纳米管储氢量的 10 倍。Zhang 等分别对 10～20nm、10～30nm、20～40nm、40～60nm 和 60～100nm 尺寸的多壁碳纳米管进行了电化学储氢性能研究，用 $LaNi_5$ 合金颗粒作为催化剂，实验结果表明，在相同测试条件下，不同尺寸的多壁碳纳米管在电化学储氢性能方面有很大的差异，其中，10～30nm 多壁碳纳米管的电化学储氢性能最好，60～100nm 多壁碳纳米管的储氢性能最差。上述实验结果表明，碳纳米管的尺寸是影响其电化学储氢性能的一个主要因素。

有许多科研工作者对碳纳米管的储氢性能进行了模拟计算。如 Marguluis 等用 Anderson-Newns 模型对单壁碳纳米管的吸附作用进行了理论研究，郭连权等借助于分子动力学模拟方法对单壁碳纳米管的储氢性能进行了动态模拟，认为随着时间的变化，碳纳米管内氢分子会不断增加，吸附主要集中在碳纳米管内外边缘附近；碳纳米管内氢分子逐渐开始分层，管径越小，靠近管壁的氢分子分层现象越明显，在碳纳米管内外靠近管壁处出现了空隙，对单壁碳纳米管的储氢性能进行模拟计算，并获得了具有参考价值的一系列结论，为进一步研究碳纳米管的储氢机理等提供了依据。

Sang 等利用密度泛函理论（DFT）研究了单壁碳纳米管储氢性能的物理吸附和化学吸附作用。他们通过吉布斯自由能使物理吸附向化学吸附转变。在实验过程中，通过分析发现，尽管氢分子吸附于碳纳米管内部的倾向比吸附于碳纳米管外部的倾向大得多，然而由于需要比较高的活化能，氢分子很难穿过管壁进入碳纳米管的内部。原子态的氢比分子态的氢更容易穿透碳纳米管壁。然而，当活化能大约为 439.89kJ/mol 时，如果没有金属的催化作用，也很难将一个氢分子分解为两个氢原子，因为这样需要克服比较高的解离能。基于上述研究他们认为，吉布斯自由能为实现物理吸附向化学吸附转变的一个比较好的途径。

虽然对碳纳米管储氢性能的研究在实验和理论方面均取得了可喜的结果，但由于碳纳米管成本高，难于批量生产，且对其循环使用性能的研究很少，因此要达到将碳纳米管作为储氢材料投入实际应用还有很长的路要走。

6. 光学性能

碳纳米管在结构上与常规晶态和非晶态材料有很大的差别，突出的表现为颗粒尺寸小、界面所占的体积百分数大、界面原子排列和键的组态具有较大的无规则性。这就使碳纳米管呈现出一些不同于常规材料的光学性质。碳纳米管对红外辐射异常敏感，可以制作灵敏度很高的红外探测器；碳纳米管有很强的非线性光学性质，比如三阶非线性光学性质使其可以做高速的全光学开关；碳纳米管表现出强烈的光学各向异性，尤其在紫外辐射方面，可以作为传统的价格昂贵的紫外偏振器的替代品。

碳纳米管光学性质研究的一个方面为线性光学性质，其中对碳纳米管吸收特性的研究是最近比较活跃的领域。碳纳米管光学性质研究的另一方面为非线性光学效应。由于纳米材料自身的特性，光激发引起材料吸收变化的原因一般可分为两大部分：由光激发引起的自由电子-空穴对所产生的快速非线性部分和受陷阱作用的载流子产生的慢速非线性部分。由于能带结构的变化，纳米晶体中载流子的迁移、跃迁和复合过程均呈现出与常规材料不同的规律，因而具有不同的非线性光学效应。目前对碳纳米管光学性能的研究已经得到了不少进展，但还有许多问题需要继续深入系统地研究，如不同直径和手性碳纳米管的吸收、拉曼散射、光致发光等特性产生的机理，以及碳纳米管的非线性光学效应的机理等。

对于碳纳米管的光学性质，国际上很多研究人员进行了广泛的探讨与研究。例如，印度的 Mishra 采用 Z-扫描技术研究了单壁碳纳米管悬浮液光限幅特性起源；爱尔兰的 Brennan 研究了多壁碳纳米管的非线性光致发光性质；瑞士的 Bonard 研究了碳纳米管场致发光引起的荧光特性。在国内，这方面的研究也是非常活跃的。北京大学龚旗煌教授课题组研究了 C_{60} 和碳纳米管的光限幅特性；Sun 研究了多壁碳纳米管的光限幅特性，并对多壁碳纳米管做了非线性散射实验，还利用 Z-扫描技术研究了多壁碳纳米管的非线性折射率和非线性吸收系数。清华大学的朱静等研究了碳纳米管束的光学偏振性，认为碳纳米管可做偏振光源。

对碳纳米管进行化学处理可改变其光学性能，这是目前碳纳米管基础研究的重要课题。2002 年，Smallery 等研究了经表面活性剂十二烷基硫酸钠（Sodium Dodecyl Sulfate，SDS）分散后的单壁碳纳米管的光谱性质，观察到了半导体单壁碳纳米管的荧光光谱。孙文秀等比较了浓硝酸处理前后多壁碳纳米管的荧光光谱，发现多壁碳纳米管在浓硝酸处理前后都能产生荧光。与浓硝酸处理前相比，浓硝酸处理后多壁碳纳米管的荧光增强，且其荧光均有一定程度的蓝移，这可能与浓硝酸处理引起多壁碳纳米管上的缺陷增多，使碳纳米管开口和剥离有关。

实践证明，通过物理或化学修饰的方法也可以调控碳纳米管的光学性能。Dickey 等用化学气相沉积法将 Ru 掺入碳纳米管中，制备了 Ru 掺杂的碳纳米管阵列。该碳纳米管阵列在可见光区可发出绿色的荧光。Sun 等把 Eu 掺入碳纳米管中，使其荧光峰略微红移。香港科技大学的研究人员在 APO4-5 中制备出直径为 0～4nm 的单壁碳纳米管，并研究了其光致发光性质。研究表明，其发光效率为 1%～5%，无论是对激发光的响应还是发光强度都表现出很强的偏振依赖性。

Sun 等利用线型共聚物 PPEI-EI 与切割的碳纳米管反应，得到可溶于水和有机溶剂的碳纳米管衍生物。由于 PPEI-EI 是线型共聚物，PPEI-EI 可以像钓鱼一样将碳纳米管"钓"起来，从而得到自组装的碳纳米管。研究结果表明，可溶性碳纳米管具有光致发光现象，不同的激发波长可导致其发出不同的光，且所发出的光可以覆盖整个光谱范围，发光量子效率可达 0.1。这预示着可溶性碳纳米管在发光与显示材料方面具有潜在的应用前景。

Wilson 等将单壁碳纳米管在苯胺中避光回流 3h，得到的碳纳米管衍生物在苯胺中的溶解度最高可达 8mg/mL。研究这种可溶性碳纳米管衍生物的荧光光谱后发现，其发光量子效率最高可达 0.3。

PmPV 是一种共轭发光聚合物。Curran 等使多壁碳纳米管与之通过 π-π 相互作用形成多壁碳纳米管-PmPV 复合材料，并研究了该材料的导电性。研究发现，该材料的导电性比 PmPV 高 8～10 个数量级，并能有效提高发光二极管在空气中的稳定性。他们还进一步研究了该材料的电致发光性质以及非线性光学性质。

为弄清 PmPV 与碳纳米管之间的相互作用情况，Coleman 通过电子显微镜观察发现，每一根碳纳米管的管壁上都覆盖有大量 PmPV，厚度约为 25nm，同时，他们还在碳纳米管的缺陷处观察到了 PmPV 纳米晶体的生长。由于 PmPV 与碳纳米管间的相互作用，聚合物链的构型可发生明显变化，电子离域程度降低，从而导致吸收光谱和拉曼光谱产生明显的变化。Star 等研究了 PmPV 与单壁碳纳米管之间的相互作用。原子力显微镜观测结果显示，碳纳米管表面覆盖着 PmPV，悬浮液中单壁碳纳米管束的直径随着 PmPV 含量的增大而减小。对复合材料的光电性质研究表明，该复合材料每吸收 1 个光子可以产生 1000 个以上的载流子，具有光放大功能。

在此基础上，Steuerman 又进一步研究了 PpyPV 与碳纳米管之间的相互作用。与 PmPV 相似，PpyPV 也可改变碳纳米管的溶解性。对 PpyPV 与单壁碳纳米管复合材料的光电性质研究结果表明，电荷在传输过程中表现出光开关效应。这些研究为碳纳米管在光电子器件中的应用提供了理论依据。

7. 吸波性能

碳纳米管的尺度远小于红外线及雷达波的波长，因此它对红外线及雷达波的吸收性能较常规材料强。由于尺寸小，碳纳米管具有比常规粗粉体材料大 3～4 个数量级的高比表面积。随着表面原子比例的升高，晶体缺陷增加、悬键增多，容易形成界面电极极化，高的比表面积又会造成多重散射，这是碳纳米管具有吸波性能的重要原因。在原子比例较大的界面中及具有晶体畸变、空位等缺陷的碳纳米管内部会形成固有电偶极矩，若在微波场作用下，由于取向极化，碳纳米管的介电损耗将会提高。量子尺寸效应使碳纳米管的电子能级由连续的能级变为分裂的能级，分裂的能级间隔处于与微波对应的能量范围（$10^{-5}\sim10^{-2}\,eV$）内，从而导致新的吸收效应。一般认为，纳米吸波材料对电磁波能量的吸收是由晶格电场势运动引起的电子散射、杂质和晶格缺陷引起的电子散射以及电子与电子之间的相互作用等三种作用所决定的。碳纳米管具有特殊的螺旋结构和手性，这也是碳纳米管吸收微波的重要原因。

碳纳米管具有特殊的电磁效应，表现出较强的宽带吸收性能，而且具有密度低、高温抗氧化、介电性能可调、稳定性好、导电性好和比表面积大等诸多优点，用它制得的复合材料兼具吸波和承重的功能，在微波吸收领域有很大的应用价值。目前，一般采用在碳纳米管表面镀镍等技术方法克服碳纳米管与基体结合性差的缺点，同时该方法也有利于改善材料的吸波性能。北京化工大学沈曾民、浙江大学陈小华、中国科学院金属研究所杜金红等均开展了碳纳米管表面化学镀镍的研究。碳纳米管具有较大的表面曲率，以及高度石墨化的结构，使得其表面活性很低，很难获得连续致密的镀层，他们通过对碳纳米管表面进行氧化、敏化和活化处理，调整传统的化学镀镍溶液配方和反应条件，使反应在尽可能低的速率下进行，在碳纳米管表面实现了金属镍的镀覆。将镀镍碳纳米管与环氧树脂的混合物涂覆于 2mm 厚的铝板上制成了吸波涂层，这种涂层在 2～18GHz 范围内的反射衰减达 12dB，虽然吸收峰比碳纳米管小，但吸收峰有宽化的趋势，这对改善吸波性能是有利的。含碳纳米管吸波涂层的吸波机理主要为：碳纳米管作为偶极子在电磁场的作用下产生耗散电流，在周围基体的作用下，耗散电流发生衰减，致使电磁波能量转化为热能等其它形式的能量。

由于受到生产能力和成本的限制，碳纳米管作为吸波材料的应用仍处于实验研究阶段。随着碳纳米管制备技术的进展与突破，碳纳米管的应用基础研究必将得到发展，其作为储氢材料与吸波材料的实际应用将成为可能。

8. 热学性能

跟导电性能一样，碳纳米管也具有优异的轴向导热性能。当碳纳米管用作导热材料时，热量的传递主要依靠声子。声子可以顺利地沿碳纳米管轴向传输,传导速度可达 1000m/s。因此,碳纳米管是理想的导热材料。碳纳米管具有较小的热膨胀系数和很高的轴向热导率,理论计算表明,其轴向热导率在 $6600W/(m \cdot K)$ 以上,单根多壁碳纳米管在室温下的热导率大于 $3000W/(m \cdot K)$,也大于金刚石的热导率 [约 $2000W/(m \cdot K)$]。虽然碳纳米管轴向的导热性能很高,但是其垂直方向的导热性能较低。碳纳米管被自身的几何性质所限,故而应有近似为零的热膨胀率。适当排列的碳纳米管可得到非常好的各向异性热传导材料,即使将碳纳米管"捆"在一起,热量也不会从一根碳纳米管轻易地传到另一根碳纳米管,即其导热性能具有一维方向性。碳纳米管优异的电热性能使它有可能成为今后计算机芯片的导热板材料,也将可用作发动机、火箭等各种高温部件。

比热容和热导率是衡量碳纳米管热学性能的两个重要指标。已有的研究表明,碳纳米管(包括单壁碳纳米管和多壁碳纳米管)的比热容主要是由声子比热容决定的。只要对碳纳米管进行掺杂,使费米能级接近能带边缘,其电子比热容都会显著增加。1999 年,中国科学院物理所解思深研究小组为了研究碳纳米管的热学性质,开发了一种同时测量细条状导电样品的热导率和比热容的方法。这种测量方法使得热学性质的测量如同电阻测量那样容易。他们用这种方法首次测量了定向多壁碳纳米管的热导率和比热容,并发现其热导率与温度在 120K 以下呈平方关系,120K 以上趋于线性关系。这表明多壁碳纳米管层与层之间的振动偶合很弱。所以就热学性质而言,每一层可以单独考虑,并且都具有理想的声子结构。对于单壁碳纳米管,声子也是决定热导率的主导因素。

理论分析表明,随着温度的升高,单壁碳纳米管的热导率将降低;扶手椅型和锯齿型单壁碳纳米管的热导率均随着直径的减小而升高,而在直径相同时,不同结构碳纳米管的热导率相差不大。

9. 化学性能

碳纳米管是一种具有特殊结构(径向尺寸为纳米量级,轴向尺寸为微米量级,最长可达毫米量级)的一维量子材料。理论上,碳纳米管是由单层或多层石墨片按一定的螺旋度卷曲而成的无缝中空管,两端的"碳帽"由五元环或六元环封闭而成,然而实际的碳纳米管在端口等处有很多缺陷,使得碳纳米管的化学性质比较活泼。在氧化性强酸的作用下,碳纳米管的开口端和缺陷处会产生一定数量的羟基和羧基等活性基团,为进一步的化学反应奠定了基础。

(1) 碳纳米管的表面修饰 碳纳米管长径比大、表面能大,极容易团聚,这将影响其在溶液或复合材料中的均匀分散。同时其表面完整光滑,悬键极少,很难与基体键合,因而形成的复合材料难于达到理想的性能。为了提高碳纳米管的分散性,增加其与基体的界面结合力,需要对碳纳米管的表面进行改性与修饰。其中,修饰的方法可分为表面物理修饰法和表面化学修饰法。

① 表面物理修饰法 表面物理修饰法主要是通过吸附、球磨等物理作用对碳纳米管进行表面改性。这种方法能够使碳纳米管的内能增大,在外力作用下,活化的碳纳米管能够与其它物质发生反应并附着,以达到表面改性的目的。另外,可通过超声分散或利用很大的剪切力来处理碳纳米管,防止其团聚,使其达到良好的分散效果。

利用高能量电晕放电、紫外线或等离子射线照射也能在碳纳米管表面上引入官能团。如利用辉光等离子体对碳纳米管进行活化,可得到表面含有醛基的碳纳米管。若采用电子束照射碳纳米管,则可在碳纳米管表面引入点缺陷。碳纳米管几乎没有顺磁性,但经过电子束照射后,顺磁性明显增强。

② 表面化学修饰法　表面化学修饰法是通过改性剂与碳纳米管表面基团发生化学反应，在碳纳米管上形成某些官能团，改变其表面性质以符合某些特定的要求（如亲水性、物相相溶性等），从而达到改性的目的。

碳纳米管的修饰研究最初是从碳纳米管的化学切割开始的。在碳纳米管的切割过程中，一般采用的手段是用浓酸氧化碳纳米管的开口，将其截成短管，并在末端或（和）侧壁的缺陷位点上修饰羧基和羟基等基团。1994 年 Green 等人发现，利用强酸对碳纳米管进行化学切割，可得到开口的碳纳米管，并可同时进行切割与改性。在随后的研究中，Green 及 Ebbesen 等人发现，开口的碳纳米管的顶端含有一定数量的活性基团，如羟基和羧基等，并预言可利用这些活性基团对碳纳米管进行有机化学修饰。1998 年，Smalley 等人研究了单壁碳纳米管的切割方法，利用强酸和超声波对单壁碳纳米管进行切割，得到了"富勒烯管"（fullerene pipe）。这种"富勒烯管"单分散性能良好，管径介于 100～300nm 之间，开口端含有羧基等基团。

（2）碳纳米管的化学反应

① 碳纳米管与胺的反应　碳纳米管经修饰后，开口端会带上羧基官能团，可与胺发生一步反应生成氨基化合物，可先与 $SOCl_2$ 反应，将羧基转化成酰氯，再与胺反应生成氨基化合物。

1998 年，Smalley 等人利用 $SOCl_2$ 将单壁碳纳米管上的羧基转换成酰氯，然后使其与 11-巯基十一胺反应，得到了含有硫醇基团的"富勒烯管"。其反应过程如下：

$$SWCNT-COOH \xrightarrow{SOCl_2} SWCNT-C{\overset{O}{\underset{Cl}{\big|}}} \xrightarrow{SH(CH_2)_{11}NH_2} SWCNT-C{\overset{O}{\underset{NH(CH_2)_{11}SH}{\big|}}}$$

1998 年，Hddon 等使切割后的碳纳米管先与 $SOCl_2$ 反应，再与十八胺（octadecylamine，ODA）反应，产物可溶于 CS_2、$CHCl_3$ 和 CH_2Cl_2 等有机溶剂，形成的溶液浓度高时呈黑色，浓度低时呈棕色，是世界上首次得到的可溶性碳纳米管。其可能的反应式为：

$$SWCNT-COOH \xrightarrow{SOCl_2} SWCNT-C{\overset{O}{\underset{Cl}{\big|}}} \xrightarrow{CH_3(CH_2)_{17}NH_2} SWCNT-C{\overset{O}{\underset{NH(CH_2)_{17}CH_3}{\big|}}}$$

同年，Harmon 等用 4-十四烷基苯胺 $[4\text{-}CH_3(CH_2)_{13}C_6H_4NH_2]$ 与含羧基的碳纳米管进行胺基化反应，反应式为：

$$SWCNT-COOH \xrightarrow{SOCl_2} SWCNT-C{\overset{O}{\underset{Cl}{\big|}}} \xrightarrow{NH_2-\bigcirc-(CH_2)_{13}CH_3} SWCNT-C{\overset{O}{\underset{NH-\bigcirc-(CH_2)_{13}CH_3}{\big|}}}$$

与此同时，Lieber 等人利用苄胺或乙二胺与碳纳米管上的羧基进行偶合反应，得到的氨基化的碳纳米管可应用于微观显微学中（如化学探针和化学感应成像等方面），以实现对化学环境不同的物质表面进行检测。

2000 年，北京大学的顾镇南等利用缩合剂法制备了十六胺修饰的单壁碳纳米管，并对其进行了红外光谱测试，结果在单壁碳纳米管的端头形成了酰胺键；拉曼光谱结果表明，单壁碳纳米管的结构未变，经十六胺修饰过的单壁碳纳米管可溶于 CH_2Cl_2 等有机溶剂。其反应式如下：

$$SWCNT-COOH+CH_3(CH_2)_{15}NH_2 \xrightarrow[\triangle]{DCC} SWCNT-C{\overset{O}{\underset{NH(CH_2)_{15}CH_3}{\big|}}}$$

2003 年，Debjit 等人利用十八胺与碳纳米管反应，分离出金属性的碳纳米管后，得到的半导体性碳纳米管可以稳定地分散在十八胺的四氢呋喃溶液中。这主要是由于十八胺能够以物理吸附的形式有序地排列在半导体性碳纳米管的侧壁上，并通过化学反应连接在碳纳米管的端口或缺陷处，所以半导体性的单壁碳纳米管就可以稳定地分散在四氢呋喃溶液中，从而达到将碳纳米管分离的目的。

② 碳纳米管与聚合物的反应   利用碳纳米管表面离域的大 π 键与含共轭体系的聚合物进行非 π-π 共价结合，使聚合物包覆在碳纳米管上，可实现碳纳米管表面结构和性质的功能性改善，这是目前较活跃的研究方向，对碳纳米管的应用（特别是在生物医学等大健康领域的应用）具有重要的意义。

2000 年，Lordi 等人进行的理论计算表明，聚合物可与碳纳米管形成稳定化合物。能否形成稳定化合物的关键在于聚合物链的形态，它决定了在单根碳纳米管的管壁周围形成大直径螺旋结构的能力。

2000 年，Sun 等人报道了聚合物共价修饰的可溶性碳纳米管。将纯化并切割后的碳纳米管用盐酸处理，使碳纳米管的表面完全被羧基覆盖。在 $SOCl_2$ 中回流使羧基转化为酰氯，再与 PPEI-EI 反应，可使碳纳米管溶于有机和无机溶剂中。PPEI-EI 是线型共聚物，可使碳纳米管"挂"在其上形成自组装的碳纳米管。扫描隧道显微镜观察结果显示，溶解之后的碳纳米管单分散性能良好，管壁仍有保持良好的六边形重复结构单元，并可观察到碳纳米管的组装。

2001 年，O'Connell 等通过非共价键在碳纳米管上连接聚乙烯吡咯烷酮（PVP）和聚苯乙烯磺酸盐（PPS），实现了碳纳米管的线型聚合物功能化，使其可溶于水。这类聚合物可紧密且均匀地缠绕在碳纳米管的侧壁上。实验证明，这种功能化反应的热力学推动力在于聚合物破坏了碳纳米管的疏水界面，消除了碳纳米管集合体中管与管间的作用，通过改变溶剂系统还可实现去功能化操作。因此，线型聚合物功能化碳纳米管的方法可用于碳纳米管的纯化和分散，并可把碳纳米管引入生物等相关领域。

2003 年，Wang 等利用 Nafion 作为溶剂，实现了对碳纳米管的良好分散与溶解，为制备基于碳纳米管的生物传感器提供了有效途径。Star 等制备了 PmPV，并用它对单壁碳纳米管进行功能化。在紫外-可见吸收光谱和核磁共振波谱表征的基础上，结合原子力显微镜对单根功能化单壁碳纳米管进行了光电导及以光子荧光测试。结果表明，PmPV 与碳纳米管表面之间存在紧密电接触，功能化产物是聚合物缠绕的单壁碳纳米管束，而不是聚合物包覆的单根碳纳米管聚集成束的。

Kim 等发展了一种简便、有效的将碳纳米管与直链淀粉结合使其溶于水中的方法：首先将单壁碳纳米管束分散在水中预超声振荡，然后将直链淀粉及分散好的碳纳米管放入一定浓度的 DMSO 水溶液中，再接着超声振荡。前一步超声振荡用于分散碳纳米管束，后一步最大限度地协调单壁碳纳米管与直链淀粉的作用，使其迅速和完全溶解。实验证明：溶液最佳的配比是水占 10%～20%（质量分数），在此条件直链淀粉呈不连续的疏松螺旋状，这说明此时直链淀粉的螺旋状态并不是它包覆碳纳米管的先决条件。

另外，罗国安等对环糊精（CD）非共价功能化碳纳米管的研究表明，环糊精可通过范德华力及疏水作用吸附在碳纳米管表面，使其均匀分散于水中。将 CD 功能化的碳纳米管制成功能化复合电极，并进行了电化学测试，结果表明 CD 的吸附可赋予碳纳米管一些特定的功能：首先是选择催化性能。β-CD 可使尿酸形成超分子复合物，因此利用 β-CD 功能化的碳纳米管复合电极可对尿酸进行高灵敏度的选择性伏安测定。其次是一定的分子认识能力。以邻、间、对位硝基酚为模型化合物，采用差示脉冲伏安法，研究了其在 α-CD 功能化碳纳米管复合电极上的电化学行为。结果表明，α-CD 功能化使电极表面形成碳纳米管集合体-环糊精小孔的立体界面层，从而对异构体分子具有一定的认识能力，据此可对其进行高灵敏度的选择性测定。

第五节　富勒烯

富勒烯（C_n）的发现仅有 30 余年，但因其独特的结构、物理和化学性质，在纳米传感器、抗氧化剂、建筑材料和太阳能电池等方面具有极大的发展潜力，富勒烯进一步功能化后在生命科学、材料科学和纳米技术等方面也具有广阔的应用前景，并受到了全球广泛的关注。富勒烯是继石墨和金刚石之后，发现的第三种碳同素异形体，也是笼状碳原子簇这一类物质的总称，包括洋葱状富勒烯、C_{60} 和 C_{70} 等。

1. 富勒烯和 C_{60} 简介

在一般情况下，富勒烯是指含 60 个碳原子的 C_{60} 分子。1985 年，英国 Kroto 教授、美国 Smalley 和 Curl 教授在探索星际空间中碳尘埃的形成过程中，对石墨进行激光蒸发时，发现了非常稳定的富勒烯 C_{60} 集群。富勒烯是全部由碳元素组成的球状分子，富勒烯的出现打开了纳米级碳同素异形体的新大门，在此之前人们熟知的碳同素异形体主要是金刚石和石墨。随后，更高质量的且结构不同的富勒烯被 Kikuchi 等发现，如 C_{70}、C_{76}、C_{78} 和 C_{80}。迄今，C_{60} 依然是研究最为广泛的一类富勒烯结构，这是因为 C_{60} 是已知的最小纳米稳定结构，且是介于分子与纳米材料边缘的一类物质。

2. C_{60} 的结构

由 $20+n$ 个碳原子构成的富勒烯具有 n 个六边形，而五边形的数量则是由闭合富勒烯的形状决定的。每个 C_{60} 分子包含 60 个 sp^2 杂化碳原子形成的三十二面体，其中含有十二个五边形和二十个六边形，如图 8-36 所示。C_{60} 是闭合空心球形结构，具有完美的球形对称性，C_{60} 也是最小的能满足"孤立五解规则"的富勒烯，因为外表酷似足球，也被称为足球烯或巴基球，如图 8-37 所示。C_{60} 被看作是零维纳米管，其范德华直径约为 1.01nm。另外，较常见的富勒烯是 C_{70}，而 C_{72}、C_{76} 和 C_{80} 富勒烯，甚至多达 100 个碳原子的富勒烯也已有报道。富勒烯中所有碳原子都是 sp^2 杂化，但碳原子的

图 8-36　C_{60} 的原子结构模型（1）[50]

排列不是在平面上，而是像金字塔般堆积而成的，在 sp^2 杂化碳上面存在着"伪"sp^3 杂化，因此，C_{60} 和其它较大的富勒烯可以看作是 sp^2 和 sp^3 之间的杂化同素异形体。在 C_{60} 中，五边形（或有时是七边形）的存在是必需的，它使富勒烯产生了曲率，防止富勒烯的平面化，有时也影响着笼的开闭。它有 30 个六元环与六元环交界的键，叫 [6,6] 键，60 个五元环与六元环交界的键，叫 [5,6] 键。[6,6] 键相对 [5,6] 键较短，[6,6] 键长是 135.5pm，

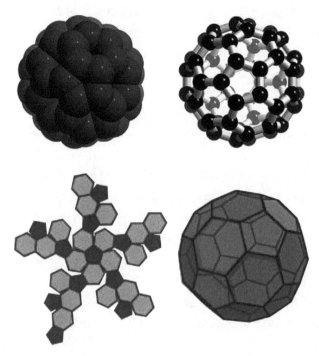

图 8-37　C_{60} 的原子结构模型（2）[51]

［5,6］键是 146.7pm。［6,6］键有更多双键性质，也更容易被加成，加成产物也更稳定，而且六元环经常被看作是苯环，五元环被看作是环戊二烯或五元轴烯[50]。

　　C_{60} 有 1812 种异构体。富勒烯的化学性质类似有机分子，其结构中不含有氢原子但含有双键，按有机化学习惯称之为"烯"，但 C_{60} 中碳与碳之间的键，并不是单纯的单键或双键，而是类似苯分子中介于单键与双键间的特殊键。

　　富勒烯是稳定的，但并不是完全没有反应性的。石墨中 sp 杂化轨道是平面的，在富勒烯中为了成管或球，sp 杂化轨道是弯曲的，这就形成了较大的键角张力。当它的某些双键通过反应饱和后，键角张力就释放了，如富勒烯的［6,6］键是亲电的，将平面的 sp 杂化轨道变为弯曲的 sp 杂化轨道来减小键张力，原子轨道上的变化使得该键从 sp 的近似 120° 成为 sp 的约 109.5°，从而降低了 C_{60} 球的吉布斯自由能而稳定。共轭碳原子平行性影响杂化轨道 sp^2，在一个获得 p 电子的 sp 轨道中，p 轨道的互相连接的扩大在外球面更胜于其内球（碳原子之间以 sp 杂化轨道连接），另一个 p 电子两两形成 π 键（还有 π 电子形成近似球的复杂 π-π 共轭体系），这是富勒烯为给电体的一个原因，另一个原因是空的低能级 π 轨道上。

　　富勒烯的结构独特，其形成机理至今仍然是研究热点。最古老的是"自下而上"的理论，其中碳笼是由原子和原子互相堆叠而成的。第二个是"自上而下"的理论，表明富勒烯形成时，更大的结构分解形成了所需要的富勒烯部分。经过长期探索，"自上而下"理论略占优势。研究人员发现，从更大的结构得到不对称的富勒烯，似乎更容易变成稳定的富勒烯。

3. C_{60} 基本性能

　　在高温和高压下，C_{60} 非常稳定，尽管由于分子特性和尺寸限制，纯 C_{60} 缺乏其它碳纳米结构材料的基本属性，如导电性和机械强度，但 C_{60} 独特的结构形态，使其成为非常有用的自由基清除剂，这是因为 C_{60} 的球形结构和 30 个 C＝C 双键的电子缺陷，使其很容易与各类自由基反应，被人们称为"激进的海绵"，并由此被评为自由基清除剂，用来保护聚合物免受有害自由基侵袭，也可作为化妆品和生物系统中的抗氧化剂。为使 C_{60} 在生物系统中更有效地应用，应该使 C_{60} 外部具有亲水性，例如，将 C_{60} 转化为 $C_{60}(OH)_{24}$ 等羟基化衍生物。

C_{60} 具有缺电子烯烃的典型特征[52]，能与亲核试剂发生反应。绝大多数反应物攻击 C_{60} 中的 [6,6] 键，因为它具有较高电子密度。在 C_{60} 中掺杂其它原子，如使 C_{60} 转为 $C_{59}NH_5$，可应用于储氢。C_{60} 的另一个特性是在能量转换系统的供-受体单元中作为电子受体，且在电化学还原中可还原至 6 个电子[52]。这与 C_{60} 的高电子性和低重组能有关，由于富勒烯是球形共轭系统，显示出一个特殊的能量水平结构，其分子轨道自旋-自旋偶合常数明显高于苯，甚至比石墨烯的更高。单重态和三重态分子之间能量水平的差异低于 0.15eV。因此，电子从单重态窜跃到三重态异常快速（约 650ps），效率可高达 96%，光诱导电子转移反应可将具有导电功能的电子混合到供体电子的矩阵中。通常 C_{60} 为受体，而一些经典的材料作为供体，如卟啉、酞菁或四硫富瓦烯。C_{60} 衍生物具有优异的电子接收性能，因此可作为有机光伏组件。[6,6]-苯基-C_{61}-丁酸甲酯是在光伏领域中应用最广的 C_{60} 衍生物，在本征异质结光伏电池中，C_{60} 与聚合物相结合而具有良好的给电子性能，如聚 3-己基噻吩等。

不管是在固态或液态中，富勒烯都具有各种有趣特性，尤其是作为电子受体的特性。例如，通过修饰一些供体官能团或金属掺杂，可制备铁磁或超导材料。此外，富勒烯化学研究已经日趋成熟。富勒烯和金属富勒烯可以参与到各种生物医学的应用中，金属富勒烯的医疗应用源于笼内的金属原子，由于金属原子被困在一个碳笼子里，它们不与外界反应，因此，其副作用在数量和强度上都很低。

富勒烯的另一个性质是可掺杂碱金属，形成超导晶体。C_{60} 是具有面心立方晶格（fcc）结构的晶体，具有明显的四面体和八面体体腔。这些空腔可容纳多种物种，包括碱金属和碱土金属离子，且掺杂后其晶体基本结构不会显著改变。碱金属可进入 fcc-C_{60} 晶体中，形成化学分子式为 M_3C_{60} 的结构，其中 M 代表碱金属，它在适当低温下具有超导效应。同时，高温下可通过气相扩散或合金掺杂得到金属掺杂的 C_{60}。当脆性转变温度（T_c）为 18K 中时，钾掺杂的 C_{60} 转变成超导体 K_3C_{60}。在 C_{60} 晶格中引入尺寸较大的碱金属，例如，RbC_{60} 在低于 28K 时为超导体，$RbCsC_{60}$ 脆性转变温度为 33K。这种脆性转变温度（T_c）的改善，源于大量插入空位，C_{60} 晶体结构的晶体点阵常数扩大。现已利用紫外光谱、红外光谱、核磁共振波谱、拉曼光谱和质谱等对富勒烯进行了表征。在某些情况下，尤其是当 C_{60} 与其它碳纳米结构相结合时，可通过可视化显微技术观察到 C_{60} 分子，如高分辨率透射电子显微镜。C_{60} 碳的核磁共振波谱非常简单，仅在 143 时具有共振，这是因为 C_{60} 中所有的碳原子都是等效的[53]。

（1）C_{60} 的物理性质　C_{60} 是黑色粉末，其分子量约为 720，密度为 1.68g/cm³。在固相中，C_{60} 以两种方式存在：一种是作为聚集体；另一种是形成具有面心立方晶胞的晶格结构。富勒烯在水溶液中不溶，但在许多有机溶剂中可溶，其中，在 2.8mg/mL 甲苯和 8.0mg/mL 二硫化碳组成的混合溶剂中溶解度最大[53]。C_{60} 的结构相当稳定，当温度高于 1000℃时，笼状结构才会被破坏。

（2）C_{60} 的光学性质　富勒烯的光学性质是由几个因素确定的，如分子的尺寸与形态、形成簇的大小和溶液的性质等。在甲苯溶液中，C_{60} 呈现出深紫色，C_{70} 呈现出红色，更大的富勒烯随着其尺寸的增大，颜色从黄色变为绿色。与这些观察一致的是 C_{60} 的紫外-可见吸收光谱图，其在 213nm、257nm 和 329nm 处具有强吸收，而在 500～700nm 之间，只有弱吸收。C_{70} 在 214nm、230nm、378nm、468nm 和 536nm 处显示强峰。吸收带的不同显示出两种富勒烯光学性能间的特性差。

第六节　石墨炔

　　碳处于元素周期表中第四主族，最外层有四个电子，可形成 sp、sp^2 和 sp^3 三种不同杂化结构的共价键。在碳材料中，零维富勒烯、一维碳纳米管、二维石墨烯及三维金刚石均已经有广泛研究。这些碳材料表现出优异的机械、电子及电化学性能，可应用于太阳能电池、有机发光二极管及场效应晶体管。由于碳原子的多变性，理论上还可以产生许多新型碳材料。根据理论计算，由 sp 和 sp^2 杂化碳原子组装可形成二维网状结构碳材料，称为石墨炔（GY），与其它碳材料相比，石墨炔具有其独特性能和应用[54]。

　　自然界中碳主要以金刚石和石墨两种形式存在，这两种形式的碳材料分别是以 sp^3 和 sp^2 杂化形式的构成晶体。零维富勒烯、一维碳纳米管和二维石墨烯的发现拓展了 sp^2 杂化碳材料。石墨炔拥有 sp 和 sp^2 两种杂化形态，由于 sp 杂化可形成碳与碳的三键结构，使其具有高度 π 共轭和线性等优点。石墨炔这种平面二维层状材料是通过 1,3-二炔键连接苯环而形成。早在 1997 年，Haley 等就指出，石墨炔是由重复的碳六边形间通过两个炔联系而构成，可认为是石墨烯和碳炔的杂化体。平面网状的碳结构使石墨炔具有高度 π 共轭、均匀孔分布及可调电子等性质，有望应用在气体分离膜、储能及电池负极材料中。

一、石墨炔的分类

1. 石墨炔

　　Baughman 等在 1987 年预言石墨炔的存在，属于 sp 和 sp^2 杂化碳原子组成的平面网状结构，随后许多类石墨炔网状结构被提出，如图 8-38 所示。有关石墨炔的研究至今仍处在发展阶段，制备石墨炔的方法尚不完整，表征也不明确，结构推测主要依赖于理论计算，同时有关石墨炔的用途还在探索中，国内外关于石墨炔研究的报道相对有限。

　　碳材料的网状结构主要可以分为四种：第一种包含由 —C≡C— 连接的六边形，称为 GY1；第二种类型包含两个碳碳双键的碳六边形，其中碳碳双键则由炔键联系在一起，称为 GY2 和 GY3；第三种类型并没有碳六边形，仅有一对由炔键联系起来的碳碳双键，称为 GY4 和 GY5，也可是成对的 sp^2 杂化碳原子和被隔离的 sp^2 杂化碳原子，称为 GY6；第四种类型由被炔键隔离的 sp^2 杂化碳原子组成，称为 GY7，这种网状结构可称为类石墨烯结构，即所有的碳碳双键被碳碳三键连接。GY7 与石墨烯具有相同的六角 $p6m$ 对称。Baughman 采用网状结构中不同环内的碳原子数来定义石墨炔。例如，GY2 可称为 6,6,14-石墨炔，GY7 可称为 18,18,18-石墨炔，依此类推。也有根据石墨炔网状结构进行命名，例如，Y7 也被命名为α-石墨炔 180，GY1 也被命名为γ-石墨炔 181。实际上，通过用炔键替换碳碳双键，GY1 和 GY2 结构也可获得 GY3 和 GY4 结构，还可获得各种类型石墨烯与石墨烯之间的杂交结构，例如，GY5 是通过炔键连接的"条纹型"碳六边形结构。由此可以推断，石墨炔的稳定性及其它性质取决于其碳原子的连接结构，所有 sp^2 碳原子是通过炔键连接的，由此可以获得丰富多彩的结构，也导致了不同性质和用途。

2. 石墨二炔

　　类石墨炔的网状结构很多，但 1997 年发现的石墨二炔可作为特例，其平面网状结构如

GY1　　　　　　GY2　　　　　　GY3

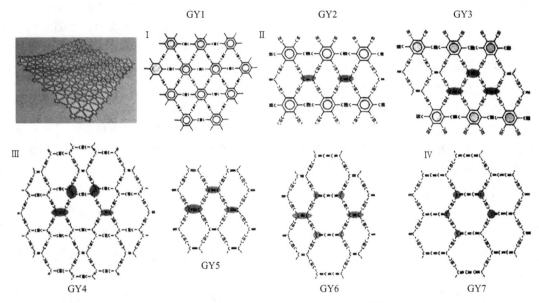

GY4　　　　　　GY5　　　　　　GY6　　　　　　GY7

图 8-38　碳材料各种平面网状结构示意图[55]

Ⅰ为整体网状结构，Ⅱ～Ⅳ为分类网状结构

图 8-39 所示，可认为是石墨炔网状结构中的炔键被二炔键（—C≡C—C≡C—）所代替，当然，也可以假设一些其它结构。

3. 类二维石墨炔和石墨二炔

已通过不同计算方法获得了六角形的石墨炔和石墨二炔二维单原子厚度的平衡原子结构，包括晶格参数和原子间距等。当然，六角形碳碳原子间距和炔键中的 C—C 键长度是不统一的。相比于石墨烯，这种 C—C 键的多样性导致了石墨炔和石墨二炔具有更好的结构柔软性，六角形碳原子和类 sp^2 杂化碳原子间会产生附加效应，来源于部分电子转移到化学键上，当

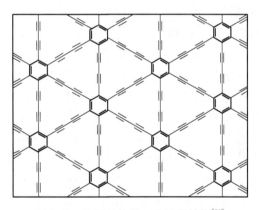

图 8-39　石墨二炔的一种网状结构[56]

然，这种电荷转移观点目前仍具争议性。也可认为这些结构特性有利于不同原子替换或弯曲，可形成纳米管等结构。相比于石墨烯和其它类 sp^2 杂化石墨烯结构，在二维结构的碳骨架中，炔键存在会降低结构稳定性。早在 1987 年，Baughman 等应用量子化学计算预测了石墨炔形成的结构和热量，结果显示石墨炔中 sp^2 杂化结构的增加会降低整体结构的稳定性。常用内聚能表示结构稳定性，其定义为体系内部能量减去组成原子的总能量的加和。Narita 等计算显示，石墨炔比石墨二炔的内聚能高，这说明石墨炔比石墨二炔更稳定。

二、石墨炔的性质

1. 石墨炔的电学性质

石墨炔结构中，碳具有 sp 和 sp^2 两种杂化方式，独特的结构使石墨炔成为近年来的研究热点[56]。众所周知，纯石墨烯的带隙为零，但石墨炔由于结构中存在独特炔键，其带隙

不为零，石墨炔的这一独特性质使其比石墨烯在光电器件方面具有更加广阔的应用前景，目前主要通过第一性原理来研究石墨炔及石墨二炔的电学性质。理论计算表明，石墨炔和石墨二炔均属于半导体，M 点和 G 点相互跃迁。Baughman 等应用扩展休克理论研究石墨炔性质，发现其带隙值为 0.79eV。而 Narita 等用密度泛函理论（Density Functional Theory，DFT）计算时得到石墨炔带隙值为 0.52eV；Luo 等用 GW 多体理论来研究石墨炔，得到石墨炔的带隙值为 1.10eV，还有预测石墨炔的带隙值为 1.22eV，这一结果与半导体硅非常相似，使得石墨炔在未来很有可能代替目前在电子器件领域独领风骚的半导体硅。另一个独特功能便是狄拉克锥关联的运输性质，研究表明石墨炔的狄拉克锥和狄拉克点既存在于立方晶体对称的石墨炔中，也存在于呈矩形对称的石墨炔中。这从侧面证明了三键炔的电荷传输性，同时也说明了在石墨炔中存在新型电性质。在室温下，6,6,12-石墨炔的空穴迁移率为 $4.29 \times 10^5 \, \text{cm}^2/(\text{V} \cdot \text{s})$，而电子迁移率则为 $5.41 \times 10^5 \, \text{cm}^2/(\text{V} \cdot \text{s})$，均大于石墨烯的 $3.0 \times 10^5 \, \text{cm}^2/(\text{V} \cdot \text{s})$。石墨烯是一种二维蜂巢结构物质，而石墨炔与石墨烯不同，表面为若干种独特的平面二维结构，同时在费米能级附近有两个不一样的狄拉克锥。这说明石墨炔本身就具有电荷载流子，表现为一种自掺杂特性，不同于石墨烯的额外掺杂，可预测石墨炔是生产电子元件的一种性能优异的半导体材料。结构第一性原理是与紧束缚理论近似的计算，结果表明在诱导拉伸作用下，石墨炔的带隙可发生转变，使石墨炔从半导体变换到金属态。双轴拉伸应变的增加也可使得石墨炔的带隙值从 0.47eV 提高到 1.39eV。当然，利用单轴拉伸应变产生的效果可使石墨炔的带隙值从 0.47eV 下降到接近零，石墨炔这些独特的电学性质及可调的带隙值，使其在光电催化及光电转化领域发挥重要作用。

2. 石墨炔的力学性质

碳材料的家族非常庞大，不同碳结构的材料均有独特的性质，力学性质尤为令人关注，不管是石墨烯还是碳纳米管，其杨氏模量都非常大，达到 1TPa。作为一种新型多孔碳材料，石墨炔有相对较低的面内杨氏模量，仅为 162N/m，但石墨炔具有较大的泊松比，约为 0.429。理论计算表明，石墨炔也具有很大的极限应变能力。与石墨烯不同，石墨炔中的碳和炔基呈现出稀疏排列，并且是方向性相结合，这样便会存在一个应力-应变行为。也有研究表明，炔键数量将会影响石墨炔的稳定性、弹性模量及强度，当然炔键也会对石墨炔的杨氏模量、断裂应变及断裂行为产生影响。

依据第一性原理，通过理论计算可获得石墨炔的弹性常数及应变可调的带隙。研究表明，随着炔键数目的增加，面内刚度会逐渐减小，单一石墨炔的面内刚度为 166N/m，而石墨四炔的面内刚度则会比石墨炔减小一半，为 88N/m，虽然面内刚度会随炔键数量发生变化，但是泊松比变化不明显。

3. 石墨炔的光学性质

目前，石墨炔在光学性质方面的研究很少。初步结果显示，石墨炔存在各向异性的特点。若在低能区外加电场的方向与石墨炔平面平行，则产生强烈的光吸收性；若方向与石墨炔平面垂直，则在低能区对光的吸收会非常微弱。

4. 石墨炔的热学性质

理论计算表明，石墨炔的热导率仅为石墨烯的 40%，显示其在热电器件方面的潜在应用。石墨炔的热导率受很多因素影响，如温度、压缩和拉伸等；同时，非平衡格林函数研究发现，石墨炔的结构及手性均会影响其热导率。反向非平衡分子动力学研究表明，石墨炔结构中的炔键会使其热导率小于石墨烯纳米带。

第七节　石墨烷

由石墨烯的氢化发现了石墨烯的两种新形式：石墨烷和石墨酮。石墨烷是碳和氢的二维聚合物，即 $(CH)_n$，n 是一个比较大的数。如前文所述，石墨烯层也被氢化，但只是位于与非碳环境、可能是空气交界处的碳原子被氧化。石墨烯片两侧完全氢化则形成石墨烷，部分氢化则产生氢化石墨烯。同样，石墨烯两侧氟化（或使用化学和机械剥离氟化石墨）形成氟石墨烯（氟化石墨烯），而部分氟化（通常为卤化）则形成含氟（卤化）石墨烯。这意味着碳键是 sp^3 杂化形式，而非石墨烯的 sp^2 结构，如图 8-40 所示。因此，石墨烷可视为金刚石立方晶体的二维结构类似物。

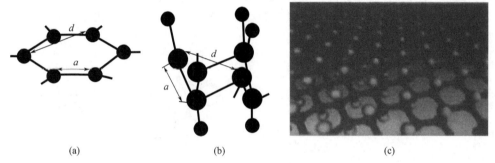

(a)　　　　　　　　(b)　　　　　　　　(c)

图 8-40　示意图：(a) 石墨烯的六边形结构；(b) 氢化后的石墨烯六边形结构产生变化，呈现出椅位形；(c) 石墨烷片（碳原子为灰色，氢原子为白色），展出碳原子 sp^3 杂化的类金刚石畸变的六边形网状结构[28]

石墨烷的第一个理论描述出现于 2003 年，而制备是在 2009 年。石墨烷一词的使用是因为所有石墨烯键与氢原子相结合而呈饱和态。石墨烷是由石墨或少层石墨的电解氢化，以及对纯热解石墨的上层氢化面的机械剥离而合成的。

第八节　石墨酮

石墨酮，可描述为一个扭转的碳片。由于碳链上的离域键，双层石墨酮具有非磁性和金属性，且一直被认为是通过控制氢化形成的"电子自旋输运"，其在应用方面有极大的潜力。自旋电子学也被称为磁电子学，自旋电子的特性与磁矩相关，且电荷可用于固态器件的开发，可存储信息并以数字形式传递信息。

在三角形石墨酮中，所有的电子都定域于氢原子。在任何两个氢原子之间没有发现电子，如图 8-41(a) 所示。因此，任意两个氢原子之间存在微弱的相互作用，使三角形石墨酮呈亚稳态。

在矩形石墨酮中，任意两个氢原子之间的电子密度较大，使得氢原子之间产生较强的相互作用，如图 8-41(b) 所示。分析电子结构表明，矩形石墨酮具有反铁磁性，与具有铁磁性且带隙几乎为零的三角形石墨酮相比，其具有 205eV 的间接带隙。

三角形石墨酮的 C—C 和 C—H 的键长如图 8-42 所示，分别为 1.495Å 和 1.157Å。两

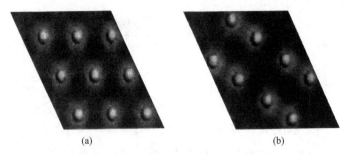

图 8-41 石墨酮的不同类型有着铁磁性[57]

(a) 三角形石墨酮；(b) 矩形石墨酮

个 C 面之间主距离为 0.332Å；另外，矩形石墨酮中 C—H 键长为 1.109Å，比三角形半氢化石墨烯中的 C—H 键略短。此外，C—H 键不垂直于 C 面。所有的 H 原子处于同一平面。H 原子之间的间距分别为 2.030Å、2.524Å 和 2.319Å，比三角形半氢化石墨烯中的间距略大些。

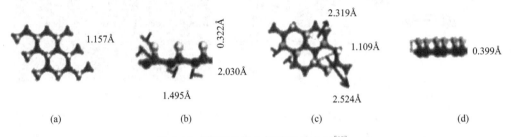

图 8-42 石墨酮的几何结构示意图[57]

(a) 三角形石墨酮；(b) 三角形石墨酮的侧视图显示 C—C 键与 C—H 键的间距；(c) 矩形石墨酮顶视图显示单元晶格以及氢原子之间的距离；(d) 矩形石墨酮侧视图显示碳面与氢面之间的距离

思考题

- **1.** 简述金刚石的类型及主要特征。
- **2.** 试论述金刚石的晶体结构特征及其与主要性质的关联性。
- **3.** 试叙述石墨的结构特点及其对性质的影响。
- **4.** 六方与菱方石墨的结构差异体现在哪几个方面？
- **5.** 试描述石墨烯的化学键结构。
- **6.** 试论述石墨烯的性质与其化学键和电子结构的关联性。
- **7.** 碳纳米管的分类及其结构特征如何？
- **8.** 碳纳米管的主要性质及其与结构的相关性体现在哪些方面？
- **9.** 试叙述 C_{60} 的电子结构与性能的关联性。

参 考 文 献

[1] Kroto H W, Heat J R, O'Brien S C, et al. C_{60}: Buckminsterfullerene [J]. Nature, 1985, 318: 162.

[2] Baughman R H, Eckhardt H, Kertesz M. Structure-property predictions for new planar forms of carbon: Layered phases containing sp^2 and sp atoms [J]. J Chem Phys, 1987, 87: 6687. doi: 10.1063/1.453405.

[3] Iijima S. Helical microtubules of graphitic carbon [J]. Nature, 1991, 354: 56.

[4]　Novoselov K S，Geim A K，Morozov S V，et al. Electric field effect in atomically thin carbon films ［J］. Science，2004，360（5996）：666-669.

[5]　《金刚石》编写组．金刚石 ［M］．北京：中国建筑工业出版社，1978：1.

[6]　《金刚石》编写组．金刚石 ［M］．北京：中国建筑工业出版社，1978：8.

[7]　Ю. Л. 奥尔洛夫（Ю. Л. ОРЛОВ）．金刚石矿物学 ［M］．黄朝恩，陈树森，戚立昌，等译．北京：中国建筑工业出版社，1977：3.

[8]　Ю. Л. 奥尔洛夫（Ю. Л. ОРЛОВ）．金刚石矿物学 ［M］．黄朝恩，陈树森，戚立昌，等译．北京：中国建筑工业出版社，1977：6.

[9]　Ю. Л. 奥尔洛夫（Ю. Л. ОРЛОВ）．金刚石矿物学 ［M］．黄朝恩，陈树森，戚立昌，等译．北京：中国建筑工业出版社，1977：22.

[10]　Ю. Л. 奥尔洛夫（Ю. Л. ОРЛОВ）．金刚石矿物学 ［M］．黄朝恩，陈树森，戚立昌，等译．北京：中国建筑工业出版社，1977：23.

[11]　Ю. Л. 奥尔洛夫（Ю. Л. ОРЛОВ）．金刚石矿物学 ［M］．黄朝恩，陈树森，戚立昌，等译．北京：中国建筑工业出版社，1977：16.

[12]　Ю. Л. 奥尔洛夫（Ю. Л. ОРЛОВ）．金刚石矿物学 ［M］．黄朝恩，陈树森，戚立昌，等译．北京：中国建筑工业出版社，1977：19.

[13]　郝兆印，贾攀，卢灿华．金刚石生长基础 ［M］．长春：吉林大学出版社，2012：6.

[14]　郝兆印，贾攀，卢灿华．金刚石生长基础 ［M］．长春：吉林大学出版社，2012：7.

[15]　郝兆印，贾攀，卢灿华．金刚石生长基础 ［M］．长春：吉林大学出版社，2012：8.

[16]　郝兆印，贾攀，卢灿华．金刚石生长基础 ［M］．长春：吉林大学出版社，2012：10.

[17]　郝兆印，贾攀，卢灿华．金刚石生长基础 ［M］．长春：吉林大学出版社，2012：11.

[18]　郝兆印，贾攀，卢灿华．金刚石生长基础 ［M］．长春：吉林大学出版社，2012：12.

[19]　玛杜丽·沙伦（Madhuri Sharon），马赫赫斯赫瓦尔·沙伦（Maheshwar Sharon）．石墨烯——改变世界的新材料 ［M］．张纯辉，沈启慧，译．北京：机械工业出版社，2017：16.

[20]　郝兆印，贾攀，卢灿华．金刚石生长基础 ［M］．长春：吉林大学出版社，2012：38.

[21]　周继扬．铸铁彩色金相学 ［M］．北京：机械工业出版社，2002：39.

[22]　郝兆印，贾攀，卢灿华．金刚石生长基础 ［M］．长春：吉林大学出版社，2012：40.

[23]　郝兆印，贾攀，卢灿华．金刚石生长基础 ［M］．长春：吉林大学出版社，2012：41.

[24]　郝兆印，贾攀，卢灿华．金刚石生长基础 ［M］．长春：吉林大学出版社，2012：42.

[25]　刘云圻．石墨烯从基础到应用 ［M］．北京：化学工业出版社，2017：6.

[26]　玛杜丽·沙伦（Madhuri Sharon），马赫赫斯赫瓦尔·沙伦（Maheshwar Sharon）．石墨烯——改变世界的新材料 ［M］．张纯辉，沈启慧，译．北京：机械工业出版社，2017：14.

[27]　玛杜丽·沙伦（Madhuri Sharon），马赫赫斯赫瓦尔·沙伦（Maheshwar Sharon）．石墨烯——改变世界的新材料 ［M］．张纯辉，沈启慧，译．北京：机械工业出版社，2017：17.

[28]　玛杜丽·沙伦（Madhuri Sharon），马赫赫斯赫瓦尔·沙伦（Maheshwar Sharon）．石墨烯——改变世界的新材料 ［M］．张纯辉，沈启慧，译．北京：机械工业出版社，2017：18.

[29]　玛杜丽·沙伦（Madhuri Sharon），马赫赫斯赫瓦尔·沙伦（Maheshwar Sharon）．石墨烯——改变世界的新材料 ［M］．张纯辉，沈启慧，译．北京：机械工业出版社，2017：20.

[30]　玛杜丽·沙伦（Madhuri Sharon），马赫赫斯赫瓦尔·沙伦（Maheshwar Sharon）．石墨烯——改变世界的新材料 ［M］．张纯辉，沈启慧，译．北京：机械工业出版社，2017：21.

[31]　Geim A K，Novoselov K S. The rise of graphene ［J］. Nat Mater，2007，6（3）：182-191.

[32]　Novoselov K S，Geim A K，Morozov S V，et al. Two-dimensional gas of massless Dirac fermions in graphene ［J］. Nature，2005，438（7056）：197-200.

[33]　Zhang Y，Tan Y W，Stormer H L，et al. Experimental observation of the quantum hall effect and berry's phase in graphene ［J］. Nautre，2005，428（7056）：201-204.

[34]　Novoselov K S，Jiang Z，Zhang Y，et al. Room-temperature quantum hall effect in graphene ［J］. Science，2007，315（5817）：1379.

[35]　Fujita M，Wakabayashi K，Nakada K，et al. Peculiar localized state at zigzag graphite edge ［J］. J Phys Soc Jpn，1996，65（7）：1920-1923.

［36］ Son Y W，Cohen M L，Louie S G. Half-metallic graphene nanoribbons ［J］. Nature，2006，444 (7117)：347-349.

［37］ Ruffieux P，Wang S，Yang B，et al. On-surface synthesis of graphene nanoribbons with zigzag edge topology ［J］. Nature，2016，531 (7595)：489-492.

［38］ Oostinga J B，Heersche H B，Liu X，et al. Gate-induced insulation state in bilayer graphene devices ［J］. Nat Mater，2008，7 (2)：151-157.

［39］ Nair R R，Blake P，Grigorenko A N，et al. Finestructure constant defines visual transparency of graphene ［J］. Science，2008，320 (5881)：1308.

［40］ Bao Q，Zhang H，Wang Y，et al. Optics：graphene shines bright in a vacuum ［J］. Nature，2015，522 (7556)：258.

［41］ 刘云圻. 石墨烯从基础到应用 ［M］. 北京：化学工业出版社，2017：11.

［42］ Bless M K，Barnard A W，Rose P A，et al. Graphene kirigami ［J］. Nature，2015，524 (7564)：204-207.

［43］ 刘云圻. 石墨烯从基础到应用 ［M］. 北京：化学工业出版社，2017：13.

［44］ Hu S，Lozada Hidalgo M，Wang F C，et al. Proton transport through one-atom-thick crystals ［J］. Nature，2014，516 (7530)：277-230.

［45］ 刘云圻. 石墨烯从基础到应用 ［M］. 北京：化学工业出版社，2017：14.

［46］ Wang Y，Wong D，Shytov A V，et al. Observing atomic collapse resonanaces in artificial nuclei on graphene ［J］. Science，2013，340 (6133)：734-737.

［47］ Gonzalez Herrero H，Gomez Rodriguez J M，Mallet P，et al. Atomic-scale control of graphene magnetism by using hydrogenatoms ［J］. Science，2016，352 (6284)：437-441.

［48］ 杨颖，叶雅杰，赵艳丽. 碳纳米管的结构、性能、合成及应用 ［M］. 哈尔滨：黑龙江大学出版社，2013：25.

［49］ 杨颖，叶雅杰，赵艳丽. 碳纳米管的结构、性能、合成及应用 ［M］. 哈尔滨：黑龙江大学出版社，2013：27.

［50］ 谢素原，杨上峰，李姝慧. 富勒烯从基础到应用 ［M］. 北京：科学出版社，2019：34.

［51］ 谢素原，杨上峰，李姝慧. 富勒烯从基础到应用 ［M］. 北京：科学出版社，2019：14.

［52］ 闵宇霖，李和兴，吴彬. 低维纳米碳材料 ［M］. 北京：科学出版社，2018：2.

［53］ 闵宇霖，李和兴，吴彬. 低维纳米碳材料 ［M］. 北京：科学出版社，2018：3.

［54］ 闵宇霖，李和兴，吴彬. 低维纳米碳材料 ［M］. 北京：科学出版社，2018：186.

［55］ 闵宇霖，李和兴，吴彬. 低维纳米碳材料 ［M］. 北京：科学出版社，2018：187.

［56］ 闵宇霖，李和兴，吴彬. 低维纳米碳材料 ［M］. 北京：科学出版社，2018：188.

［57］ 玛杜丽•沙伦 (Madhuri Sharon)，马赫赫斯赫瓦尔•沙伦 (Maheshwar Sharon). 石墨烯——改变世界的新材料 ［M］. 张纯辉，沈启慧，译. 北京：机械工业出版社，2017：19.

第九章

碳化钨的结构与性能

自 20 世纪 70 年代起，人们就发现了碳化钨由于碳的存在改变了钨的电子表面特性，使之具有类铂的表面电子特性[1]。据此，碳化钨作为一种非贵金属催化剂得到了广泛的关注和研究，希望碳化钨可以在一些重要的化学反应中取代铂催化剂。碳化钨是电、热的良好导体，不溶于水、盐酸和硫酸[2]，不仅具有优异的化学稳定性和抗氧化性，并且具有很强的抗 CO、H_2S 中毒的特性[3-5]。迄今为止，人们对碳化钨的制备方法、物理化学性能、表面结构、催化性能等方面做了大量研究工作。大量的研究结果表明，碳化钨在催化加氢、烃的异构化、氢氧化合反应、肼的分解反应、电催化反应等化学反应中均具有良好的催化活性[6-10]。

碳化钨是最重要的金属碳化物之一，最早被发现具有类铂催化性能。但是碳化钨通常不是作为独立电催化剂使用，而是利用碳化钨作为铂等贵金属催化剂的基底。虽然碳化钨被证明是支持贵金属催化剂（如铂）的优良基质，但由于避免了贵金属的存在，作为高性能催化剂的原始碳化钨的开发同样具有吸引力。然而，碳化钨的活性和稳定性仍需进一步优化。比表面积小、颗粒结构无规则、颗粒度粗细不均匀是影响碳化钨催化性能的重要因素[11,12]，在制备过程中，因需要在高温下还原碳化，碳化钨颗粒极易发生团聚。因此，如何进一步提高碳化钨的催化性能，使其能接近于铂等贵金属催化剂的催化活性，是目前碳化钨催化剂研究过程中所面临的主要难题之一。

现有研究表明，纳米晶体的物理化学性能不仅与晶体尺寸大小有关，还与其结构相关。通过改变不同晶面的相对生长速率合成特定形貌的晶体是纳米晶形貌可控制备的常用思路，拥有特定规则形貌的纳米晶体更有利于提高载流子和质量传输效率，还能更好地抑制纳米颗粒的团聚，扩大催化剂的比表面积和有效界面面积，促使催化剂催化活性和稳定性的提高。

我国铂资源匮乏，一半以上的工业需求靠进口维持，但是钨资源十分丰富。根据美国地质调查局（United States Geological Survey，USGS）调查发现，2018 年全球钨储量为 330 万吨，其中中国储量 190 万吨，占世界总储量的 58%。因此，加强对钨基催化剂性能的研究，扬长避短，有利于发挥我国富饶的钨资源优势，进而用价格低廉的钨基催化剂弥补铂等贵金属不足的缺点，具有非常深远的意义。

本章将从材料的制备、形貌结构以及催化性能等多方面介绍不同维度碳化钨纳米材料及其与催化性能之间的构效关系。

第一节　碳化钨的晶体结构

碳化钨是碳钨化合物的总称，是由碳和金属钨形成的一种二元填隙物，即体积较小的碳原子占据钨原子密堆积层的空隙形成的一种化合物。根据化合物中钨和碳的化学计量比的不同，通常可以将碳化钨分为化学计量比碳化钨：WC、W_2C 和 WC_2；非计量比碳化钨：WC_{1-x} 两类，其中 $0.18 < x < 0.42$，常见的具有良好催化活性的碳化钨为 WC 和 W_2C 这两种。WC 是简单六方结构（hex），而 W_2C 是六方紧密堆积结构（hcp），如图 9-1 所示[13,14]。但是两者的晶格参数与理想的六方晶体结构存在一定的偏差，晶面具有中心不对称性以及极性。根据 WC 的晶体结构可以看出，碳原子进入钨原子晶格内部，导致了钨晶格结构发生了一定的变化。WC 在 $(10\overline{1}0)$，$(0\overline{1}10)$，$(\overline{1}100)$ 三个晶面上，一层碳原子仅可以与上下两层钨原子配位，这样必然导致最外面一层表现为“缺碳结构”，即形成了“金属化”表面，导致了碳化钨同时具有金属化合物的特性以及共价化合物和离子化合物的特性。这种表面结构也是 WC 表现出一定催化活性的重要原因[15]。而在 W_2C 六方紧密堆积结构中，每两层钨原子中夹着一层碳原子，这就使得 W_2C 比 WC 更具备金属特性[16]。

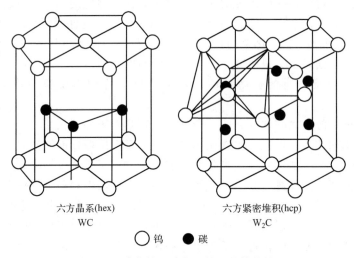

六方晶系(hex)   六方紧密堆积(hcp)
WC W_2C

○ 钨   ● 碳

图 9-1 碳化钨和碳化二钨的晶体结构

通过以上分析，可以得出碳化钨具有类似铂等贵金属的催化性能，与其结构有很大关系。研究表明，在高温及还原气氛下，钨金属表面吸附和激活碳化气氛中的分子，与碳活性原子形成碳化钨，降低其表面能，并保持一定表面能进行催化。此外，形成碳化钨后，碳原子外层的 4 个电子转移到钨原子（$4f^{14}5d^46s^2$）的 d 轨道上，使得 5d 轨道的电子存在一部分局域电子，这样就导致其最外层电子排布与金属铂原子（$4f^{14}5d^96s^1$）相似，使碳化钨表现出类铂族贵金属性能。

第二节   碳化钨纳米颗粒的结构与电催化性能

制备微纳米级碳化钨颗粒是提高碳化钨催化活性的有效途径之一，合理控制碳化钨纳米颗粒的尺寸大小对提高其催化性能具有十分积极的作用。但是表面自由能随着尺寸减小而显著增大，过小的纳米级碳化钨颗粒在制备过程中极易发生团聚结块，从而使得催化剂活性和稳定性大大降低。本节以碳化钨纳米颗粒为例，系统介绍零维碳化钨颗粒结构与其性能之间的构效关系。

一、碳化钨纳米颗粒的制备

将偏钨酸铵溶于去离子水中，加入一定量的柠檬酸和乙二醇，搅拌下升温至 120℃并保持数小时后，进行溶剂的蒸发，得到无色黏稠状混合预聚体，取出后放置相同温度的真空烘箱中保持数小时。之后转移至管式炉中在氮气气氛下程序升温至 900℃保持 3h，同时在 CO/H$_2$ 气氛中进行第二次碳化，制得较为纯相的纳米 WC 材料，记为 nano-WC。此外为了研究验证柠檬酸和乙二醇对聚合反应影响，我们做了对比样（标记为 micro-WC），将聚合反应的原料乙二醇换成乙醇，其它的制备条件和碳化条件相同。从理论上来看，这样做就无法形成有效物理网状空隙。

二、碳化钨纳米颗粒的分析与表征

图 9-2 为上述两种碳化钨纳米颗粒样品的 XRD 图。从图 9-2 可看出，两个样品除了表现出 WC 为主相以外，还在 2θ 为 41.10°出现了对应 W（110）晶面的峰。因此样品仍然未被完全碳化。这说明聚合物分解过程当中，阻碍了渗碳步骤或者对部分 W 晶面的毒化使得碳化难以完全。但是，相对 nano-WC 而言，micro-WC 样品中的 W 含量更多，说明在该样品制备过程中，其钨晶格给予的渗碳阻力更大，可能是由于 micro-WC 的二次颗粒没有得到较好的分散所致。值得注意的是，两个样品从半峰宽上看出却有明显的宽化，说明样品晶粒都较小。造成这样结果的原因可能是由于碳化中

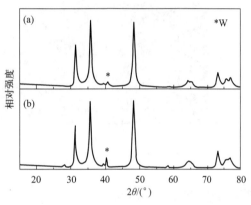

图 9-2 （a）nano-WC 和（b）micro-WC
的 XRD 图

富碳成分所导致的，富碳成分在加温分解初期就已经形成，所以高碳含量导致了碳化时 WC 的再次结晶较为困难，所以形成较大晶粒的 WC 受到了较大的阻力，使得最终的 WC 晶粒度较小。对 nano-WC 和 micro-WC 样品进行形貌分析，其 SEM 和 TEM 图如图 9-3 所示。从 SEM 图中可以看出，nano-WC 样品的颗粒较小，而 micro-WC 的颗粒较大。由于富碳的缘故，SEM 不能完全清晰表达出 WC 颗粒的轮廓。从 TEM 图片中可以获得这些数据，从图 9-3(b) 和 (d) 中分别获得的颗粒信息可以看出，nano-WC 样品颗粒达到了 10～20nm 大小，碳的分散也相对均匀，而 micro-WC 样品的颗粒则依然很大，基本在 100nm 以上，且无明显界限。且从图 9-3(c) 内嵌图中可以看到，颗粒团聚较多，且生成的碳多为片状，与 WC 分离较为明显。理论上，对于 nano-WC 样品我们可以通过在中间加入氧化步骤进行除碳。但实际研究发现，如果对于此样品进行中间氧化后再碳化处理，由于失去了碳化过程中的碳链分隔，相同的碳化条件下得到了颗粒 2～100nm 的 WC 颗粒，虽然颗粒含碳量较少，但颗粒粒径却由于高温分解和碳化步骤以数量级增加。

图 9-4 为样品 nano-WC 和 micro-WC 在空气气氛下热重-差热分析（TG-DTA）的结果。从 DTA 曲线中还可以发现两个样品因温度变化导致的大幅增重发生在 480℃和 520℃，说明从热稳定性上来看，micro-WC 要稍优于 nano-WC。观察样品 nano-WC 的增重曲线 ［图 9-4 (a)，a］，当样品增加到最高重量以后，有一个失重的过程。这是在此温度下碳开始氧化成

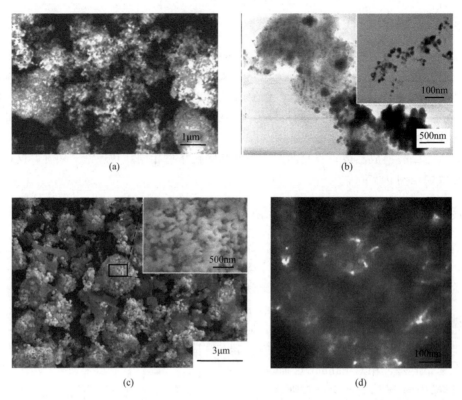

图 9-3 nano-WC 的 (a) SEM 和 (b) TEM 图；micro-WC 的 (c) SEM 和 (d) TEM 图

CO_2 而导致的失重。micro-WC [图 9-4(a)，b] 同样也表现出了这个特征，但是其失重幅度较小，这是由于 micro-WC 的氧化温度滞后所导致的 WC 和 C 的氧化发生在同一阶段，因此没有从失重上得以体现。

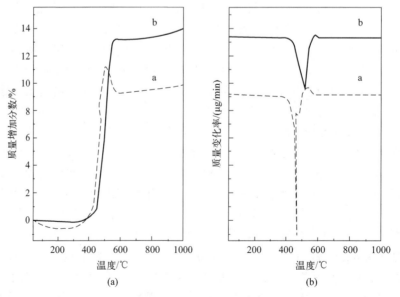

图 9-4 nano-WC 和 micro-WC 的 TG-DTA 曲线

　　另外，氧化后的增重占初始样品的比例可以通过计算后得到大体的 WC 和 C 的含量比，因此，如果增重越大，说明其 C 含量越少。从两个样品来看，micro-WC 的碳含量较少，这很有可能是因为乙醇的使用导致了分子间聚合成为网状支链结构较为困难，最终导致了部分作为溶剂挥发。而 nano-WC 则具有良好的聚合和分离钨酸根的效果，得到了较大的碳含量和较小的 WC 颗粒。

　　总的来说，就热稳定性而言，在空气氛围中，用此方法得到的样品当温度低于 400℃时是稳定的。

　　此外，用 N_2 吸收法对样品 nano-WC 和 micro-WC 的吸附量和孔容进行了测试，如图 9-5 所示。根据相对应的孔径分布曲线得知，micro-WC 的孔径多分布在小介孔范围（孔径分布集中在 5.8nm），而 nano-WC 样品孔径则分布集中在两个区间，分别为 7.3nm 和 23.7nm，这可能是由于部分分散性良好的 WC 颗粒组成的孔隙，而小介孔分布，则可认为是碳的孔径，基本在 4～5nm 之间。

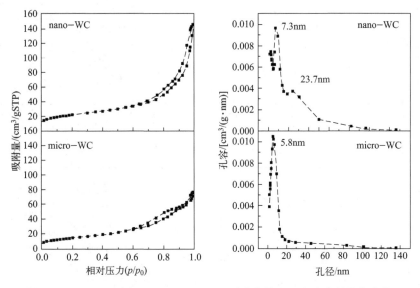

图 9-5　nano-WC 和 micro-WC 的 N_2 吸脱附曲线和对应的孔径分布曲线

　　从比表面积数据上来看，nano-WC 样品具有更大的比表面积（78.65m^2/g），这可能是由于两个原因所致：第一，nano-WC 前驱体聚合分离过程中聚合较为完整，形成的碳增加且孔隙较为发达。第二，nano-WC 的 WC 颗粒较细，部分颗粒间形成了孔隙分布。而相对 micro-WC，其本身得到的 WC 颗粒就较大，也就是说，对于 WC 本身来讲，对孔隙的贡献较少，而大部分孔容由聚合物分解得到的碳组分贡献。结合以上的研究结果，nano-WC 样品中的 WC 颗粒粒度较小，且由于聚合分散效果明显，其在分散度上也非常占优势。如果从原料上截断对聚合分离设想的植入，确实无法得到分散效果好的纳米 WC 颗粒。以此也证明了分散聚合方法的可行性。

三、碳化钨纳米颗粒的电催化性能

　　为研究碳化钨纳米颗粒与其电催化性能之间的关系，并探讨更先进的设计和制备思路，我们选用电催化硝基还原作为评价体系。以此作为评价体系具有两个优势：首先，芳香族硝基化合物的电化学还原是有机电化学的一个重要研究领域，具有重要的工业应用价值。以硝基苯为原料经电化学还原合成苯胺和对氨基苯酚的方法具有工艺流程短、产品纯度高、生产成本低和对环境污染小等优点。其次，WC 材料已经被广泛认为具有电催化硝基还原的催化活性。因此，此反应能够被用来评价不同 WC 材料的电催化性能，并通过电催化性能对比探讨材料结构形貌等因素对电催化性能的影响。电解液为含一定浓度硝基苯（NB，0.03mol/L）和四丁基高氯酸铵（TBAP，0.1mol/L）的 N,N-二甲基甲酰胺（DMF）溶液。测试前通氮气 0.5h 去除溶液中的溶解氧。选取 micro-WC 和 nano-WC 样品进行电催化性能评价，图 9-6 给出了 NB 在两种不同 WC 材料微电极上的循环伏安（CV）曲线。从图 9-6(a) 和（c）曲线中可以看出，micro-WC 和 nano-WC 均在电位－1.25V 左右都出现了一个 NB 电还原极化峰，说明了样品对电催化 NB 还原体现出了较好的催化活性。

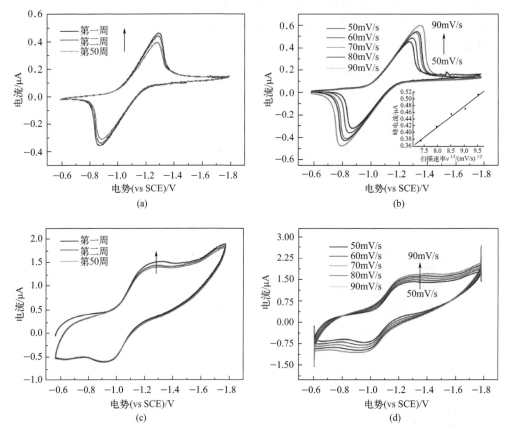

图 9-6　不同扫描周数和扫描速度下 WC 样品在 NB-TBAP 溶液中的 CV 曲线

其中 NB 在 micro-WC 上的还原峰电流为 $0.44\mu A$（以第二周为例，下同），而在 nano-WC 上的还原峰电流达到了 $0.71\mu A$。由此可见，WC 粉末制备方法的不同导致其电催化性能的差异，而这种差异与两种 WC 粉末的晶粒度和形貌结构以及碳的存在都密切相关。显然，将纳米材料细化到＜50nm 的尺寸以后（样品 nano-WC）能够提高 WC 催化性能。而更引起我们注意的是，相同体积的样品，nano-WC 拥有更大的 WC 催化面积，与 micro-WC 相比，其还原峰电流应该有数量级增长。而事实上，其峰电流只为 micro-WC 的 1.61 倍，这与预期的有很大不同。对于以上结果，我们将 nano-WC 样品作为关注点，分析其电催化性能相对不理想的原因。考虑制备流程，由于聚合物的分解以及对 W 前驱体的渗碳同时进行，部分 WC 颗粒表面被多余的积碳覆盖，因此掩盖了部分 WC 的活性表面。通常情况下，催化剂的制备比较关注颗粒的大小，这主要是因为颗粒的大小能够有效体现出催化表面积的大小。因此，对于液-固反应来说，虽然需要一定的孔隙来增加比表面积，但事实上，如果孔隙较小，或者由于小孔隙物质的表层覆盖，不仅不会增加电催化活性，有可能反而会抑制活性成分的性能体现。但对于不同 WC 材料、不同制备方法以及不同的应用反应可能会有不同。在以 WC 为催化剂的反应当中，如何有效体现 WC 颗粒的催化活性，提高催化表面利用率可能从某种程度上讲比降低颗粒更加重要。当然，如果能两者兼顾，则能取得更好的效果。

图 9-6(a) 和（c）同时展现了 NB 在两种粉末电极上的不同扫描周数得到的 CV 测试结果。从图中可以看到，NB 的还原反应在 nano-WC 上的第一个循环时的电流比其它各循环周都要高出很多，而 micro-WC 的第一周和第二周并没有表现出非常大的变化，其主要原因是 nano-WC 电极静置于反应溶液后，NB 已经扩散到样品多孔粉末微电极的孔内部，大大增加了电极的催化反应面积，提高了催化剂的利用率，导致峰电流最大。而由于 micro-WC 样品孔隙较少，因此孔隙所引起的扩散差异就表现出对峰电流影响较小。而从第二个循环开始，峰电流下降并趋于稳定，这是由于孔内部的 NB 已经被消耗，而外层溶液未扩散到孔内部就已经在液固界面反应，电极反应的有效面积减少。而由于 micro-WC 样品当中 WC 颗粒粒径相对 nano-WC 较大，因此经 50 个循环后的电流衰减较为明显。通常情况下，峰电流衰减的原因可能是由于反应溶液浓度的轻微下降和反应产物在电极表面的吸附造成的。因此，可以认为 nano-WC 样品中的富碳成分提供了较为优势的电子传导。

图 9-6(b) 和（d）分别为 micro-WC 和 nano-WC 电极在 $-0.6\sim-1.8$V 范围内的不同扫描速度下的循环伏安曲线，扫描速度分别为 50mV/s，60mV/s，70mV/s，80mV/s 和 90mV/s。对于样品 micro-WC，由图 9-6(b) 可知，随着扫描速度的增加，负向扫描还原峰峰电位略向负偏移，其峰电流 I_p 也随之增大。图 9-6(b) 内嵌图显示了 micro-WC 负向扫描 NB 还原峰峰电流 I_p 与 $v^{1/2}$ 的关系曲线，结果表明在较宽的扫速范围内，峰电流 I_p 与扫描速度 $v^{1/2}$ 成良好的线性关系。因此，可以认为 NB 在 micro-WC 上氧化过程受液相传质过程所控制，同时也说明电极内电子传递是快步骤。而 nano-WC 在不同扫描速度下得到的循环伏安曲线的 I_p 与 $v^{1/2}$ 则不成线性，造成这样的原因可能是由于两个方面：①硝基苯在结构复杂的两相的富碳的 nano-WC 样品当中还原不受液相传质控制；②由于碳组分的存在，使得其充电电容较大，并对 I_p 的计算造成了影响，使得无法判断其对应关系。

综上所述，本节实验中利用有机物的聚合反应对钨酸根离子进行物理阻隔，得到了粒径 $10\sim20$nm 的碳化钨纳米颗粒，此方法能有效控制碳化钨的粒度增长。从电催化硝基还原反应效果来看，通过对碳化钨的纳米化能有效提升其催化活性。这主要是由于颗粒细化导致的比表面积的增加而提升了电催化活性面积。

第三节　火柴棒型碳化钨纳米棒的结构与电催化性能

一维纳米材料（如纳米线、纳米棒、纳米管等）具有独特的物理化学性能，例如良好的电子传输性能、光学性能和机械强度。自碳纳米管发现以来，一维纳米材料受到了广泛关注。如何控制纳米材料定向生长形成一维结构材料，是目前纳米材料制备中面临的一大课题。本节以碳化钨纳米棒为例，系统介绍一维碳化钨纳米棒结构与其性能之间的构效关系。

一、火柴棒型碳化钨纳米棒的制备

称取适量偏钨酸铵溶于 20mL 去离子水，滴加适量盐酸至 pH4 左右，待溶液澄清后，加入 10mmol 的氯化钠，磁力搅拌 1h，转移至水热反应釜中，密闭后置 180℃干燥箱恒温反应 24h，用去离子水多次洗涤，干燥，得白色粉体。

由于一维纳米结构纳米棒具有较大的长径比，比表面能大，在高温热处理过程中不稳定而极易熔融塌陷。所以为保证氧化钨纳米棒在高温焙烧过程中保留较完整的形貌，我们有必要对前驱体进行预处理。对样品表面进行碳包覆是一种有效的表面修饰手段，它能够消除或减弱材料表面的带电效应，避免颗粒间发生团聚；同时形成一定的势垒，使颗粒在热处理过程中不易长大。

称取一定量的白色粉末样品分散于 20mL 去离子水和 10mL 无水乙醇的混合溶液中，形成乳白色分散体，按一定质量比称取葡萄糖加入，搅拌 1h，转移至水热反应釜内，置烘箱中 180℃下恒温反应 8h。反应终止后自然冷却至室温，用去离子水洗涤样品数次，最后用无水乙醇洗涤分散，80℃干燥。得到粉末。随后将制备得到的粉末样品置于管式炉进行焙烧。以氢气/甲烷混合气为气氛，在 750℃下恒温反应 6h，得火柴棒型碳化钨纳米棒。

二、火柴棒型碳化钨纳米棒分析与表征

图 9-7 是火柴棒型碳化钨样品的 XRD 结果。衍射峰 2θ 为 31.37°、35.62°、48.27°、77.13°为 WC（PDF：72-0097）的特性峰，分别对应（001）、（100）、（101）和（102）晶面；衍射峰 2θ 为 39.28°、58.26°、73.21°为 W（PDF：89-3728）的特性峰，分别对应（110）、（200）和（211）晶面，衍射峰 2θ 位于 10°～30°区间内基底较高，杂峰多，其中在 2θ 介于 10°～30°的区间内出现了不明显的馒头峰。这说明物相的结晶性较差。结合实验过程中的葡萄糖碳包覆，该区间物相可能为非晶体碳。依据上述分析和推断，可认为样品是由 WC、W 以及部分碳组成的。

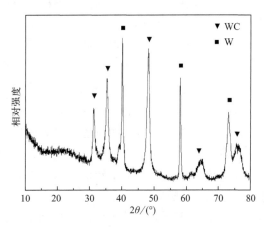

图 9-7　碳化钨纳米棒样品的 XRD 图

图 9-8（a）为氧化钨纳米棒的 SEM 图，样品呈纳米棒状，分散良好，长度为 1～2μm，直径 50～100nm。经过与葡萄糖水热反应之后，如图 9-8（b）所示，样品形貌主要呈短棒状，部分呈不规则颗粒状，其中短棒长度在 300～1000nm，直径均在 100nm 左右，短棒的顶端处有凸起，形似火柴棒。与包覆碳前的 WO_3 纳米棒样品 [图 9-8（a）] 相比，在长度上有所减小，直径略微变大，说明部分样品在二次水热过程中可能发生断裂。图 9-8（b）中可观察纳米棒表面凹凸不平，而前驱体 WO_3 纳米棒表面光滑，由此推断加厚的外层是葡萄糖碳化形成的包覆物。图 9-8（c）是碳包覆氧化钨纳米棒还原碳化后的 SEM 结果，样品主要呈现棒状和部分不规则的颗粒。纳米棒长度为 0.8～1.0μm，直径 100nm 左右。部分纳米棒一端或两端呈膨大状，其结构类似火柴棒，此外还有一些分散的类球体。样品的尺寸与碳化前样品 [图 9-8（b）] 基本吻合。纵向比较，氧化钨前驱体、碳包覆氧化钨、还原碳化后

三个阶段的形貌结构，主体上经历了从纳米棒、纳米短棒到火柴棒型的转变，基本保留了前驱体的原始形貌。

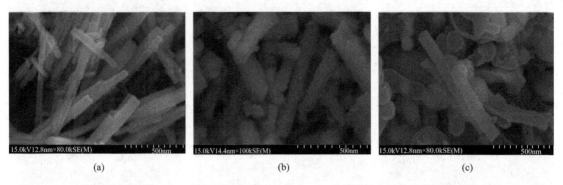

图 9-8　(a) 氧化钨纳米棒，(b) 碳包覆氧化钨纳米棒，(c) 碳包覆氧化钨纳米棒还原碳化后的 SEM 图

图 9-9 是碳化钨纳米棒的 TEM 结果。图 9-9(a) 中样品包括多种结构，有纳米棒和部分分散的不规则颗粒，纳米棒长 $0.5\sim1.0\mu m$。图 9-9(b) 和 (c) 中显示的纳米棒顶端呈半球状突起，图 9-9(c) 纳米棒主体部分含有空腔，且镶嵌有颗粒，颗粒处连接生长着两个相同结构的纳米棒，该结构为内部含有颗粒的封闭碳纳米管。

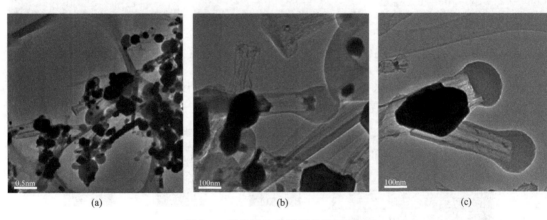

图 9-9　碳化钨纳米棒样品的 TEM 图

在样品 TEM 表征中，我们观察到从颗粒到棒状等不同结构的转变（图 9-10），图 9-10(a) 中箭头所示多个核壳结构的球状体，内部核心为碳化钨颗粒，大小为 $50\sim70nm$，外层包覆的为不定形碳膜，厚度达 100nm 左右，该结构与图 9-8 样品 SEM 中球体对应；图 9-10(b) 中箭头指示样品呈椭圆形，仍为核壳结构，中心核体大小与图 9-10(a) 中相近，与图 9-10(a) 比较，整体比中球体横向稍有变长，导致核体与包覆层间出现空隙；图 9-10(c) 中样品为圆柱体结构，核体与外层之间空隙变大，形成一定空腔，中心核体紧贴着一侧碳包覆层，两端膨大，中间部位内陷，说明该颗粒是由球体横向生长而成的；图 9-10(d) 中样品呈明显的棒状结构，内部核体贴着左侧一端包覆层，左侧包覆层仍保留半球状，随着样品横向生长，体腔内空隙增大，构成封闭的空腔；图 9-10(e) 中有多个内核，一部分紧贴左侧顶部，一部分位于中段位置，还有小颗粒游离其间，两个核体断裂口 [局部放大图见图 9-10(f)] 可较好地吻合，可能是纳米棒生长过程中原先的一个内核发生断裂，一部分随着纳米棒生长脱离最初位置，渐行渐远所致。

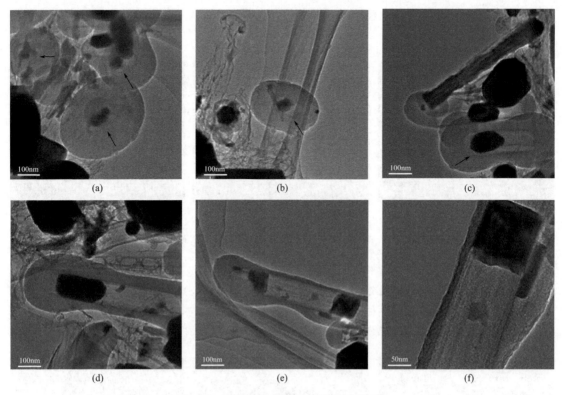

图 9-10　碳化钨纳米棒样品的 TEM 表征

　　图 9-11 是火柴棒型碳纳米管样品的 X 射线能量色散光谱图。其中，图 9-11 上左为样品的 TEM 形貌，呈火柴棒型，图 9-11 上右分别是样品的 TEM 形貌，C、O、Cu 和 W 各元素

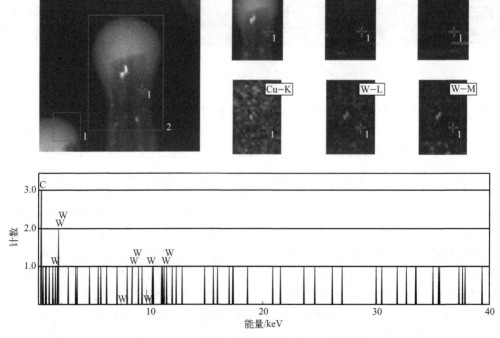

图 9-11　火柴棒型碳纳米管的 EDS 分析结果

分布谱图，其中，Cu 源自样品测试时所使用的铜网，C、O 和 W 源自样品。从图 9-11 中可看出，样品中 C 和 W 元素分布较均匀，与样品的形貌轮廓吻合度较高，W 元素分布较多，个别点显示明显，对应火柴棒的头部颗粒，可能为单质 W；O 元素基本不明显。图 9-11 下为样品的元素组成，从中可看出，样品的主要元素由 C 和 W 组成。上述结果充分说明，样品由 WC 和 W 组成。

三、火柴棒型碳化钨纳米棒的电催化性能

甲醇的电化学氧化过程是一个不可逆过程，循环伏安法测试中正向扫描时甲醇被氧化为中间产物（如 CHO），负向扫描过程时中间产物进一步被氧化，所以甲醇氧化的循环伏安图一大特征是含有双氧化峰。图 9-12 是碳化钨纳米棒样品对硫酸-甲醇溶液的循环伏安曲线，电解液体系为 1.0mol/L 甲醇和 0.5mol/L 硫酸溶液，扫描速率为 50mV/s。氢吸/脱附峰分别出现在 −0.04V 和 0.04V。样品在正向扫描过程中 0.649V 处出现甲醇氧化的第一特征峰（Ⅰ），峰电流大小为 9.86μA，在回扫过程中 0.396V 出现第二氧化峰（Ⅱ），峰电流大小为 13.97μA。样品在回扫过程中位于

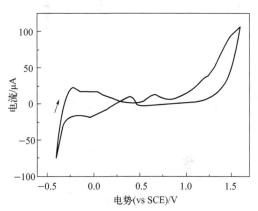

图 9-12　碳化钨纳米棒对硫酸-
甲醇溶液的 CV 曲线

−0.034V 出现一个较弱的还原峰，对应于甲醇氧化中间产物的还原。这表明了碳化钨纳米棒对甲醇催化氧化具有良好的催化活性，在甲醇燃料电池非贵金属电极研究上具有十分广阔的应用前景。

第四节　介孔碳化钨纳米片的结构与电催化性能

二维结构纳米片可提供大量的表面原子和更多的反应活性中心，是一种理想的催化剂结构。纳米片超薄的几何特点利于其在催化反应过程中载荷子快速从内部传输至表面，从而加快反应进行。而介孔纳米材料不仅具有较大的比表面积、较强的吸附能力；且贯通其中的孔径成为物质交换通道，提高了体相内组分的利用率，作为催化剂载体可提升催化性能。本节以介孔碳化钨纳米片为例，系统介绍从催化剂的制备到催化性能评估过程，揭示催化剂结构与电催化性能之间的构效关系。

以钨酸钠为钨源、甲烷气体为碳源，采用水热法和原位还原碳化法相结合制备出介孔碳化钨纳米片，实验重点分析了反应温度对产物形貌以及物相组成的影响。获得的催化剂拥有规则的片状结构、大比表面积、介孔结构以及良好的电催化活性和稳定性。

一、介孔碳化钨纳米片的制备

配制摩尔比为 3∶1 的钨酸钠和草酸混合溶液，滴加盐酸（HCl）溶液调节 pH 至 1。然后转移至水热反应釜中，在 100℃下恒温反应 12h。反应结束后将制得的黄色沉淀离心分离、

洗涤干燥，得黄色钨酸纳米片（WO$_3$·H$_2$O）样品。将制备得到的样品置于管式反应炉内，以甲烷和氢气混合气体为反应气氛，在不同温度下（550℃、650℃、750℃、850℃）恒温反应 5h 后自然冷却至室温，得灰黑色介孔碳化钨纳米片样品，如图 9-13 所示。

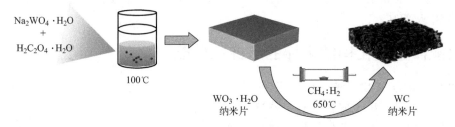

图 9-13　介孔碳化钨纳米片的制备流程示意图

二、介孔碳化钨纳米片的分析与表征

图 9-14 为钨酸前驱体［图 9-14(a)］和不同温度下制备得到的介孔碳化钨纳米片［图 9.14(b)］的 XRD 谱图。从图 9.14(a) 可以看出，样品的主要衍射峰的 2θ 角为 16.54°，25.64°，34.14°，34.96°以及 52.65°，分别归属于钨酸（WO$_3$·H$_2$O）的（020），（111），（200），（131）和（222）晶面（PDF：84-0886），（020）和（111）晶面相对其他晶面具有更高的衍射强度，衍射峰半峰宽较窄。这说明制备的样品为纯相的正交系钨酸，无其他任何杂质生成，并且样品的结晶性较好。

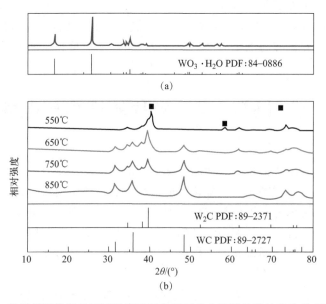

图 9-14　钨酸前驱体以及不同温度下制备得到的介孔碳化钨纳米片的 XRD 谱图

从图 9-14(b) 中可以看出，经过还原碳化反应之后，样品的物相发生明显变化，并且是随着反应温度的上升呈规律性变化的。当还原碳化温度为 550℃时，样品在 2θ 角分别为 34.53°、37.97°、39.40°、40.28°、52.35°、58.36°、61.72°、73.12°、74.71°和 75.87°处共有 10 个衍射峰。其中 2θ 角在 40.28°、58.36°以及 73.12°处的衍射峰分别归属为钨（W）的（110）、（200）和（211）晶面（PDF：89-3659）。2θ 角在 34.53°、37.97°、39.40°、52.35°、

61.72°、73.22°、74.71°和 75.87°处的峰分别归属为 W_2C（PDF：89-2371）的（100）、（002）、（101）、（102）、（110）、（103）、（112）和（201）晶面，其中 W_2C 在 73.22°处的（103）晶面与 W 的（211）存在重叠。这说明当还原碳化温度为 550℃时，其得到样品的主要物相为 W 和 W_2C。升高反应温度至 650℃，此时，样品中 W_2C 的 8 个衍射峰依然存在，但是 W 的 2 个衍射峰消失，并且在 2θ 角 31.46°、35.59°、48.36°和 73.21°处新增峰归属为 WC（PDF：89-2727）的（001）、（100）、（101）和（111）晶面。这表明随着反应温度的升高，W 相消失，另外有 WC 相生成。继续升高温度至 750℃，可以看见此时样品的 XRD 结果与 650℃时没有太大变化，其主要物相依旧为 WC 和 W_2C，但是相对于 650℃样品，其 WC 相的衍射峰相对较强。通过半定量分析，650℃样品中 WC 的含量约为 27%，W_2C 的含量约为 73%，而 750℃样品中 WC 的含量约为 43%，W_2C 的含量约为 57%。这表明随着反应温度的上升，样品中 WC 的含量在逐渐增大、W_2C 含量在逐渐降低。当温度升至 850℃时，此时样品中只有 WC 相存在，表明在该气固反应中，高温环境有利于加强 C 原子在 W_2C 晶格中的扩散渗透，使 W_2C 相全部转化为 WC。

图 9-15 为钨酸纳米片前驱体和介孔碳化钨纳米片的 SEM 图。由图可知，前驱体样品具有规则的正方形纳米片结构，表面光滑，棱角分明，分散均匀，尺寸大小在 500～800nm 左右，厚度在 70～100nm 之间。而经过还原碳化之后，样品纳米片的结构依旧保留了下来，尺寸厚度相对于前驱体样品没有发生明显的变化，但是其光滑的表面变粗糙，并且存在明显的孔隙结构，初步推测有介孔存在。

图 9-15　钨酸纳米片前驱体与介孔碳化钨纳米片的 SEM 图

图 9-16 为钨酸纳米片前驱体和介孔碳化钨纳米片的 TEM 图。从图 9-16(a) 及其右下角低倍率插图可以看出前驱体样品呈正方形片状结构，片状结构完整，棱角分明，无明显破损，片的大小在 700～800nm，这与 SEM 的结果相一致［图 9-15(a)］。图 9-16(b) 是前驱

体样品的 HRTEM，晶格条纹清晰且无明显晶界，经测量得晶面间距为 0.3786nm，归属于正交系 $WO_3 \cdot H_2O$ (120) 晶面（PDF：84-0886）。图 9-16(b) 的右下角为 $WO_3 \cdot H_2O$ 的电子衍射花样，可以看出所制备的 $WO_3 \cdot H_2O$ 纳米片为单晶。从图 9-16(c) 可以看出碳化钨样品基本整体上继承了前驱体的片状结构，纳米片由小颗粒相连组成，表面存在大量孔隙结构。HRTEM［图 9-16(d)］结果显示其晶格条纹错乱，方向各异，表明样品为多晶结构，这与图 9-16(d) 右下角电子衍射花样结果一致。经测量得晶面间距分别为 0.2281nm 和 0.2478nm，分别归属于 W_2C (121) 晶面（PDF：89-2371）与 WC (100) 晶面（PDF：89-2727），说明样品主要由 WC 以及 W_2C 相组成。

图 9-16　钨酸纳米片前驱体与介孔碳化钨纳米片的 TEM 图

此外，不同还原碳化温度下制备的碳化钨样品的 SEM 图如图 9-17 所示。整体来看，在不同反应温度下，样品均基本保持了前驱体的纳米片结构，表面变粗糙，有孔结构出现且分散性较好。但是当温度大于 650℃时，其纳米片结构会出现一定程度的破裂，且孔结构数量有着较为明显的衰减，说明样品的结构形貌调控存在一定的适宜温度，过高的温度易导致样品的烧结与团聚，孔结构被破坏，无法得到理想的介孔碳化钨纳米片结构。

为确定还原碳化前后样品的比表面积以及孔径分布情况变化，对钨酸纳米片前驱体与介孔碳化钨纳米片样品进行氮气等温吸附-脱附测试，图 9-18 为两者的氮气吸附-脱附等温曲线，内嵌图为样品孔径分布曲线。从图 9-18 中吸脱附曲线趋势可以看出，还原碳化前后样

图 9-17 不同还原碳化温度下制备的碳化钨样品的 SEM 图

品的曲线较为相似，为典型的Ⅳ型等温线，同时曲线在较高的相对压力下并没有出现饱和吸附平台，属于 H3 型回滞环，这说明还原碳化前后样品均具有介孔结构。但是在前面 SEM 以及 TEM 的结果中显示，前驱体样品并不具有明显的介孔结构，因此推测该介孔是由于纳米片结构聚集而产生的狭缝形成的孔隙。另外经测量，前驱体与碳化钨样品的 BET 比表面积分别为 $8.12m^2/g$ 和 $22.00m^2/g$，平均孔径分别为 $16.30nm$ 和 $12.80nm$。相对于前驱体钨酸纳米片样品，还原碳化之后的样品具有更高的比表面积，增大了将近 1.7 倍，其原因就在于还原碳化后的样品生成了明显的介孔结构，有效地增大了样品的比表面积。

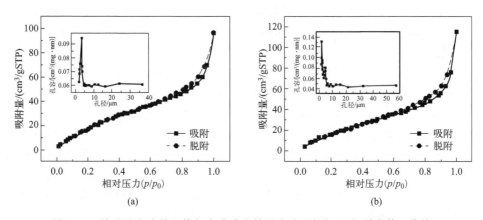

图 9-18 钨酸纳米片前驱体与介孔碳化钨纳米片的氮气吸附-脱附等温曲线

三、介孔碳化钨纳米片的电催化性能

图 9-19 为在不同还原碳化反应温度下制备的介孔碳化钨纳米片样品的电催化析氢性能，所有的样品均在 $0.5mol/L\ H_2SO_4$ 电解液中进行。通过图 9-19 可以很好地了解样品催化剂在电催化析氢反应（HER）中的催化活性，拥有较低的析氢过电位以及 Tafel 斜率才算是较为理想的电催化析氢材料。所有制备的样品均与商用 10%（质量分数）Pt/C 催化剂做对比，Pt 催化剂是目前在电催化析氢反应中电催化活性最高的一种催化剂，其析氢过电位接近氢析出的理论平衡电位，因此在电催化析氢反应中通常用来做参照实验衡量催化剂电催化活性的高低。图 9-19(a) 为样品的线性扫描伏安曲线，从图可知，Pt/C 具有十分优异的电催化析氢性能，其起始过电位 η_{onset} 接近 0V，电流密度为 $10mA/cm^2$ 时达到的过电位 η_{10} 为 15mV。4 个不同反应温度制备的催化剂样品中，650℃样品具有最低的 η_{onset} 和 η_{10}，分别为 63mV 和 121mV。其余 3 个样品 550℃、750℃和 850℃的 η_{onset} 分别为 112mV、168mV 和 242mV，η_{10} 分别为 192mV、254mV 和 360mV。另外，还可以看见 $WO_3 \cdot H_2O$ 前驱体几乎没有电催化析氢性能，在过电位接近 500mV 时才有轻微的电流密度生成。

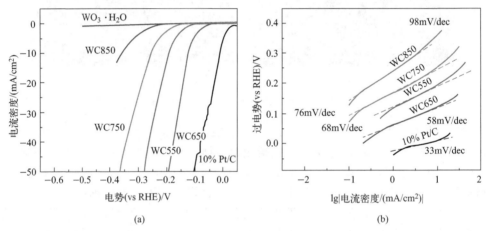

图 9-19　不同反应温度下制备的介孔碳化钨纳米片在 $0.5mol/L\ H_2SO_4$ 中的电催化析氢性能

(a) 线性扫描伏安曲线；(b) Tafel 曲线图

通常，Tafel 斜率可用于估计 HER 机理和相应的速率确定步骤。人们普遍认为它是通过三个基本步骤进行的，即 Volmer、Heyrovsky 和 Tafel 反应，如下式所示（M 表示活性位）：

$$\text{Volmer：} M + H^+ + e^- \longrightarrow MH_{ads} \tag{9-1}$$

$$\text{Heyrovsky：} MH_{ads} + H^+ + e^- \longrightarrow M + H_2 \uparrow \tag{9-2}$$

$$\text{Tafel：} MH_{ads} + MH_{ads} \longrightarrow 2M + H_2 \uparrow \tag{9-3}$$

当这三个步骤为速率控制步骤时，其相应的 Tafel 斜率分别为约 118mV/dec、约 39mV/dec 和约 30mV/dec。图 9-19(b) 为与图 9-19(a) 样品相对应的 Tafel 斜率，其结果显示 550℃、650℃、750℃和 850℃样品的 Tafel 斜率分别为 68mV/dec、58mV/dec、76mV/dec 和 98mV/dec，因此四个样品对应的电催化 HER 机理均为 Volmer-Heyrovsky，其速率控制步骤为电化学脱附过程。

综上所述，在不同反应温度制备的介孔纳米片催化剂中，650℃样品具有最优异的电催化析氢性能，不同样品的催化活性大小如下：WC650＞WC550＞WC750＞WC850。其性能差异的原因与其形貌和结构密不可分：①介孔结构。温度的变化会影响介孔结构的形成，丰富的孔径结构更有利于电催化反应的进行，从实验结果来看 WC750 和 WC850 的孔数量是要明显低于 WC650 和 WC550 的。②物相。样品的物相会随着温度的变化而变化，根据文献报道[17]，W_2C 相对于 WC 具有更高的电催化活性，而 WC 样品具有更高的电催化稳定性，当为两者的混合相时，WC 具有更强的氢吸附能力，W_2C 具有更高的氢脱附能力以及催化活性，两者间会发生协同效应从而进一步提高电催化活性。因此，WC650 样品相对于 WC550 样品具有更高的催化活性。③有效活性面积。温度的升高会导致样品颗粒烧结团聚，纳米片结构破碎，从而降低催化剂的比表面积以及其表面的催化活性位点，致使有效活性面积降低、性能变差。

第五节　自支撑介孔碳化钨纳米片电极的结构与电催化性能

三维纳米材料主要由一种或多种低维纳米结构单元构建而成，在拥有纳米材料原有的物理化学特性的同时，还可以带来其他独特的性能优势。根据构建单元维度以及构建单元组成的不同，三维纳米材料就会展现出不同的结构性能优势。本节以单组分为碳化钨纳米片的三维纳米材料为例，系统介绍三维自支撑介孔碳化钨纳米片电极与其性能之间的构效关系。

一、自支撑介孔碳化钨纳米片电极的制备

自支撑介孔碳化钨纳米片电极的制备流程示意图如图 9-20 所示，将洗净后的金属钨片作为电极阳极、金属 Pt 片作为电极阴极，以盐酸溶液作为支持电解质，在 40℃恒温水浴中保持 10V 恒电位 2h，反应结束后将钨片取出洗涤、干燥，得黄色氧化钨薄膜样品。将制备得到的样品置于管式反应炉内，以甲烷和氢气混合气体为反应气氛，在不同温度下（550℃、650℃、750℃、850℃）恒温反应 2h 后自然冷却至室温，得灰黑色介孔碳化钨纳米片样品。

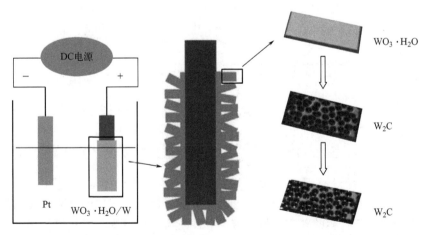

图 9-20　自支撑介孔碳化钨纳米片电极的制备流程示意图

二、自支撑介孔碳化钨纳米片电极的分析与表征

图 9-21 是不同还原碳化温度下制备样品的 XRD 图，从图 9-21 中可以看出每个样品均

存在两个明显的衍射峰，2θ 角分别为 58.26°和 73.33°，这可以归属为钨（W）的（200）和（211）晶面（PDF：004-0806），钨的晶相是来自金属钨基底。经过 600℃还原碳化得到的样品，除了钨基底的峰以外，还存在四个衍射峰，其中 2θ 角为 34.52°，38.02°，39.57°的衍射峰可以归属于 W_2C 的（100），（002）和（101）晶面（PDF：035-0776），另一个 2θ 角为 52.13°的衍射峰可归属为 WO_2 的（222）晶面（PDF：089-3012）。这说明经过 600℃还原碳化后样品中存在 W、W_2C 和 WO_2 三种物相。升高温度至 650℃后，从样品 CF-650 的 XRD 衍射峰中可以看到，W_2C 的（100），（002）和（101）峰依旧存在，但 52.13°的峰消失，出现了一个 52.35°的峰，这个衍射峰可以归属为 W_2C 的（102）晶面（PDF：035-0776）。基于衍射峰 52.13°和 52.35°较为接近，在原始 XRD 图中无法区分，因此将 2θ 角为 51°～53°的区域局部放大，进行更好的区分。进一步比较可以说明，当氧化还原温度升高到 650℃时，样品中仅存在 W 和 W_2C 这两种物相，前驱体中 $WO_3 \cdot H_2O$ 物相全部转化为 W_2C。当还原碳化温度达到 700℃（CF-700）时，XRD 图中出现的衍射峰和 CF-650 的衍射峰一致，这说明在 700℃还原碳化后所得到的样品也存在两种物相，即 W 和 W_2C。但比较 CF-650 和 CF-700 的衍射峰发现，样品 CF-650 的衍射峰峰强度更高，这是因为经过 700℃煅烧后，W_2C 在金属 W 基底表面有所脱落，W_2C 含量减少，导致衍射峰减小。当还原碳化温度达到 750℃时（CF-750），样品的衍射峰相比 CF-650 的衍射峰减少了两个，其中 2θ 角为 34.52°，38.02°的峰消失，39.57°的峰强度明显减小。这是因为在较高温度下，金属 W 和 W_2C 的膨胀系数不同，在受热过程中 W_2C 脱落严重，金属钨片表面 W_2C 含量减少导致的。

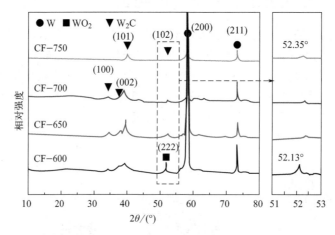

图 9-21　不同还原碳化温度下制备介孔碳化钨电极的 XRD 图

利用 Debye-Scherer 公式（$D_{hlk} = \dfrac{K\lambda}{\beta\cos\theta}$），选择衍射强度较高的晶面 W_2C（101）面，进行平均粒径计算。经过计算，样品 CF-600，CF-650，CF-700，CF-750 的粒径分别为 10.8nm，15.8nm，16.2nm 和 21.1nm。这表明随着还原碳化温度的升高，样品的晶粒直径增大，这一方面归因于物相的转变；另一方面，随着温度的升高，晶粒发生团聚，导致直径增大。

图 9-22(b) 和（c）为制备氧化钨电极的 SEM 图，可以看出样品整体为光滑的矩形纳米片交互叠加成团簇状覆盖在钨电极表面，纳米片的宽度约 400nm，厚度在 100nm 之内，膜层厚度约 2μm，且经过还原碳化之后，厚度未发生明显的变化，如图 9-22(d) 所示。为了分析不同还原碳化条件下，各个样品之间形貌的区别，对样品进行了扫描电子显微镜分

图 9-22　(a) 阳极氧化流程，(b)～(h) WO_3/W 电极和 W_2C/W 电极的 SEM 图
[(b) WO_3/W 电极的截面；(c) $WO_3 \cdot H_2O/W$ 电极的表面；(d) W_2C/W 电极的截面；
(e) CF-600；(f) CF-650；(g) CF-700；(h) CF-750]

析，图 9-22(e)～(h) 是不同还原碳化温度下，各个样品的 SEM 图。从图 9-22(e) 中可以看出，在 600℃下进行反应后，样品从光滑的表面演变成了粗糙的表面，同时可以明显看出，样品的片状结构是由纳米颗粒组成，但无法明显观察到孔结构的存在。通过测量，样品中纳米片厚度为 70nm 左右，而尺寸大小为 400nm 左右，相比 $WO_3 \cdot H_2O/W$ 前驱体的纳

米片大小 [图 9-22(c)]，样品厚度明显变薄，但尺寸未发生变化。图 9-22(f) 是 650℃ 还原碳化得到的样品，从中可以明显看到纳米片结构的存在，同时纳米片形貌完整，棱角分明；与图 9-22(e) 不同的是，在样品 CF-650 中可以看到明显的孔结构，这说明通过还原碳化过程，可以制备出多孔纳米片的结构。进一步对纳米片进行分析测量，样品 CF-650 的纳米片厚度继续变薄，经测量厚度为 50nm 左右，而尺寸仍未发生改变。当氧化温度升高到 700℃ 时 [图 9-22(g)]，从图中可以看出样品形貌和结构并没有随着温度的升高发生特殊变化；相比图 9-22(f)，样品中出现了尺寸较小的纳米片（画圈部分），而纳米片的厚度又进一步缩小至 30nm 左右。当温度升高到 750℃，在整体结构上，样品依旧可以保持多孔纳米片的结构，但存在团聚现象。综上所述，当样品在还原碳化温度超过 600℃ 时，即可制备出介孔纳米片结构，同时片形貌完整，棱角分明。另外，随着温度的升高，纳米片厚度会减小，这可能是因为在还原碳化过程中物相流失导致的厚度减小。

图 9-23(a) 是 WO_3/W 电极的 TEM 结果，可以明显看出样品呈现规则的片状，结构完整，无明显破损，这说明样品形貌完整，结晶效果较好，样品宽度为 400nm，这一结果与扫描电镜观察结果一致 [图 9-22(c)]。HRTEM 结果显示晶面间距 0.349nm，这可以归属于 $WO_3 \cdot H_2O$ 的 (111) 面。

图 9-23(b)～(e) 为不同还原碳化温度下制备的样品的 TEM 图，其中图 9-23(b) 是 600℃ 还原碳化得到的样品，从图 9-23(b) 中可以看出样品继承了前驱体的形貌，呈现出片状结构，且在片结构中棱角分明，未发生破裂；同时在纳米片表面也可以明显看到有孔结构的存在，孔结构分布均匀，但孔径较小，经测量估算在 10nm 左右。经测量，其晶格条纹间距分别为 0.395nm，0.227nm 和 0.236nm。其中 0.395nm 的晶面可以归属为 WO_2 的 (222) 面 (PDF：089-3012)，而 0.227nm 和 0.236nm 则可以归属为 W_2C 的 (101) 和 (002) 面 (PDF：035-0776)，这一结果与 XDR 一致。进一步观察，W_2C 的 (101) 和 (002) 面的晶格条纹出现了交错，产生了一定的角度，经测量角度为 63° 左右。结合 W_2C 的晶体结构，我们绘制了 W_2C 晶胞示意图 [图 9-23(f)]，将图 9-23(b) 样品中的晶面对应到示意图中，并结合晶面间的空间关系，认为在样品 CF-600 中，所暴露的晶面为 W_2C (120) 面。

图 9-23(c) 是样品 CF-650 的 TEM 图，可以观察到样品的片状结构保持完好，棱角清晰分明；增加放大倍数可以观察到样品存在明显的孔结构，且孔径大小相比图 9-23(b) 样品的孔径有明显的提高。通过测量，样品 CF-650 的孔径大小在 20～30nm 之间。经测量分析样品中主要的晶格条纹间距为 0.227nm，对应为 W_2C 的 (101) 面，同时也存在部分晶格条纹间距为 0.236nm 的晶面，该晶面可以归属为 W_2C 的 (002) 面。同样地，W_2C 的 (101) 和 (002) 面的晶格条纹也会发生一定的交错，且产生的角度均为 63° 左右。结合 W_2C 晶体示意图及晶面间的空间关系，我们推测在样品 CF-650 中，所暴露的晶面为 W_2C (120) 面。

图 9-23(d) 是样品在更高温度下制备的样品 CF-700，同样地，样品依旧可以保持较完整的片状结构，同时具有明显的孔结构。增加放大倍数，可以观察到清晰的晶格条纹，这也说明了样品的结晶性较好；经测量样品晶格条纹间距，结果主要为 0.237nm 和 0.261nm，通过 PDF 卡片对比，这两个晶面归属为 W_2C 的 (002) 和 (100) 面。同时发现这两个晶面也存在一定的交错，角度大约为 90°。根据 W_2C 晶体示意图，推测样品所暴露的晶面同样是 W_2C (120) 面。

还原碳化温度升高至 750℃，在样品 CF-750 的 TEM 图中 [图 9-23(e)]，样品片结构保持得较差，无法看到清晰辨别片状结构边缘，片结构被破坏。所观察到的样品晶格条纹也比

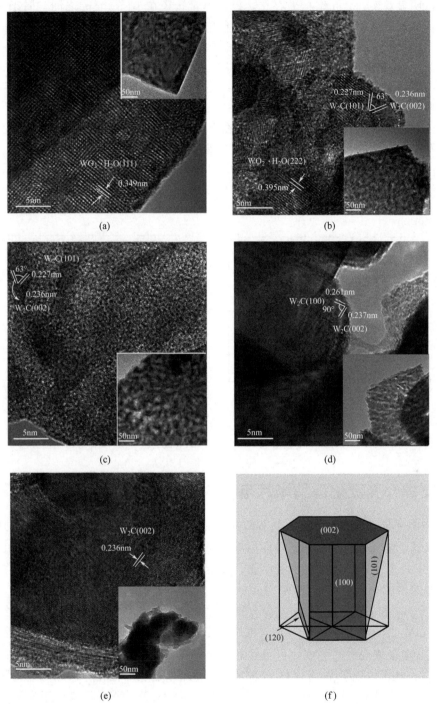

图 9-23 (a) WO_3/W 电极的 TEM 图, (b)~(e) W_2C/W 电极的 TEM 图

[(b) CF-600; (c) CF-650; (d) CF-700; (e) CF-750]; (f) W_2C 晶胞示意图

较单一, 经测量其晶格间距为 0.236nm, 这同样可以归属为 W_2C 的 (002), 这一结果与前文中 XRD 结构一致 (图 9-21)。

综上所述, 首先, 样品在不同温度下还原碳化后, 样品均可以保持良好的结晶性; 其次, 在 700℃以下, 样品的纳米片形貌保持完整, 棱角清晰, 边缘无明显破损。同时在纳米片表面可以明显观察到介孔结构的存在，根据测量孔径在 $10\sim30nm$ 之间，属于介孔范畴。因此可以认为，通过还原碳化可以制备得到介孔碳化二钨纳米片；另外，根据样品中不同晶格条纹的间距及产生的夹角，并结合 W_2C 晶体结构，可以推出样品 CF-650 和 CF-700 所暴露的晶面为 W_2C (120) 面。

图 9-24(b) 是样品 CF-650 的氮气吸附-脱附等温曲线，根据吸脱附曲线趋势可以看出，该曲线是典型的 IV 型等温线，同时样品 CF-650 在较高压力下没有出现饱和吸附平台，因此推测属于 H3 型回滞环，这也说明了样品存在介孔结构，这是因为样品在还原碳化过程中构造出了介孔结构。这一结果和 SEM、TEM 结果相一致。根据测试，该样品的比表面积是 $87.6m^2/g$，相比前驱体 [图 9-24(a)] 的比表面积有了明显提高，这是因为在还原碳化过程中，介孔结构的增加有利于增大比表面积。图 9-24(b) 中内嵌图为样品的孔径分布图，平均孔径为 6.8nm，属于介孔范畴。

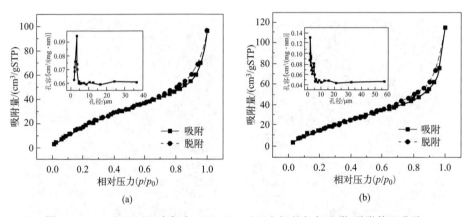

图 9-24 (a) WO_3/W 电极和 (b) W_2C/W 电极的氮气吸附-脱附等温曲线

三、自支撑介孔碳化钨纳米片电极的电催化性能

图 9-25 是不同还原碳化温度下制备的样品在 $0.5mol/L$ H_2SO_4 体系中测得的电催化析氢性能图。其中图 9-25(a) 是样品线性扫描伏安法测定的数据。从图 9-25(a) 可知样品 CF-650 表现出了较为优异的电催化析氢性能，起始电位为 70mV 左右，当电压大于 70mV 时，电流密度急速增大，当电流密度为 $10mA/cm^2$ 时所需要的过电位为 133mV。而其余样品 CF-600，CF-700 和 CF-750 的起始电位分别为 100mV，180mV 和 200mV，同时这些样品分别需要 155mV，168mV 和 248mV 的过电位才能达到 $10mA/cm^2$ 的电流密度。另外，$WO_3 \cdot H_2O/W$ 复合电极表现出的电催化析氢性能最差，电流密度达到 $10mA/cm^2$ 时所需的过电位为 450mV。这可以说明 $WO_3 \cdot H_2O$ 前驱体对电解水制氢的催化作用非常差。图 9-25(b) 是样品的 Tafel 曲线图，样品 CF-650 的 Tafel 斜率为 84.9mV/dec，略低于样品 CF-600 和样品 CF-700。结合 Butler-Volmer 动力学方程可知，样品 CF-600，CF-650 和 CF-700 对应的电催化 HER 机理为 Volmer-Heyrovsky，这可以说明电化学脱附为其决速步骤。交换电流密度 (j_0) 是通过 Tafel 曲线外推法计算而来的，10% Pt/C 的交换电流密度为 $0.337mA/cm^2$，与之最接近的样品为 CF-650，其交换电流密度为 $0.153mA/cm^2$，而其余样品的交换电流密度均较小。以上结果表明样品 CF-650 具有较低的电催化析氢能垒，同时具有较高的电催化析氢动力学进程，是上述样品中最具有优势地位的催化剂。同时也说明，

三维介孔碳化钨纳米片薄膜电极对电催化析氢具有良好的催化活性，而简单的阳极氧化制备方法对于三维自支撑电极材料的构筑，在工业应用上具有很高的实用价值。

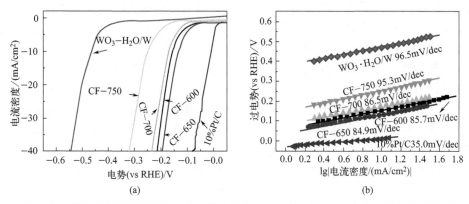

图 9-25　不同反应温度下制备的碳化钨电极在 $0.5mol/L\ H_2SO_4$ 中的电催化析氢性能
［(a) 线性扫描伏安曲线；(b) Tafel 曲线图］

第六节　分析与讨论

结合上述内容可知，结构和形貌调控是开发高效催化剂的重要途径，不同形貌的纳米材料，有相应的某方面优异性能，从而决定在具体方向的应用。尺寸效应是零维纳米材料最吸引人的特性，不同的尺寸导致了不同的表面活性位点的暴露（低配位角位点、边缘位点或者不同晶面），对应于不同的反应活性、吸附能力和对中间体及产物的选择性。随着颗粒粒径的不断减小，甚至是达到单原子，其独特的电子和几何结构又会与块体或较大的纳米颗粒有很大不同。更有趣的是，将粒径减小到原子级甚至可以改变材料内在的催化特性。因此，获得小粒径的纳米颗粒不仅是进一步提高催化剂反应活性的和原子效率的理想策略，也是改变催化性能的有效途径。当然，纳米颗粒的选择也不是越小越好。当粒径减小时，未配位点的数量急剧增加。但是同时，随着粒径的改变，催化剂对于不同中间体（如 $COOH^*$、H^+ 等）的吸附能力也会随着改变，较小纳米颗粒的强吸附可能会限制反应的进一步进行。当颗粒尺寸继续减小到单个原子水平时，其反应活性甚至反应途径都会表现出与本体的大不相同。因此，必须通过调整适合的催化剂尺寸来控制产物的选择性和活性，以获得合适的低配位活性位点，从而达到最佳的反应活性。

一维纳米材料是一种电子仅在非纳米尺度方向上自由移动的材料，通常表现出良好的柔韧性、延展性、电子导电性。其独特的导电性使其对具有多电子反应步骤的电化学反应具有明显的促进作用。上文中提到，基于对中间产物的吸收能力和结合能不同，纳米颗粒边、角的数量会影响活性和选择性。边缘位置更有可能吸附 $COOH^*$ 并倾向于产生 CO 或碳氢化合物，而角落位置更有可能吸附 H^+ 并产生 H_2。而一维材料中，通常边缘位点数量要明显大于角位点，因此一维材料更加适用于能吸附 $COOH^*$ 并倾向于产生 CO 或碳氢化合物的反应当中（例如碳化钨纳米棒的电催化甲醇氧化）。并且通过调控一维材料的长度和直径，还可以可控实现边、角位点的数量和比例的改变，调整中间产物的吸附能和结合能来改变反应活性，使其在应用上更加灵活多变。因此长径比通常也是衡量一维材料性能差异的一个基本因素。

　　二维纳米材料是一种电子在二维平面上自由移动的材料，通常具有较高的载流子迁移率和高机械强度。与零维或者一维的纳米材料相比，其单纳米粒子的体积相对较大，在一定程度上会阻碍内部活性成分的表达，使得其单位质量的边、角位点的数量要相对较少。因此，一般认为更薄的二维结构具有更高的活性，并且在二维催化剂中合理控制材料的形貌和结构，设计最佳边角比，暴露最佳晶面和边缘位点是调整二维纳米材料催化活性和选择性的一种很有前景的方法。此外，相对于小粒径、高表面能的零维纳米颗粒，二维纳米材料的表面能相对较低，在反应过程中不易于发生团聚而失活，具有更高的稳定性。并且金属基二维材料的表面部分氧化并不会导致样品的完全失活，甚至具有氧化态的金属二维催化剂对催化反应有很大的正向积极作用。这些氧化的催化剂表现出金属稳定性和较大的电化学活性面积，这有助于催化剂和活性位点的耐久性，以稳定反应中间体，从而提高催化剂的活性、选择性和稳定性。另外，其大的表面积和清晰的结构模型也十分有利于实验和理论研究，有利于研究人员研究反应机理。

　　三维纳米材料是一种电子在三个都不是纳米尺度方向上自由移动的材料。相对于其他维度材料，三维纳米结构没有统一的形状，主要由一种或多种低维纳米结构单元构建。因此，大的比表面积、充分暴露的活性位点、有效的传质等是绝大多数三维材料显而易见的优点。并且几乎能完全结合低维材料的优点，在保持低维纳米材料原有的物理化学特性同时，克服纳米粒子的高表面活性所带来的易团聚等诸多不利影响，提供更多的活性表面和界面，提高载流子的传输，进一步增强了反应活性。此外，若该三维结构中还存在大量孔隙结构组成三维多孔材料，那么更大的比表面积和独特的限域空间都有利于提高催化剂的电化学活性面积，增加催化剂的活性位点数量，促进传质，从而提高催化剂的反应性能。

　　总之，改善制备方法，缩小尺寸范围，研发一维及多维纳米生长机理，提升均一性的制备方法，开发大规模制备设备及新的应用是未来发展的主要方向。

思考题

- 1. 碳化钨的金属化表面是哪几个晶面？为什么？
- 2. 简要回答碳化钨纳米颗粒的结构及其对性能的影响。
- 3. 叙述火柴棒型碳化钨纳米棒的结构特征与性能的相关性体现在哪些方面。
- 4. 试从形貌、孔结构、晶相组成等方面剖析介孔碳化钨纳米片对其性能的影响。
- 5. 简述自支撑电极的介孔碳化钨纳米片电极的结构特征。
- 6. 试比较碳化钨纳米颗粒、纳米棒、纳米片的电催化性能差异，并从宏观和微观两个方面分析产生这些差异的原因。

参 考 文 献

[1]　Levy R B，Boudart M. Platinum-like behavior of tungsten carbide in surface catalysis [J]. Science，1973，181 (4099)：547-549.

[2]　Cerri W，Martinella R，Mor G P，et al. Laser deposition of carbide reinforced coatings [J]. Surf Coat Technol，1991，49 (1)：40-45.

[3]　Weidman M C，Esposito D V，Hsu Y C，et al. Comparison of electrochemical stability of transition metal carbides (WC，W_2C，Mo_2C) over a wide pH range [J]. Journal of Power Sources，2012，202：11-17.

[4] Binder H，Köhling A，Kuhn W，et al. Tungsten carbide electrodes for fuel cells with acid electrolyte [J]. Nature, 1969，224 (5226)：1299-1300.

[5] Voorhies J D. Electrochemical and chemical corrosion of tungsten carbide (WC) [J]. Journal of the Electrochemical Society，1972，119 (2)：219.

[6] Da C P，Lemberton J L，Potvin C，et al. Tetralin hydrogenation catalyzed by Mo_2C/Al_2O_3 and WC/Al_2O_3 in the presence of H_2S [J]. Catalysis Today，2001，65 (2-4)：195-200.

[7] Keller V，Wehrer P，Garin F，et al. Catalytic activity of bulk tungsten carbides for alkane reforming. 2. Catalytic activity of tungsten carbides modified by oxygen [J]. Journal of Catalysis，1997，166 (2)：125-135.

[8] Claridge J B，York A P E，Brungs A J，et al. New catalysts for the conversion of methane to synthesis gas：molybdenum and tungsten carbide [J]. Journal of Catalysis，1998，180 (1)：85-100.

[9] York A. Shrinking reserves of platinum and other group transition metals are causing chemists to investigate alternative catalysts using tungsten and molybdenum [J]. Chemistry in Britain，1999，8：35-40.

[10] Kudo T，Kawamura G，Okamoto H. A new (W，Mo) C electrocatalyst synthesized by a carbonyl process：its activity in relation to H_2，HCHO，and CH_3OH electrooxidation [J]. Journal of the Electrochemical Society，1983，130 (7)：1491-1497.

[11] Wang S，Wang X，Jiang S P. PtRu nanoparticles supported on 1-aminopyrene-functionalized multiwalled carbon nanotubes and their electrocatalytic activity for methanol oxidation [J]. Langmuir，2008，24 (18)：10505-10512.

[12] Hu Y，Yu B，Li W，et al. W_2C nanodot-decorated CNT networks as a highly efficient and stable electrocatalyst for hydrogen evolution in acidic and alkaline media [J]. Nanoscale，2019，11 (11)：4876-4884.

[13] Hwu H H，Chen J G. Surface chemistry of transition metal carbides [J]. Chem Rev，2005，36 (15)：185-212.

[14] Chen J G. Carbide and nitride overlayers on early transition metal surfaces：preparation，characterization，and reactivities [J]. Chemical Reviews，1996，96 (4)：1477-1498.

[15] Schulzekloff G，Baresel D，Sarholz W. Crystal face specificity in ammonia synthesis on tungsten carbide [J]. Journal of Catalysis，1976，43 (1)：353-355.

[16] Delannoy L，Giraudon J M，Granger P，et al. Hydrodechlorination of CCl_4 over group Ⅵ transition metal carbides [J]. Applied Catalysis B：Environmental，2002，37 (2)：161-173.

[17] Li G，Ma C A，Tang J，et al. Preparation of tungsten carbide porous sphere core wrapped by porous multiwall [J]. Materials Letters，2007，61 (4-5)：991-993.

第十章

二氧化钛的结构与性能

二氧化钛（TiO_2）是一种在日常生活和科研中广泛应用的金属氧化物。近些年来，关于金属氧化物表面科学的研究已经逐渐成为一个新兴的发展迅速的领域，很多研究人员已经在这个领域的研究中取得了巨大成就。在这些金属氧化物中，二氧化钛是一个极其重要的成员，甚至被称为金属氧化物模型表面的代表。1791 年，业余化学爱好者 William Gregor 在研究河流里沙子的时候发现了二氧化钛。Gregor 用磁铁提取出里面的钛铁矿，然后再用盐酸移除里面的铁，最后残留物就是相对纯净的新元素钛的氧化物——二氧化钛（TiO_2）。Gregor 这种获取二氧化钛的办法一直沿用到了 1960 年。二氧化钛具有很多优异的性能及广泛的应用，其具有较高的光催化活性、抗菌性、生物相容性、良好的耐候性、耐化学腐蚀、吸收紫外线以及较高的介电常数等性能。因此，在光催化、水处理、抗菌陶瓷、生物相容性涂层、结构陶瓷、化妆品、电子器件等领域具有广泛的应用[1]。

第一节　二氧化钛的晶体结构

一、二氧化钛的晶体结构特征

二氧化钛（TiO_2）具有三种天然的晶型：锐钛矿型（anatase）、金红石型（rutile）和板钛矿型（brookite）[2]。一般来说，板钛矿型在加热温度为 500℃时可转化为锐钛矿型，锐钛矿型加热温度在 700℃左右可变为金红石型，具体温度取决于实际的晶体尺寸和杂质含量，但这三者之间的相态转化是不可逆的，所以锐钛矿型的制备通常是在低煅烧温度（约 500℃）下进行，从而防止锐钛矿型向金红石型发生相变（Anatase to Rutile Transition，ART）；此外，板钛矿型的各种物理化学性质和用途与金红石型比较类似，但不如金红石型结构状态稳定，而且其光催化活性较低，所以其应用范围比较局限，因此，在这三种结构当中，锐钛矿相和金红石相 TiO_2 在各种领域中的研究应用比较广泛，同时在表面科学研究中它们也是主要的研究对象。这三种常见的晶型的结构如图 10-1 所示：这三种晶体结构基本组成单元均为 $[TiO_6]^{8-}$ 八面体。该基本单元中 Ti^{4+} 与相邻的六个 O^{2-} 形成 $[TiO_6]^{8-}$ 八面体。Ti^{4+} 处于八面体的中心，每个 O^{2-} 与三个 Ti^{4+} 相邻，而这三个 Ti^{4+} 位于三个不同的 $[TiO_6]^{8-}$ 八面体中心。锐钛矿型、金红石型和板钛矿型都是由 $[TiO_6]$ 八面体按照不同的边共享或顶点共享排列组成的。锐钛矿属于四方晶系，对应的空间群为 $I4_1/amd$，晶胞参数 $a=0.378nm$，$c=0.951nm$。在锐钛矿的晶型结构中 $[TiO_6]$ 八面体只通过边共享排列，没有顶点共享；每个 $[TiO_6]$ 八面体与相邻的四个八面体边共享形成"Z"字形的链状。

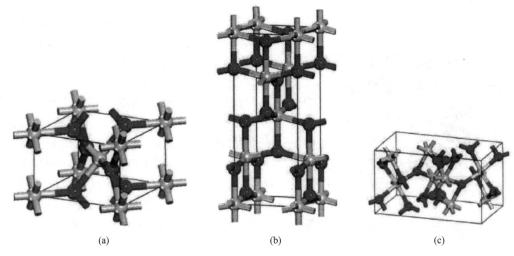

(a)　　　　　　　　　　　(b)　　　　　　　　　(c)

图 10-1　TiO$_2$ 三种晶型的结构示意图

金红石 TiO$_2$ 属于四方晶系，其相应的空间群为 $P4_2/mnm$，晶胞参数 $a=0.459$nm，$c=0.296$nm。在金红石的晶型结构中，[TiO$_6$] 八面体会与相邻的两个钛氧八面体通过边共享的方式沿 c 轴方向排列成直线，并且所形成的 [TiO$_6$] 八面体直链之间通过顶点共享相互连接。

板钛矿属于正交晶系，其空间群为 $Pbca$，晶胞参数 $a=0.546$nm，$b=0.918$nm，$c=0.514$nm。板钛矿的晶型结构较为特殊，是由平行于轴排列的扭曲的 [TiO$_6$] 八面体共边且共顶点相互连接形成的，每个八面体与相邻的三个八面体共边且共顶点。

表 10-1　三种晶体结构的空间群和晶胞参数[2]

二氧化钛结构	晶系	空间群	Z	晶胞参数		
				a/nm	b/nm	c/nm
锐钛矿	四方	$D_{4h}^{19}=I4_1/amd$	8	0.378		0.951
板钛矿	斜方	$D_{2h}^{15}=Pbca$	8	0.546	0.918	0.514
金红石	四方	$D_{4h}^{14}=P4_2/mnm$	2	0.459		0.296

根据 Pauling 第三规则，在一个配位结构中，共用棱数越多结构的稳定性越差。因此，高温下二氧化钛都会不可逆地转变为金红石相。三种晶型中板钛矿是一种亚稳相，结构不稳定，所以极少被应用。锐钛矿和金红石型二氧化钛的研究及应用较为广泛。亚稳态的锐钛矿和板钛矿可以通过煅烧处理转变成为稳定相的金红石型 TiO$_2$。

（1）锐钛矿型二氧化钛　锐钛矿型二氧化钛晶体结构的对称性高于板钛矿型二氧化钛。其基本组成单元为 [TiO$_6$]$^{8-}$ 八面体，八面体之间通过共用四条棱相互连接 [图 10-1 (a)][4]。因为锐钛矿晶型结构具有较高的对称性，使晶体结构在沿（010）和（100）晶面方向产生隧道，导致多孔结构的出现。产生的两种隧道的横截面均呈菱形，较短的对角线长为 $2a/3$（a 为晶胞参数），即 0.2523nm。构成隧道的多面体比 [TiO$_6$]$^{8-}$ 八面体的体积要大，因此可以容纳较大的阳离子和阴离子。锐钛矿型二氧化钛的这种多孔结构，使其表面具有许多大的空穴可以捕获容纳较大的分子或离子，例如：水分子、有机分子和蛋白质分子等，有利于二氧化钛对有机物的催化分解。因此，在三种晶型中，锐钛矿型二氧化钛具有最高的光催化活性。

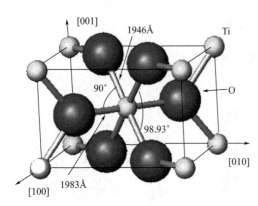

图 10-2　金红石型 TiO_2 晶体原胞结构图[5]

（2）金红石型二氧化钛　晶体原胞结构图如图 10-2 所示。金红石晶型与锐钛矿和板钛矿晶型结构相似，其基本组成单元也为 $[TiO_6]^{8-}$ 八面体。但金红石晶型结构对称性要高于锐钛矿和板钛矿晶型。金红石型二氧化钛晶体结构中的 $[TiO_6]^{8-}$ 八面体之间通过共用两条棱相互连接，形成平行于（001）方向的八面体链。八面体链之间在垂直于（001）平面的方向上通过共用顶点的方式彼此连接 [图 10-1（b）]，形成横截面为正方形的隧道，正方形边长为 $a/2$，相邻八面体链上的八面体之间成 90° 夹角。

金红石和锐钛矿晶胞结构的差异也导致了这两种晶型物化性质的不同。从热力学角度看，金红石是相对最稳定的晶型，熔点为 1870℃[3]；而锐钛矿是二氧化钛的低温相，一般在 500~600℃ 的温度时转变为金红石。二氧化钛晶型转变的实质是晶胞结构组成单元八面体的结构重排。金红石晶型结构中原子排列更加致密、密度、硬度、介电常数更高，对光的散射也更大。因此，金红石是常用的白色涂料和防紫外线材料，对紫外线有非常强的屏蔽作用，在工业涂料和化妆品方面有着广泛的应用。锐钛矿的带隙宽度稍大于金红石，光生电子和空穴不易在表面复合，因而具有更高的光催化活性，能够直接利用太阳光中的紫外光进行光催化降解，而且不会引起二次污染。因此，锐钛矿是常用的处理环境污染方面问题的光催化材料。

二、二氧化钛的非晶态

在我们的生活中，绝大多数使用的金属材料是晶态结构的，因此，当 20 世纪 50 年代中期 Klement 等人利用快速骤冷法制备出非晶态结构的金属材料时，这种不同结构的金属引起人们广泛的关注和兴趣。

自然界中，物质存在着三种聚集状态，即气态、液态、固态。其中固态物质分为晶态和非晶态固体。晶态材料原子排列具有周期性；非晶态材料在小范围内由于化学键的作用，具有与晶态材料相类似的短程有序结构，但在较大空间上，原子排列具有长程无序的特性。非晶态材料原子排列的长程无序性分为位置无序和成分无序两种类型。由于非晶态材料所具有的短程有序特性，就使近邻原子排列具有一定的规律，如非晶硅结构中具有与晶态硅结构相同的四面体结构单元。非晶态材料结构最主要的特征即为"短程有序，长程无序"。不同于晶态材料的结构就使非晶态材料具有与晶态材料不同的性能，因此，非晶态材料具有不同于晶态材料的应用前景。

非晶态 TiO_2，作为 TiO_2 的一种，结构上具有非晶态特有的"短程有序，长程无序"的特点。非晶态 TiO_2 结构上不同于晶态 TiO_2 的有序结构，因此，非晶态 TiO_2 具有不同于晶态 TiO_2 的性能。非晶态 TiO_2 在太阳能电池、半导体器件以及纳米玻璃的制备等领域具有广泛的重要应用前景。非晶态二氧化钛具有不同于晶态二氧化钛的电子结构和光学性质。因此，非晶态二氧化钛的设计与合成有望成为解决二氧化钛可见光利用率低的途径之一。

结构上的不同使非晶态二氧化钛和晶态二氧化钛具有不同的性能及应用。二氧化钛作为一种半导体材料，电子结构决定着其性能和应用。Philip Warren Anderson、John Hasbrouck Van Vleck 和 Nevill Francis Mott 三人因对磁性和无序系统电子结构的基础性研究，共同获得了 1977 年度诺贝尔物理学奖，并建立起非晶态能带理论的 Mott-CFO 模型[6]。非晶态结构具有短程有序性，因此，非晶态半导体具有和晶态半导体相类似的基本能带结构；非晶态结构具有长程无序性，使非晶态半导体的价带和导带均存在定域态带尾[6]；非晶态半导体中存在大量悬键，使非晶态半导体在价带和导带之间产生隙态。总的来说，非晶态半导体和晶态半导体之间的差别为带尾和隙态的存在。带尾和隙态的存在使电子跃迁可以在价带和导带之间的电子态之间发生，使非晶态半导体具有与晶态半导体不同的光学性质。由于非晶态二氧化钛具有不同于晶态二氧化钛的性能，非晶态二氧化钛被应用于光催化和锂离子电池等领域[7-9]。相信随着人们对非晶态物质认识的逐渐深入，非晶态二氧化钛将具有广阔的应用前景。

三、二氧化钛的表面结构

揭示化合物的表面结构与其物理化学性质的关系，是表面化学研究中最核心最重要的目标。氧化物表面是大量离子键和共价键混合存在的体系，相对于金属或者单元素半导体，表面结构对其局部化学特性的影响更大[10]。金红石和锐钛矿晶胞结构的差异同时影响了两种晶粒的特征晶面的不同。通过密度泛函理论的方法可以计算金红石和锐钛矿各个低密勒指数晶面的表面能，结果表明它们的表面能与表面配位不饱和原子的密度有正相关性，并且含有四配位的原子的晶面的表面能明显高于含有五配位的表面。同时，从实验角度也验证了金红石颗粒主要暴露出（110）和（011）两种晶面，而锐铁矿则暴露出占绝大比例的（101）和少量的（001）晶面[11,12]。

金属氧化物表面原子的配位环境对其表面化学特性起着决定作用。有研究报道，二氧化钛暴露的不同晶面的光催化活性有明显的差异[13-15]，并且单晶上的光致氧化半反应和还原半反应分别发生在（110）和（011）两种表面[13]。金红石（110）晶面在热力学上是二氧化钛最稳定的表面。在所有的二氧化钛低指数面中是能量最低的一个，因为 TiO_2（110）表面具有的悬键数目最少[16]。如图 10-3 所示，这一表面上包含了两种不同类型的原子，一种是位于顶部的二配位的氧原子（2c-O），另一种是位于槽部的三配位的氧原子（3c-O）。同样，表面上也包含了两种不同类型的钛原子，分别是六配位的 6c-Ti 原子和五配位的 5c-Ti 原子，后者存在一个垂直于表面的悬键。这两种 Ti 原子沿着［001］方向交替分布成两列。二氧化钛的每个晶面在形成过程中，表面原子都有不同程度的弛豫。实验和理论研究的文献都报道，金红石（110）表面的原子主要发生纵向的弛豫。而且，金红石（110）表面上的配位不饱和氧原子相对很不稳定，在高温退火时更容易丢失，从而形成表面的氧空位这种典型的桥位氧原子缺失形成的缺陷，会引入两个多余电子，使得氧空位在 O_2、CO 等吸附物与表面相互作用过程中表现出较高的活性。因此，这些氧空位是影响金红石（110）表面结构性质的关键因素。密度泛函理论研究和实验结果发现在金红石（110）晶面上最容易形成的是带一个正电荷的氧缺位，其形成能为 4.5eV。目前在 TiO_2（110）表面中讨论最多的问题之一就是表面的桥氧空位（O_{br}）。大量的实验观察和理论计算结果都已经证实：含有氧空位的表面和不含氧空位的表面化学活性是完全不同的，氧空位已经被研究者公认为是表面吸附体系中的重要反应源，大部分在 TiO_2（110）表面进行的反应都被桥氧空位所影响。同时，实验研究发现了一致的结果，即表面桥位上不饱和的二配位氧原子比饱和三配位的氧原子容易丢失而形成氧空位。

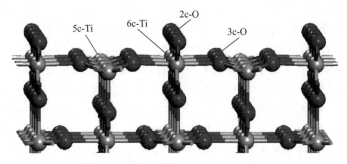

图 10-3   金红石型 TiO_2（110）表面

单晶锐钛矿的晶型结构如图 10-4 所示，其轮廓像一个八面体棱锥去掉两个顶角而形成的十面体结构，由两个（001）面的顶面和八个（101）面的侧面组成，其中（101）面以 96％的比例占据主导。锐钛矿（101）晶面是热力学上最稳定的。如图 10-4 所示，TiO_2（101）面沿［010］方向呈现出锯齿状的阶梯结构，二配位桥位 O 原子形成了每个阶梯的棱。表面暴露出四种不同类型的原子，有五配位和六配位的 Ti 原子以及二配位和三配位的 O 原子。TiO_2（101）表面原子在结构优化后都有较大的弛豫。表面二配位 O 原子向表面下方移动，五配位 Ti 原子则向上移动，而三配位 O 和六配位 Ti 原子在垂直于表面的方向上的位移更明显。表面原子的弛豫，试图维持表面所有原子在同一个水平线上，有减弱其锯齿状的结构特征的趋势。

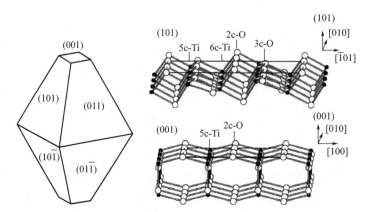

图 10-4   （a）单晶锐钛矿 TiO_2 的武尔夫规则构型图；（b）TiO_2（101）面和

（001）干净表面的原子结构模型

TiO_2（001）表面原子的排布相对比较平整，由三种类型的原子构成，有二配位的桥位 O 原子、三配位的 O 原子和五配位的 Ti 原子。其中，桥位的 O 原子与相邻的两个 Ti 原子成键，形成沿［110］方向的 Ti—O—Ti 链。有趣的是，表面弛豫以后，原本两根对称的 Ti—O 键的平衡被打破，键长变成了 2.20Å 和 1.76Å（原键长为 1.94Å），并且键角减少为 146°（原键角为 152°）。这是由于 TiO_2（001）表面朝向空中的 Ti—O—Ti 链有较大的表面张力，这种对称结构的打破是释放表面应力的结果。理论计算的结果也印证了 TiO_2（001）是不稳定的，它的表面能为 $0.90 J/m^2$，几乎是（001）表面能 $0.44 J/m^2$ 的两倍。而且，在实验和计算中发现，（001）表面会发生重构，TiO_2（101）和（001）面有着截然不同的表面构型、稳定性和光催化活性。锐钛矿晶体自然生长过程，是吉布斯自由能降低的过程，高活性的（001）面在不断地减少，暴露出更多的（101）面，以降低体系的表面能。与稳定性相反，较少的（001）面表现出明显更强的光催化活性，而较多的（101）面则比较惰性。控制催化剂的表面形貌，以达到稳定性和活性的平衡，是合成高活性单晶催化材料的关键要素。高密勒指数面有特殊的表面原子构型，如高密度的台阶面、悬键、扭转、架子，这些都是化学反应中的高活性位。

第二节　半导体的能带理论及光催化机理

能带结构，又称电子能带结构，描述了禁止或允许电子所带有的能量，材料的能带结构反映了材料本身所具有物理、化学和光学等多方面性质。能带结构由价带（Valence Band，VB）、导带（Conduction Band，CB）以及二者之间的禁带组成，价带最高点（VBM）与导带最低点（CBM）之间的差值大小即为禁带宽度，如果 VBM 与 CBM 发生位置对应在同一 K 点，则为直接间隙半导体材料，反之则为间接带隙半导体材料。半导体在其表面所发生的光致电子转移到吸附物上的能力是由半导体的能带位置和吸附物的氧化还原电位所控制的。半导体的能带结构从本质上决定了半导体氧化还原的能力。一般来说，半导体的导带底位置反映了光生电子的还原能力，而半导体的价带顶位置决定了光生空穴的氧化能力。从热力学角度说，光催化氧化还原反应要求受体电势比半导体导带底端电势更正；而给体电势比半导体价带顶端电势更负，才能发生氧化还原反应。因此，半导体导带和价带的位置很大程度上决定了半导体光催化剂的光催化活性，半导体价带顶端位置越正（氧化电位越正）、导带底端的位置越负（还原电位越负），则光生空穴与光生电子的氧化和还原能力就越强，从而使半导体光催化剂光催化氧化有机物的效率大大提高。

当入射光的能量大于材料的禁带宽度，跃迁的激发电子会迁移至导带，空穴移动至价带，形成电子-空穴对（（e^--h^+ 对）。光生电子具有较强的还原性，光生空穴具有较强的氧化性。事实上在材料表面由于光激发产生的电子和空穴引起的氧化还原反应，与电解水中发生的反应是类似的，都是将水分子中的 H^+ 还原成 H_2，将 OH^- 氧化为 O_2。半导体材料分解水的研究重点是调控材料带隙的宽度以及带边能级的相对位置，因此导带底的电势应尽可能接近 H^+/H_2 的还原电位（0eV vs. NHE），价带顶的电势应趋近水的氧化电位 O_2/H_2O（1.23eV）。理论上分解水的最小带隙能量为 1.23eV，计算可知其对应光激发波长为1100nm，但是实际产氢过程中基于对材料动力学，即析氢过电位的考虑，载流子的跃迁能量一般会大于分解水的带隙值；另外通过调控材料的带隙结构（如异质结、掺杂），可将材料的激发能量降低至 1.23eV 以下，实现催化产氢的过程。

在半导体悬浮水溶液中，半导体材料的费米能级会倾斜而在界面上形成一个空间电荷层即肖特基势垒，在这一势垒电场作用下，光生电子与空穴分离并迁移到粒子表面的不同位置，还原和氧化吸附在表面上的物质，如图 10-5 所示。半导体进行的异相光催化反应机制可分成下列步骤：①反应物、氧气及水分子等吸附在 TiO_2 的表面；②经紫外线照射后，产生电子和空穴对；③未再复合的电子及空穴移至表面；④电子和空穴分别与氧气及水分子等反应生成氢氧自由基；⑤氢氧自由基与反应物进行氧化反应；⑥产物自 TiO_2 的表面脱附。

关于 TiO_2 的能带结构，目前已有大量文献通过基于量子力学的很多种计算方法得出，图 10-6 为比较有代表性的本征金红石相 TiO_2 的能带结构示意图，实际上，锐钛矿相与金红石相结构基本相同。很多计算结果表明：TiO_2 具有沿布里渊区的高对称的能带结构，如图 10-6 所示，Ti 原子和 O 原子在结合成为 TiO_2 的过程中，Ti 原子的 3d 轨道分裂成 e_g 和 t_{2g} 共 2 个全空的轨道，构成导带，且 t_{2g} 带位于 e_g 带下方，价带由 O 原子的 2p 态构成，导带和价带之间构成禁带。由于 TiO_2 的导带是由 Ti 的 3d 带构成，导带的宽度较窄，因而导带中电子的有效质量较大，其中金红石相 TiO_2 导带电子的有效质量在 $12\sim32m_0$（m_0 为电子的惯性质量），而锐钛矿相 TiO_2 的有效质量比金红石相 TiO_2 要小很多，一般为几个 m_0。由于金红石相 TiO_2 中传导电子的有效质量较大，因此电子的迁移率较低，这是 TiO_2 中电子输运性质的一大特点，不过，也有人因为这点对在常温下用能带传输模型来解释 TiO_2 导电机理提出质疑，如 Bogmolov 等认为可以用小极化子模型来解释 TiO_2 中导电特性，因为电子与声子之间的相互作用很大，使它们之间形成极化子。但是到目前为止，TiO_2 的导电机理究竟用哪种模型解释更好，至今仍没有统一的说法，因此也成为有待深入研究的课题。

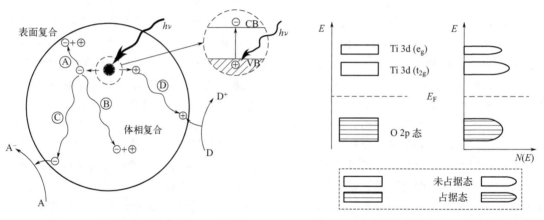

图 10-5　半导体光催化作用机理示意图　　　　图 10-6　本征金红石相 TiO_2 能带结构示意图

由于禁带较宽（金红石：3.0eV；锐钛矿：3.2eV），对于本征 TiO_2，费米能级处于禁带中央，价带上的电子很难跃迁到导带上去，所以电阻率很高，常温下本征 TiO_2 的电阻率高达 $10^{15}\Omega\cdot cm$。要想使 TiO_2 导电，可通过掺杂或者还原处理来降低 TiO_2 的电阻率。如图 10-7 所示，从左到右分别是三种类型半导体的能带分布、态密度分布、费米-狄拉克统计分布以及载流子浓度分布示意图。

在实际应用的半导体材料中，半导体的晶体结构并不是完整无缺的，总是存在着与理想情况偏离的现象，一般半导体中都会有微量的缺陷或者杂质存在，但是这些缺陷或杂质有时却可以决定半导体材料的物理和化学性质，因此缺陷或杂质对半导体的性质起着非常重要的作用。半导体中原来按周期性排列的原子产生的周期性势场将会因为缺陷和杂质的引入遭到破坏，从而使禁带中可能引入电子允许具有的能量状态，即缺陷能级。对于 TiO_2，一般的缺陷主要有以下三种：①点缺陷，如空位间隙原子；②线缺陷，如位错；③面缺陷，如层错、多晶 TiO_2 中的晶粒间界等。

（1）n 型 TiO_2：在 TiO_2 中掺入施主杂质（n 型杂质），施主杂质释放电子而产生导电电子并形成正电中心，被施主杂质束缚的电子的能量状态称为施主能级。在图 10-7 能带图中，施主能级位于导带底 E_C 下方 E_D 处，如果施主能级距离导带底较近，称为浅能级，如果距离较远，则称为深能级。施主能级相对于价带顶距离导带底近，所以相对于价带上的电子，施主能级上的电子更容易脱离杂质原子的束缚而被激发到导带，成为导电电子，这将使半导体的导电能力增强。例如要使 TiO$_2$ 成为 n 型半导体，可以将 TiO$_2$ 通过还原处理，比如在真空或者氢气等还原性气氛下退火，使其脱氧产生氧空位，而氧空位可以使 TiO$_2$ 在禁带中产生施主能级，这种方法也称为自掺杂（self-doped），早期科学家对金红石单晶 TiO$_2$ 的电学和光学特性进行研究时一般都用这种方法，他们证实了氧空位的存在对 TiO$_2$ 的光学和电学性能起着非常重要的作用，且在金红石和锐钛矿中引入的施主能级一般分为深能级和浅能级。另外，也可以在 TiO$_2$ 引入外来杂质而引入施主能级，如在 TiO$_2$ 掺杂金属钒或者金属铌等；由图 10-7 费米能级分布图可以看到，对于 n 型 TiO$_2$，费米能级位于中线以上，且随着掺杂浓度的增大，费米能级上移的幅度越大。

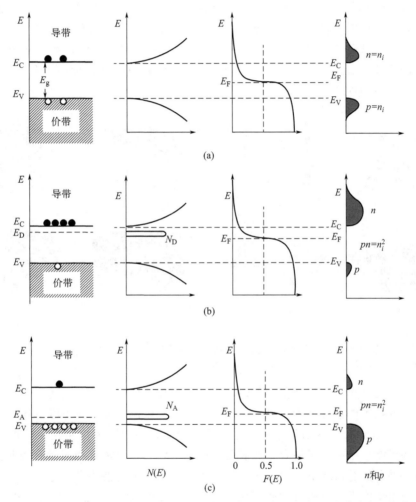

图 10-7　热平衡状态下的半导体的能带分布、态密度分布、费米-狄拉克统计分布以及载流子浓度分布示意图（从左到右）：(a) 本征半导体；(b) 施主型（n 型）半导体；(c) 受主型（p 型）半导体

（2）p 型 TiO$_2$：在 TiO$_2$ 中掺入受主杂质（p 型杂质），受主杂质能够接受电子而产生导电空穴并形成负电中心，被受主杂质束缚的空穴的能量状态称为受主能级。在图 10-6 能带图中，受主能级位于价带顶 E_V 上方 E_A 处，由于受主能级距离价带顶的距离较近，受主电离能较小，因此受主能级上的电子很容易被激发到价带成为导电空穴。目前对 p 型 TiO$_2$ 的研究较少，主要以掺杂其他金属杂质为主，例如 TiO$_2$ 掺金属铁等。由图 10-7 费米能级分布图可以看到，对于 p 型 TiO$_2$，费米能级位于中线以下，且随着掺杂浓度的增大，费米能

级位置将会越低。因此在杂质半导体中，费米能级的位置不但可以反映半导体的导电类型，而且还可以反映其掺杂水平。

第三节　材料的维度与性质

纳米结构尺寸指的是材料的直径、横向尺寸以及厚度，分别对应材料零维（0D）、一维（1D）、二维（2D）和三维（3D）的不同结构维度。利用不同维数（0D、1D、2D、3D）的 TiO_2 半导体制备光催化剂/光电极模型图，如图 10-8 所示[17]。对材料维度的控制会赋予其不同的性能，纳米尺度的材料其表面暴露原子或离子的百分比会大幅增加，从而导致材料的比表面积以及反应催化活性位点数量也会成倍增加。另外，在光催化和电化学的研究体系中，当材料的尺寸减小到纳米级尺度范围时，材料可以表现出更高的表面活性，进而展示出体相材料所不具备的性质。

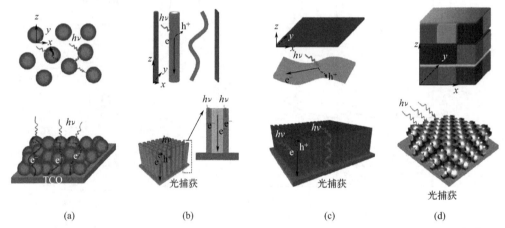

图 10-8　不同维度的单纳米结构材料光催化剂/光电极的光捕获以及光电荷传输示意图[17]，其中（a）0D-纳米颗粒；（b）1D-纳米管；（c）二维纳米片层/纳米带；（d）由 0D～2D 构建的 3D 结构

当半导体的尺寸小于自身玻尔半径时，量子约束效应使得载流子的传输被极大地限制在物理尺寸内，导致了电子带结构的离散，产生了受尺寸限制的光学及电学性质。例如半导体材料中量子点（QDs），尺寸与带隙呈反比关系。因此，将半导体控制在合适的尺寸使得其表面反应成为可能。减小粒径将导致比表面积的二次增长，通常有利于具有表面依赖性的催化剂。然而，并非所有情况下，材料粒径尺寸越小，表现出的催化效率越高。如果球形颗粒的本征尺寸与电子的平均自由程比较接近，那么强量子约束效应会增加光生电子-空穴对的复合概率。小的球形颗粒意味着载流子迁移到表面的距离较短，但这种迁移需要颗粒从核心到表面具备合适的浓度梯度或势能梯度，这与纳米结构材料的形貌、结构和表面性质密切相关。

对于零维结构的 TiO_2 纳米材料而言，它具有各向同性的结构，各个晶面都会有所暴露（包括具有较高能量的晶面），从而有利于光催化反应。然而，由于量子限域效应，其具有更大的禁带宽度且表面缺陷态较多，使得光生电子-空穴对复合效率较高。若能对其表面进行适当修饰，电子-空穴对的复合效率就能够大大降低，有利于提高零维 TiO_2 纳米材料的光催化性能。

近年来，一维纳米结构如纳米棒、纳米线、纳米管、纳米带和纳米纤维等，因为其一维形态和优异的物理化学性能已经引起广泛的研究和关注[18,19]。与纳米颗粒或球形结构材料相比，一维纳米线材料在很大程度上避免了纳米粉体颗粒的团聚现象，使得实际催化反应活性面积增加；一维纳米线材料通常具有更高的界面电荷迁移速率，可以极大地降低光生载流子的复合。另外，结晶度良好、粒径 10～100nm、长度在亚微米至微米范围内且长径比较高的一维纳米线具有良好的电子转移能力和光稳定性。催化剂与溶液之间的电荷转移阻力随着催化剂的长径比的增大而降低，较低的电荷转移阻力有助于抑制光生载流子的复合，形成更多的电子供体和更有效的电荷转移速率。利用一维纳米结构材料制备的薄膜材料具有较高的体积气孔率，可以有效地吸附和转移有机污染物分子。一维纳米线材料在制备薄膜的过程中的互相交错叠加提高了薄膜的机械强度和柔韧度，可用于催化材料的回收再利用。

第四节　一维二氧化钛的结构与性能

迄今为止，人们合成了各种不同形貌的 TiO_2 纳米结构，例如三维的 TiO_2 纳米粒子，一维的 TiO_2 纳米棒、TiO_2 纳米管及 TiO_2 纳米线。近年来许多科研工作者都集中于 TiO_2 材料的一维纳米化，如：晶须、纳米线、纳米管、纳米带等。与纳米颗粒相比，一维纳米结构，如纳米带等，不仅继承了纳米粒子几乎所有的典型特征，而且还展现一些新的特性，并且在特定领域表现出更好的性能。第一，纳米带的高结晶性赋予其优异的轴向电荷传输特性。第二，纳米带具有相对较大的比表面积和化学稳定性，可以在其表面负载第二相构建各种表面异质结构，从而扩大其应用范围。第三，使用水热法等方法合成，合成方法简单，并可以实现批量生产。纳米带的长度可以从微米变化到毫米范围，超长的纳米带可以被抽滤成三维纸装结构，可用于气相催化和连续光催化应用。在敏化的太阳能电池（DSSCs）中，与一维 TiO_2 纳米管、TiO_2 纳米棒和 TiO_2 纳米线相比，虽然三维的 TiO_2 纳米粒子具有较大的表面积，可以吸附较多的敏化剂，从而增加对太阳光的利用率。但它同时具有很多电子与空穴复合的中心，这些复合中心在电子传输时会增加电子与空穴的复合概率，损失电子。而一维的 TiO_2 纳米结构可以为电子的传输提供直接的传输通道，加速电子的转移速率，减小电子与空穴的复合概率[20-23]，有利于电子的收集。以一维 TiO_2 纳米管为例，图 10-9[24] 对比了电子在三维的 TiO_2 纳米粒子 [图 10-9(a)] 和一维的 TiO_2 纳米管 [图 10-9(b)] 结构中的传输。由图可见，电子在三维的 TiO_2 纳米粒子中的传输路径大于一维的 TiO_2 纳米管，而且传输方向任意、无规律，这无疑会增加电子与空穴复合的概率。图 10-9 表明了有序的一维 TiO_2 纳米结构对电子传递有更好的效果。

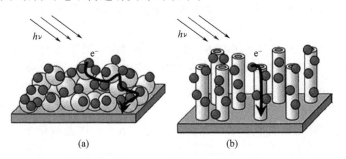

图 10-9　（a）电子在三维的 TiO_2 纳米粒子中的传输；（b）电子在一维的 TiO_2 纳米管中的传输[23]

一维 TiO_2 材料在光催化、传感器、光电转化等领域展示了广阔的应用前景。二氧化钛纳米管具有特殊的几何结构，其长度一般在数百纳米左右。钛酸盐纳米管的壁由 2～10 个薄层卷曲构成，其层间距在 0.7～0.8nm 之间。二氧化钛纳米管较大的比表面积使其具有优良的吸附性能。一维二氧化钛纳米管，独特的空间结构使其比纳米晶具有更为特殊的性能。人们认为，二氧化钛纳米棒或纳米线这种材料具有一维圆柱几何体构型，能够提供发射电场，使电子远离纳米棒或纳米线的表面，减少表面电子密度，增加有效的电荷分离。更重要的是，光生电子沿着一维长轴方向的传输可以有效地减少晶界对光电子的捕获，加速电子的传输速率，减弱光生电子的复合，有助于提高染料敏化太阳能电池的光电转换效率[25-30]。Uchida 等人采用水热合成法制备了锐钛矿型 TiO_2 纳米管。所制得纳米管的长度在 100nm 左右，外直径为 8nm，比表面积高达 $270m^2/g$。将此无序 TiO_2 纳米管用作光阳极，其相应的染料敏化太阳能电池的光电性能参数分别为 $V_{oc}=0.704V$，$I_{sc}=1.26mA/cm^2$ 和 $\eta=2.9\%$。尽管二氧化钛纳米管具有如上所述的特殊性能，但是其光电性能并没有得到显著改善。分析其原因可能是 TiO_2 纳米管的团聚导致其与导电基板接触不良，且团聚造成的纳米管管壁对电解质形成阻碍作用。为了改善这种情况，Adachi 等人采用表面活性剂存在下的分子组装法合成了单分散和单晶锐钛矿结构的 TiO_2 纳米管，其相应的染料敏化太阳能电池的光电转换效率达到 4.88%，比前面所述的 TiO_2 纳米管的光电转换效率有了很大的提高。单晶结构的 TiO_2 纳米管有利于电子的快速传输，使染料敏化太阳能电池的光电性能有所改善。如上所述的两种无序一维二氧化钛纳米管作为染料敏化太阳能电池的光阳极时确实起到了电子高速公路的作用，但是无序一维纳米材料在光阳极的无序性、随机性，使得它们还没有实现真正意义上的直线电子传输，即电子沿着阵列一维纳米管直接向导电基板传输。因此，构筑和研究阵列有序一维纳米管对染料敏化太阳能电池具有非常重要的意义。Rui 等[31-33] 合成了一维结构的锐钛矿相纳米棒并用于光阳极。先将钛源在碱性条件下水解得到无定形的湿沉淀，加入双氧水，使沉淀溶解得到透明、橘黄色过氧钛酸（PTA）溶胶。将 PTA 溶胶在 120℃和 150℃下分别水热反应 4h 和 24h，发现在较低的温度和较短时间下得到的都是梭形纳米棒，其直径为 7～8nm、长度为 20～50nm，而在 150℃保温 24h 的条件下得到的是由纳米棒首尾相连的链状结构纳米棒，链状纳米棒的长度达到了 80～100nm，链状结构纳米棒是由单个纳米晶之间通过"定向附着"生长得到的，主要驱动力来源于减少的高能（001）晶面表面能。结果显示四种纳米棒均为纯的锐钛矿相 TiO_2，比表面积均超过 $110m^2/g$，远高于以往文献报道值。选取 120℃保温 24h 得到梭形纳米棒和 150℃保温得到的链状纳米棒分别制备了染料敏化太阳能电池的光阳极，发现它们的染料吸附能力远超过商用 P25 TiO_2 颗粒，组装成电池后对其进行光电测试，合成纳米棒制备电池的短路电流密度和开路电压明显比 P25 电池高，用链状纳米棒制备的电池效率达到了 7.28%，比 P25 电池的 4.60% 的效率提高了 58%，电化学阻抗谱表明，效率提升的主要原因是快速的电子传输和更长的电子寿命。

当单纯的 TiO_2 活性表现较低时，也可以在一维 TiO_2 纳米材料表面构建异质结构显著地提高其催化活性。构建异质结构主要机理包括能带匹配、p-n 结效应、肖特基势垒和扩展光吸收窗口等。Zhou 等[34] 通过酸腐蚀水热处理和紫外光还原法分别制备了单异质结构 TiO_2 纳米颗粒纳米带和双异质结构 Ag 纳米颗粒/TiO_2 纳米颗粒/TiO_2 纳米带。双异质结构明显地提高了纳米带的光催化活性，光催化反应 30min，甲基橙降解率为 100%。光催化性能的提高主要归因于异质结构的能带匹配和肖特基势垒。同时，这种二氧化钛异质结构纳米带具有良好的乙醇气敏特性。

第五节　二维二氧化钛的结构与性能

一、二维材料

与传统催化材料相比，二维材料（即二维纳米片）的比表面积更大，更有利于反应物的扩散；二维材料可暴露出更多的催化活性位点，且有利于界面电荷的快速转移；二维材料也具有稳定性高、机械性能优异等优点；此外，二维材料的性质可通过其厚度、表面改性（如杂原子掺杂）和外界刺激（电场、应变、光照等）进行调控。自从2004年Novoselov和Geim及其合作者成功地使用胶带从石墨上剥离出了石墨烯后，二维材料的研究进入了高速发展的时期。与此同时，石墨烯及类石墨烯材料进一步丰富了二维材料的家族，比如二维过渡金属碳化物或碳氮化物（MXenes）、贵金属、金属有机框架材料（MOFs）、共价有机框架材料（COFs）、聚合物、黑磷、硅烯、锑烯、无机钙钛矿和有机-无机混合钙钛矿等。

超薄的二维纳米材料是一类新兴的纳米材料类别，其具有片状结构，水平尺寸超过100nm或几微米甚至更大，但是厚度只有单个或几个原子厚（典型厚度小于5nm）。尽管对于二维材料的探索可以追溯到几十年前，但2004年才标志着超薄纳米材料的诞生，即Novoselov和Geim及其合作者成功地使用胶带，也就是现今被称为微机械剥离的方法从石墨上剥离出了石墨烯。由于电子被限制在二维的环境中，因此二维材料表现出了独特的物理、电子和化学特性。现今，类石墨烯的其他材料也已经被研究出来，诸如六方氮化硼（h-BN）、过渡金属硫化物（TMDs）、石墨氮化碳（g-C_3N_4）、层状金属氧化物和层状双氢氧化物等。它们与石墨烯具有类似的结构但是组成又有区别，因此表现出了丰富的性质。这些石墨烯和类石墨烯材料的研究进一步丰富了二维超薄材料的成员。

不同特性的需求极大地刺激了制备超薄二维纳米材料的不同方法的发展。现在比较固定的合成方法包括：微机械剥离、机械力辅助液体剥离、离子插入辅助液体剥离、离子交换辅助液体剥离、氧化辅助液体剥离、选择性刻蚀液体剥离、化学气相沉积（CVD）及湿化学法等。所有这些方法都可以归为两类：自上而下和自下而上的思路。由于不同制备方法得到的二维材料也许会具有不同的结构特征，比如不同的物理、电子、化学和表面特性等，因此对材料进行深入的表征是至关重要的。得到具有精确尺寸、成分、厚度、晶相、掺杂情况、缺陷、空位、应变、电子状态和表面状态对于理解制备出的二维纳米材料中结构特征和性质间的关系十分重要。因此，对这些材料使用了一系列先进的技术进行了表征，例如光学显微镜、扫描探针显微镜（SPM）、电子显微镜、X射线吸收精细结构光谱（XAFS）、X射线光电子能谱（XPS）和拉曼光谱等。更为重要的是，二维纳米材料的这些特性使得其在广泛的应用领域极具潜力，例如电子/光电子器件、催化反应、能量存储和转换、传感器以及生物医药。鉴于其独特的结构特征、出色的性质以及极具前景的应用，二维材料已经成为凝聚态物理学、材料科学、化学以及纳米科技领域最热门的研究课题。

当材料发生物理或化学变化后可以得到一些新特性。由此可以知道，超薄二维纳米材料会表现出很多非凡的物理、电子、化学和光学性质，而这些都是其对手无法达到的。一般来说，现今二维材料已经表现出了很多独特的优势[35]。第一，由于电子被限制在二维平面内，尤其对于单层二维材料来说，增进了其电子特性，所以，二维材料是凝聚态物理学和电子/光电子器件领域中基础研究的理想材料。第二，强烈的面内共价键和原子层厚度使得它们表现出了出色的机械强度、柔性以及光学透明度，这对于将其应用在下一代器件中是很重要的。第三，由于二维材料在拥有极大平面尺寸的同时还能保持原子厚度，因此赋予了二维材料极大的比表面积。这极大地吸引了催化和超级电容器这些表面积关联应用领域的研究。第四，基于液相处理过程的超薄二维纳米材料可以通过真空过滤、旋涂、滴涂、喷涂和喷墨印刷等简单的方法制备出高质量的单一薄膜，这对于超级电容器和太阳能电池等实际应用是十分必要的。第五，表面原子的高度暴露提供了通过表面修饰/功能化、元素掺杂和/或缺陷、应变、相工程等手段对材料性能进行轻松调控的条件。

石墨烯中最引人注目的性质之一就是其超凡的电子特性，这对于其本质特性及其在电子/光电子领域器件的基础研究提供了极大潜力。由于其独特的二维结构和电子能带结构，石墨烯中的电子可以被比拟为相对论性粒子，也就是说这些电子可以被视为无质量的狄拉克-费米子。这一独特电子特性为研究相对论效应提供了理想平台。另一个独特的性质就是当石墨烯厚度超过三层时，其允许电子无散射地通过几微米的距离。这一特性保证了石墨烯在室温下就具有超高的电荷载流子迁移率和电导率。尽管如此，石墨烯的一大缺点就是其能带的缺失，这使得其不能作为高性能、低功率电子晶体管的候选。但是超薄的二维过渡金属硫化物纳米片具有较大的能隙和适中的载流子迁移率。因此，它们可以作为构建高性能电子/光电子器件的理想沟道材料。得益于超薄二维纳米材料强烈的面内共价键和原子级厚度，其通常表现出了出色的机械强度和柔性。此外，原子级的厚度也赋予了材料卓越的光学透明度，并且透明度随着厚度的减小而增加。极大的平面尺寸和原子级厚度使得二维纳米材料具有极高的比表面积并暴露出最多的表面原子，这使其在超级电容器和催化反应领域的应用是极其令人满意的。石墨烯及其他二维纳米材料由于具有相同的结构特性，因此预计都具有极高的比表面积。这对于其在比表面积相关的超级电容器和催化反应中的应用提供了可能，并已经表现出了超过传统材料的性质。此外，通过对二维纳米片的浓度和纳米片分散液的体积的控制可以调控薄膜的厚度。这种出色的薄膜形成方式使得二维纳米材料在一系列领域中得到应用，例如柔性和透明电子器件、光学器件以及能量存储和转换装置的电极等。超薄二维纳米材料中暴露的原子可以被修饰，并可以作为通过多种方法在原子层级调控其特性的理想平台。

目前，人们已经通过不同的合成方法制备了较大质量的超薄二维纳米材料。即使不同材料的成分和晶体结构有差别，但还是可以将它们分为两大类别：层状和非层状材料。对于层状材料来说，每一层中的原子通过相互间强烈的化学键相连接，同时层间通过较弱的范德瓦尔斯力结合组成块状晶体。石墨就是其中的典型例子。除了石墨外，还有很多其他层状材料，例如六方氮化硼（h-BN）、过渡金属硫化物（TMDs）、石墨氮化碳（g-C_3N_4）、黑磷、过渡金属氧化物（TMOs）和层状双氢氧化物（LDHs）。这些物质的层状结构决定了它们可以通过自上而下的剥离方法（例如微机械剥离、机械力辅助液体剥离、离子插入辅助液体剥离）得到超薄二维纳米片。相比之下，其他一些材料是通过在三维范围内原子的或化学的键合形成块状晶体，例如金属、金属氧化物、金属硫化物和聚合物。特别的是，它们可以依赖原子间的配位方式、原子排布或层间的堆垛方式来形成不同的晶相。这些晶相可以极大影响材料的性质和功能。

二、二维二氧化钛的结构与性能

二维 TiO_2 纳米片层（TiO_2 nanosheets，TNSs）光催化剂被认为在光催化领域内具有良好的应用潜力[36]。首先，二维 TiO_2 片层材料有大的暴露的表面，这有利于增强材料的物理受光面积，也就有利于提高对太阳光的有效利用。其次，TNSs 具有大的比表面积，被认为有利于材料物理吸附性能的提高，同时有利于增加催化反应活性位点数量。再次，TNSs 具有较低的厚度。而薄的厚度有利于光生载流子的迁移，从而达到促进载流子有效分离的目的。目前，TNSs 的合成主要有两种思路：生长法和剥离法。生长法的原料主要是钛酸四丁酯等钛源和氢氟酸等含氟介质，利用该方法可获得暴露（001）面的 TiO_2 纳米片，这是利用氟离子所具有的选择性调控晶体生长。过去的研究表明，大量暴露（001）晶面的锐钛矿相 TiO_2 纳米片具有良好的光电性能和光催化性能，此外，单晶结构自身具有的缺陷较少，因此载流子在缺陷处的复合就会受到较好的抑制。合成 TNSs 的第二种思路是剥离法。剥离法的原料是三维的块体结构，通过剥离过程，实现三维的块体结构到二维片材的转变。目前的研究表明，在高浓度碱性环境下进行水热反应是制备具有不同形貌的 TiO_2 基纳米结构的简便方法。通过调节水热反应参数（例如反应温度、反应时间和后处理方法），可以调节纳米级 TiO_2 光催化剂的微观结构，合成包括纳米片、纳米管、纳米带、纳米花和纳米棒等纳米结构。

Kong 等[37,38]采用 Ar 气等离子体刻蚀技术，得到了改性的二维 TiO_2（B）纳米片层材料，探究了刻蚀缺陷提高材料光解水产氢活性的机理。实验结果表明，经等离子体刻蚀处理的 TiO_2（B）结构中产生大量的 Ti^{3+} 和 O 空位缺陷，在全光谱照射下，其产氢总量明显增加。原因归结为：Ti^{3+} 和氧空位掺杂诱导产生的缺陷能级改变了能带结构，降低电子跃迁能量；刻蚀缺陷缩减了原有的带隙宽度，扩展了 TiO_2（B）在可见光区域的吸收范围，增强了材料对全光谱的利用效率；大量的活性位点暴露于 TiO_2（B）的刻蚀表面，促进了反应分子的解离吸附，提高了单位时间内的反应效率；而且氧空位缺陷的产生利于捕获光生电子，抑制了与空穴的复合。

非金属元素掺杂，尤其是氟掺杂已经被证实是一类提升二氧化钛材料载流子分离传输效率的有效方法。Hu 等[39,40]以二氧化钛纳米片为模型，制备了不同种类的氟掺杂二氧化钛材料，发现了氟掺杂二氧化钛在光照下氟物种状态发生变化并伴随三价钛（Ti^{3+}）缺陷生成的现象。研究中通过氟掺杂二氧化钛纳米片组装而成了三维结构微球材料（TiO_2 M-S）。合成样品（TiO_2 M-S）不仅具有较高的光催化产氢活性 [45mmol/（h·g）]，而且在苯甲醇选择性氧化制苯甲醛方面也具有高达 45% 的转化率。荧光光谱、瞬态光电流响应和时间分辨荧光光谱测试结果进一步说明氟掺杂样品具有较高的载流子分离传输效率和最长的载流子寿命（光电流 1.4 倍于去氟二氧化钛）。固体核磁氟谱和电子顺磁共振测试表明样品在光照后的氟物种的状态发生了变化并伴随有 Ti^{3+} 缺陷的生成。Hu 等同时设计合成了氟掺杂二氧化钛纳米片（F-TiO_2），并通过密度泛函理论计算说明了在 F-TiO_2 的四类氟物种中（桥连 Ti_2-F、三配位 Ti_3-F、表面 Ti_1-F 和少量体相 Ti_1-F），体相 Ti_1-F 展现出高于 Ti_2-F 和 Ti_3-F 的电子云密度，可以更有效地促进催化剂内部载流子分离传输。通过固体核磁氟谱和电子顺磁共振测试证实，光照会使 F-TiO_2 中某些氟物种转变为体相 Ti_1-F，并产生相应的 Ti^{3+} 缺陷，从而促进载流子分离传输。其光电流和电化学阻抗等测试结果表明 F-TiO_2 纳米片材料具有很高的载流子分离效率（光电流 1.2 倍于商业二氧化钛）。

三、面缺陷的设计与催化性能

除了设计单晶结构之外，特异晶相的选择、高活性晶面的合成暴露也可能是提升催化剂内在活性的良好手段。由于锐钛矿具有较高的催化反应活性，因而被研究得最多。锐钛矿 TiO_2 晶相存在三种常见的晶面（001）、（100）和（101），它们的平均表面能分别为：（001）= $0.90J/m^2$，（100）= $0.53J/m^2$ 和（101）= $0.44J/m^2$。

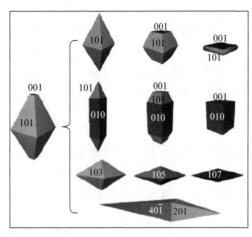

图 10-10　单晶锐钛矿 TiO_2 的 Wulff 规则构造图

表面能最低的锐钛矿（101）平面（为 $0.44J/m^2$）是最稳定的表面。虽然根据锐钛矿晶体 Wulff 构造图（图 10-10）认为大多制备得到的球状或不规则状的锐钛矿 TiO_2 颗粒的表面主要由（101）晶面组成，但是具有明显（101）晶面的锐钛矿晶体的形成，例如八面体晶体，通常需要对成核进行精细控制和通过调节反应参数来生长晶体。这些参数包括 Ti 前驱体的种类和数量、溶剂和形态封端剂，以及反应温度和持续时间等。Penn 等人通过在各种水热条件下使用溶胶-凝胶法粗化原始二氧化钛颗粒，得到了切去顶端的双锥锐钛矿晶体，该晶体具有明显的（101）面。这一研究证实了干净的（101）面的生长是由降低表面能驱动的，可以通过简单粒子生长和减少高能表面面积来得到。

大多数钛系材料都是在水或非水的液相环境中进行合成。通过选择合适的钛前驱体、反应介质（溶剂）和封端剂，并结合控制反应温度和压力，可以很容易地控制反应动力学和成核过程。影响单晶体生长模式的一个关键参数就是晶体的表面能。晶体生长速率与晶体表面能呈指数关系；因此，通过比表面改性来提高或降低表面能，可以调控晶体生长和目标晶体形状。改变表面能从而控制最终形状的普遍方法，是在吸附物质存在的情况下生长晶体，这些吸附物质与不同的晶面有不同的相互作用，从而在晶体表面发生动态溶剂化过程和特定封端剂的选择性黏附作用。不同切面的比率决定了切面的相对稳定性，因而吸附剂的性质和浓度能够确定最终的晶体形状。一个典型的例子是氟与锐钛矿 TiO_2 晶体（001）晶面的相互作用。在计算结果的辅助下，Lu 等人首先指出，吸附的氟原子可以使末端为氟的锐钛矿 TiO_2 晶体 {001} 晶面异常稳定。随后，他们通过在特定的水热条件下，以 HF 为封端剂、TiF_4 为前驱体，成功合成了 {001} 晶面暴露率为 47% 的锐钛矿 TOBs 单晶，证实了此前的预测。这一开创性工作引发了学术界对高能 {001} 晶面暴露的锐钛矿 TiO_2 晶体合成的广泛关注，经过深入研究表明，{001} 暴露晶面比例的增加，得益于催化剂粒径的减小和比表面积的增大。

几十年来，TiO_2 纳米晶体在非均相光催化和光电领域引起了极大的关注。然而，文献中经常出现关于 TiO_2 纳米晶体的晶体取向和暴露晶面相互矛盾的结论。Li 等使用具有高度暴露的 {001} 晶面的锐钛矿 TiO_2 纳米晶体作为模型，澄清了存在于锐钛矿纳米晶体上的误导性结论。虽然 TiO_2-001 纳米晶被认为以 {001} 晶面为主，事实上，由于两种晶面的晶格条纹间距和交叉角的相似性，具有 {001} 晶面和 {111} 晶面的锐钛矿纳米晶总是共存的

（在［001］方向：晶格条纹间距和交叉角为 0.38nm 和 90°，　［111］方向上为：0.35nm 和 82°）[41]。

第六节　特殊结构二氧化钛的结构与性能

除了通过控制不同维度以调控 TiO_2 晶体的性能外，研究者们尝试对 TiO_2 进行掺杂制备复合性材料，通过掺杂组分和设计特殊结构以实现协同效应，常见的几种特殊结构有：核壳结构，异质结构和复杂多级结构。

一、核壳结构

Li 等[42] 以 SiO_2 球为内核，采用溶胶-凝胶法在其表面上包膜 TiO_2 壳，并通过煅烧结晶来合成 $SiO_2@TiO_2$ 核壳结构，然后，采用 NaOH 蚀刻形成中空 TiO_2 球，最后，再包覆一层 SiO_2 惰性层得到中空 $TiO_2@SiO_2$ 微球。SiO_2 先用作合成中空 TiO_2 球的模板剂，随后作为包覆剂以抑制 TiO_2 的光催化活性，实现了回收利用。所得的中空 $TiO_2@SiO_2$ 微球具有均匀的粒径（500nm），由于独特的中空和核壳结构，该复合材料作为涂层材料时，太阳光（300～2500nm）反射率高达 94.9%，与空白玻璃板相比，能使室内温度降低 16℃，同时实现了光反射和热阻隔。

二、异质结构

Zhou 等[43] 通过水热法将 TiO_2 纳米颗粒（P25）和 TiO_2 纳米带分别进行 MoS_2 复合，制备了粉末状 TiO_2 纳米颗粒（P25）/二维 MoS_2 纳米片和 TiO_2 纳米带/二维 MoS_2 纳米片两种异质结构。通过成分、形貌、结构等对材料进行了分析表征，并对材料的光电催化性能进行了研究。研究结果表明，两种异质结构光催化性能的提升得益于 TiO_2 与窄禁带半导体 MoS_2 复合后提升了光吸收能力，二者的能级匹配提高了光生电子-空穴对的分离率，同时异质结构界面处内建电场的存在促进了光生电子-空穴对的分离、抑制了光生电子-空穴对在迁移过程中的复合。而电催化性能的提升，与纳米异质结构形貌的设计可以暴露更多的活性位点有关，并且异质结构界面处的内建电场提高了载流子传输能力也进一步提升了材料的电催化性能。

Zhou 等[44] 通过水热法合成了 TiO_2 纳米带复合 CuS 异质结构，并对材料的光电催化性能进行了研究。光催化能力的提升归因于该异质结构拓宽了光吸收范围、增强了光吸收能力，匹配的能级有利于光生电子-空穴对的分离，异质结构界面处的内建电场促进了光生电子-空穴的分离并可抑制迁移复合。电催化制氢实验中，不同比例复合的 TiO_2 纳米带/CuS 异质结构的电催化性能有明显的差异，这说明二者的比例对电催化性能有明显的影响。实验结果表明，按照质量比 1:1 进行复合的 TiO_2 纳米带/CuS 具有最低的过电位和最小的塔菲尔斜率。电催化性能的提升与更多活性位点的暴露增加了活性位点的数目以及异质结构界面处的内建电场提高了载流子传输能力有关。

类似的通过构筑异质结构调控 TiO_2 光催化活性的研究非常多，如通过简单煅烧 BN 和活性二氧化钛（TiO_2）制备了 BN/TiO_2 复合材料[45]，该复合材料在 UV-A 下对全氟辛酸

（PFOA）的光催化活性比 BN 或 TiO_2 更高。在 UV-A 下，BN/TiO_2 降解 PFOA 的速度比 TiO_2 快约 15 倍，而 BN 是非活性的。能带图分析和光电流响应测量表明，BN/TiO_2 是一种 Ⅱ 型异质结半导体，有利于载流子分离。其他实验证实了光生空穴对降解 PFOA 的重要性。自然阳光下的户外实验发现，BN/TiO_2 在去离子水和含盐水中降解 PFOA 的半衰期分别为 1.7h 和 4.5h。简单复合的例子还有多级孔结构的 TiO_2/CdS 纳米复合材料，经复合后的 TiO_2/CdS 纳米材料成功地将光响应范围拓展到可见光区域，而且异质结的存在提高了光生载流子的分离效率，且这种多级孔结构为后续负载分散性良好的 CdS 纳米颗粒提供了保障[46]。

三、复杂多级结构

由多种形貌复合而成的层次结构 TiO_2 纳米材料也被应用于光催化反应中，这些复杂结构的 TiO_2 能够同时结合不同结构的优势，有效提高其光催化性能[47-49]。Peng 等以 F^- 和 Cl^- 作为表面活性剂和掺杂剂，利用种子辅助法制备出了不同结构的 TiO_2 纳米材料，通过卤素含量的调控，可以实现 TiO_2 纳米材料的纳米结构及光催化性能的调控[50]。以 NaF 作为表面活性剂和掺杂剂制备出 F 离子掺杂的 TiO_2 纳米材料，NaF 在该反应中起到了双重作用：竞争性的表面配体和掺杂剂。对层次结构 TiO_2 纳米材料形成过程中形貌和晶型变化的研究表明高温下 F 离子诱导的方向性堆积（oriented attachment）是层次结构形成的重要机理。通过实验参数的调节，一方面，TiO_2 纳米材料的形貌可由纳米棒、纳米双锥结构变化为由它们组成的复杂层次结构，另一方面，F 元素掺杂量也能得到很好的调控，进而改变纳米 TiO_2 中氧空位和 Ti^{3+} 的量，从而改变 TiO_2 纳米材料的电子结构和光学性质，在此基础之上通过种子辅助合成法可以得到"核-天线"和"立方块"等新颖纳米结构的 TiO_2 材料。对其生长机理的研究表明 F 元素的含量影响了作为种子的 TiO_2 纳米材料的形貌和 F 掺杂量，TiO_2 种子的形貌决定经二次生长后"核"部分的形貌和"天线"的数量，TiO_2 纳米材料表面 F 含量决定能否得到"天线"结构。除此之外，F 元素浓度还影响其光学禁带、比表面积和电子结构等，由于这些因素的协同作用，二次生长后的"核-天线"结构的 TiO_2 纳米材料具有更加优异的光催化性能。

高盐有机污水的处理被认为是一个高能耗的过程，难以同时降解有机物和分离盐水。Wang 开发了一种梯度结构的二氧化钛纳米线薄膜，可实现日光下污水的彻底处理。薄膜中，部分 TiO_{2-x} 具有增强的光催化性能，在 2 个太阳光强（$1000W/m^2$ 为 1 个太阳光强）下照射 90min 内可完全降解 0.02g/L 亚甲蓝。部分 Ti_nO_{2n-1} 具有优异的光热转换效率，可达到 $1.833kg/（m^2 \cdot h）$（1 个太阳光强）的水分蒸发率。通过特殊的结构设计，可实现盐定位结晶，确保薄膜长期稳定运行。薄膜的梯度亲水性确保了充分和快速的水转移，而水流可以引起显著的水电效应[51]。

━━━━━ **思考题** ━━━━━

- **1.** 二氧化钛有几种晶体结构？请列表说明它们各自的晶体学特征。
- **2.** 晶态材料与非晶态材料的区别是什么？非晶态二氧化钛的特点是什么？
- **3.** 描述二氧化钛的表面结构。举例说明表面结构与光催化性能的关系。

- **4.** 描述二氧化钛的能带结构特点及光催化作用原理。
- **5.** 什么是材料的维度？请解释材料的维度与其性能的构效关系。
- **6.** 二氧化钛薄膜具有什么结构特点？简述制备二维二氧化钛材料的方法。
- **7.** 请查阅文献举例各种特殊结构二氧化钛，并说明其构效关系。

参 考 文 献

[1] Chen X, Mao S. Titanium dioxide nanomaterials synthesis properties modifications and applications [J]. Chemical Reviews, 2007, 107 (7): 2891-2959.

[2] 高濂，郑珊，张青红. 纳米氧化钛光催化材料及应用 [M]. 北京：化学工业出版社，2002.

[3] Hu Y, Kienle L, Guo Y, et al. High lithium electroactivity of nanometer-sized rutile TiO$_2$ [J]. Advanced Materials, 2006, 18 (11): 1421-1426.

[4] Glassfor K, Chelikowsky J. Structural and electronic properties of titanium dioxide [J]. Physical Review B: Condensed Matter, 1992, 46 (3): 1284-1298.

[5] Ivanovskaya V, Enyashin A, Ivanovskii A. Electronic structure of single-walled TiO$_2$ and VO$_2$ nanotubes [J]. Mendeleev Communications, 2003, 13 (1): 5-7.

[6] Economou E N, Cohen M H. Anderson's theory of localization and the Mott-CFO model [J]. Materials Research Bulletin, 1970, 5 (8): 577-590.

[7] Xiong H, Slater M, Balasubramanian M, et al. Amorphous TiO$_2$ nanotube anode for rechargeable sodium ion batteries [J]. The Journal of Physical Chemistry Letters, 2011, 2 (20): 2560-2565.

[8] Martin N, Rousselot C, Rondot D, et al. Microstructure modification of amorphous titanium oxide thin films during annealing treatment [J]. Thin Solid Films, 1997, 300 (1): 113-121.

[9] Ohtani B, Ogawa Y, Nishimoto S. Photocatalytic activity of amorphous-anatase mixture of titanium (Ⅳ) oxide particles suspended in aqueous solutions [J]. Journal of Physical Chemistry B, 1997, 101 (19): 3746-3752.

[10] Barteau M. Site requirements of reactions on oxide surfaces [J]. Journal of Vacuum Science & Technology A: Vacuum, Surfaces, and Films, 1993, 11 (4): 2162-2168.

[11] Ramamoorthy M, Vanderbilt D, King-Smith R. First-principles calculations of the energetics of stoichiometric TiO$_2$ surfaces [J]. Physical Review B: Condensed Matter, 1994, 49 (23): 16721-16727.

[12] Lazzeri M, Vittadini A, Selloni A. Structure and energetics of stoichiometric TiO$_2$ anatase surfaces [J]. Physical Review B, 2001, 63 (15): 155409.

[13] Ohno T, Sarukawa K, Matsumura M. Crystal faces of rutile and anatase TiO$_2$ particles and their roles in photocatalytic reactions [J]. New Journal of Chemistry, 2002, 26 (9): 1167-1170.

[14] Hotsenpiller P, Bolt J, Farneth W, et al. Orientation dependence of photochemical reactions on TiO$_2$ surfaces [J]. J Phys Chem B, 1998, 102 (17): 3216-3226.

[15] Lowekamp J, Rohrer G, Morris Hotsenpiller P, et al. Anisotropic photochemical reactivity of bulk TiO$_2$ crystals [J]. Journal of Physical Chemistry B, 1998, 102 (38): 7323-7327.

[16] Henderson M. A surface perspective on self-diffusion in rutile TiO$_2$ [J]. Surface Science, 1999, 419 (2): 174-187.

[17] Li J, Wu N. Semiconductor based photocatalysts and photoelectrochemical cells for solar fuel generation: a review [J]. Catalysis Science & Technology, 2015, 5 (3): 1360-1384.

[18] Gröning O, Wang S, Yao X, et al. Engineering of robust topological quantum phases in graphene nanoribbons [J]. Nature, 2018, 560 (7717): 209-213.

[19] Rizzo D, Veber G, Cao T, et al. Topological band engineering of graphene nanoribbons [J]. Nature, 2018, 560 (7717): 204-208.

[20] Burdett J, Hughbanks T, Miller G, et al. Structural-electronic relationships in inorganic solids powder neutron diffraction studies of the rutile and anatase polymorphs of titanium dioxide at 15 and 295 K [J]. Journal of the American Chemical Society, 1987, 109 (12): 3639-3646.

[21] Bang J, Kamat P. Solar cells by design: photoelectrochemistry of TiO$_2$ nanorod arrays decorated with CdSe [J]. Advanced Functional Materials, 2010, 20 (12): 1970-1976.

［22］　Wang H，Guo Z，Wang S，et al. One-dimensional titania nanostructures：synthesis and applications in dye-sensi-
　　　　tized solar cells ［J］. Thin Solid Films，2014，558：1-19.

［23］　Gao S，Yang J，Liu M，et al. Enhanced photovoltaic performance of CdS quantum dots sensitized highly oriented
　　　　two-end-opened TiO$_2$ nanotubes array membrane ［J］. Journal of Power Sources，2014，250：174-180.

［24］　Baker D，Kamat P. Photosensitization of TiO$_2$ nanostructures with CdS quantum dots：particulate versus tubular
　　　　support architectures ［J］. Advanced Functional Materials，2009，19 （5）：805-811.

［25］　Mor G，Shankar K，Paulose M，et al. Use of highly-ordered TiO$_2$ nanotube arrays in dye-sensitized solar cells ［J］.
　　　　Nano Letters，2006，6 （2）：215-218.

［26］　Baxter J，Aydil E. Nanowire-based dye-sensitized solar cells ［J］. Applied Physics Letters，2005，86 （5） .

［27］　Law M，Greene L，Johnson J，et al. Nanowire dye-sensitized solar cells ［J］. Nature Materials，2005，4 （6）：
　　　　455-459.

［28］　Kang S，Choi S，Kang M，et al. Nanorod-based dye-sensitized solar cells with improved charge collection efficiency
　　　　［J］. Advanced Materials，2008，20 （1）：54-58.

［29］　Tan B，Wu Y. Dye-sensitized solar cells based on anatase TiO$_2$ nanoparticle nanowire composites ［J］. Journal of
　　　　Physical Chemistry B，2006，110：15932-15938.

［30］　Jiu J，Isoda S，Wang F，et al. Dye-sensitized solar cells based on a single-crystalline TiO$_2$ nanorod film ［J］. Journal
　　　　of Physical Chemistry B，2006，110：2087-2092.

［31］　Rui Y，Li Y，Zhang Q，et al. Size-tunable TiO$_2$ nanorod microspheres synthesised via a one-pot solvothermal meth-
　　　　od and used as the scattering layer for dye-sensitized solar cells ［J］. Nanoscale，2013，5 （24）：12574-12581.

［32］　Rui Y，Li Y，Wang H，et al. Photoanode based on chain-shaped anatase TiO$_2$ nanorods for high-efficiency dye-sensi-
　　　　tized solar cells ［J］. Chem Asian J，2012，7 （10）：2313-2320.

［33］　Rui Y，Li Y，Zhang Q，et al. Facile synthesis of rutile TiO$_2$ nanorod microspheres for enhancing light-harvesting of
　　　　dye-sensitized solar cells ［J］. Cryst Eng Comm，2013，15 （8）：1651-1656.

［34］　Zhou W，Du G，Hu P，et al. Nanopaper based on Ag/TiO$_2$ nanobelts heterostructure for continuous-flow photocata-
　　　　lytic treatment of liquid and gas phase pollutants ［J］. Journal of Hazardous Materials，2011，197：19-25.

［35］　Jin H，Guo C，Liu X，et al. Emerging two-dimensional nanomaterials for electrocatalysis ［J］. Chemical Reviews，
　　　　2018，118 （13）：6337-6408.

［36］　Chen F，Fang P，Liu Z，et al. Dimensionality-dependent photocatalytic activity of TiO$_2$-based nanostructures：
　　　　nanosheets with a superior catalytic property ［J］. Journal of Materials Science，2013，48 （15）：5171-5179.

［37］　Kong X，Xu Y，Cui Z，et al. Defect enhances photocatalytic activity of ultrathin TiO$_2$ （B） nanosheets for hydrogen
　　　　production by plasma engraving method ［J］. Applied Catalysis B：Environmental，2018，230：11-17.

［38］　Kong X，Gao Z，Gong Y，et al. Enhancement of photocatalytic H$_2$ production by metal complex electrostatic adsorp-
　　　　tion on TiO$_2$ （B） nanosheets ［J］. Journal of Materials Chemistry A，2019，7 （8）：3797-3804.

［39］　Hu J，Lu Y，Liu X，et al. Photoinduced terminal fluorine and Ti^{3+} in TiOF$_2$/TiO$_2$ heterostructure for enhanced
　　　　charge transfer ［J］. CCS Chemistry，2020，2 （6）：1573-1581.

［40］　Hu J，Lu Y，Zhao X，et al. Hierarchical TiO$_2$ microsphere assembled from nanosheets with high photocatalytic ac-
　　　　tivity and stability ［J］. Chemical Physics Letters，2020，739：136989.

［41］　Qu J，Wang Y，Mu X，et al. Determination of crystallographic orientation and exposed facets of titanium oxide
　　　　nanocrystals ［J］. Advanced Materials，2022，34：2203320.

［42］　Li L，Chen X，Xiong X，et al. Synthesis of hollow TiO$_2$@SiO$_2$ spheres via a recycling template method for solar
　　　　heat protection coating ［J］. Ceramics International，2021，47 （2）：2678-2685.

［43］　Zhou F，Zhang Z，Wang J，et al. In situ preparation of 2D MoS$_2$ nanosheets vertically supported on TiO$_2$/PVDF
　　　　flexible fibers and their photocatalytic performance ［J］. Nanotechnology，2020，31 （37）：375606.

［44］　Zhou F，Zhang Z，Jiang Y，et al. One-step in situ preparation of flexible CuS/TiO$_2$/polyvinylidene fluoride fibers
　　　　with controlled surface morphology for visible light-driven photocatalysis ［J］. Journal of Physics and Chemistry of
　　　　Solids，2020，144：109512.

［45］　Duan L，Wang B，Heck K，et al. Titanium oxide improves boron nitride photocatalytic degradation of perfluo-
　　　　rooctanoic acid ［J］. Chemical Engineering Journal，2022，448：137735.

［46］　Zhao H，Cui S，Yang L，et al. Synthesis of hierarchically meso-macroporous TiO$_2$/CdS heterojunction photocatalysts with excellent visible-light photocatalytic activity [J]. Journal of Colloid and Interface Science, 2018, 512: 47-54.

[47] Tang Y, Wee P, Lai Y, et al. Hierarchical TiO_2 nanoflakes and nanoparticles hybrid structure for improved photocatalytic activity [J]. The Journal of Physical Chemistry C, 2012, 116 (4): 2772-2780.

[48] Sauvage F, Di Fonzo F, Li Bassi A, et al. Hierarchical TiO_2 photoanode for dye-sensitized solar cells [J]. Nano Letters, 2010, 10 (7): 2562-2567.

[49] Liu Y, Tang A, Zhang Q, et al. Seed-mediated growth of anatase TiO_2 nanocrystals with core-antenna structures for enhanced photocatalytic activity [J]. Journal of the American Chemical Society, 2015, 137 (35): 11327-11339.

[50] Peng L, Liu Y, Li Y, et al. Fluorine-assisted structural engineering of colloidal anatase TiO_2 hierarchical nanocrystals for enhanced photocatalytic hydrogen production [J]. Nanoscale, 2019, 11 (46): 22575-22584.

[51] Si P, Wang Q, Kong H, et al. Gradient titanium oxide nanowire film: a multifunctional solar energy utilization platform for high-salinity organic sewage treatment [J]. ACS Applied Materials & Interfaces, 2022, 14 (17): 19652-19658.